被动遥感探测高层大气风场

唐远河　郜海阳　李存霞　惠宁菊　编著

科学出版社

北　京

内 容 简 介

本书探讨地球上空 80～300km 高层大气风场的被动探测模式，主要聚焦高层大气风场探测中的探测器和干涉仪两个问题。本书分上下两篇，上篇“卫星遥感被动探测高层大气风场”共 7 章，分别阐述星载仪器 WINDII、HRDI、WAMI、DASH 等探测地球上空 80～300km 大气风速和温度等物理量的原理及方法；下篇“地基遥感被动探测高层大气风场”共 6 章，采用自制的几款样机：强光局部选通成像仪、痕量电子约束器、GBAII、GBAII-LCoS、GBAII-DASH、GBAVTII 等对西安上空 90～100km 的大气风速、温度、粒子浓度、体发射率、重力波等物理量进行探测并分析相关原理和结果。本书下篇内容对上篇的相关理论进行实践，相互呼应，并与多个卫星数据进行比较验证。

本书可作为空间光学、大气物理、地球物理、遥感等专业高年级本科生、研究生、研究人员的参考书。

图书在版编目（CIP）数据

被动遥感探测高层大气风场 / 唐远河等编著. -- 北京 ： 科学出版社， 2025. 6. --ISBN 978-7-03-079811-4

Ⅰ. P407. 1

中国国家版本馆 CIP 数据核字第 20248SW569 号

责任编辑：阚　瑞　霍明亮 / 责任校对：胡小洁
责任印制：师艳茹 / 封面设计：蓝正设计

科学出版社 出版
北京东黄城根北街 16 号
邮政编码：100717
http://www.sciencep.com

北京中科印刷有限公司印刷
科学出版社发行　各地新华书店经销

*

2025 年 6 月第　一　版　开本：720×1000　1/16
2025 年 6 月第一次印刷　印张：17　插页：10
字数：340 000

定价：168.00 元

（如有印装质量问题，我社负责调换）

序

地球和太阳系其他行星大气都有特定波长的气辉辐射。发光粒子与探测器之间的相对运动会引起观察到的辐射谱线波长发生变化，即多普勒频移。利用成像干涉技术获得这些气辉谱线的成像干涉图，基于物理原理进行反演计算，就可以获取大气风速、温度和粒子浓度等物理量的信息。

卫星遥感探测地球高层大气风场的实践已有 40 多年。1981 年 8 月美国发射了双星“动力学探测器”(dynamics explorer，DE)，在 DE 上搭载的法布里-珀罗(Fabry-Perot)干涉仪测量中性风矢量在卫星轨道平面内的分量及热层动力学温度。1991 年 9 月美国发射的高层大气研究卫星(upper atmosphere research satellite，UARS)搭载了高分辨率多普勒成像仪(high resolution Doppler imager，HRDI)和迈克尔孙风成像干涉仪(wind imaging interferometer，WINDII)，从 1991 年 11 月一直运行到 2005 年 4 月，获得了大量中高层大气(30～300km)的风场、温度和发光粒子浓度数据。2001 年 12 月美国发射的热层-电离层-中间层能量学与动力学(thermosphere-ionosphere-mesosphere energetics and dynamics，TIMED)卫星搭载的 TIMED 多普勒干涉仪(TIMED Doppler interferometer，TIDI)可以测量中间层和热层风场、温度和大气成分。2019 年 10 月美国发射的电离层连接探测器(ionospheric connection explorer，ICON)搭载的迈克尔孙全球高分辨率热层成像干涉仪(Michelson interferometer for global high-resolution thermospheric imaging，MIGHTI)是一台空间外差干涉仪，用于测量地球中性大气粒子速度和温度。近年来，探测火星、土星等其他行星大气风场正成为新的研究热点，用于探测的气辉从可见光拓展到紫外、极紫外、红外及远红外等波段。

系统地研究地球和太阳系行星大气风场的遥感探测技术是国内深空探测事业发展的迫切需要。该书作者唐远河于 2011 年编写的《卫星遥感被动探测高层大气风场》阐述了卫星遥感探测大气风场的相关理论、技术和方法，出版后深受读者欢迎，得到很多积极的反馈意见和修改建议。该书上篇回应读者，凝练了《卫星遥感被动探测高层大气风场》的精华，增补扩充了最新的研究成果。同时，该书增加了下篇，集中地介绍唐远河课题组近 23 年来研制的地基气辉成像干涉仪(ground based airglow imaging interferometer，GBAII)、地基气辉体发射率和大气温度成像干涉仪(ground based airglow VER & temperature imaging interferometer，GBAVTII)等样机，以及其探测西安上空 80～120km 高层大气风速、温度、浓度的理论和实验结果。该书下篇的国内地基探测结果与上篇国外星载探测结果相互印证，上下篇知识体系完整，构成了完整的一本新书。

我在国外从事迈克尔孙干涉仪遥感大气风场研究时，读到唐远河在《物理学进展》上发表的文章《卫星遥感探测上层大气风场的关键技术研究进展》，于2008年应唐远河邀请到西安进行沟通交流。十多年来，我一直与唐远河课题组进行相互讨论和沟通，深感出版该书很有必要，非常及时，相信该书定能助推国内地球、火星、土星等行星大气风场的被动遥感探测研究的发展。

王鼎益

2024年5月21日

前　言

被动遥感探测地球上空高层大气(80～300km)的风场(风速、温度、压强、体发射率、气体浓度、压强等物理量)是利用气辉(极光)发光时与探测器之间的相对运动所产生的微小多普勒频移进行的，采用成像干涉仪(地基、星载、机载、原位等探测方式)获取干涉条纹的调制度和强度，从而确定大气风场的各个物理量。

探测高层大气风场为研究太阳风、大气物理、地球物理、航天器的发射与运行，以及中长期天气预报提供大量的资料、图像和数据；为地球重力波、潮汐波、行星波、引力波等提供实验支持。以气辉为光源的风场探测为飞行器尾气的发光、速度的探测提供参考。大气环流使地球高低纬度间、海陆间的动量、能量、热量和水汽得以交换与平衡，调整了全球的水热分布，是各地天气变化和气候形成的重要因素。地球上空 60km 以上处于等离子体态的电离层大气与无线电通信、广播、导航、雷达定位等人类活动息息相关。当地球上空 80～120km 的中间层和低热层(mesosphere and lower thermosphere，MLT)区域 100km 附近电离层中的等离子体(Na、K 等)电子分布出现峰值突变时，可以导致信号中断，这对通信和广播造成严重的影响。所以研究地球中高层特别是 MLT 区域大气活动规律具有现实意义。

地震、台风、龙卷风、暴雨、海啸等地面自然现象与人类生活密切相关，这些自然现象产生的低层大气扰动将能量和动量直接耦合到中高层大气(80～300km)区域，对绚丽的极光、微弱的气辉、大气重力波、大气潮汐、夜光云、电离层闪电等现象均会产生影响，这些影响(除了极光)大多出现在 80～120km 的 MLT 区域。MLT 区域是一个辐射、动力学和化学过程相互耦合的复杂区域：高层大气波的振幅在此达到最大值，产生非线性互相作用和耗散破碎，极大地影响全球范围的动量、能量、成分和流动，由于 MLT 区域的全球大气变化信号被放大了，因此，MLT 区域比对流层和平流层更易分辨与探测。

本书聚焦地球上空 80～300km 高层大气风场的被动探测模式，凝练了国内外被动遥感探测高层大气中所涉及的相关科技前沿问题，针对光学成像、干涉、光电效应、探测器、大气发光、传输、仪器的正演和数据反演等方面展开详细的描述。

全书分上下两篇。上篇“卫星遥感被动探测高层大气风场”共 7 章，主要对 2011 年出版的《卫星遥感被动探测高层大气风场》进行精简、补充，阐述星载仪器探测高层大气风速、温度的探测原理和探测方法，对仪器的正演和数据的反演、定标等内容进行较为详细地描述，分别介绍 WINDII、HRDI、多普勒非对称空间外差光谱仪(Doppler asymmetric spatial heterodyne spectroscopy，DASH)等仪器探测地球上空 80～300km 大气风速和温度等物理量的原理与方法。

WINDII、波成像迈克尔孙干涉仪(waves Michelson interferometer，WAMI)、偏振大气迈克尔孙干涉仪(polarizing atmospheric Michelson interferometer)等仪器均使用大光程差的广角迈克尔孙干涉仪(Michelson interferometer，MI)来探测高层大气风速，但是探测模式又不相同。WINDII 采用压电陶瓷驱动 MI 一臂的反射镜来实现四步进探测模式，偏振大气迈克尔孙干涉仪(polarizing atmospheric Michelson interferometer，PAMI)采用改变入射光的 4 次偏振态的探测模式，WAMI 则将 MI 两臂反射镜都固定，将其中一臂反射镜进行 4 分区并镀上反射膜，让反射光分别产生 1/4 波长的步进光程差，实现静态探测模式；从 WINDII、WAMI 和 PAMI 所得气辉的成像干涉圆条纹中获取大气风速、温度等信息；DASH 将 MI 两臂的反射镜换成闪耀光栅，从其所得的干涉直条纹中获取风速等信息。本书上篇介绍的 WINDII、PAMI、WAMI、DASH、HRDI 等仪器探测高层大气风场的原理成为下篇实践的理论基础。

本书下篇“地基遥感被动探测高层大气风场”共 6 章内容，聚焦高层大气风场探测中两个最重要的问题——探测器和干涉仪。基于遥感探测高层大气风场时较强的极光和较弱的气辉同时存在的事实，本书下篇研制基于透射式液晶的两代“强光局部选通”照相机和摄像机、基于磁镜原理约束微光产生电子的“痕量电子约束器”、基于液晶与像增强器同时探测极光和气辉的成像仪等探测器，均得到较为满意的实验结果；研制了 GBAII、将反射式液晶 LCoS(liquid crystal on silicon)换成 GBAII 的广角 MI 一臂的反射镜而构成的 GBAII-LCoS 系统、将 GBAII 两臂的反射镜换成闪耀光栅而构成的 GBAII-DASH 系统、GBAVTII 4 款样机对西安上空 90～100km 的大气风速、温度、粒子柱浓度、体发射率、重力波等参数进行探测。下篇对上篇的相关理论进行实践，相互呼应，并与卫星数据进行比较验证。

我们最初研制的 GBAII 糅合了 WINDII 和 HRDI 的探测原理，将“转动谱线测温法”和“四强度测风法”结合起来，使用压电陶瓷驱动 MI 一臂的反射镜来实现四步进测风模式，可以同时探测地球上空 90～100km 的大气风速和温度等物理量；我们将 MI 一臂的反射镜换成 LCoS，从而构成 GBAII-LCoS 系统，首次提出全波段的静态测风模式；我们将 GBAII 的两臂反射镜换成闪耀光栅，从而构成 GBAII-DASH 系统，首次提出基于“四强度测风法”的静态测风模式，并与目前流行 DASH 的傅里叶变换法进行正演、反演和实测比较。本书对上述 4 款样机的测风原理和实验都给出较为详尽的阐述，鉴于 GBAVTII 是一台地基遥感探测仪器，在探测气辉谱线的过程中，大气背景和白噪声一并进入 GBAVTII 的探测器，而用“转动谱线测温法”只需气辉谱线的强度，所以我们也针对如何消除白噪声进行了相关的理论研究，并给出了地基仪器和星载仪器的对比实验结果。

本书内容还可为火星、土星等行星大气的被动遥感探测提供指导。

本书涉及工程物理、大气物理、空间光学、地球物理、遥感等相关的专业知识，对大气辐射气辉(极光)特征、干涉技术、成像技术、遥感仪器的正演和实验数据的反演、定标、图像处理技巧、自动控制等相关知识、技术从理论到实践进行阐述，每章后的参考文献较为全面，也可以进行追踪拓展。

本书共 13 章，由西安理工大学和南京信息工程大学合作完成。唐远河把控全书的思想性、科学性、完整性和统一性，完成第 1、2、6、8、13 章的撰写工作；部海阳撰写第 3、7、9 章，李存霞撰写第 4、12 章，惠宁菊撰写第 5、11 章，刘洋河撰写第 10 章，李文文和方妍参与撰写第 11 章和第 12 章的相关内容，李凌青收集了 SABER 卫星过境西安的相关数据，章艺珊负责核对全书的图和表，符迪迪负责核对全书的参考文献，王彦龙负责核对全书的公式，已毕业的硕博研究生贡献了本书的相关内容，在此一并表示感谢。

感谢国家自然科学基金面上项目(10874138、61675165、41975040)、陕西省自然科学基金(2020JZ-46、2016JM1011)的经费支持。感谢西安理工大学、理学院、物理学和电子科学与技术硕士学科、应用物理学国家一流专业的大力支持。

唐远河

2024 年 4 月 12 日于西安

目　录

下篇　地基遥感被动探测高层大气风场

上篇　卫星遥感被动探测高层大气风场

第 1 章　被动遥感探测高层大气风场的进展

地球上空的风将能量和动量从一个位置传输到另一个位置，这一过程对大气物理和化学性质都有重要的影响[1,2]。

地球大气的热力学垂直结构如图 1-1 所示。探测大气风速、温度、压强、体发射率(volume emission rate，VER)等参数有直接探测和遥感探测两种方式[3-5]。利用卫星遥感探测高层大气(海拔为 60km 以上)风场前，直接探测大多利用无线电测风仪、火箭、探空气球、激光雷达和微波雷达等，根据感应元件的物理、化学性质受大气的某种作用而直接探测大气风场变化。遥感探测根据大气中声、光、电等信号传播过程中的性质变化来反演大气风场。鉴于直接探测在探测高度、连续性、测量精度和可靠性等方面受客观条件的制约，随着电磁场理论、分子与原子光谱理论、激光、光谱学、计算机图像信息处理及卫星、航空、航天平台等技术的迅速发展，遥感探测大气风场已成为主要方式。

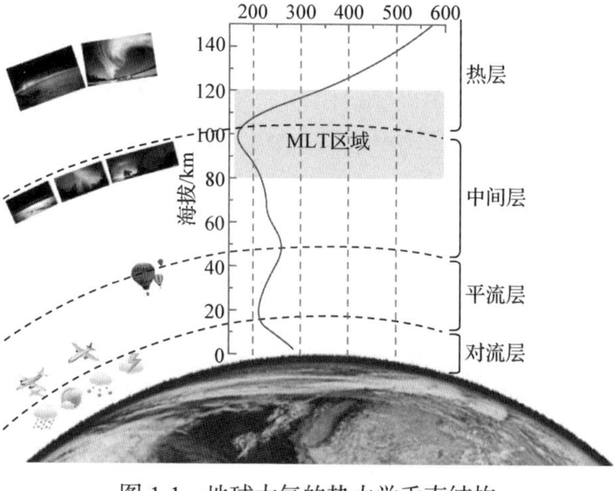

图 1-1　地球大气的热力学垂直结构

大气科学是一门建立在观测基础上的学科，对观测仪器的依赖性很强。近年来，随着对大气潮汐、重力波、行星波等现象的深入研究，业内对观测仪器的研制提出新挑战。对地球大气的观测可以获得大气温度、风速、粒子密度等参数随时空的变化，在此基础上研究和分析大气潮汐、重力波的传播、光化学反应等动力学和热力学相关科学问题。利用星载仪器、火箭气球搭载仪器、地基观测仪器等成为探测大气的主流手段，根据所用光源特征又把大气遥感分为主动遥感探测及被动遥感探测两大类。

主动遥感探测大气使用雷达、微波雷达、激光雷达、高频多普勒雷达等仪器发射信号，经大气中的微粒吸收、散射、反射后，用另一台仪器接收带有大气风场特征的回波信号，再经数据处理后得出大气风场的相关物理量。其优点是主动性强，不受地理位置和纬度的影响；缺点是仪器结构较为复杂，必须同时设置发射系统和接收系统，费用相对较高。

被动遥感探测地球高层大气风场(风速、温度、压强、体发射率、气体浓度等)利用气辉发光时与探测器之间的相对运动产生的微小多普勒频移，用成像干涉仪(地基、星载、机载)获取干涉条纹的调制度和强度，从而确定多普勒频移量中的大气物理量。被动遥感探测只需一台直接接收自然光源信号的仪器，再通过正演、定标、反演出中性大气风场信息。被动遥感探测的优点是只需一套接收系统，结构简单，成本相对较低。

本书内容的上篇主要涉及卫星被动遥感探测高层大气的基本原理和模式，阐述探测风场的相关原理，下篇主要阐述我们课题组研制的地基气辉成像干涉仪，实地观测西安上空 90～100km 的大气风速、温度、体发射率、重力波等参数。

1991 年 9 月 12 日，美国国家航空航天局(National Aeronautics and Space Administration，NASA)的高层大气研究卫星(upper atmospheric research satellite，UARS)携带了 WINDII[4]和 HRDI[6]等仪器，用于探测高层大气特性(密度、微量粒子丰度、温度和动力学)。UARS 飞行高度为 600km，倾斜轨道为 57°。HRDI 使用 3 个高、中、低分辨率的法布里-珀罗干涉仪(Fabry-Perot interferometer，FPI)来观测地球中间层(10～110km)的大气风场，WINDII 使用广角 MI 观测地球中间层顶到热层底(80～300km)的大气风场，这两台仪器各自对大气风场进行探测，并且对重叠区域(80～110km)的大气进行相互探测验证，结果显示 MI 和 FPI 测风效果都很好，这两台仪器开启了被动遥感探测高层大气的模式[6]。

图 1-2 为被动遥感探测大气的自然光源，包括太阳光的透射、反射、折射、吸收及地球的热辐射和气辉、极光等谱线。WINDII 被动测风利用地球大气层中亚稳态粒子的气辉谱线来获得大气特性。辐射光线中包含了涉及大气温度和大气运动速度的信息，这是被动测风的根据[7]。

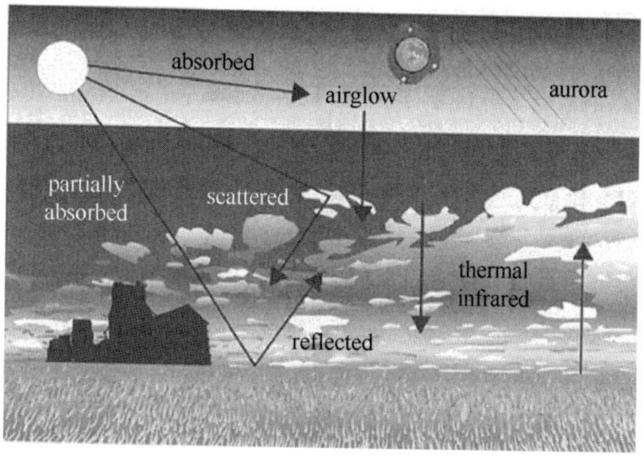

图 1-2　被动遥感探测大气的自然光源

1.1　被动遥感探测高层大气的仪器选介

利用光学方法卫星被动遥感探测高层大气风场的理论研究始于 1966 年[8,9]。加拿大约克大学地球空间科学研究中心(Center for Research in Earth and Space Science，CRESS)的 Shepherd 和法国空间中心(Centre National d'Etudes Spatiales，CNES)的 Thuillier 提出利用干涉方法探测气辉粒子多普勒频移量中的风速和大气温度[5,9,10]。

1978 年，UARS 项目启动，1979 年，法国的 Thuillier 研究 UARS 中关于探测风速和温度的遥感(wind and temperature by remote sensing，WINTERS)仪器的原理，该仪器基于广角迈克尔孙干涉仪[11]，Hilliard 和 Shepherd 设计了该仪器的简单结构，因为仪器灵敏度与环境温度改变相关联，所以该仪器对温度的灵敏度很高，但 WINTERS 不能测风速。1980 年，该探测模式又被 Title 和 Ramsey[12]加以改进，WINTERS 采用了 Hilliard 和 Shepherd 1985 年提出的使用光纤、多波段复合探测器、类似 HRDI 设计的两个探测视场的机械扫描等结构的思想[13,14]。Hilliard 和 Shepherd 又设计了 MICADO(Michelson interferometer for coordinated auroral Doppler observations)[15]。

1984 年，加拿大已在航天实验室中研制出超广角迈克尔孙多普勒成像干涉仪(wide angle Michelson Doppler imaging interferometer，WAMDII)[16]，该仪器使用了当时先进的电荷耦合器件(charge coupled device，CCD)技术及压电陶瓷驱动装置，于是法国与加拿大联合将 WINTERS 和 WAMDII 两种仪器加以组合，构造出 WINDII[4]，即 1991 年 9 月 12 日由 NASA 发射升空的被动探测高层大气风场的第一台 WINDII。

WINDII 开创了使用超广角迈克尔孙干涉仪被动遥感探测高层大气风场的先河，发回地球 2300 多万张大气风场的图片。2005 年圣诞节 WINDII 结束了它的使命。继 WINDII 测风以来，在 WINDII 利用光学干涉方法成功探测高层大气风场的基础上，不同探测模式下新成像干涉仪的一些关键技术又在 WINDII 基础上进行了改良。下面简单介绍几款有代表性的被动遥感探测高层大气温度、风速、浓度、体发射率、重力波等大气特征参数的仪器。

(1) WINDII[4]——UARS 搭载的风成像干涉仪，WINDII 将分立的 5 条可见光波段的气辉：$O(^1S)$ 557.7nm、$O(^1D)$ 630.0nm、OH 732.0nm/734.0nm、O^+ 732.0nm 和 O_2 大气带 762.0nm/763.0nm 作为探测光源，利用广角 MI 探测地球上空 80～300km 的大气风速矢量和温度等信息；1991 年 9 月 12 日发射。WINDII 利用视场展宽技术，通过步进光程差的 4 次步进来获取一个干涉条纹的四个强度，即用“四强度测风法”测量视线方向上大气中性风的速率，然后用两个相互垂直的视场获得二维风速矢量，利用干涉条纹的对比度(调制度)测量大气温度，WINDII 的测风精度达 10m/s。第 2 章将较为详细地介绍其测风原理。

(2) HRDI[6,14]——UARS 搭载的高分辨率多普勒成像仪，利用 3 个高、中、低分辨率的 FPI 探测地球上空 10～110km 的风速和温度，1991 年 9 月 12 日发射。HRDI 的测风精度达到 5m/s。第 3 章将较详细地介绍其测风原理。

(3) 热层-电离层-中间层热力学及动力学多普勒干涉仪(thermosphere-ionosphere-mesosphere energetics and dynamics Doppler interferometer，TIDI)，结合了 WINDII 和 HRDI 的优势，探测地球上空 60～300km MLT 的水平风，2001 年 12 月 7 日发射，中间层的测风精度接近 3m/s、热层的测风精度接近 15m/s。第 3 章将较详细地进行介绍[17]。

(4) 迈克尔孙干涉被动大气探测(Michelson interferometer for passive atmospheric sounding，MIPAS)仪，采用临边探测模式，观测光谱范围为 4.12～14μm，探测地球上空 6～68km 的大气，获得了大量的观测数据[18]。

(5) 同温层风场输运干涉仪(stratospheric wind interferometer for transport studies，SWIFT)，SWIFT 探测高度为 20～45km 的同温层大气相关参数，探测光源选择了臭氧 O_3 辐射的 9μm 谱线，采用窄禁带半导体红外光电子材料碲镉汞(HgCdTe)阵列探测器；2015 年约克大学又研制了 SWIFT-DASH(Doppler asymmetric spatial heterodyne)干涉仪，探测大气高度为 24～60km 的风速反演精度可达 3m/s，SWIFT 和 SWIFT-DASH 一直等待着发射升空[19-22]。

(6) WAMI 与中层成像迈克尔孙干涉仪(mesospheric imaging Michelson interferometer，MIMI)；WAMI 和 MIMI 是结构相似的成像干涉仪，均将广角 MI 两臂的反射镜固定，把一臂反射镜分为 4 个相同区域再镀反射膜，分别产生 0、$\lambda/4$、$2\lambda/4$、$3\lambda/4$(λ 为波长)的步进光程差，实现静态“四强度测风法”测风，WAMI 和

MIMI 使用两个可见光与红外探测器分别探测可见光 O(^{1}S) 557.7nm 和红外 $O_2(a^1\Delta g)$/OH 1.27μm 两波段气辉[23,24]。WAMI 有 6 个视场，探测地球引力波——准两年振荡(quasi biennial oscillation，QBO)波、半年振荡(semi annual oscillation，SAO)波、赤道波和地球大气风场。WAMI 和 MIMI 也还未发射升空。

(7) 多普勒非对称空间外差光谱仪(Doppler asymmetric spatial heterodyne spectroscopy，DASH)，探测的大气高度为 80～300km[25]。DASH 将 MI 两臂的反射镜换成闪耀光栅，产生干涉直条纹，采用傅里叶变换法探测地球上空峰值高度为 250km 的 O(^{1}D)630.0nm 气辉，室内测风精度为 1.6m/s[26]。第 2 章将较为详细地介绍其测风原理。

(8) 迈克尔孙全球高分辨率热层成像干涉仪(Michelson interferometer for global high-resolution thermospheric imaging，MIGHTI)，2019 年 10 月 10 日搭载在 NASA 的 ICON 上，MIGHTI 载荷由两台相同且正交安装的宽谱段多普勒差分干涉仪组成，都具备沿临边高度方向成像的能力[27,28]。探测大气高度为 90～300km，MIGHTI 也采用 DASH 思路，将 MI 两臂的两个闪耀光栅的衍射光相干叠加，采用傅里叶变换法探测高层大气风速，测风精度为 1.2～4.7m/s[29]。第 12 章将详细地介绍傅里叶变换法、傅里叶级数法和“四强度测风法”测风模式的正演、反演和实验结果。

(9) PAMI，1989 使用的地基 PAMI 在 MI 两臂的反射镜前各加了 1/4 波片，在一个周期内，让入射光的偏振态改变 4 次，对应产生了 4 个强度值，进而用“四强度测风法”进行测风[30]。PAMI 使用 O(^{1}S)557.7nm 和 O(^{1}D)630.0nm 气辉谱线探测热层大气的风场。

(10) E 区风成像干涉仪(E-region wind interferometer，ERWIN)，1992 使用的地基版 ERWIN 仪器[31]，可以探测峰值高度为 98km 处的 557.7nm 氧原子气辉、94km 处的 O_2(0-1)867.7nm 波段气辉、85km 处的 OH 气辉。

(11) 火星大气特征光谱仪(spectrograph for the investigation of characteristics of the atmosphere of Mars，SPICAM)，搭载在 MEX(Mars express)上，2003 年发射，对火星大气进行探测[32,33]。以 1.27μm 的 $O_2(a^1\Delta_g)$气辉为探测光源，采用临边观测模式，探测火星的大气高度为 7～90km。

(12) 木星冰卫星探测器(jupiter icy moons explorer，JUICE)，2023 年 4 月 14 日发射，预计 2029 年抵达木星，旨在探索木星及其 3 颗卫星的中性大气和电离层的结构、表面海洋、磁场等方面的奥秘[34]。

(13) 全天空成像仪——利用窄带滤波片提取中高层大气特征高度区域的气辉辐射强度信息，使用高灵敏度 CCD 记录全天空气辉辐射强度分布，用来研究重力波的传播和破碎过程，但不能探测大气温度和风速等信息。图 1-3 是中国科学院空间中心研制的全天空大气重力波成像仪及观测结果[35]。

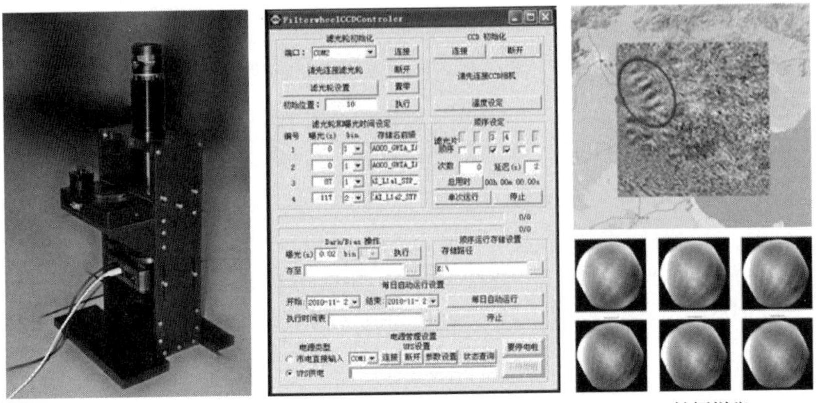

(a) 仪器外观图　　(b) 自动控制软件　　(c) 拍摄样张

图 1-3　中国科学院空间中心研制的全天空大气重力波成像仪及观测结果[35](见彩图)

(14) 光谱气辉温度成像仪——加拿大约克大学的 Shepherd 课题组在 1991 年研制了中间层顶氧气转动温度成像仪(mesopause oxygen rotational temperature imager，MORTI)，以 O_2(0-1)867.7nm 带为探测谱线，采用带宽为 0.27nm 的窄带干涉滤光片及 512×512 科学级 CCD 相机，借助大口径轻薄的菲涅耳透镜将视场光阑处的物面分解为带有光谱信息的像，并成像在 CCD 靶面上，通过提取像素的灰度值对不同亮环的强度比值获得地球上空 94km 处的大气温度[36]。1997 年，我们在 MORTI 基础上研制出一个新版本的光谱气辉温度成像仪(spectral airglow temperature imager，SATI)，如图 1-4 所示。我们添加了一块窄带干涉滤光片探测 OH(836.90nm)附近的转动谱线，并更换一台性能更出色的 CCD 相机来减少曝光时间，从而提高时间分辨率[37,38]。我们研制的地基气辉体发射率和大气温度成像干涉仪(ground based airglow & VER imaging interferometer，GBAVTII)是在 SATI 基础上发展起来的，第 12 章将详细地介绍。

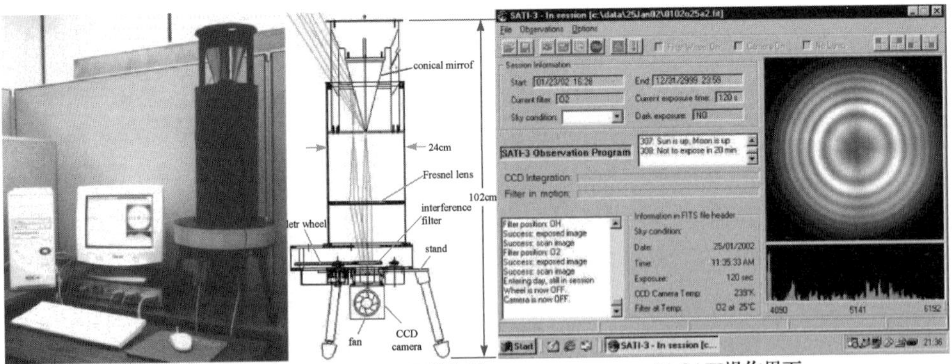

(a) SATI实物图　　(b) SATI结构图　　(c) SATI操作界面

图 1-4　SATI[37]

日本的 Shiokawa 等[39]在 2007 年采用类似技术开发出 3 台基于制冷型 CCD 探测器的气辉温度光度计(airglow temperature photometers with cooled-CCD detectors)，使用 11 个窄带干涉滤光片组成共计 11 个通道来记录转动温度，使用电子倍增型 CCD(electron-multiplying CCD，EMCCD)来获取更好的图像质量和更短的时间分辨率，其出色性能进一步显示探测器技术在中高层大气探测领域中不可或缺的地位。

随着高性能的干涉仪和高灵敏度的 CCD 探测器的日益发展，我们可以更高精度地遥感探测高层大气风场。遥感被动探测高层大气风场是一个系统工程，涉及大气物理、光学、机械、光电子工程等方面的系统知识，其研究内容归纳起来包括 9 个方面：光源的选择、成像干涉仪、探测模式、定标(实验室定标和飞行定标)、探测器、操作系统、仪器正演模式、数据的坐标转换、数据反演处理等。

1.2　成像干涉技术

遥感探测器类型多种，包括多光谱扫描仪(multi-spectral scanner，MSS)、专题制图仪(thematic mapper，TM)、增强型专题制图仪(enhanced thematic mapper plus，ETM+)、反束光导摄像机、广角成像仪、高分辨率 CCD 相机、红外多光谱扫描仪、成像干涉仪等。

一般的成像(照相)仪仅获取目标的形影图像，即目标的二维空间信息。经过多年科技的发展，通过在照相机前端增加不同的滤光片，进而获取不同波段的图像，成像仪已从单个通道的照相机逐渐发展成为多通道相机，其 CCD 探测波段向红外、紫外波段发展，画幅也在不断创新扩大。成像仪与光谱仪相结合的成像光谱仪同时获取目标的形影图像与光谱信息(目标像与干涉图)，能实现图谱合一。它的每个像元具有足够的空间和光谱分辨率，能够获取目标连续的反射(发射)光谱，足以再现目标包含的所有诊断光谱特征，因而在获得目标二维空间图像信息的同时还可以获得一维表征其物理属性的光谱信息。成像光谱图像的每一个像元对应着一条连续的光谱曲线，可以形成数据立方体，如图 1-5 所示。

成像光谱仪是集探测器技术、精密光学机械、微弱信号检测、计算机技术、图像信息处理技术于一体的综合性技术。比较典型的成像光谱仪有搭载在 Terra & Aqua 卫星上的中分辨率成像光谱仪(moderate resolution imaging spectroradiometer，MODIS)[40]和欧空局的地球观测卫星(earth observation satellite，EOS)来探测中高层大气成分。2021 年 11 月 5 日在太原发射升空的可持续发展科学卫星 1 号(SDGSAT-1，

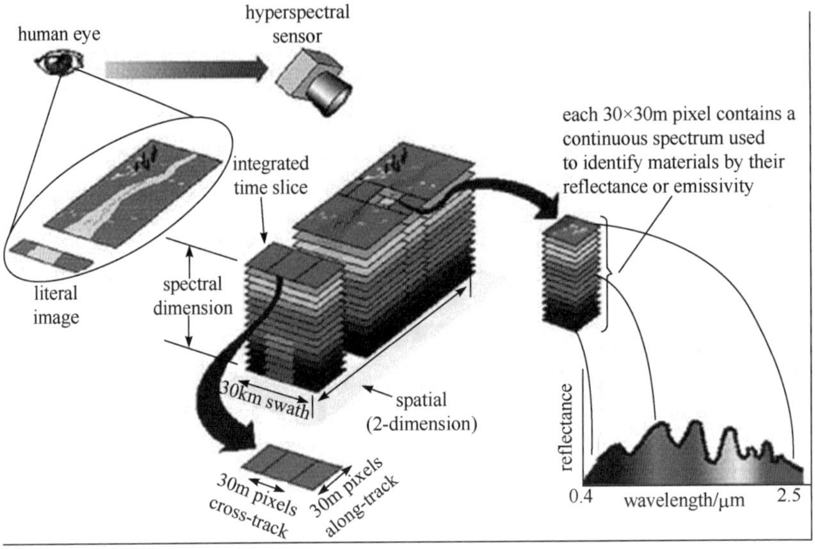

图 1-5　成像光谱数据立方体示意图(见彩图)

广目卫星)搭载了 3 种载荷：热红外成像仪(thermal infrared spectroradiometer，TIS)、城镇微光成像仪和近海多谱段成像仪，可对陆地和海洋进行监测[41]。

当成像干涉仪的探测成像区域中出现干涉圆条纹或直条纹时，我们可以获得大气遥感的更多信息。WINDII 是一台成像干涉仪，拍摄得到高层大气(80～300km)气辉的成像干涉图后，再从某级干涉圆环中取 4 个强度值进而获取大气风速、温度、密度等大气特征参数。我们研制的 GBAII 拍摄的成像干涉图如图 1-6 所示(具体请参考第 9 章 GBAII 的结构)。成像干涉仪的组合功能远远大于单一仪器的探测功能，还在不断地发展。随着照相机、光谱仪、干涉仪的发展，越来越多的组合式光学仪器进入高层大气的探测领域，以提供更多更好的探测手段[42]。

(a) 支架

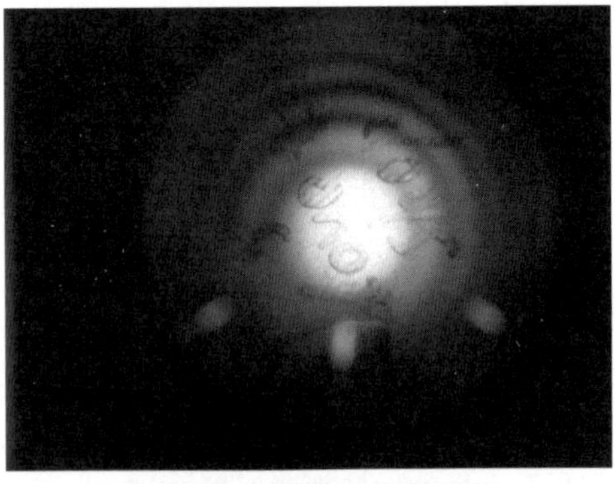

(b) 图(a)支架上玩偶的成像干涉图

图 1-6　GBAII 拍摄的成像干涉图

参 考 文 献

[1] Zhang S P, Roble R G, Shepherd G G. Tidal influence on the oxygen and hydroxyl nightglows: Wind Imaging Interferometer observations and thermosphere/ ionosphere/ mesosphere electrodynamics general circulation model. Journal of Geophysical Research Space Physics, 2001, 106(A10): 21381-21393.

[2] Zhang S P, Thayer J P, Roble R G, et al. Latitudinal variations of neutral wind structures in the lower thermosphere for the March equinox period. Journal of Atmospheric and Solar-Terrestrial Physics, 2004, 66(1): 105-117.

[3] Wang D Y, Ward W E, Solheim B H, et al. Longitudinal variations of green line emission rates observed by WINDII at altitudes 90-120 km during 1991-1996. Journal of Atmospheric and Solar-Terrestrial Physics, 2002, 64(8/9/10/11): 1273-1286.

[4] Shepherd G G, Thuillier G, Gault W A, et al. WINDII, the wind imaging interferometer on the upper atmosphere research satellite. Journal of Geophysical Research Atmospheres, 1993, 98(D6): 10725-10750.

[5] Shepherd G G. Spectral Imaging of the Atmosphere. London: Academic Press, 2002.

[6] Hays P B, Abreu V J, Dobbs M E, et al. The high-resolution Doppler imager on the upper atmosphere research satellite. Journal of Geophysical Research Atmospheres, 1993, 98(D6): 10713-10723.

[7] Thuillier G, Herse M. Thermally stable field compensated Michelson interferometer for measurement of temperature and wind of the planetary atmospheres. Applied Optics, 1991, 30(10): 1210-1220.

[8] Hilliard R L, Shepherd G G. Upper atmospheric temperatures from Doppler line widths: IV. Planetary and Space Science, 1966, 14(5): 383-406.

[9] Hilliard R L, Shepherd G G. Wide-angle Michelson interferometer for measuring Doppler line widths. Journal of the Optical Society of America, 1966, 56(3): 362.

[10] 唐远河, 张淳民, 陈光德, 等. 卫星遥感探测上层大气风场的关键技术研究进展. 物理学进展, 2005, 25(2): 142-152.

[11] Bouchareine P, Connes P. Interferometer with compensated field for Fourier transform spectroscopy. Journal of Physics, 1963, 24(2): 134-138.

[12] Title A M, Ramsey H E. Improvements in birefringent filters. 6: Analog birefringent elements. Applied Optics, 1980, 19(12): 2046-2058.

[13] Hays P B. High-resolution optical measurements of atmospheric winds from space. 1: Lower atmosphere molecular absorption. Applied Optics, 1982, 21(6): 1136-1141.

[14] Hays P B, Roble R G. A technique for recovering Doppler line profiles from Fabry-Perot interferometer fringes of very low intensity. Applied Optics, 1971, 10(1): 193-200.

[15] Thuillier G, Fauliot V, Herse M, et al. The MICADO wind measurements from observatoire de Haute-Provence for the validation of the WINDII green line data. Journal of Geophysical Research Atmospheres, 1996, 101(D6): 10431-10440.

[16] Shepherd G G, Gault W A, Miller D W, et al. WAMDII: Wide-angle Michelson Doppler imaging interferometer for Spacelab. Applied Optics, 1985, 24(11): 1571-1584.

[17] Killeen T L, Skinner W R, Johnson R M, et al. TIMED Doppler Interferometer (TIDI). Proceedings of SPIE, Denver, 1999: 289.

[18] Friedl-Vallon F, Maucher G, Seefeldner M, et al. Design and characterization of the balloon-borne Michelson interferometer for passive atmospheric sounding (MIPAS-B2). Applied Optics, 2004, 43(16): 3335-3355.

[19] McDade I C, Shepherd G G, Gault W A, et al. The stratospheric wind interferometer for transport studies (SWIFT). Proceedings of SPIE, Sydney, 2001: 1344-1346.

[20] Gault W A, McDade I C, Rochon Y J, et al. Filters and calibration for the SWIFT instrument on GCOM-A1. Proceedings of SPIE, Crete, 2003: 60-66.

[21] Shepherd G G, McDade I C, Gault W A, et al. The stratospheric wind interferometer for transport studies (SWIFT). Advances in Space Research, 2001, 27(6/7): 1071-1079.

[22] Solheim B, Brown S, Sioris C, et al. SWIFT-DASH: Spatial heterodyne spectroscopy approach to stratospheric wind and ozone measurement. Atmosphere-Ocean, 2015, 53(1): 50-57.

[23] Ward W E, Gault W A, Shepherd G G, et al. A visible/near-IR interferometer for observing middle atmosphere dynamics and constituents. Proceedings of SPIE, 2001, 4540: 100-111.

[24] Gault W A, Ward W E, Shepherd G G, et al. Optical Doppler imaging of atmospheric winds. Proceedings of International Geoscience and Remote Sensing Symposium, Hamburg, 1999: 1612-1615.

[25] Englert C R, Harlander J M, Babcock D D, et al. Doppler asymmetric spatial heterodyne spectroscopy (DASH): An innovative concept for measuring winds in planetary atmospheres. Proceedings of SPIE, San Diego, 2006: 63030T.

[26] Englert C R, Babcock D D, Harlander J M. Doppler asymmetric spatial heterodyne spectroscopy (DASH): Concept and experimental demonstration. Applied Optics, 2007, 46(29): 7297-7307.

[27] Harlander J M, Englert C R, Brown C M, et al. Michelson interferometer for global high resolution thermospheric imaging (MIGHTI): Monolithic interferometer design and test. Space Science Reviews, 2017, 212(1): 601-613.

[28] Englert C R, Brown C M, Bach B, et al. High-efficiency echelle gratings for MIGHTI, the spatial heterodyne interferometers for the ICON mission. Applied Optics, 2017, 56(8): 2090-2098.

[29] Englert C R, Harlander J M, Marr K D, et al. Michelson interferometer for global high-resolution thermospheric imaging (MIGHTI) on-orbit wind observations: Data analysis and instrument performance. Space Science Reviews, 2023, 219(3): 27.

[30] Bird J C, Liang F C, Solheim B H, et al. A polarizing Michelson interferometer for measuring thermospheric winds. Measurement Science and Technology, 1995, 6(9): 1368.

[31] Gault W A, Brown S, Moise A, et al. ERWIN: An E-region wind interferometer. Applied Optics, 1996, 35(16): 2913-2922.

[32] Ward W E, Gault W A, Rowlands N, et al. An imaging interferometer for satellite observations of wind and temperature on Mars, the dynamics atmosphere mars observer (DYNAMO).

Proceedings of SPIE, Quebec City, 2003: 226.
[33] 武魁军, 吴传航, 胡向瑞, 等. 火星 $O_2(a^1\Delta_g)$气辉高光谱分辨辐射传输特性研究. 地球物理学报, 2023, 66(5): 1864-1875.
[34] 曹鸿谦, 张正峰, 马继楠, 等. ESA 木星冰卫星探测器(JUICE)探测任务工程问题浅析. 宇航学报, 2023, 44(6): 966-976.
[35] 涂翠, 胡雄, 闫召爱, 等. 中国首次中层顶大气重力波成像观测实验. 科学通报, 2009, 54(23): 3784-3789.
[36] Wiens R H, Zhang S P, Peterson R N, et al. MORTI: A mesopause oxygen rotational temperature imager. Planetary and Space Science, 1991, 39(10): 1363-1375.
[37] Wiens R H, Moise A, Brown S, et al. SATI: A spectral airglow temperature imager. Advances in Space Research, 1997, 19(4): 677-680.
[38] Sargoytchev S I, Brown S, Solheim B H, et al. Spectral airglow temperature imager (SATI): A ground-based instrument for the monitoring of mesosphere temperature. Applied Optics, 2004, 43(30): 5712-5721.
[39] Shiokawa K, Otsuka Y, Suzuki S, et al. Development of airglow temperature photometers with cooled-CCD detectors. Earth, Planets and Space, 2007, 59(6): 585-599.
[40] 中分辨率成像光谱仪 MODIS. https://modis.gsfc.nasa.gov. [2024-12-07].
[41] 可持续发展科学卫星 1 号(SDGSAT-1, 广目卫星). https://sdg.casearth.cn/datas/SDGSAT. [2024-12-07].
[42] Gao H Y, Tang Y H, Hua D X, et al. GBAII: A ground based airglow imaging interferometer. Part 1: Instrument and observation. Applied Optics, 2013, 52(36): 8650-8660.

第 2 章　广角迈克尔孙干涉仪探测高层大气风场

1991 年，NASA 发射的 UARS 搭载了 WINDII[1,2]。WINDII 基于广角 MI 的视场展宽技术、压电陶瓷实现光程差的四步进技术、当时先进的 CCD 成像等技术，WINDII 的探测光源是分立的 5 条可见光气辉 $O(^1S)$557.7nm、$O(^1D)$ 630.0nm、OH732.0/734.0nm、O^+732.0nm 和 O_2 大气带 762.0nm/763.0nm[1]；可以探测 80～300km 内高层大气的风速、温度、体发射率等物理量。本章介绍 WINDII 的“四强度测风法”测风原理、参数配置、定标等内容，还介绍 WAMI[3]、PAMI[4]和 DASH[5]等成像干涉仪探测高层大气风场的内容。

2.1　WINDII“四强度测风法”探测高层大气风速和温度

传统的 MI 及光学多普勒方法的基本原理在常用物理教科书上有详细的介绍[6]。物体发出的光通常形成不同频率和波长的光谱。谱线的宽度与发光体的温度相关联。发光物体本身的运动会使谱线产生多普勒频移，由观测到的谱线宽度和频移量就可以推算出物体的温度与运动速度。但谱线宽度和频移量非常小，直接观测非常困难，如果观测谱线的干涉现象，在大光程差情况下，其频移产生的相位变化容易探测，这就是探测高层大气风场的原理。

广角和大光程差(optical path difference，OPD)的 MI 具有如下优势：视场(field of view，FOV)大；仪器能捕捉到弱强度的辐射光(如夜气辉)，适用于研究地球大气这样的扩展光源；当所有被收集的光子集中在单个探测器上时，能获得较高的信噪比；当视场成像于单通探测器上时，光程差的变化必须小于 $\lambda/4$(λ 为波长)才能减小仪器的分辨率损失，业内对这种视场较窄干涉仪的性能比较满意，但要测量几度之内的视场角就比较困难，为此，在一般 MI 的某个臂上设置一块适当厚度的玻璃进行视场角的补偿，这样的超广角 MI 就能探测高斯线型气辉谱线的分辨率从而获取大气的温度[7]。

基于双光束干涉仪和高斯线型气辉谱线，其干涉条纹强度与光程差的关系为[8,9]：

$$I(\Delta) = I_0[1 + \exp(-QT\Delta^2)\cos(2\pi\sigma_0\Delta)] \tag{2-1}$$

式中，I_0 为平均干涉强度；Δ 为光程差；σ_0 为光谱的中心波数；T 为大气温度；Q

为与谱线宽度相联系的系数，高斯型气辉谱线的 $Q = 1.82 \times 10^{-12} / (M\lambda_0^2)$ $\mathrm{cm^{-2}K^{-1}}$，其中，M 为发光粒子的摩尔质量，$\lambda_0 = 1/\sigma_0$ 为零风速时的谱线波长。

大气温度由干涉条纹的对比度(分辨率)决定：

$$V = \frac{I_{\max} - I_{\min}}{I_{\max} + I_{\min}} = \exp(-Q\Delta^2 T) \tag{2-2}$$

由于发光粒子运动产生的干涉位相差与光程差Δ有以下关系[1]：

$$\Phi_w = \frac{2\pi}{\lambda_0}\Delta\frac{v}{c} \tag{2-3}$$

式中，v 为发光粒子沿视线方向(line of sight，LOS)上的相对运动速度；c 为真空中的光速；Φ_w 的单位为弧度。如果探测大气风场使用两个相互垂直的视场，那么在已知光程差 Δ 的情况下，通过式(2-3)就可以获得两个视场在视线方向上的风速，二者叠加就能获得二维风速矢量。

当光源和探测器之间有相对运动速度 v 时，由多普勒效应可知探测器接收的频率为

$$f = \sqrt{1-(v/c)^2} \Big/ \left(1-\frac{v}{c}\right) f_0 \approx \left(1+\frac{v}{c}\right) f_0 \tag{2-4}$$

式中，f_0 为光源在零风速时的频率。式(2-4)用波数可以表示为

$$\sigma \approx \left(1+\frac{v}{c}\right)\sigma_0 \tag{2-5}$$

将光程差 Δ 分为基准光程差 Δ_0 (干涉仪实体部分产生的固有光程差)、风速光程差 Δ_w 和步进光程差 Δ' (MI 反射镜运动产生的光程差)，即 $\Delta = \Delta_0 + \Delta_w + \Delta'$，假设仪器的分辨率为 U，则干涉条纹强度(式(2-1))变为

$$I(\Delta) = I_0\left\{1 + UV\cos\left[\frac{2\pi}{\lambda_0}(\Delta_0 + \Delta_w + \Delta')\right]\right\} \tag{2-6}$$

式(2-6)中余弦函数内的 3 项光程差分别为①基准光程差 Δ_0：假如 Δ_0 是波长的整数倍，即 $\Delta_0 = k\lambda_0$ (k 为整数)，根据余弦函数的周期性可知，在式(2-6)中可以忽略 Δ_0。②风速光程差 Δ_w：与相位的对应关系满足式(2-3)，即 $\Phi_w = \frac{2\pi}{\lambda_0}\Delta_0\frac{v}{c}$ (式(2-3)显示的基准光程差 Δ_0 是测风的关键参数之一)。③步进光程差 Δ'：对应步进相位 $\theta = \frac{2\pi}{\lambda_0}\Delta'$，$\theta$ 可以进行不同步进的独立测量，这样式(2-6)变为

$$I(\Delta) = I_0[1 + UV\cos(\Phi_w + \theta)] \tag{2-7}$$

仪器的分辨率 U 可以通过定标测定，通常约为 0.9(理想情况为 1.0，故也可以把它忽略)[10]。在理论上，只需 3 次独立的测量即可得到 $I(\varDelta)$，就可以确定式(2-7)中 I_0、V 和 $\varPhi_w$，但是实际测量过程中我们采用下面介绍的“四强度测风法”来获得 $\varPhi_w$，进而获得视线方向上的风速，如图 2-1 所示。

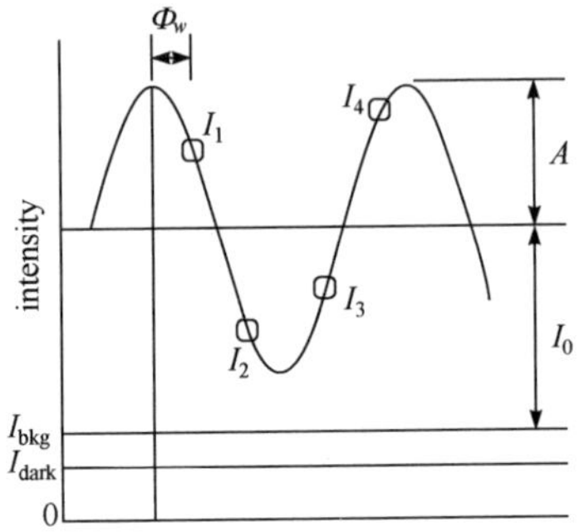

图 2-1　一个干涉条纹位相相差 90°的“四强度测风法”测风取值示意图[1]

图 2-2 为强度与波长和光程差的关系。

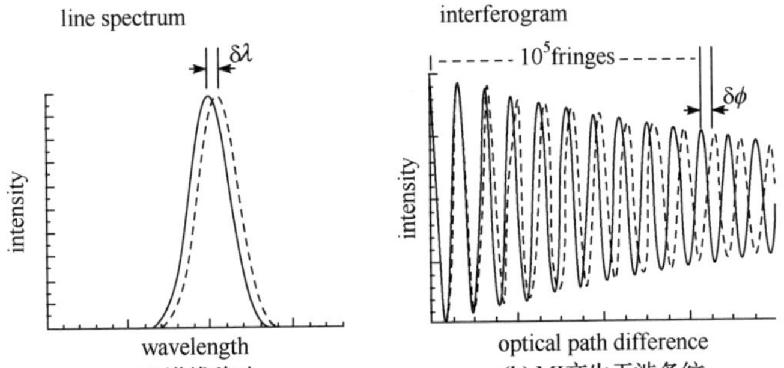

(a) 谱线移动　(b) MI产生干涉条纹

图 2-2　强度与波长和光程差的关系[1]

选择步进光程差 $\varDelta'$ 在一个波长范围内按 $\lambda_0/4$ 递增 4 次，即 $\varDelta'=0$、$\lambda_0/4$、$\lambda_0/2$、$3\lambda_0/4$ (λ_0 为零风速时的气辉波长)，则对应 $\theta=0$、$\pi/2$、π、$3\pi/2$。把它们分别代入式(2-7)，得到 4 个干涉强度测量值 I_1、I_2、I_3、I_4:

$$\begin{cases}\varDelta'=0\rightarrow\theta=0\rightarrow I_1=I_0(1+UV\cos\varPhi_w)\\ \varDelta'=\dfrac{\lambda}{4}\rightarrow\theta=\dfrac{\pi}{2}\rightarrow I_2=I_0(1-UV\cos\varPhi_w)\\ \varDelta'=\dfrac{\lambda}{2}\rightarrow\theta=\pi\rightarrow I_3=I_0(1-UV\cos\varPhi_w)\\ \varDelta'=\dfrac{3\lambda}{4}\rightarrow\theta=\dfrac{3\pi}{2}\rightarrow I_4=I_0(1+UV\cos\varPhi_w)\end{cases}\tag{2-8}$$

由式(2-8)的 4 个式子可得

$$I_0 = (I_1 + I_3)/2 = (I_4+I_2)/2 \tag{2-9}$$

$$\mathrm{UV} = \sqrt{(I_1 - I_3)^2 + (I_4 - I_2)^2}\ /\ 2I_0 \tag{2-10}$$

$$\tan\Phi_w = (I_4 - I_2)/(I_1 - I_3) \tag{2-11}$$

联合式(2-10)和式(2-2)并通过干涉条纹的对比度可以获得大气温度，联合式(2-11)和式(2-3)可以获得视线方向上风的速率，这就是被动探测高层大气风场的四强度法(four-point algorithm)或四强度测风法(four-intensity method wind measurement)。I_0由式(2-9)的两组数据确定，它与气辉的体发射率有关。式(2-11)利用两个强度的差值之比有利于消除图 2-1 中的暗电流I_{dark}和大气等效背景噪声I_{bkg}带来的影响。所以，四强度法测风有利于提高测风精度。

由式(2-3)可知，较大固定光程差可以增加仪器对相位探测的灵敏度，从而提高风速探测精度[1]。WINDII 的基准光程差为 4.5cm，为什么要如此大的光程差？根据相干条件、观测谱线的波长、干涉仪能区分双线气辉光谱，最后测风的 MI 基准光程差取了折中值，详细讨论请参考文献[9]。

2.2　WINDII 的主要技术特征

2.2.1　WINDII 概况

WINDIII 采用临边探测方式观察大气风场。WINDII 中的广角 MI 所有玻璃均满足广角、热补偿特性，在 MI 一臂的玻璃与步进反射镜间设置了空气隙，由压电陶瓷装置产生 1/4 波长的步进光程差，以获得“四强度测风法”的测风方式。为探测某一高度的二维大气风速矢量，WINDII 使用两个相互垂直的探测视场，每个波段的全视场角为 4°×6°，使用 CCD 成像探测器，像素为 512×320，单像素大小为 30μm，WINDII 的仪器综合参数如表 2-1～表 2-3 所示[1, 10]。

表 2-1　WINDII 的仪器综合参数[1, 10]

参数	含义
核心光学仪器	广角迈克尔孙干涉仪
探测地球物理参量	大气层温度，水平的二维风速
光谱波长范围	550～770nm
几何观测特征	在两个相互垂直的视场(前视场为 45°，后视场为 135°)前后探测水平风速矢量，两视场前后时延约为 7min
水平视场	探测 70～315km 高度的水平风场，水平视场为 6°
垂直分辨率	水平 4km，1.5km(潜在)

续表

参数	含义
水平分辨率	20km
测量时间	8s
仪器重量	269 磅(1 磅=0.4536 千克)

表 2-2　WINDII 白天探测气辉光源及探测高度[1, 10]

测量量	目标光源	探测高度
二维风矢量	O_2 (0-1) P11	60～85km
	O_2 (0-0) P9	85～120km
	OI (557.7nm)	90～250km
	OI (630.0nm)	200～300km
	OII (732.0nm)	170～300km
温度	O_2(0-1) P11 和 O_2(0-1) P7	60～85km
	O_2(0-0) P9 和 O_2(0-0) P15	85～120km
	OI (557.7nm)	100～150km
	OI (630.0nm)	200～300km
O_2 密度	O_2(0-0)体发射率	约为 100km
	O_2(0-1)和 O_2 大气(0-0)	60～90km
O 密度	OII (732.0nm)和 OI (844.6nm)	150～300km
O_3 和 $O(^1D)$密度	O_2 大气体发射率	70～95km

表 2-3　WINDII 夜间探测气辉光源及探测高度[1, 10]

测量参数	目标光源	探测高度
二维风矢量	OH Meinel (7-3)	80～90km
	Na D	85～95km
	O_2 Atmosphere (0-0) P9	85～105km
	OI (557.7nm)	95～105km
	OI (630.0nm)	200～300km
温度	OH Meinel (7-3)	80～90km
	Na D	85～95km
	O_2 Atmosphere (0-0) P9 和 O_2 Atmosphere (0-0) P15	85～105km
	OI (557.7nm)	95～105km
	OI (630.0nm)	200～300km
O 密度	OH Meinel	80～95km
	O_2 Atmosphere	85～100km
	OI (557.7nm)	90～105km

2.2.2 WINDII 的成像光学系统

WINDII 的成像光学系统如图 2-3 所示[1]，主要光学参数如下：第一个望远镜角放大率为 1.43，第二个望远镜角放大率为 1.00；物镜光学镜头的焦距为 50mm；物方光圈为 68.5mm；每个通道并列的物方视场为 4°×6°，成像大小为 9.73mm×7.31mm；线分辨率为全视场 12 线对/mm，调制传递函数(modulation transfer function，MTF)超过 35%；失真不超过 2.5%；视场角的渐晕(光损失)不超过 30%；光谱范围为 550～770nm。

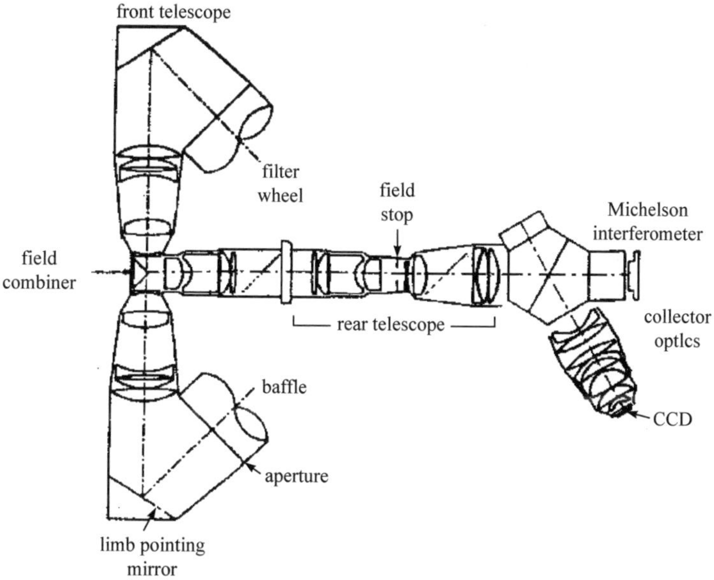

图 2-3　WINDII 的成像光学系统[1]

2.2.3 WINDII 的广角 MI

如图 2-4 所示，WINDII 的广角 MI 实体部分由两块半六角形 BK7 玻璃及分束板(beam splitter，BS)胶合而成，BS 界面镀了一层低偏振多层电介质半透半反膜，光线射入和射出面的尺寸均为 7.6cm×7.6cm，两个臂的玻璃材料为 Schott 公司的 LaFN21 和 Ohara 公司的 LF5，在 LF5 臂的边缘有一个小缝隙，该缝隙使动镜有一个小的步进位移空间，当 MI 扫描一个或两个干涉条纹时满足“四步进法”测风的条件[3]。

玻璃的折射率随温度和波长而改变，其关系为[11]

$$n_{\lambda}^{2} = A_0 + A_1\lambda^{2} + A_2\lambda^{-2} + A_3\lambda^{-4} + A_4\lambda^{-6} + A_5\lambda^{-8} \tag{2-12}$$

式中，A_0～A_5是不同材料线性膨胀色散系数。WINDII 的广角 MI 两臂玻璃 LaF21 和 LF5 的色散系数及折射率如表 2-4 所示。

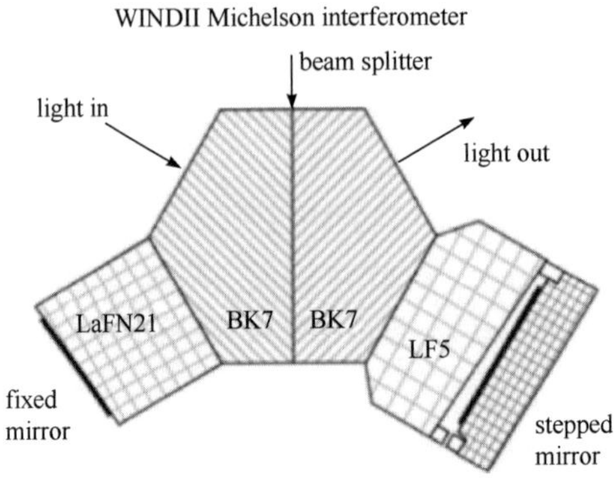

图 2-4　WINDII 中广角实体迈克尔孙干涉仪结构[1]

表 2-4　WINDII 的广角 MI 两臂玻璃 LaF21 和 LF5 的色散系数及折射率[1]

线性膨胀色散系数	LaF21/($5.9\times10^{-6}K^{-1}$)	LF5/($8.7\times10^{-6}K^{-1}$)
A_0	3.122280	2.447787
A_1	-1.3500×10^{-2}	-1.0000×10^{-2}
A_2	2.5833167×10^{-2}	1.7531120×10^{-2}
A_3	5.868251×10^{-4}	9.5250889×10^{-4}
A_4	-7.0659294×10^{-6}	-5.4837761×10^{-6}
A_5	1.5283898×10^{-6}	4.7303899×10^{-6}
折射率	1.7670	1.5645

2.2.4　WINDII 两视场的延时观测

如图 2-5 所示，WINDII 使用两个 FOV 探测二维风速。两相互垂直的 FOV 分别与飞行轨迹呈 45°和 135°。在某一时刻前视场 FOV_1 探测其视线方向 B 处的风速；卫星飞行延时后，后视场 FOV_2 也探测其视线方向同一区域 B 的大气风速，两个相互垂直视线方向上的大气风速分量的叠加就合成为二维水平风速矢量。

卫星上两个 FOV 扫描高层大气示意图如图 2-5 所示，假设在探测过程中，两个望远 FOV_1 和 FOV_2 之间的夹角为 θ。不计地球自转，仅考虑卫星的运动，圆轨道卫星在地球上空的切向飞行速度为 V_s：

$$V_s = \sqrt{GM_e / (h+R)} \tag{2-13}$$

式中，M_e 为地球质量；G 为引力常数；R 为地球半径；h 为卫星高度。

两视场观测同一区域大气风速的时延取决于卫星和地球的运动。在图 2-5 中，两视场扫描的连线即大气切线轨迹与卫星运行轨迹平行。在卫星同一侧，与卫星

距离 r 处的 A 点大气发出的气辉，在 t 时刻进入 FOV_1，经过 Δt 时间再进入 FOV_2，Δt 的时延相当于卫星两视场同时扫描图 2-5 的 B、A 两点，则卫星运动进入两视场的时延为

$$\Delta t = \frac{r\theta}{\sqrt{GM_e/(h+R)}} \tag{2-14}$$

将 M_e=5.976×10^{24}kg，$G = 6.67\times10^{-11}\,\mathrm{Nm^2/kg^2}$，$R = 6370\ \mathrm{km}$，$h$=600km，$r$=1500km，$\theta = 90^\circ$ 代入式(2-14)，得 $\Delta t = 5.2\,\mathrm{min}$，这与文献[12]中 UARS 上 WINDII 提供的 6～7min 时延相近，差异来源于未考虑卫星的倾斜、椭圆轨道和地球的自转。

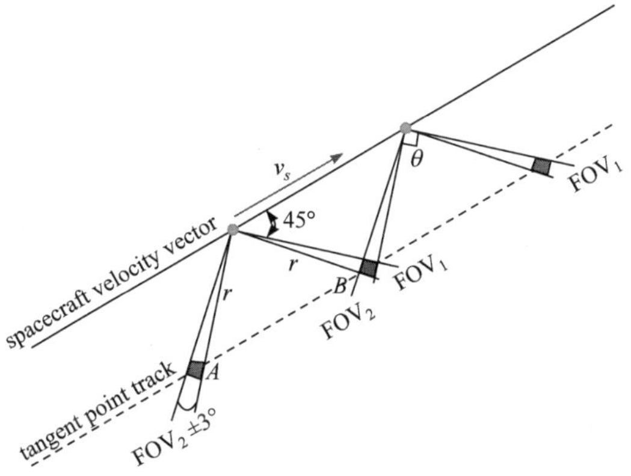

图 2-5　卫星上两个 FOV 扫描高层大气示意图[9]

虽然发光的气辉粒子随大气做快速运动，WINDII 的两个 FOV 先后延时了 6～7min，所探测的风速被认为是同一团大气的风速，鉴于气辉分布较为均匀，相同海拔处的气辉呈现出面光源的特征，所以当气辉进入 WINDII 的广角 MI 光学系统后，可以认为是扩展面光源产生相干成像的结果。

2.2.5　WINDII 的光学滤光

在 WINDII 滤波轮转动中我们选择滤光片进行气辉的探测，WINDII 光学滤光片参数如表 2-5 所示。

表 2-5　WINDII 光学滤光片参数[1]

编号	发射谱线	谱线波长/nm	垂直入射的中心波长/nm	谱线带宽/nm
1	背景	背景	553.1	1.6
2	O^1S	557.7	558.4	1.6
3	O^1D	630.03	630.7	2.7

续表

编号	发射谱线	谱线波长/nm	垂直入射的中心波长/nm	谱线带宽/nm
4	$O^+\ ^2P$	732.0/733.0	732.9	1.4
	OH $P_1(2)$	731.63	732.9	1.4
5A	OH (8,3)带	(8,3)带	728.8	16.3
5B	背景	背景	714.8	11.0
6	OH $P_1(3)$	734.09	734.6	1.2
7	O_2, $^PP(7)$, $^PQ(7)$	763.2, 763.0	763.2	0.09

2.2.6 WINDII 的灵敏度

灵敏度也称为响应度(responsivity)，它是输出信号与输入信号的比值。WINDII 的输出信号用模/数单元(analog-to-digital unit，ADU)的数字化电压表示，输出 1 个 ADU 等于在 CCD 的一个像素组合上读取 73 个电子。气辉辐射的亮度用体发射率表示，其单位是“光子 · $cm^{-3}s^{-1}$”，在探测器上接收到的是照度，即体发射率沿视线方向积分变为积分发射率(integrated emission rate，IER)，其单位是“光子 · $cm^{-2}s^{-1}$”，用瑞利(Rayleigh)作单位。1 个 Rayleigh 相当于在每秒每平方厘米上接收 10^6 个光子。响应度使用 $Rayleigh^{-1}$ 作单位，通过式(2-15)进行计算[1]：

$$R = \frac{1}{73}\frac{10^6}{4\pi}A\Omega\tau q \tag{2-15}$$

式中，A 为镜头通光孔径(光圈)的面积；Ω 为一个像素对应的立体角；τ 为整个系统的透射系数；q 为探测器的量子效率。假设在夜间探测大气气辉辐射，使用1×5像素构成的像素组合(称为一个 Bin)，所有波长的平均响应度约为 5×10^{-3}ADU/(S · R)；白天探测大气气辉辐射的响应度比夜间高出 10 倍，即 5×10^{-2}ADU/(S · R)。对 WINDII 的 5A、5B 滤光片而言，这组数据被平分，因为每个滤光片各占有通光孔径的 1/2。WINDII 的相关响应参数及误差估计如表 2-6 所示。

表 2-6 WINDII 的相关响应参数及误差估计[1]

参数	误差大小	参数	误差大小
曝光误差	0.03%	平均滤波透过率	0.4
步进尺寸误差	0.03%	镜头/镜子透过率	0.75
暗电流	30 个电子数/(s · pixel)	立体角	1.78×10^{-7}sr/pixel
读出误差	100e	光圈面积	32.7cm^2

续表

参数	误差大小	参数	误差大小
数字化	73 个电子数/ADU	夜间光圈因素	1.00
量子效率	0.23～0.55	白天光圈因素	0.11
迈克尔孙干涉仪效率	0.47		

WINDII 误差估计如表 2-7 所示。

表 2-7　WINDII 误差估计[1]

时间		气辉发射特征与条件				误差估计	
		温度/K	亮度/kR	Bin 尺寸/pixel	曝光时间/s	风速/(m/s)	温度/K
夜间	OI 557.7nm	200	5	2×25	2	5	18
	OI 630.0nm	1200	5	6×25	2	6	20
	OH 734.1nm	200	1.5	2×25	4	10	50
	O_2 763.2nm	200	20	3×10	2	8	75
白天	OI 557.7nm	800	25	4×25	1	12	40
	OI 630.0nm	1200	30	8×25	1	8	30
	OH 734.1nm	3000	5	8×25	1	75	N/A
	O_2 763.2nm	200	200	3×10	2	6	55

2.3　WINDII 的定标

定标是把测量设备或设备的输出与已知测量特性的标准进行比较，建立测量设备和测量单位之间的关系。对很多工作来说，还需要知道定标精度，这个精度通过估计定标的误差(不确定性)来量化。定标常被认为是调整测量仪器输出，使测量仪器在一定精度内与应用的已知标准一致。定标往往应用在下面五个方面：用于一种新的设备中；当特定时间段过去后；当特定使用(操作时间)已过后；当仪器受到振动或晃动时；当观测过程中出现问题时。

1. WINDII 定标参量

WINDII 的定标灯所用光源：1 个 He-Ne 激光器、1 个钨带状灯、1 个氖(Ne)灯、1 个氪(Kr)灯、2 个氩(Ar)灯[12,13]。选择定标灯谱线的原则是它们尽可能地接近大气谱线，如表 2-8 所示。

表 2-8　WINDII 飞行中相位定标所需的大气辐射谱线和与此相关的定标谱线[1]

大气辐射谱线		定标谱线	
λ_0/nm	发光种类	λ_c/nm	定标灯种类
557.7	$O(^1S)$	557.0	Kr
630.0	$O(^1D)$	630.4	Ne
734.1/736.9	OH	738.4	Ar
732.0	$O^+(^2P)$	738.4	Ar
763.1	$O_2b^1\Sigma$	763.5	Ar

在 WINDII 的 CCD 探测器上单像素观察的辐射强度 I 可用视线方向的积分来表示，即用迈克尔孙方程来描述[1]：

$$I = FR\int_{\text{LOS}} E(s)T(s)\{1+UV(s)\cos[\varPhi+\phi(s)]\}\mathrm{d}s + I_b + I_{\mathrm{d}} + I_\varepsilon \tag{2-16}$$

式(2-16)中的各参量分为以下三类。

(1) 与观察目标(如地球大气)特征相关的 4 个物理量 $E(s)$、$T(s)$、$V(s)$和$\phi(s)$。$E(s)$为大气光源的 VER；$T(s)$为与大气吸收相联系的光传输透过率(也称传输函数)；$V(s)$为与大气温度相联系的对比度；$\phi(s)$为与大气风场相联系的多普勒相位。

(2) 与仪器特征相关的 4 个物理量 F、R、U 和 $\varPhi$。F 为滤光片的透过函数；R 为仪器响应度；U 为仪器可见度；$\varPhi$ 为仪器总体相位，$\varPhi = \phi_M - \phi_{\text{sat}} - \phi_{\text{rot}} + \phi_{\text{other}}$，包括迈克尔孙动镜步进一步对应的相位 ϕ_M，人造卫星速度 V_{sat} 对应的相位 $\phi_{\text{sat}} = -\phi_0\dfrac{V_{\text{sat}}}{c}$($c$ 为光速)，地球自转角速度对应的相位 $\phi_{\text{rot}} = \phi_0\dfrac{\omega z\cos\vartheta\sin\varGamma}{c}$($z$ 为切点高度、ϑ为大地纬度、$\varGamma$为视线方向角，以及零风速相位 $\phi_0 = 2\pi\lambda_0^{-1}\left(\varDelta_\lambda - \lambda_0\dfrac{\mathrm{d}\varDelta}{\mathrm{d}\lambda}\right)$，$\lambda_0$ 为光谱线中心波长、$\varDelta_\lambda$为对应的光程差和 $\mathrm{d}\varDelta/\mathrm{d}\lambda$为总光程差的波长变化修正)，以及其他相位 ϕ_{other}。

(3) 与观察环境和仪器特征相关的 3 个物理量 I_b、I_{d}和 I_ε。I_b 为等效连续背景强度；I_{d} 为暗电流；I_ε为随机噪声。

为了确定与风场、温度、发射率和大气吸收相关的物理量$\phi(s)$、$V(s)$、$E(s)$、$T(s)$，首先必须标定描述 WINDII 仪器设备特征的其他物理量。这些仪器特征的定标需要达到足够精度，以满足最终探测大气相关物理量的高精度要求。WINDII 的这些仪器设备特征参数值在仪器发射前需对精度要求进行定标。当仪器进入轨道后，也要周期性地进行一些量的定标测量，用以监控仪器设备特征的短期或长期变化。经常性定标测量用来监控由温度变化而引起的仪器特性漂移，这些漂移在十几分钟之内就可能产生相当重大的影响。还有一些非经常性定标用于监控仪器特征在较长时期内的变化[13]。

2. WINDII 飞行前定标

WINDII 飞行前需要对如下 7 个参数定标：仪器的响应度 R；滤光片透过函数及频带范围；仪器的对比度 U；基准相位差(与零风速相位 ϕ_0 相关)；步进相位的间隔；各光学参数(如像素对应的立体角、视场、对应的探测点等)；与仪器姿态和卫星运动方向相关的视场方向。

WINDII 的响应度、滤光片透过函数、仪器的对比度和基准光程差在进行定标时，需要分别采用 1×5、5×5、10×15 和 1×5 像素组成的 Bin 进行测量。在较大像素的 Bin 上得到的定标结果，经过趋势分析、平滑处理、插值等处理后融合到 1×5 像素的 Bin 中。

3. WINDII 飞行定标

WINDII 在飞行中每周对如下 5 个参量进行一次定标(非经常性定标)：仪器的响应度 R、滤光片透过函数 F、仪器的对比度 U、基准相位差、仪器的姿态。

WINDII 的飞行定标灯及定标参数如表 2-9 所示，这些定标光源被认为足够稳定，因此，它们产生的系统误差远小于容许的定标误差。

WINDII 在飞行中每 15～20min 对如下 2 个物理量进行一次定标(经常性定标)：暗电流测量；定标灯的相位测量。在没有定标和外部光源(关闭光阑)情况下，暗电流测量的结果是暗电流与像素单元信号偏差的总和。定标灯的相位通过散射干涉图的 4 点采样来确定。

表 2-9 WINDII 的飞行定标灯及定标参数[1]

calibration source	wavelength/nm	calibration parameter
Tungsten lamp	500～1500	responsivity
He-Ne laser	632.8	visibility
Krypton lamp	557.7	phase/transmittance at 557.7 (O^1S)
Neon lamp	630.4	phase/transmittance at 630.0 (O^1D)
Argon lamp	738.4	phase/transmittance at 734.1/736.9 (OH)
Argon lamp	738.4	phase/transmittance at 732.0 ($O^{+2}P$)
Argon lamp	738.5	phase/transmittance at 763.1 ($O_2b^1\Sigma$)

2.4 遥感探测大气风场的探测器

制约探测高层大气风场的主要因素有两方面：大光程差的广角 MI 干涉仪和

高精度的探测器。在探测高层大气风场时，风速和温度的探测精度与 CCD 的分辨率和像元尺寸有直接的关系。“四强度测风法”(式(2-8)、式(2-10)和式(2-11))中的干涉强度由 CCD 探测器上获得的光子数来计量。影响风场探测精度的 CCD 参数包括：暗电流、读出噪声和量子效率等[1]。

CCD 的量子效率越高，光电转换的能力越强，但 CCD 的量子效率并不能直接测量，因此，在实际应用中通常转换为对 CCD 的响应度进行测量。当探测高层大气风场时，CCD 的输出信号用 ADU 的数字化电压来表示。例如，WINDII 的镜头通光孔径的面积为 32.7cm^2，立体角为 1.78×10^{-7}sr/pixel，通过 $O(^1D)$ 630.0nm 发射谱线成像探测高层大气风场时的透射系数变化范围为 56%～70%，平均滤光透过率为 0.4，光学系统的透过率为 0.75，量子效率为 0.23～0.55，转换一个单位 ADU 所需的电子数约为 73 个。提高测风精度需要从以下三方面来提高仪器响应度：①提高光通量 $A\Omega$；②选择量子效率 q 高的 CCD 探测器；③选择信噪比高的 CCD 探测器。

鉴于大气中的主要痕量气体元素都有自己的辐射谱线和所在的峰值高度，我们利用光学技术被动遥感探测大气的特征(指纹)光谱段信号，从光谱段信号中获取大气的风速和温度等信息。利用这些信息来探测光源，从光谱信号中获取相关高度大气的风速和温度等参量。随着探测器技术的发展，探测光源不断拓展到可见光以外的近红外、红外、紫外等波段。例如，CO_2 分子在波长为 15μm 的光谱带，NO 分子在波长为 5.4μm 的光谱带，CO_2 分子在波长为 4.4μm 的光谱带，臭氧 O_3 在波长为 8.8μm 的光谱带适于低空大气风场探测目标光源。被动遥感目标光源波段及强度的选择多样化，对探测器性能的要求也在不断提高，如果采用选通探测新技术，可以达到如下两方面的目的。

(1) 对可见光、红外、紫外各波段进行波段局部选通探测。

(2) 对相同波长、不同强度的极光和气辉进行强度局部选通探测。

这样的探测器将大大提高高层大气风场探测的效率和探测器的适用范围，能够在物理层面上进一步提高成像系统的宽容度，使得在微弱光和强光两个极端环境下都可以清晰地成像。研究开发这类探测器，不仅仅是高层大气风场探测的需要，还对民用、军用等各方面均有意义。我们在这些方面做了一些探索性工作，详见第 8 章的相关内容。

2.5　WAMI 的镀膜静态测风模式

WAMI 是加拿大约克大学 Shepherd 教授课题组提出的测风模式，WAMI 将

MI 两臂反射镜都固定，再将其中一臂反射镜均分为 4 个分区并镀反射膜，让每个分区产生 $\lambda_0/4$ 的反射光程差，实现静态测风模式[3]。

WAMI 探测风场使用的光源为可见光气辉 $O(^1S)$ 557.7nm 和 $O_2(a^1\Delta_g)$ /OH 1.270μm 红外分子氧 0-0 的振动转动带。WAMI 对波长为 1.270μm 与 557.7nm 的光线的光程差分别为 20cm 和 4.46cm，最终匹配的最佳光程差为 6cm。WAMI 使用 1 个二向色性镜子隔开 557.7nm 和 1.270μm 两波段的光线，还用 1 个劈形滤镜和四分区镜子同时对红外波段的强(1.264μm)、弱(1.278μm)两条谱线进行观测，分别使用可见光 CCD 和红外探测器[3, 14]。

如图 2-6 所示的 WAMI 有两个接收探测器，一个为 CCD 探测器，另一个为 HgCdTe 阵列探测器，第一个望远镜视场为 4.5°×4.5°。光线通过 MI 聚焦到入瞳干涉仪镜子上，在第二个望远镜聚焦的镜子处有一个角锥棱镜(滤镜后)，每个探测器前均放置了一个角锥棱镜。角锥棱镜各边将从 MI 反射镜的四个分区处反射回来的光线，成像在阵列探测器对应的四个区域上。入瞳直径为 5cm，有效孔径为 *f*/1.3，第一个望远镜和第二个望远镜的放大率分别为 2 和 0.5，MI 的视场为 9°×9°，到达滤镜后视场变为 4.5°×4.5°。

如图 2-6 所示，WAMI 将 MI 的两臂反射镜固定，并将一臂反射镜分为 4 个分区，分别在 4 个分区上镀反射膜以产生 0、$\lambda_0/4$、$\lambda_0/2$、$3\lambda_0/4$ 的步进光程差，4 个分区提供 0°、90°、180°和 270°共 4 个相位的像，如图 2-7 所示的 STEP1 区域。如果分区镜的相位从 90°步进开始(图 2-7 中的 STEP2 区域)，那么每个像的相位增加 90°，获得两套相位邻近区域的 4 个相位的像。通过两套谱线的分开成像，即图 2-7 中上面的像(阴影区)对应一条谱线，下面的像对应另一条谱线(非阴影区)，在两步进之间，大气辐射强度的改变得到补偿，因为通过对两种像中每一条发射

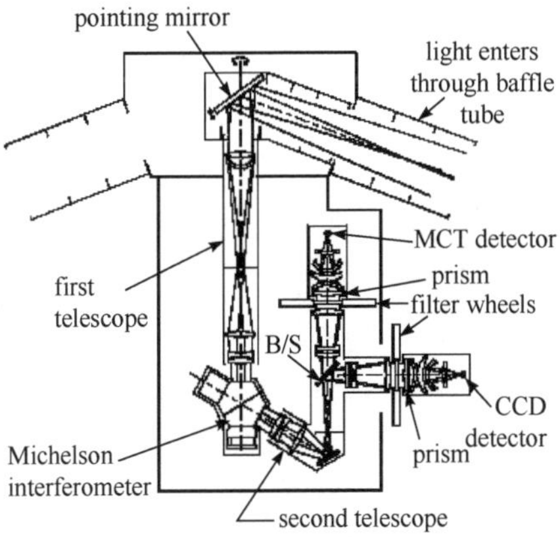

图 2-6　WAMI 的光学结构设计图[14]

image 1 phase 0° emiss 1	image 3 phase 180° emiss 1	STEP 1
image 2 phase 90° emiss 2	image 4 phase 270° emiss 2	
image 5 phase 90° emiss 1	image 7 phase 270° emiss 1	STEP 2
image 6 phase 180° emiss 2	image 8 phase 0° emiss 2	

图 2-7　WAMI 的两相位步进方法，其中，阴影显示的成像对应同一条谱线[14]

谱线的求和而重新获得地球大气的辐射强度，该技术可以实现白天对 $O_2(a^1\Delta_g)$谱线的测量、夜间对 $O_2(a^1\Delta_g)$和 OH 谱线的同时观测。

图 2-8 为 4 组干涉在 CCD 上形成的图像，其中，各区间不同相位差步进产生 4 个视场，在十字瞄准仪的 4 个象限各有一个像内图案，每个十字线图案下的点表示强度参考值，从一个像到另一个像的强度变化就产生 MI 的调制度。图 2-8 中 4 个区域具有不同的强度值，可由 CCD 分别探测到 4 个强度。例如，图 2-8 中右下区亮度最大，对应图 2-1 中 I_1，而图 2-8 中右上区亮度最小，对应图 2-1 中 I_3，以此类推。

图 2-8　WAMI 对 MI 固定反射镜 4 个分区镀膜后产生的干涉图像[14]

2.6　PAMI 的改变偏振态测风模式

PAMI[4]是加拿大约克大学 Shepherd 教授课题组于 1989 年研制的地基观测高层大气风场的广角偏振 MI，所用光源为 O(^{1}S)557.7nm、O(^{1}D)630.0nm 气辉。PAMI 仅需扫描一个波长，让一个周期内偏振态改变 4 次，得到 4 个步进强度，然后采用“四强度测风法”进行测风。PAMI 使用潜望镜系统收集气辉，以探测气辉谱线的多普勒频移；因为偏振分束板引起各臂不同的偏振态，所以产生了 PAMI 的光程差，如图 2-9 所示。PAMI 干涉仪保持固定，而波长随探测气辉而发生变化，这些均能通过分析器获得。当入射光进入 45°偏振片时，产生水平 p 分量偏振光和垂直 s 分量偏振光，两个分量被分束板分开后进入不同臂，在每个臂的末端分别放置一个 45°的 1/4 波片(quarter wave plate，QWP)，通过前后反射传播两次，其结果等效为一个半波片，使其偏振态转动 90°，即 s 偏振光通过 QWP 变为 p 偏振光，通过分束板的反射，p 偏振光通过另一个 QWP 变为 s 偏振光。与传统的非偏振 MI 不同，PAMI 没有光线再回到 MI 的光源处，消除了其他并发进入 MI 的反射光，这高效补偿了一般 MI 中光线由分束板带来的 50%损失。

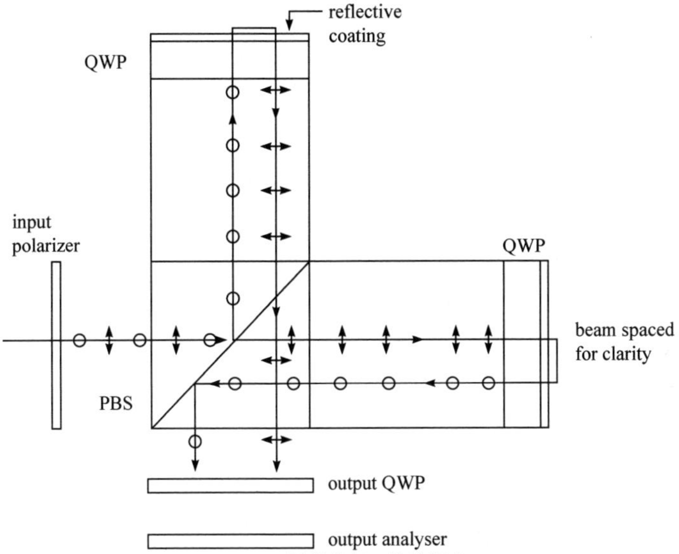

(a) PAMI及其改变MI的偏振态

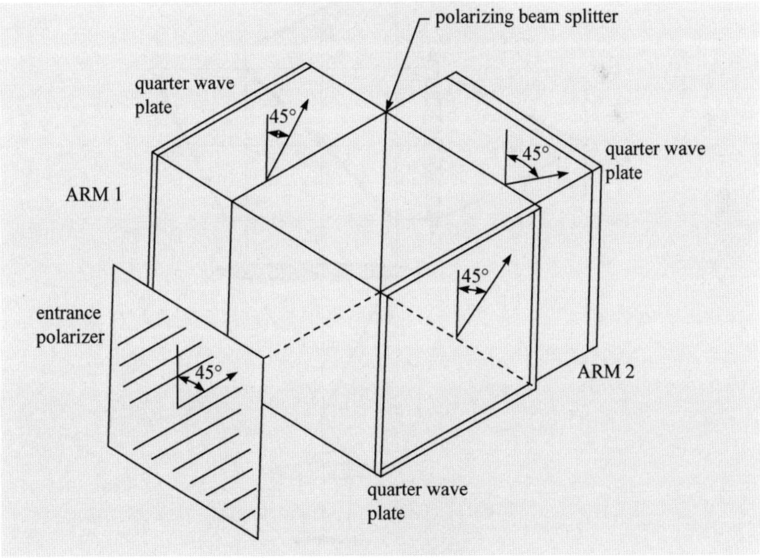

(b) 偏振光入射的效果

图 2-9　PAMI 的测风模式[4]

2.7　DASH 的测风模式

1970 年，日本大阪大学的 Suzuki 和 Dohi 首次提出空间外差光谱学概念，他们完成了空间外差光谱(spatial heterodyne spectroscopy，SHS)技术雏形[15]。如图 2-10 所示的 SHS 光学系统使用衍射光栅 G_1 和 G_2 取代了传统 MI 中的两个反射镜。1990 年，美国威斯康星大学的 Harlander 和 Roesler 使用 CCD 对空间外差光谱仪进行实验检验，空间外差光谱技术是一项用于探测微弱弥散光强度的重要技术手段，将 SHS 和傅里叶变换光谱技术结合的仪器具有一定的优势：不需要运动部件、采用光楔实现系统的大视场、高光谱分辨率、光通量大、有成像能力、可同步采样不同位置的干涉图样信息，还具有体积小、集成度高、重量轻、功耗低等特点[16, 17]。

美国海军实验室的 Englert 将傅里叶变换光谱(Fourier transform spectroscopy，FTS)技术与 SHS 的原理相结合研制的 DASH 光学系统[5]如图 2-11 所示。在干涉仪的 BS 两臂到光栅的光路中增加视场展宽棱镜的光楔，使 DASH 光学系统具有视场展宽能力，将两个相互倾斜一定微小角度的光栅固定在干涉仪的两臂末端。

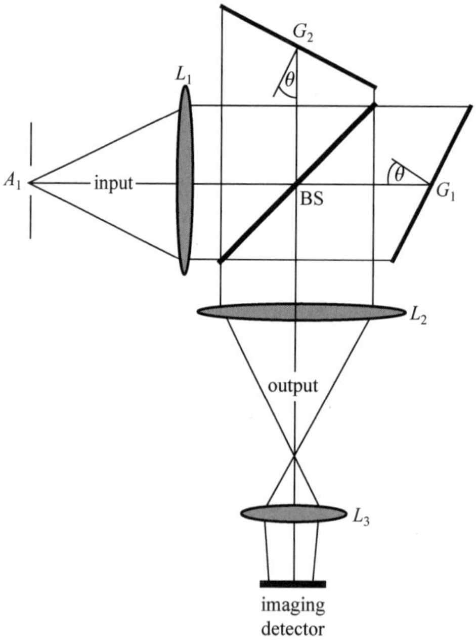

图 2-10　SHS 光学系统[17]

2019 年 10 月 9 日，Harlander 和 Englert 设计的 MIGHTI 搭载 ICON 发射升空，MIGHTI 可以探测热电离层的风速和温度信息，他们选择了波长为 630.0nm、557.7nm

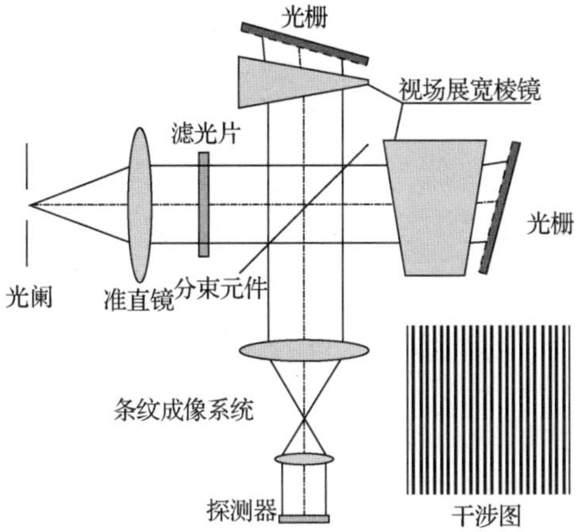

图 2-11　DASH 光学系统[18]

和 762.0nm 的气辉作为探测目标源，所得清晰的成像干涉直条纹如图 2-12 所示[19]。MIGHTI 干涉光谱仪依旧采用干涉双臂式结构，通过 BS 分光，为了减小胶合过程中干涉仪光学元件之间的应力作用，采用凹槽在两臂的空气隔片，如图 2-13 所示，BS 两臂不同玻璃厚度的棱镜进行视场展宽后具有 5.1cm 的最优光程差。为了实现同时探测 3 条气辉谱线的强度，干涉仪采用了低密度阶梯闪耀光栅以实现不同波长的气辉在不同光学衍射级次上发生干涉。MIGHTI 整机光学系统采用两组相同干涉仪系统同时同步探测两个相互垂直方向的风速，可以获得二维大气风速矢量[19,20]，在第 11 章，我们将详细地介绍 DASH 的傅里叶变换测风原理，并与 GBAII-DASH 的“四强度测风法”进行比较。

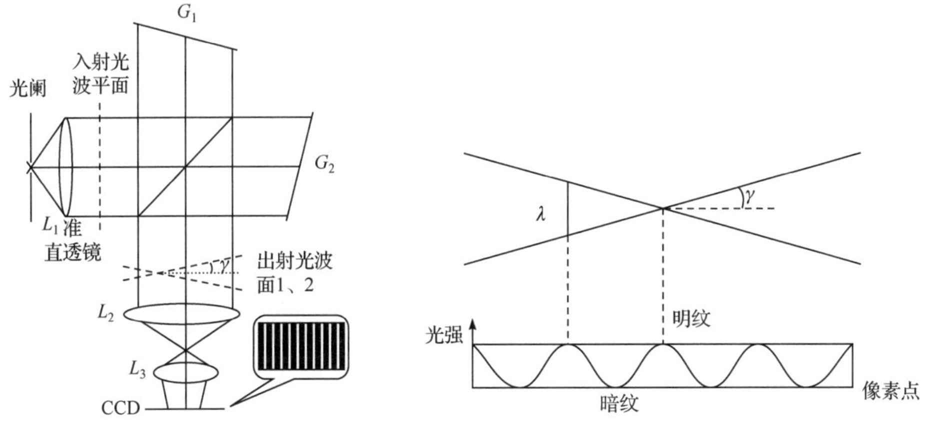

(a) DASH的两个光栅产生的波面　　(b) DASH在CCD上形成干涉强度示意图[5]

图 2-12　DASH 的探测模式

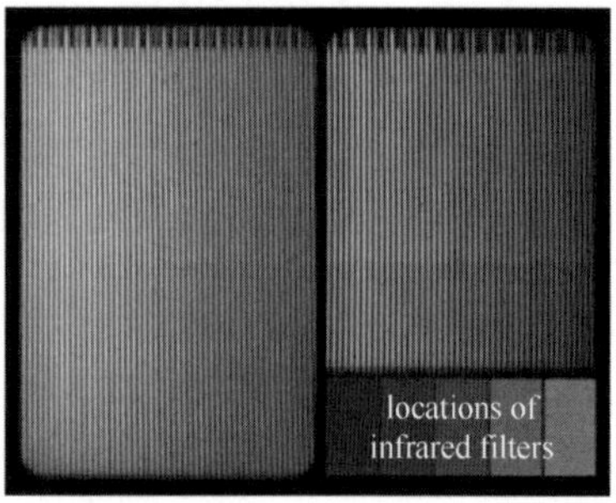

(a) 557.7nm气辉　　(b) 630.0nm气辉

图 2-13　MIGHTI 系统拍摄的成像干涉图[21](见彩图)

参 考 文 献

[1] Shepherd G G, Thuillier G, Gault W A, et al. WINDII, the wind imaging interferometer on the upper atmosphere research satellite. Journal of Geophysical Research Atmospheres, 1993, 98(D6): 10725-10750.

[2] Shepherd G G, Thuillier G, Cho Y M, et al. The wind imaging interferometer (WINDII) on the upper atmosohere research satellite: A 20 year perspective. Reviews of Geophysics, 2012, 50(2): 1-38.

[3] Ward W E, Gault W A, Shepherd G G, et al. Waves Michelson interferometer: A visible/near-IR interferometer for observing middle atmosphere dynamics and constituents. Proceedings of SPIE, Toulouse, 2001: 100.

[4] Bird J C, Liang F C, Solheim B H, et al. A polarizing Michelson interferometer for measuring thermospheric winds. Measurement Science and Technology, 1995, 6(9): 1368.

[5] Englert C R, Babcock D D, Harlander J M. Doppler asymmetric spatial heterodyne spectroscopy (DASH): Concept and experimental demonstration. Applied Optics, 2007, 46(29): 7297-7307.

[6] Born M, Wolf E. Principles of Optics. London: Oxford, 1975.

[7] Bouchareine P, Connes P. Interferometer with compensated field for Fourier transform spectroscopy. Journal of Physics, 1963, 24(2): 134-138.

[8] Shepherd G G, Gault W A, Koehler R A, et al. Optical Doppler imaging of the aurora Borealis. Geophysical Research Letters, 1984, 11(10): 1003-1006.

[9] 唐远河, 张淳民. 卫星遥感被动探测高层大气风场. 北京: 科学出版社, 2011.

[10] Shepherd G G. Spectral Imaging of the Atmosphere. London: Academic Press, 2002.

[11] Harris W M, Roesler F L, Harlander J, et al. Applications of reflective spatial heterodyne spectroscopy to UV exploration in the Solar System. Proceedings of SPIE, New York, 2004: 886-897.

[12] Thuillier G, Wiens R H, Shepherd G G, et al. Photochemistry and dynamics in thermospheric intertropical arcs measured by the WIND imaging interferometer on board UARS: A comparison with TIE-GCM simulations. Journal of Atmospheric and Solar-Terrestrial Physics, 2002, 64(4): 405-415.

[13] Thuillier G, Gault W, Brun J F, et al. In-flight calibration of the wind imaging interferometer (WINDII) on board the upper atmosphere research satellite. Applied Optics, 1998, 37(8): 1356-

1369.
[14] Gault W A, Sargoytchev S I, Brown S. Divided mirror technique for measuring Doppler shifts with a Michelson interferometer. Proceedings of SPIE, San Jose, 2001: 266-272.
[15] Harlander J, Reynolds R J, Roesler F L. Spatial heterodyne spectroscopy for the exploration of diffuse interstellar emission lines at far-ultraviolet wavelengths. The Astrophysical Journal, 1992, 396(2): 730.
[16] Harlander J M, Roesler F L, Cardon J G, et al. SHIMMER: A spatial heterodyne spectrometer for remote sensing of earth's middle atmosphere. Applied Optics, 2002, 41(7): 1343-1352.
[17] Englert C R, Harlander J M, Owrutsky J C, et al. SHIM-free breadboard instrument design, integration, and first measurements. Naval Research Lab Washington DC, 2005.
[18] 冯玉涛, 李娟, 赵增亮, 等. 大气风场探测星载干涉光谱技术进展综述. 上海航天, 2017, 34(3): 14-26.
[19] Englert C R, Harlander J M, Marr K D, et al. Michelson interferometer for global high-resolution thermospheric imaging (MIGHTI) on-orbit wind observations: Data analysis and instrument performance. Space Science Reviews, 2023, 219(3): 27.
[20] 沈静. 中高层大气风场探测多普勒非对称空间外差技术研究. 合肥: 中国科学技术大学, 2017.
[21] Marr K D, Thayer A S, Englert C R, et al. Determining the thermomechanical image shift for the MIGHTI instrument on the NASA-ICON satellite. Optical Engineering, 2020, 59(1): 013102.

第 3 章　HRDI 和 TIDI 探测高层大气风场

1991 年，NASA 发射的 UARS 上搭载了两台测风测温仪器：美国密歇根大学 Hays 等[1]研制的 HRDI[1]和加拿大约克大学 Shepherd 等[2]研制的 WINDII，分别对地球上空 10～110km 和 80～300km 的低高层大气风速、温度、体发射率等物理量进行被动遥感探测。

星载 WINDII 和 HRDI 首次利用 MI 和 FPI 探测高层大气风场，相互验证性地探测重叠高度约为 30km(80～110km)的大气，证明各自均有优点。后来，美国密歇根大学的 TIDI 团队结合 WINDII 和 HRDI 的优点，设计了 TIDI 仪器，于 2001 年 12 月 7 日发射升空，探测地球上空 60～300km 高度范围的大气水平风场等信息[3-7]，本章将简介 HRDI 和 TIDI 的测风原理。

3.1　FPI 干涉仪探测高层大气风场的基本原理

FPI 早于 MI 用于探测大气风场，借助其高分辨率优点，无论是星载还是地基观测，它一直是用于风场探测的重要装置，且探测理论相对成熟，FPI 的探测模式也较为灵活[8]。星载 FPI 通常采用很窄视场(垂直视场仅为 0.05°左右)，空间信息通过光学系统的机械扫描来获取，探测器的选择也多样化，HRDI 使用像平面探测器(image plane detector，IPD)，地基 FPI 使用的视场较大，探测器一般使用 CCD[9]。本章只介绍星载 FPI 探测风场的原理和应用。

FPI 探测大气风场主要利用它的干涉条纹非常细锐的特点，通过读取条纹峰值在探测器上移动的位置来获取多普勒频移量，进而推算风速。

FPI 条纹在探测器像面上的位置与入射像面的角度有关。将 FPI 的相位差表达式进行泰勒级数展开：

$$\delta = \frac{4\pi nh}{\lambda}\left(1 - \frac{\theta^2}{2!} + \frac{\theta^4}{4!} - \cdots\right) \tag{3-1}$$

式中，h 为 FPI 两板间隙间距；λ 为波长；θ 为入射角；n 为间隙中介质的折射率。在星载仪器中 $\theta \approx 0$，则 $\theta \approx \tan\theta = a/f$，其中，$a$ 为条纹峰值到条纹中心的距离，f 为探测器镜头的焦距，将这些量代入式(3-1)，由于 $a \ll f$，所以忽略 4 次项及高次项，得

$$\delta = \frac{4\pi nh}{\lambda}\left(1-\frac{a^2}{2f^2}\right) = 2\pi m \tag{3-2}$$

由此得到干涉级次 m 为

$$m = \frac{2nh}{\lambda}\left(1-\frac{a^2}{2f^2}\right) \tag{3-3}$$

当谱线受风速影响产生多普勒频移 $\Delta\lambda$ 时，将对应条纹峰值到条纹中心的距离记为 $a_{\lambda+\Delta\lambda}$。将风速与波长的对应关系 $\frac{1}{\lambda+\Delta\lambda}=\frac{1}{\lambda}\left(1+\frac{v}{c}\right)$ 代入式(3-3)，可得

$$m = \frac{2nh\left(1+\frac{v}{c}\right)}{\lambda}\left(1-\frac{a_{\lambda+\Delta\lambda}^2}{2f^2}\right) \tag{3-4}$$

将式(3-4)与式(3-3)相减，得到大气风速的表达式[10]：

$$v = \frac{c(a_{\lambda+\Delta\lambda}^2 - a^2)}{2f^2 - a_{\lambda+\Delta\lambda}^2} \tag{3-5}$$

式(3-5)为理想情况下风速与 FPI 条纹峰值位置的对应关系。

要确定目标大气的温度，需假设入射光谱线具有一定的展宽。以多普勒展宽的高斯线型函数为例，则输出光强分布为[10]

$$I = \frac{(1-R)^2}{1-R^2}\left[1+2\sum_{n=1}^{\infty}R^n \exp\left(\frac{-8v_0^2 kT_0 \pi^2 h^2 n^2}{Mc^2}\right)\cos(2\pi nm)\right] \tag{3-6}$$

其中，k 为玻尔兹曼常量；M 为原子量；v_0 为零风速时的中心波数；T_0 为目标大气的温度。

式(3-5)和式(3-6)分别给出了理想情况下风速与干涉条纹位置的关系及温度与光强的关系，但这两个式子只有在诸多假设成立条件下才适用。实际仪器存在诸如干涉仪两平板面型的影响、平面弯曲度及光学系统像差等实际仪器的各种缺陷，Hays 等已进行了详细的讨论[1,9]，给出了实际仪器的透射函数：

$$\begin{aligned} Y(\delta) &= 7.95\times 10^4 (A\Omega R_y \tau_a T_t P_e)(1-R)(1+R)^{-1} \\ &\quad \times \left\{1+2\sum_{n=1}^{\infty} R^n \exp\left[-\frac{n^2}{4}(G^2+L^2)\right]\operatorname{sinc}\left(\frac{2nd_f}{\Delta\sigma}\right)\operatorname{sinc}\left(\frac{2nf}{\Delta\sigma}\right)\cos(n\delta)\right\} \end{aligned} \tag{3-7}$$

式中，δ 由式(3-2)给出；d_f 为 FP 标准具透过函数的半高宽；A 为干涉仪的实际通光面积；Ω 为入射光场的立体角；R_y 为以瑞利为单位的积分发射率；τ_a 为包含反射膜吸收和散射影响的透过率系数；T_t 为光学系统和滤光片的透过率乘积；P_e 为

探测器的量子效率；$G = 2\pi W_G / (\Delta\sigma\sqrt{\ln 2})$；$L = 2\pi W_L / (\Delta\sigma\sqrt{\ln 2})$，其中，$W_G$与$W_L$分别为高斯线型和洛伦兹线型的半高宽，$\Delta\sigma$为自由光谱范围。

大气风速和温度并不包含在式(3-7)中，而是包含在 W_L 与 W_G 中，最终的 Y 值为探测器的电子计数值。在实际的星载仪器探测大气模式中，使用临边观测方法，IPD 探测器每一个阳极环或 CCD 的每一个像素记录整层大气的积分强度值，而整层大气的风速和温度各异，因此，借助于垂直方向的扫描探测综合反演，才能得到大气相关信息。

3.2　HRDI 探测高层大气风场模式

3.2.1　HRDI 概述

HRDI 采用 3 个 FPI 探测 10～110km 的大气风场，测风精度达到 5m/s，同时也能探测大气温度、体发射速率、大气成分浓度等信息[1]。主要目标光源是大气中 O_2 的 $b^1\sum_g^+ - X^3\sum_g^-$ 带谱线[11,12]。HRDI 的光学结构如图 3-1 所示，其中，3 个依次排列的 FPI 标准具分别为高分辨率标准具(high resolution etalon，HRE)、中分辨率标准具(medium resolution etalon，MRE)和低分辨率标准具(low resolution etalon，LRE)，分别具有高、中、低精度，由于单一标准具组成的 FPI 具有周期性透过率

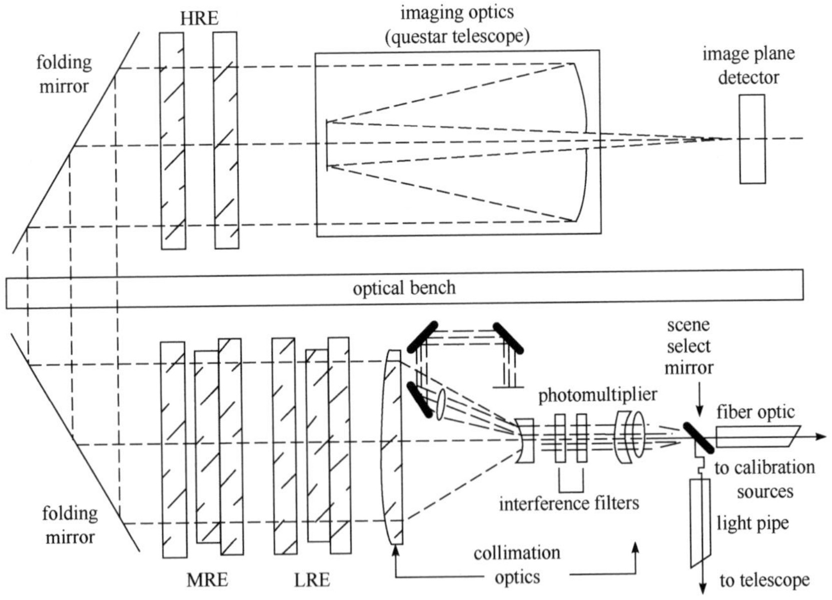

图 3-1　HRDI 的光学结构[1]

函数，其探测谱线范围受自由光谱区的限制，3 个组合用于消除单一标准具多峰的传输函数，从而有效地扩展探测谱线的范围[13,14]。HRDI 具有大光通量和高光谱分辨率等优点，借助探测相对应参考光的多普勒频移来推算谱线的线型，HRDI 整机的参数如表 3-1 所示。

表 3-1　HRDI 整机的参数[1]

仪器类型	相关参数
核心光学仪器	3 个组合式 FP 干涉仪
主要探测物理量	大气温度，水平二维风速
光谱波长范围	400～800nm
几何观测特征	视场为 45°、135°、225°和 315°±5°
光谱分辨率	$0.05cm^{-1}$
垂直分辨率	6km(视场角为 0.12°)
水平分辨率	80km(视场角为 1.7°)
一次完整垂直扫描时间	7.33s 扫描 90km
沿飞行轨迹的距离	每次扫描 55km
仪器重量	348 磅

3.2.2　HRDI 光学系统

HRDI 光学系统如图 3-1 所示，来自大气的光线通过装配有万向接头的望远镜进入滤光轮组成的滤波器，该滤波器的光谱分辨率达到 0.8nm。随后出射光被扩束准直进入标准具中，并最终被成像镜头聚焦在多阳极环形探测器上，形成环状扫描光谱图像。这台多阳极环形探测器也称为 IPD，它的阳极全部呈环状，与干涉条纹相匹配，能够很好地同时记录多条波长的谱线强度信息[9]，光谱分辨率达 $0.5cm^{-1}$。通过压电陶瓷微位移驱动技术，可将标准具的间隙进行微小调节，从而允许特定的谱线被 IPD 接收。3 个标准具的精细调节最终能够使仪器的整体光谱分辨率达到 $0.05cm^{-1}$。

HRDI 滤光轮可以使用多个滤光片，用来探测包括大气中的氧气谱线、平流层中位于 B 和 γ 波段的谱线、中间层的 A 带谱线、H_2O 谱线和 OH 谱线及 557nm 氧绿线等。这些滤光片的带宽均在 0.8nm 左右。

3.2.3　HDRI 的 3 个 FPI 标准具组合测风

图 3-1 中 HRDI 采用 3 个高、中、低分辨率标准具(HRE、MRE、LRE)依次

排列的方式来消除单一标准具多峰的现象，组合系统的干涉条纹必须保证 3 个 FPI 单独产生的干涉条重叠在一起，才能获得整个系统干涉条纹的极大值。如果 3 个 FPI 干涉条纹不重叠，那么次极大的出现会造成弱成分的主极大被强成分的次极大所混淆，系统的干涉极大就不明显，或谈不上观测干涉条纹，更谈不上探测风场了。HRDI 的 3 个 FPI 标准具的各项参数如表 3-2 所示，直径均为 13.2cm，表面平整度达 $\lambda/200$，并且具有几乎相同的表面反射率(0.9)和精细度(12)，间隙厚度分别为 1.0007cm、0.1861cm 和 0.0241cm[15]。HRE 具有固定间隙，而 LRE 和 MRE 由压电陶瓷微位移驱动装置对间隙进行微小调节。

表 3-2　HRDI 的 3 个 FPI 标准具的各项参数[1]

参数	HRE	MRE	LRE
间隙/cm	1.0007	0.1861	0.0241
直径/cm	13.2	13	13.2
镀膜直径/cm	9.4	9.4	9.4
镀膜材料	ZnS-ThF_4	ZnS-ThF_4	ZnS-ThF_4
标准具材料	spectrosil-B	spectrosil-B	spectrosil-B
类型	固定间隙	压电陶瓷驱动	压电陶瓷驱动
固定材料	Zerodur 微晶玻璃	压电陶瓷-5H	压电陶瓷-5H
630nm 的反射率	0.90	0.90	0.90
690nm 的反射率	0.89	0.89	0.87
765nm 的反射率	0.88	0.89	0.89
630nm 的精细度	9.7～11.4	13.7	13.0
690nm 的精细度	11.6～14.6	11.7	11.3
765nm 的精细度	10.6～12.8	14.5	14.4
视场角/(°)	0.55	0.55	0.55

下面我们阐述图 3-1 中 HRDI 的 HRE、MRE、LRE 3 个标准具的测风测温原理。假如图 3-1 中 LRE 的透射光强为

$$I_1^t = I'\frac{T_1^2}{(1-R_1)^2}\cdot\frac{1}{1+F_1\sin^2\dfrac{\delta_1}{2}} = I'\frac{T_1^2}{(1-R_1)^2}\cdot\frac{2}{2+F_1-F_1\cos(2\pi\sigma\varDelta_1)} \tag{3-8}$$

式中，I' 为入射光强；位相差 δ_1 与光程差 $\varDelta_1$ 之间的关系为 $\delta_1 = 2\pi\sigma\varDelta_1$，波数

$\sigma = 1/\lambda$。假设从 MRE 反射回去又从 LRE 反射回来的光已排除，即保证两个 FPI 的间距与它们的孔径足够大，对 MRE 而言，入射光其实是 LRE 的透射光，透过 MRE 的光强为[16]

$$I_2^t = I_1^t \frac{T_2^2}{(1-R_2)^2} \cdot \frac{2}{2+F_2-F_2\cos(2\pi\sigma\varDelta_2)} \tag{3-9}$$

将 LRE、MRE、HRE 联合后，最终光强为三者之积，令其为 I_{out}，则

$$I_{\text{out}} = I' \frac{T_1^2}{(1-R_1)^2} \cdot \frac{2}{2+F_1-F_1\cos(2\pi\sigma\varDelta_1)} \cdot \frac{T_2^2}{(1-R_2)^2} \cdot \frac{2}{2+F_2-F_2\cos(2\pi\sigma\varDelta_2)} \cdot \frac{T_3^2}{(1-R_3)^2} \cdot \frac{2}{2+F_3-F_3\cos(2\pi\sigma\varDelta_3)} \tag{3-10}$$

式中，下标 1、2、3 分别表示 LER、MRE、HRE 的相关信息；T_1、T_2、T_3 分别为 LER、MRE、HRE 的透射系数；R_1、R_2、R_3 分别为 LER、MRE、HRE 的反射系数；$F_1 = \frac{4R_1}{(1-R_1)^2}$、$F_2 = \frac{4R_2}{(1-R_2)^2}$、$F_3 = \frac{4R_3}{(1-R_3)^2}$；LER、MRE、HRE 的光程差分别为

$$\varDelta_1 = 2n_1'h_1\cos\theta_1',\quad \varDelta_2 = 2n_2'h_2\cos\theta_2',\quad \varDelta_3 = 2n_3'h_3\cos\theta_3' \tag{3-11}$$

其中，n_i'、h_i、$\theta_i'(i=1,2,3)$ 分别表示 LRE、MRE 和 HRE 的介质折射率、厚度和折射角。因为表 3-2 中 HRDI 的 LRE、MRE 和 HRE 视场角均为 0.55°，所以将式(3-11)的折射角 θ 近似设为 0，即光线垂直入射进入 3 个标准具。

当入射光依次通过图 3-1 中的 LRE、MRE 和 HRE 时，可以通过式(3-10)来确定相应的 3 个光程差，最后从 HRE 出来的光线经 imaging optics(quester telescope) 汇聚在图 3-1 的 image plane detector 上产生干涉条纹。

假设高斯线型的气辉入射到图 3-1 的 LRE 上，其入射强度为

$$I' = I_{0\text{b}}\exp[-4(\sigma-\sigma_0)^2\ln 2/W^2] \tag{3-12}$$

式中，$I_{0\text{b}}$ 是最大光强；σ_0 是零风速的波数；W 是谱线的半高宽：

$$W = [(7.16\times10^{-7})^2\sigma_0^2 T/M]^{1/2} \tag{3-13}$$

其中，T 是大气温度(单位为 K)；M 为气辉粒子的摩尔质量。

探测器与正在发光的气辉粒子之间的相对运动导致多普勒频移，当光源与探测器在视线方向有相对速度 v 时，将发生多普勒频移后的波数 $\sigma = (1+v/c)\sigma_0$ 代入式(3-12)后，有

$$I' = I_0\exp(-4\ln 2v^2\sigma_0^2/c^2W^2) \tag{3-14}$$

将多普勒频移和式(3-14)代入式(3-10)，得

$$I = I_0 \frac{T_1^2}{(1-R_1)^2} \frac{T_2^2}{(1-R_2)^2} \frac{T_3^2}{(1-R_3)^2} \cdot \frac{2}{2+F_1-F_1\cos[2\pi(1+v/c)\sigma_0\varDelta_1]} \cdot \frac{2}{2+F_2-F_2\cos[2\pi(1+v/c)\sigma_0\varDelta_2]} \cdot \frac{2\exp(-4\ln 2v^2\sigma_0^2/c^2W^2)}{2+F_3-F_3\cos[2\pi(1+v/c)\sigma_0\varDelta_3]} \tag{3-15}$$

当 HRDI 探测高层大气风场时，如果 3 个 FPI 制成的 LRE、MRE 和 HRE 的薄膜选定后，那么 T_1、T_2、T_3 和 R_1、R_2、R_3 均为常量，令 $I_0 = 8I_0 \frac{T_1^2}{(1-R_1)^2} \cdot \frac{T_2^2}{(1-R_2)^2} \cdot \frac{T_3^2}{(1-R_3)^2}$，则式(3-15)变为

$$I = \frac{I_0\exp(-4\ln 2v^2\sigma_0^2/c^2W^2)}{2+F_1-F_1\cos[2\pi(1+v/c)\sigma_0\varDelta_1]} \cdot \frac{1}{2+F_2-F_2\cos[2\pi(1+v/c)\sigma_0\varDelta_2]} \cdot \frac{1}{2+F_3-F_3\cos[2\pi(1+v/c)\sigma_0\varDelta_3]} \tag{3-16}$$

由 $O(^1S)557.7nm$ 气辉谱线计算出来的总基准光程差 $\varDelta$ 为 4.64cm，峰值高度在地球上空 98km 处，恰好处于 WINDII 和 HRDI 都能探测的大气区域(80～110km)内，为此将探测高层大气风场所必需的总基准光程差 $\varDelta$ 合理地分配给 LRE、MRE 和 HRE 的光程差 $\varDelta_1$、$\varDelta_2$ 和 $\varDelta_3$：$\varDelta = \varDelta_1 + \varDelta_2 + \varDelta_3 = 4.64\text{cm}$。对 HRDI 的前置 LRE 光程差而言，如果

$$\varDelta_1 = k_1\lambda_0，\quad k_1 \text{是整数} \tag{3-17}$$

则式(3-16)的第一项分母的余弦函数可以简化为

$$\cos[2\pi(1+v/c)\sigma_0\varDelta_1] = \cos\left(2k_1\pi + \frac{2k_1\pi v}{c}\right) = \cos\frac{2k_1\pi v}{c} \tag{3-18}$$

则式(3-16)变为

$$I = \frac{I_0\exp(-4\ln 2v^2\sigma_0^2/c^2W^2)}{2+F_1-F_1\cos(2k_1\pi v/c)} \cdot \frac{1}{2+F_2-F_2\cos[2\pi(1+v/c)\sigma_0\varDelta_2]} \cdot \frac{1}{2+F_3-F_3\cos[2\pi(1+v/c)\sigma_0\varDelta_3]} \tag{3-19}$$

利用图 3-1 中的 HRDI 探测高层大气风场，我们可以获得三个 FPI 组合的干涉条纹强度，还需要考虑以下四个因素。

1) 组合系统的主极大条纹的重叠

当 LRE、MRE 和 HRE 各自产生的干涉条纹重叠在一起时，HRDI 的组合系统才能获得整个系统的干涉条纹极大值。假设图 3-1 的 LRE 透射出来的光线产生第 k_1 级干涉条纹，MRE 透射出来的光线产生第 k_2 级干涉条纹，HRE 透射出来的光线产生第 k_3 级干涉条纹。最简单的做法是光线从空气垂直进入 LRE、MRE 和

HRE，则式(3-11)中 $n_1' = 1 = n_2' = n_3'$， $\theta_1' = 0 = \theta_2' = \theta_3'$，所以有

$$\begin{aligned} \Delta_{11} &= 2n_1h_1 = k_1\lambda, \quad k_1\text{为整数}, 1,2,\cdots \\ \Delta_{12} &= 2n_2h_2 = k_2\lambda, \quad k_2\text{为整数}, 1,2,\cdots \\ \Delta_{31} &= 2n_3h_3 = k_3\lambda, \quad k_3\text{为整数}, 1,2,\cdots \end{aligned} \tag{3-20}$$

式中，n_1、n_2 和 n_3 分别是 LRE、MRE 和 HRE 的 FPI 玻璃中的折射率；k_1、k_2 和 k_3 分别是 LRE、MRE 和 HRE 产生的干涉条纹主极大级次。

2) 组合系统干涉条纹衬度

由 LRE、MRE 和 HRE 的三个 FPI 组合产生的叠加条纹衬度 C 是各 FPI 衬度之积[16]：

$$C = C_1C_2C_3 = \left(\frac{1+R_1}{1-R_1}\right)^2\left(\frac{1+R_2}{1-R_2}\right)^2\left(\frac{1+R_3}{1-R_3}\right)^2 \tag{3-21}$$

因此，在一定峰值透过率下，三个组合 FPI 的衬度比单个干涉仪的高很多。

3) 组合系统干涉条纹的峰值透过率

3 个 FPI 组合的峰值透过率等于 LRE、MRE 和 HRE 透过率之积[16]：

$$\tau = \tau_1\tau_2\tau_3 = \left(1-\frac{A_1}{1-R_1}\right)^2\left(1-\frac{A_2}{1-R_2}\right)^2\left(1-\frac{A_3}{1-R_3}\right)^2 \tag{3-22}$$

式中，A_i (i=1,2,3)分别对应光被 LRE、MRE 和 HRE 吸收的部分。研究表明，当 $F_1 / a << F_2$ 时，系统的分辨能力与图 3-1 中前置 FPI 的分辨能力接近。如果待测光源各光谱的强度相差悬殊，那么次极大的出现将造成弱成分的主极大会被强成分的次极大混淆。

4) 组合系统的细度

细度是条纹间距与半高宽的比值,因为式(3-13)显示探测风场中的温度与谱线的半高宽直接相关。当 a>1 时，组合系统与单个干涉仪相比，其优点是它在同样分辨本领下光谱范围较大。组合系统总的半高宽为[16]

$$W = \frac{4\sqrt{2}}{\sqrt{\left(F_2+\dfrac{F_1}{a^2}\right)+\sqrt{F_2^2+\dfrac{6F_1F_2}{a^2}+\dfrac{F_1^2}{a^4}}}} \tag{3-23}$$

将式(3-23)与式(3-13)相结合，可以进一步获得高层大气温度。因为峰值透过率和衬度不能同时满足，必须有所取舍，具体实施探测风场的方案时必须合理匹配。

3.2.4　HRDI 的像平面探测器

HRDI 使用一个很特别的 IPD，这种探测器实际上是一个多通道的光电倍增管，

直径为 40mm，由 32 条面积相等的环状阳极拼合在一起，如图 3-2(a)所示，它的前端是一个近红外敏感的光阴极，紧贴三块微通道板(micro channel plate，MCP)，呈 Z 字形放置，这种结构是三代近贴式像增强器与 MCP 型光电倍增管的结合。将三块 MCP 平行放置，能够极大提高光电子的增益，但同时也不可避免地带来噪声影响。运用这种方式制成的 IPD 对波长有很强的依赖性，在 600nm 波段具有 10%的量子效率，而在 800nm 波段则降到 5%。

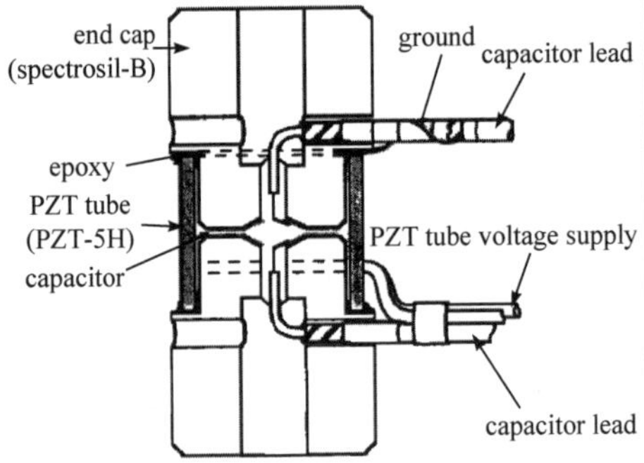

(a)

(b)

图 3-2　HRDI 的 IPD 实物照[1]

表 3-3 为 HRDI 的 IPD 参数。

表 3-3　HRDI 的 IPD 参数[1]

参数	有效因子			
波长/nm	631.0	690.9	724.5	767.7
光阴极量子效率	0.097	0.079	0.068	0.055
收光效率	0.68	0.68	0.68	0.68
鉴帧器效率	0.8	0.8	0.8	0.8
电子计数率	0.053	0.043	0.037	0.030

3.2.5　WINDII 与 HRDI 探测大气风场的比较

作为同星搭载的两台测风仪器 WINDII 和 HRDI，WINDII 使用广角 MI 来探测风场，HRDI 使用 FPI 来探测风场，为了验证 WINDII 和 HRDI 的物理特性，两台仪器对地球上空 80～110km 区域的气辉进行对比探测[1,2]。它们的目标相似，但设计思路和探测方法各异，例如，HRDI 使用了可以灵活调节转动的望远镜，而 WINDII 则使用固定望远系统；HRDI 可以观测轨道两侧的大气，而 WINDII 仅探测轨道一侧的大气；HRDI 的光谱信息独立，但时间信息和空间信息却混合，WINDII 的空间信息独立，但光谱信息和时间信息却混合；HRDI 对频移信息非常敏感，却很难探测谱线的线型，WINDII 则完全依赖于谱线线型。

WINDII 和 HRDI 的响应参数如表 3-4 所示[17]。

表 3-4　WINDII 和 HRDI 的响应参数[17]

参数名称	HRDI	WINDII(夜间)	WINDII(白天)
望远镜孔径有效面积/cm^2	55.1	32.7	3.60
单阳极或单 Bin 对应的立体角/sr	8.03×10^{-6}	8.9×10^{-6}	8.9×10^{-6}
单阳极或单 Bin 的光度灵敏度 /(photos · s^{-1} · R^{-1})	35.2	23.15	2.54
积分时间/s	0.096	2.0	2.0
探测器的量子效率	0.03	0.5	0.5
系统透过率	0.100	0.21	0.21
整体响应度	1.32×10^{-2}	4.86	0.53

由表 3-4 可知，从望远镜孔径有效面积来看，HRDI 大约是 WINDII(夜间)的 1.7 倍，大约是 WINDII(白天)的 15.3 倍，但从每一个像素组合 Bin 所对应的立体角来看，HRDI 和 WINDII 几乎一样。由于 HRDI 必须以狭缝光的模式来扫描大气的廓线，因此，每一次扫描的曝光时间(积分时间)为 0.096s，而 WINDII 用时为 2.0s，几乎是 HRDI 的 20 倍，因为 WINDII 需要同时观测整个大气廓线。HRDI 的系统透过率约为 WINDII 的 1/2，主要是因为望远镜和光纤透过率的影响。另一个很显著的差异是探测器的量子效率，可见 WINDII 的量子效率大约是 HRDI 的 16.7 倍，这也非常有力地证明了 WINDII 的优越性。

在这些参数中，最能说明问题的应该是两台仪器的整体响应度——电子数/瑞利(electrons/R)。WINDII(白天)的整体响应度约为 HRDI 的 40 倍，WINDII(夜间)的整体响应度约为 HRDI 的 368 倍。但 HRDI 的干涉条纹更加细锐，因此，其探测频移的能力比 WINDII 高出很多。

对 WINDII 和 HRDI 两台仪器的探测数据进行对比发现，在重叠探测区域(80～110km)内，各自探测的大气风速总体一致。将两台仪器的数据结合，可以得到 10～300km 大气的风速、温度等信息，这给全球尺度的大气动力学研究提供了很好的帮助[18]。

3.3　TIDI 探测高层大气风场模式

3.3.1　TIDI 概述

集 WINDII 和 HRDI 成功探测大气风场的各自优点于一体，NASA 研制了

TIDI[3]，并于 2001 年 12 月 7 日发射升空。2002 年 1 月 1 日至今的所有数据都可以从 TIDI 官网免费得到[7]。

TIDI 以 FP 测风方法为基础，结合 WINDII 和 HRDI 各自的优点，通过该高度的 OI 557.7nm、OI 630.0nm、OII 732.0nm、O_{2Atm}(0-0)、O_{2Atm}(0-1)、Na D、OI 844.6nm，OH_{Meinel}(9-4)、OH_{Meinel}(7-3)等多条谱线来探测水平矢量风和大气温度[5,6]。本书有时用 OI、OII、OIII 分别表示中性氧原子、一价氧离子、二价氧离子。风速与温度的探测精度分别达到 3m/s 和 2K。TIDI 可以进行白天与夜间不间断的观测，这大大提高了仪器的实用价值[5]。

表 3-5 为 TIDI 的整机参数。

表 3-5　TIDI 的整机参数[5-7]

名称	参数	名称	参数
轨道高度/km	625	望远镜类型	Gregorian 反射式
轨道倾角/(°)	74.1	通光孔径/cm	7.5
当地时覆盖/d	120	焦距/cm	17.0
仪器重量/kg	41.8	F 数	2.27
功率/W	19.32	水平视场/(°)	2.5
数据传输率/(bit/s)	2494	垂直视场/(°)	0.05
高度分辨率/km	2	扫描范围/(°)	水平向下 20.35±5
光谱范围/nm	550～900	熔融石英光纤	Poly Micro Inc.
运行温度/℃	外壳 20±5	丝径/μm	40
	CCD 芯片(−80)	芯距/μm	56
	望远镜(20～40)	数值孔径	0.22
底板材料	熔融石英	每个视场的光纤数	390
底板直径/cm	10.5	CCD	SITe model ST-005AB
镀膜区域直径/cm	8.6	CCD 尺寸/像素	2000×800
		像素大小/μm	15×15

3.3.2　TIDI 的仪器特点

TIDI 主要包括望远系统(四台望远镜)、一台配有高性能 CCD 探测器的 FP

干涉仪、电子控制模块。探测区域的谱线被 TIDI 的望远系统收集后进入传像光纤束，每个望远镜占据光纤束出射端面的一部分；而连接定标光源的传像光纤束占据了整个光纤束出射端的圆心部分。从光纤出射端出射的光被扩束并准直进入窄带干涉滤光片，然后再通过一次扩束和准直进入 FP 标准具，此时出射的光已经由于 FP 干涉的作用携带了所需要的相位和强度信息，最终将通过一个卡塞格林望远系统和一个由 Hays 发明的环转线干涉光学器件进行成像，如图 3-3 所示。TIDI 使用 SITe model ST-005AB 的 CCD，其量子效率很高且噪声很小。CCD 芯片的温度控制在−80℃，有效地降低暗电流及宇宙射线辐射。

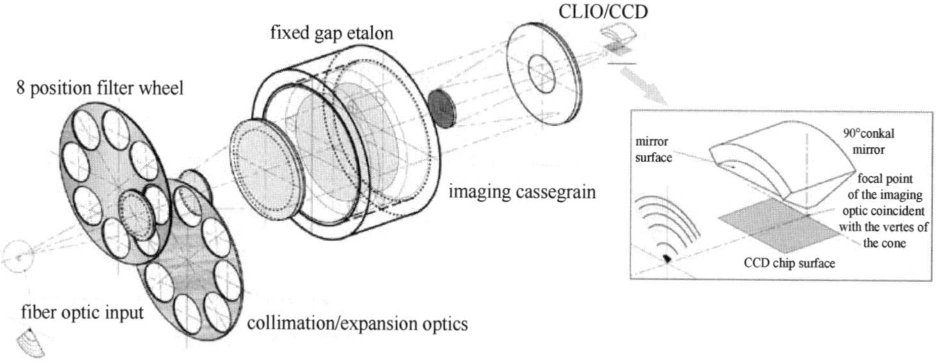

图 3-3 TIDI 的 FP 干涉系统和 CLIO 系统[7]

TIDI 的望远镜通光孔径为 7.5cm，焦距为 17.0cm，水平视场为 2.5°，垂直视场为 0.05°，可见 TIDI 的前置光学系统与 HRDI 相同。

TIDI 一共 5 个视场，第一个视场对应的光纤前端面呈圆环状，它将定标光源导入探测器，因此，将其称为定标盘。另外 4 束光纤分别连接 4 个望远镜末端。为了与望远镜的狭缝出口对应，光纤的前端面也做成狭缝状，分别对应着水平视场和垂直视场。光纤后端面即出口处，光纤束的排列被重新调整成环状。将 4 束来自望远镜的光纤束加上 1 束定标盘的光纤束组合成 90°的扇形，与 FP 干涉仪的原理相对应，并与圆-线成像光学(circle-to-line imaging optic，CLIO)系统的输入端面相吻合。从光纤束出射的光被导入干涉系统中，如图 3-3 所示。干涉系统包括一台间隙固定的 FP 标准具、两个滤光轮、一台 CLIO 系统和一台制冷 CCD 探测器，为每一个视场提供 32 个光谱通道。通过 CLIO 系统的光在 CCD 上形成楔形的像，占据 *XY* 方向 700×140 个像素。

3.3.3 TIDI 的观测

TIDI 的探测高度为 60～300km。在低层大气高度上，白天使用 O_2(0-1)带，因为它在大气中传播没有自吸收效应。但在 85km 以上选择发射率更强的 O_2(0-0)

带，虽然它有一些自吸收效应，但在 90～120km 的高度并不明显。夜间 O_2 带可用 OH 和 Na D 发射线代替，而从白天到夜间一直都能够观测的谱线仍是 $O(^1S)$ 557.7nm 及 $O(^1D)$630nm。由于白天 O_2(0-1)和 O_2(0-0)带有不同的吸收，因此，通过探测它们的强度比值来推算 O_2 的浓度。尽管 TIDI 选择了多条谱线进行探测，但进行风速反演时只需一套反演程序即可对所有谱线进行计算，从而得出整个观测范围的风速廓线。表 3-6 列出 TIDI 所探测的大气物理量、选择的谱线、每条谱线覆盖的高度范围。

表 3-6　TIDI 白天探测与夜间探测的物理量和谱线的选择[5-7]

白天探测			夜间探测		
探测的物理量	谱线	高度范围	探测的物理量	谱线	高度范围
风速矢量	$O_{2\,At}$(0-1) P11	60～85km	风速矢量	OH Meinel (7-3)	80～90km
	$O_{2\,At}$(0-0) P9	85～120km		Na D	85～95km
	OI (557.7nm)	90～250km		O_2 At (0-0) P9	85～105km
	OI (630.0nm)	200～300km		OI (557.7nm)	95～105km
	OII (732.0nm)	170～300km		OI (630.0nm)	200～300km
大气温度	$O_{2\,At}$(0-1) P11 $O_{2\,At}$(0-1) P7	60～85km	大气温度	OH Meinel (7-3)	80～90km
	$O_{2\,At}$(0-0) P9 $O_{2\,At}$(0-0) P15	85～120km		Na D	85～95km
	OI (557.7 nm)	100～150km		$O_{2\,At}$(0-0) P9 $O_{2\,At}$(0-0) P15	85～105km
	OI (630.0 nm)	200～300km		OI (557.7nm)	95～105km
大气浓度	$O_{2\,At}$(0-0) VER	约 100km	大气浓度	$O_{2\,At}$	85～100km
	$O_{2\,At}$(0-1) $O_{2\,At}$(0-0) P9	60～90km			
	OII (732.0nm) OI (844.6nm)	150～300km		OI (557.7nm)	90～105km
	$O_{2\,At}$ VER	70～95km		OH Meinel (7-3)	80～95km

自 1991 年以来，业内开展的星载实验对地球中-低层、热层大气进行了较为连续的采样观测。WINDII(1992～1997 年)、HRDI(1992～2005 年)和 TIDI(2003 年至今)对地球上空大气风速的探测结果如图 3-4 所示，在相关操作中它们的观测数据显示了一致性[7]。第 12 章我们利用自制的地基仪器探测得到西安上空 90～100km 的大气风速结果，并与 TIDI 过境西安上空的探测结果进行了比较。

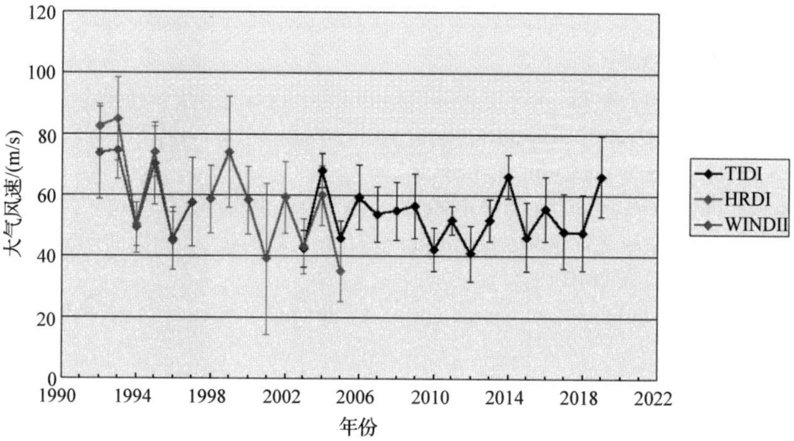

图 3-4　TIDI、HRDI 和 WINDII 观测大气风场的比较[7]

参考文献

[1] Hays P B, Abreu V J, Dobbs M E, et al. The high-resolution Doppler imager on the upper atmosphere research satellite. Journal of Geophysical Research Atmospheres, 1993, 98(D6): 10713-10723.

[2] Shepherd G G, Thuillier G, Gault W A, et al. WINDII, the wind imaging interferometer for the upper atmosphere research satellite. Journal of Geophysical Research Atmospheres, 1993, 98 (D6): 10725-10750.

[3] Killeen T L, Skinner W R, Johnson R M, et al. TIMED Doppler interferometer (TIDI). Proceedings of SPIE, Denver, 1999: 289-301.

[4] Skinner W R, Niciejewski R J, Killeen T L, et al. Operational performance of the TIMED Doppler interferometer (TIDI). Proceedings of SPIE, San Diego, 2003: 47.

[5] Azeem S M I, Killeen T L, Johnson R M, et al. Space-time analysis of TIMED Doppler interferometer (TIDI) measurements. Geophysical Research Letters, 2000, 27(20): 3297-3300.

[6] Killeen T L, Wu Q, Solomon S C, et al. TIMED Doppler interferometer: Overview and recent results. Journal of Geophysical Research Space Physics, 2006, 111(A10): 1-19.

[7] TIMED Instrument. https://tidi.engin.umich.edu/html/go?main.html&menu_home-new.html. [2024-12-08].

[8] Hernandez G. Fabry-Perot Interferometers. Cambridge: Cambridge University Press, 1986.

[9] Hays P B, Wang J. Image plane detector for Fabry-Perot interferometers: Physical model and improvement with anticoincidence detection. Applied Optics, 1991, 30(22): 3100-3107.

[10] Best G T. Fabry-Perot interferometers with electronic determination of Doppler line widths. Applied Optics, 1967, 6(2): 287-295.

[11] Wilksch P A. Instrument function of the Fabry-Perot spectrometer. Applied Optics, 1985, 24(10): 1502.

[12] Burrage M D, Arvin N, Skinner W R, et al. Observations of the O_2 atmospheric band nightglow

by the high resolution Doppler imager. Journal of Geophysical Research Space Physics, 1994, 99(A8): 15017-15023.

[13] Mack J E, McNutt D P, Roesler F L, et al. The PEPSIOS, purely interferometric high-resolution scanning spectrometer Ⅰ. The pilot model. Applied Optics, 1963, 2(9): 873-885.

[14] McNutt D P. Pepsios purely interferometric high-resolution scanning spectrometer. Ⅱ. Theory of spacer ratios. Journal of the Optical Society of America, 1965, 55(3): 288.

[15] Skinner W R, Hays P B, Abreu V J. Optimization of a triple etalon interferometer. Applied Optics, 1987, 26(14): 2817-2827.

[16] Born M, Wolf E. Principles of Optics. 6th ed. Cambridge: Cambridge University Press, 1998: 330-367.

[17] McLandress C, Shepherd G G, Solheim B H, et al. Combined mesosphere/thermosphere winds using WINDII and HRDI data from the upper atmosphere research satellite. Journal of Geophysical Research Atmospheres, 1996, 101(D6): 10441-10453.

[18] Beig G, Keckhut P, Lowe R P, et al. Review of mesospheric temperature trends. Reviews of Geophysics, 2003, 41(4): 1015-1055.

第 4 章　高层大气波动特征

4.1　MLT 区域的重要性

地球表面的地震、台风、龙卷风、海啸、核爆炸、青藏高原的地形变化等与人类生活密切相关现象产生的低层大气扰动将能量和动量直接耦合到中间层(平流层、中间层和低热层大气层，高度范围为 10～100km)、低热层(mesosphere and lower thermosphere，MLT，60～120km)和高层大气(80～300km)区域，对绚丽极光、微弱气辉、大气重力波、大气潮汐、夜光云、电离层闪电等现象均会产生影响，除极光之外的这些影响大多出现在 80～120km 的 MLT 区域。MLT 区域处于大气温度由减小到增大的过渡区域，由于大气运动的综合影响，该区域的大气波动存在短期(1 日、半日、数小时)变化、长期(年、半年振荡)变化、太阳 11 年活动周期变化的影响；MLT 区域是一个辐射、动力学和化学过程相互耦合的复杂区域：高空大气波的振幅在此处达到最大值，产生非线性相互作用和耗散破碎，又影响全球大气的动量、能量、成分和流动[1-3]；MLT 区域的全球大气变化信号被放大，因此，比对流层与平流层更易分辨和探测；MLT 区域在 100km 附近电离层的等离子体电子分布出现峰值突变，对地面通信和广播造成严重影响，甚至导致信号中断；MLT 区域的金属离子层分布严重影响卫星、飞行器的通信信号；MLT 区域的大气温度出现随高度减小又增大的拐点，所以研究和观测 MLT 区域大气及其波动规律具有重要的意义，本章简单地介绍高层大气的波动特征。

4.2　大 气 波 动

大气波是大气密度、温度、压强、风速等参数的周期性扰动，它们可能在大气中传播，也可能以驻波的形式存在。大气波具有广泛的时间-空间尺度，既包括周期以年、月、日计的全球性扰动，也包括周期以小时、分、秒计的局部范围波动。大气波动是大气中能量和动量传输的重要动力学过程。大气行星波与大气重力波通常把能量和动量从低层大气传输到高层大气，而大气潮汐是把能量和动量从高层大气传输到低层大气的重要机制。这些传输过程极大地影响整个中层大气的温度、压强、风场和成分的分布。

考虑在给定纬度ϑ和高度 z 上、沿经度λ方向的大气运动，大气波的二维傅里叶变换可以写为

$$A_0 + \Sigma A_{\sigma s}\cos\left(2\pi\sigma t + s\lambda - \alpha_{\sigma s}\right) \tag{4-1}$$

式中，t 是以日为单位表示的国际标准时间；λ 是以弧度表示的经度；σ 是波的频率；s 是纬向波数。(σ, s)表示一个波模，例如，$\sigma=0$, $s\neq0$ 表示驻波；$\sigma=1$, $s=1$ 表示太阳全日迁移潮；$\sigma=1$, $s\neq1$ 表示太阳全日非迁移潮。在讨论中我们假定$\sigma\geqslant0$，因此，$s>0$ 代表波向西传播，而 $s<0$ 代表波向东传播。式(4-1)中的 A_0 是纬向平均场，$A_{\sigma s}$ 与 $\alpha_{\sigma s}$ 是相应波模(σ, s)的振幅和相位，它们是ϑ和 z 的函数：

$$A_0 = A_0\left(\vartheta, z\right), \quad A_{\alpha s} = A_{\alpha s}\left(\vartheta, z\right), \quad \alpha_{\alpha s} = \alpha_{\alpha s}\left(\vartheta, z\right) \tag{4-2}$$

大气行星波是长周期(≥4d)的全球性振荡，通常能观察到波数 s 为 1～3 的罗斯贝波。它的恢复力来自科里奥利力的水平方向(沿纬度方向)变化。大气潮汐是行星尺度的振荡，其周期为太阳日或月球日，或者它们的高次谐波(24h、12h、8h)。不同于海洋潮汐，大气潮汐主要受太阳的影响。它们主要由对流层与平流层大气吸收太阳辐射产生。迁移潮随太阳的运动而向西传播($\sigma=s$)。非迁移潮不随太阳运动(可以向东、向西传播或驻波)，它们产生的因素包括地形影响、潜热释放和各种波之间的非线性相互作用。大气重力波(内部重力波或浮力波)是在稳定分层的流体中由重力和浮力作用而产生的波动，重力波周期为几分钟至几小时、水平波长为几十千米至几百千米。

在热带平流层中，赤道纬向风在东风和西风之间做类周期振荡，振荡平均周期为 28 个月或 29 个月，这称为 QBO。QBO 周期性的风向逆转由大气波驱动所致，这些波在热带对流层中激发产生，向上传播，并由于辐射冷却而在平流层耗散。QBO 的影响主要包括：能够引起平流层中的次级环流，由此造成平流层臭氧的混合；修正季风降水；引起北半球冬季平流层环流的变化，导致平流层突然增温。下面重点介绍大气行星波、大气潮汐和大气重力波等主要大气波动规律。

4.3 大气行星波

大气行星波(planetary wave，PW)是长周期的全球性振荡，可能是在大气中传播的行波，也可能是驻波(定态波)。通常观察到的纬向波数 $s=1\sim3$，纬向波长可达地球半径的量级。大气行星波的激发与地形变化、海陆温度对比、全球环流运动密切相关。大气波动的回复力来自地球自转的科里奥利力随纬度梯度的变化，或者说来自背景位涡(potential vorticity，PV)的纬度梯度[4]。

地基观察和卫星遥感数据已证实在 MLT 区域中有波幅显著可观的定态行星波，如在 90～120km 高度区域 WINDII 观察的纬向风场[5]和 O(^{1}S)气辉强度[6]。图 4-1 显示定态行星波在 WINDII 观察的纬向风场和经向风场中的年平均幅度，以及它们的年变化和半年变化的振幅。经典理论不能解释在 MLT 区域中观测到的定态行星波的所有特征，地球的低层大气激发向上传播的行星波与高层的背景

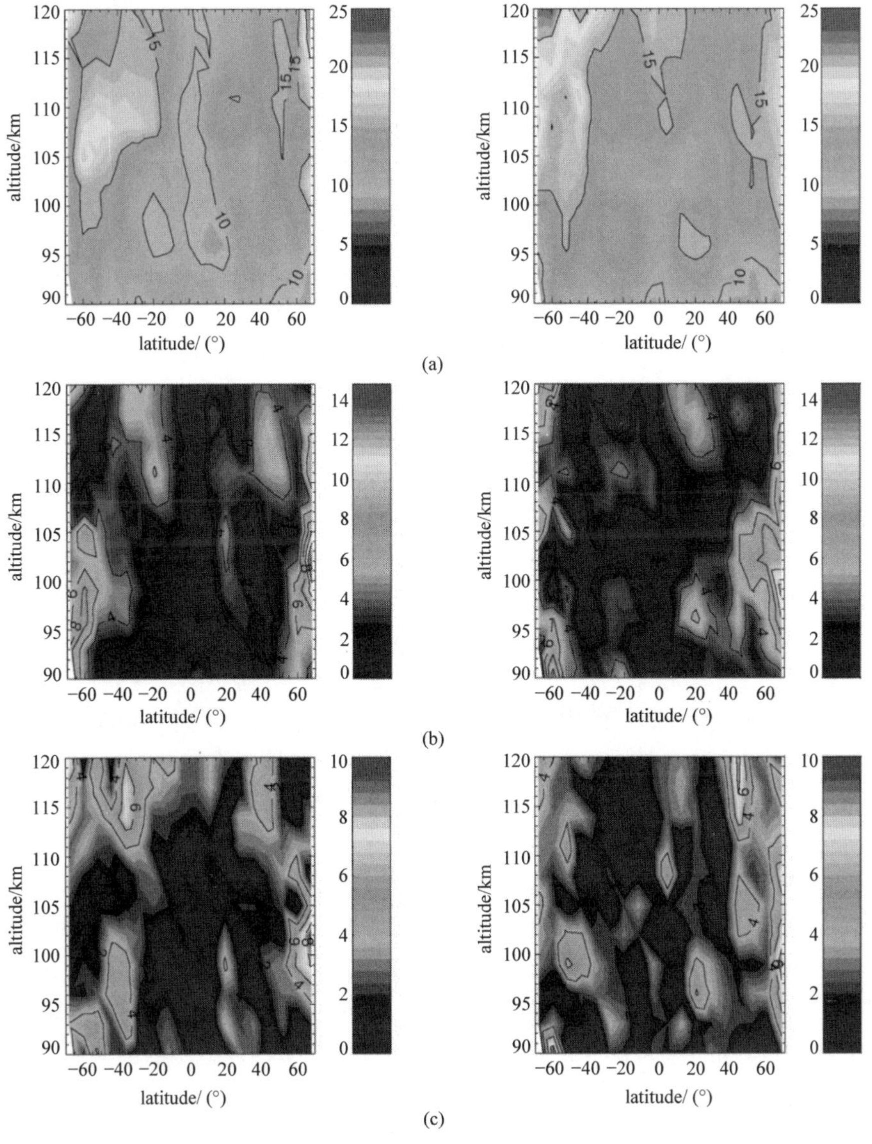

图 4-1　定态行星波的年平均幅度(a)和它们的年变化(b)及半年变化(c)的振幅，右侧色条为风速，其单位为 m/s。数据取自 WINDII 在 1991 年 9 月到 1997 年 5 月观察的纬向风场(左)和经向风场(右)[5](见彩图)

大气相互作用、大气重力波与背景大气和其他波动之间的相互作用，由此引起非线性波动效应，以及波的共振激发，这些波的局部激发驱动机制对 MLT 区域的行星波有着十分重要的作用[7]。

常见传播的大气行星波(行波)有准 2 日的周期，纬向波数通常为 3，在 WINDII 测量 O_2 气辉强度时观察到这种波的存在，夏季中期它的振幅通常在中间层(约为 70km)达到最大[8]。这种波通常发生在冬季极区的平流层顶附近，向东传播，几乎没有频散。周期更长的大气行星波也有不少报道，如激光雷达观测到周期为 12 日和 16 日的行星波[9]，它们的振幅峰值在地球上空 40km 处，占优势地位的是周期为 12 日和 16 日的大气行星波。它们有明显的多普勒频移效应，观察到的周期随 QBO 变化：当 QBO 在西风相时，周期大于 18～20 日；当 QBO 在东风相时，周期小于 13～18 日；在其他高度，在所有情况下都为 18～20 日。

4.4 大 气 潮 汐

4.4.1 大气潮汐的主要特征

大气潮汐是大气全球规模的周期性运动，源于太阳辐射日夜周期性的循环(太阳潮或者日潮)；月球重力场的牵引(太阴潮或者月潮)；大气潮汐与行星波的非线性相互作用。相比太阳辐射的影响，太阳对大气潮汐的影响非常弱，所以大气潮汐一般指太阳热力潮。大气潮汐表现为大气风场、温度、密度和压强有规律的变化。

(1) 大气潮汐产生的主要原因是大气吸收太阳辐射能量的周期性变化，因此，大气潮汐的振动周期与太阳日的长度，即与 24h 有关。这不同于主要由月球引力作用产生的海洋潮汐，它的周期则与太阴日的长度有关，大约是 24h51min。太阳以近似于方波的形式对地球大气进行周期性加热——地球大气白天被加热，夜间不受热。对这种方波进行傅里叶变换，分解为各种频率的波，包括时间平均值，24h 变化及显著的 12h、8h、6h 周期的谐波。

(2) 大气潮汐波的振幅随海拔增加而以指数形式增加。在地球表面，大气潮汐可由空气压强微小而规则的振动规律(振动周期为 24h 和 12h)探测到。随高度增加，大气潮汐的振幅会变得非常大，在离地面 50～100km 的中间层，大气潮汐风的振幅超过 50m/s，常成为大气运动最重要的一部分。大气潮汐波的振幅随高度增加而急剧增加的原因在于大气密度ρ随高度 z 上升呈指数减小的趋势：

$$\rho \propto \exp\left[-\frac{z}{H}\right] \tag{4-3}$$

式中，H 是大气的标高。如果大气潮汐没有耗散，那么它的动能密度应该守恒，即

$$\rho u'^2 = \text{const} \tag{4-4}$$

式中，u' 是潮汐波扰动的水平风速。如果大气密度 ρ 降低了，那么大气潮汐波的水平风速 u' 就会相应地变大，以保持总能量密度不变，即

$$u' \propto \exp\left[+\frac{z}{2H}\right] \tag{4-5}$$

因此，相对地平面而言，中高层大气潮汐的振幅要大得多，这一特征也不同于海洋潮汐，海水密度随深度变化不大，所以海潮的幅度随深度变化不大。

4.4.2 大气的太阳迁移潮和非迁移潮

大气的太阳热力潮汐可以分为迁移潮和非迁移潮，由式(4-1)可见，一个波模可以用它的频率 σ 和纬向波数 s 来表示。全日变与半日变太阳潮的频率 σ 分别为 1 和 2；迁移潮的纬向波数 $s=\sigma$，而非迁移潮 $\sigma \neq s$；通常迁移潮的幅度大于非迁移潮，但在一些纬度和时期内，非迁移潮振幅可能接近，甚至要大过迁移潮[10]。

太阳迁移潮的相位移动与太阳运动同步，当 $s=\sigma$ 时，式(4-1)的相位因子可以写成

$$2\pi\sigma t + s\lambda = 2\pi\sigma\left[t + \lambda/(2\pi)\right] = 2\pi\sigma[\text{LST}] \tag{4-6}$$

式中，当地恒星时间(local sidereal time，LST)是以观察者所在位置的当地子午线为参照点所定义的地方恒星时。在一个固定于地面上某点的观察者看来，迁移潮汐波随太阳向西的表观运动而向西传播。由于太阳迁移潮相对于太阳保持固定，它的激发形态一旦形成，相对于太阳也固定。在地面上某个固定点观察到迁移潮的变化是由地球相对于这种固定激发形态的旋转而引起的。由于地球相对于太阳倾斜，因此，也相对于这种固定激发形态倾斜，这会引起迁移潮的季节变化。

非迁移潮与迁移潮一样，也是一种全球规模的波动，但非迁移潮不受太阳运动的影响。它们有时不在水平方向传播($s=0$)，有时向东传播($s<0$)，就是向西传播($s>0$)也与太阳运动速度不一致。非迁移潮形成的原因可能是不同经度地形的差异、海洋陆地的对比和表面的相互作用。周期为 24h 的大气潮汐来源于与地表相互作用明显的低层大气，所以一个规模较大的非迁移潮，在不同地区振幅不同。曾经观察到的最大大气潮汐覆盖了南美洲、非洲和澳大利亚。相比而言，周期为 12h 的大气潮汐被认为源于高层大气，因此，它对非迁移潮的影响不大。

全日变太阳非迁移潮(1, −3)波模的纬向潮汐风的年平均相位在南北半球近似同相(相差小于 1～2h)，类似的相位关系在经向潮汐风中也可以观察到。在赤道附近两个风场分量球对称的相位关系达到最大，纬向风幅度大于经向风，这些特征表明(1，−3)波模具有开尔文(Kelvin)波的结构。关于这方面及其他太阳非迁移潮波模的更多讨论可以参考文献[10]。

通过观察可以发现，潮汐波振幅有相当大的短期变化，逐日的变动幅度可达月平均振幅的 20%～30%，这种变化的原因还未得到很好的解释。它形成的机制可能有激发潮汐波热源机制的改变、潮汐波耗散模式的改变、潮汐波传播大气背景的改变及潮汐波与其他大气波的线性叠加作用和非线性相互作用。例如，两个波模分别为(ω_1, s_1)和(ω_2, s_2)的母波通过非线性叠加作用可能产生两个子波波模，即具有和频$(\omega_1+\omega_2, s_1+s_2)$和差频$(\omega_1-\omega_2, s_1-s_2)$的如下形式波：

$$
\begin{aligned}
&\cos(\omega_1 t - s_1\lambda)\cos(\omega_2 t - s_2\lambda) \\
&= \alpha\cos\left[(\omega_1+\omega_2)t - (s_1+s_2)\lambda\right] + \beta\cos\left[(\omega_1-\omega_2)t - (s_1-s_2)\lambda\right]
\end{aligned}
\tag{4-7}
$$

式中，α和β是相关叠加系数。

4.5　大气重力波

大气重力波(atmospheric gravity wave，AWG)是大气中经常发生的短周期、小尺度的局部扰动。通常它们的周期在几分钟到几小时，水平波长为 10～1000km，垂直波长为 1～10km。它们对中层大气动力学有着重要的作用，极大地影响中层大气的温度、风场和成分分布[1]。

WINDII 提供了观察全球大气重力波的独特数据。理论和观察结果表明，如果 AWG 引起 1%的相对温度变化，相应的水平风速变化大约为 5m/s，而 $O(^1S)$气辉体辐射率变化可达 2%～4%[11,12]。WINDII 观察的垂直分辨率约为 2km，水平分辨率可达 20km。这些特点极大地有助于观察不同尺度、不同强度的 AWG。由 WINDII 数据得到的垂直波数和水平波数的波谱为多种理论波谱模型提供了验证依据[13,14]。

AWG 是产生在流体介质内部或两层介质的分界面上(如大气或海洋)的波，其恢复力来自重力或浮力，产生在气-液分界面上的重力波被称为表面重力波或表面波，出现在介质内部的重力波称为内波。

如图 4-2 所示，当一个流体元由介质表层或内部移动到垂直方向上(高度 z)密度ρ不同的区域时，重力促使流体元回到原来的平衡位置 z_0 并产生围绕这一位置的振动。由于流体是一种连续媒介，根据连续性方程，垂直方向的振动必然伴随水平方向的压缩或扩展，进而引起对流，如图 4-3 所示，因此，振动得以在水平方向传播，其中，$D>0$，表示水平方向扩张；$D<0$，表示水平方向压缩，且 $D=\dfrac{\partial u}{\partial z}+\dfrac{\partial v}{\partial y}$。

在地球大气中，重力波通常在对流层中产生，由天气锋面系统或气流越过山峰的扰动激发形成，向上传播。开始时，重力波的传播并不影响它经过的背景大气的平均状态，但随着高度的增加，空气密度越来越小，重力波的振幅越来越大，非线性相互作用的效应导致重力波解体，把它的能量和动量传输给背景大气，这个过程是控制中层大气动力学的关键因素。

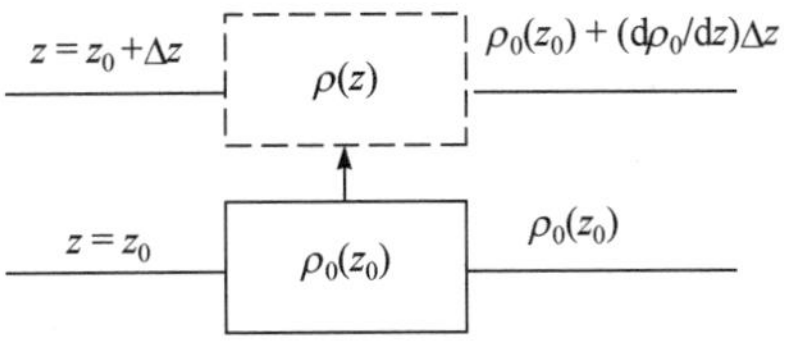

图 4-2　在流体介质中的重力或浮力振动示意图

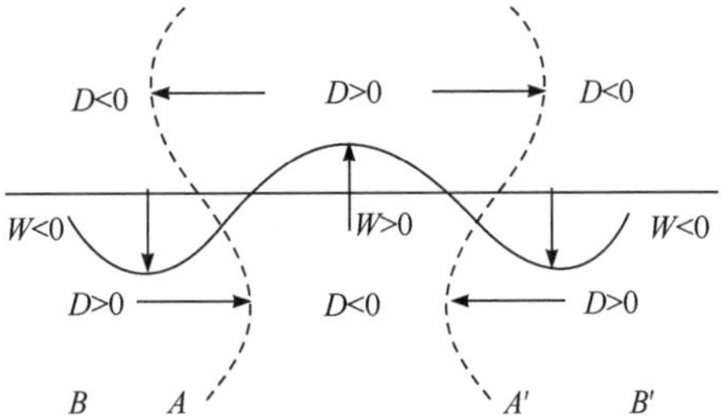

图 4-3　在流体介质中，垂直方向振动引起水平方向对流，振动得以在水平方向传播

图 4-4 所示的大气重力波向上传播，随着高度增加，空气密度越来越小，重力波扰动的水平风速以式(4-5)给出的指数形式增大。当到达一定的大气高度时，重力波的振幅增大，使得非线性相互作用变得重要。例如，对流不稳定性可以导致重力波饱和，即重力波扰动的水平风速 u' 不能超过波传播的本征相速度[15]：

$$|u'| \leqslant |\bar{u}-c| \tag{4-8}$$

式中，$\bar{u}$ 是背景大气的水平流速；c 是重力波在真空中传播的相速度；$\bar{u}-c$ 是重力波的本征相速度，即多普勒位移的相速度。由此引起重力波的耗散，产生两个效应：

(1) 波的水平动量的垂直通量 $\rho_0\overline{u'w'}$ 减少(耗散)(w' 是重力波扰动的垂直风速)；

(2) 平均流场 $\bar{u}$ 被加速，使 $\bar{u}$ 趋向于波的相速度 c，即 $\delta\bar{u}=\bar{u}-c\rightarrow 0$。

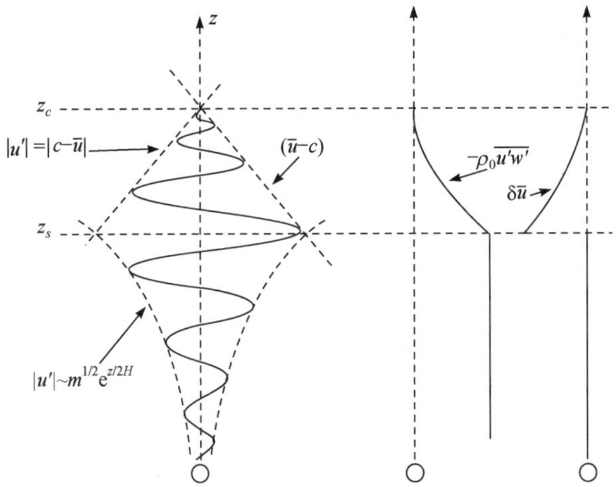

图 4-4　大气重力波垂直传播和耗散过程示意图

波的振幅随高度增大并趋于饱和，波的水平动量的垂直通量减少，平均流场被加速，流速趋向于波的相速度。在线性理论中，在临界高度以上不存在耗散和加速[15]

图 4-4 中，当 $z = z_c$ (临界高度)时，存在 $\bar{u} = c$，即背景大气的水平流速等于重力波在真空中传播的相速度，或者重力波的本征相速度为零，重力波相对于背景大气是静止的。

通过动量传输实现重力波与背景大气的相互作用，即满足流体运动方程：

$$\frac{\partial \bar{u}}{\partial t} + \cdots = -\frac{1}{\rho_0}\frac{\partial}{\partial z}\left(\rho_0 \overline{u'w'}\right) \tag{4-9}$$

这里我们没写出完整的流体运动方程，仅给出 $\bar{u}$ 的加速和重力波动量耗散的关系。等号右端的项称为重力波的曳力(gravity wave drag，GWD)。如前面所述，一个稳定、线性、无耗散的重力波，它的 GWD = 0。只有当重力波传播逼近临界高度时，波动解体，进而发生湍流耗散，当它的动量通量随高度减少时，GWD 才不为零。

假设所研究的目标大气微团处于无旋、无摩擦、无热传导条件的理想气体状态，该微团所在高度 z 处的大气纬向风速、经向风速、垂直风速分别为 u、v 和 w，大气压强为 P，大气温度为 T，大气密度为 ρ ($\rho=\rho_0\exp(-(z-z_0)/H)$)，其中，ρ_0 表示参考高度 z_0 处的大气密度，H 是大气标高)，则直角坐标下式(4-9)的三维动量方程为

$$\begin{cases} \dfrac{\mathrm{d}u}{\mathrm{d}t} - fv = -\dfrac{1}{\rho}\dfrac{\partial P}{\partial x} \\ \dfrac{\mathrm{d}v}{\mathrm{d}t} + fu = -\dfrac{1}{\rho}\dfrac{\partial P}{\partial y} \\ \dfrac{\mathrm{d}w}{\mathrm{d}t} = -g - \dfrac{1}{\rho}\dfrac{\partial P}{\partial z} \end{cases} \tag{4-10}$$

式中，$f = 2\tilde{\Omega}\sin\varphi$ 为科里奥利频率($\tilde{\Omega}$ 为地球自转频率，φ 为目标大气微团所在纬度)；g 为所在高度的重力加速度。

垂直传播的重力波能够在很大高度范围传输动量，极大地影响全球大气的循环。在夏至到冬至这一段时间，这一传输过程引起极地点到极地点的环流，它使中间层远离辐射平衡：环流沉降使冬季的极区同温层和中间层被加热而变暖，而环流上升使夏季极区的中间层被散热而变冷，这样的环流特征导致重力波激发赤道的 QBO，以及 MLT 区域的行星波和潮汐波等物理现象。

4.6　臭氧层空洞及平流层的爆发性增温

4.6.1　臭氧层破坏的主要原因

臭氧层空洞为什么发生在南极地区？为什么臭氧损耗的规模如此之大？为什

么每年的南极臭氧层空洞发生在春季？对于这些涉及臭氧损耗的地域性、季节性及其规模的定性和定量研究，是自南极臭氧层空洞被发现之后的科学热点。

美国科学家 Molina 和 Rowland[16]提出，人工合成的一些含氯和含溴的物质是造成南极臭氧层空洞的元凶，最典型的是氟氯碳化合物(chloro-fluoro-carbons，CFCs)(俗称氟利昂)和含溴化合物哈龙(Halons)。氯和溴在平流层通过催化化学过程破坏臭氧是造成南极臭氧层空洞的根本原因。南极臭氧层空洞的形成包含大气化学、气象学变化的非均相复杂过程。McConnell 和 Jin[17]详细地讨论了这些过程，并给出了全面的参考文献目录。

4.6.2　平流层的爆发性增温事件

从气候学的角度讲，在冬天的平流层，平均的纬向风为东向，风速(40～60m/s)随高度增加，在极地夜间环流区域(1～10hPa)达到最大，而在每一个等压面上，按纬度平均的温度从低纬度向高纬度递减，这样就形成一个寒冷的极地漩涡的西风环流。在某些冬天，这种纬度平均的气候学特征可能急剧地改变，极区平流层温度可能随时间迅速地增加，导致按纬度平均的温度从低纬度向高纬度增加，在某些时候，还导致按纬度平均的纬向风方向反转为西向，这种事件称为平流层爆发性增温(sudden stratosphere warmings，SSW)[18,19]。如果在 10hPa 或者更低气压的高度区域，按纬度平均的温度从纬度 60°向极区增加(在邻近极点 10hPa 区域，温度可在一星期增加 40～60K)，并且按纬度平均的纬向风反转方向，这种事件称为强爆发性增温。如果仅仅是温度梯度反转方向，而纬向风方向并不反转，那么这种事件称为弱爆发性增温。平均来说，强爆发性增温在北半球每两年发生一次，而南半球 2002 年之前则从未有过观察记录，弱爆发性增温在南北半球都较为常见。

研究表明，在对流层激发的 PW，特别是纬向波数为 1 和 2 的波模(波 1 和波 2)，在 SSW 中起着关键的作用[17]。

2002 年 9 月末，在南极地区观察到 SSW 事件，这是自 1957 年开始有南极观察记录以来的第一次[19]。2009 年 1 月 24 日，北半球平流层发生了一次强爆发性增温事件[20]。

2019 年 9 月，南极地区发生了一次罕见的 SSW 事件[20]，出现了有观测记录以来最剧烈的极区升温和仅次于 2002 年的绕极西风急流减速，并造成了有观测记录以来面积最小的南极臭氧层空洞。对比分析 1988 年、2002 年和 2019 年这 3 次 SSW 事件，发现均出现在平流层准两年振荡的东风位相，并且前期都在南美洲附近的对流层出现了持续性的大气阻塞环流异常；阻塞环流加强了气候态的行星波，使行星波向平流层传播的波动能量显著地加强，进而通过波流相互作用减弱绕极西风急流，从而导致 SSW 发生。这一结果强调了南美洲附近的大气阻塞在南极 SSW 事件发生中的作用，为理解南极 SSW 事件的特征和成因提供了难得的样本与科学证据。

2019 年小 SSW 达到 10hPa 极性空气温度峰值的日期是 9 月 19 日，比 1988 年小 SSW(9 月 28 日)和 2002 年主要 SSW(9 月 29 日)的时间早约 10 天(图 4-5(a))。10hPa 极性空气温度的变化与 1988 年和 2002 年的 SSW 相似，从 9 月中旬到下旬温度增加了约 45K。相比之下，从 2019 年 8 月下旬至 9 月中旬，温度变化了 70K，2019 年 SSW 的 10hPa 极帽变暖最强。在 10hPa 峰值升温时的区域平均气温显示了 3 个 SSW 的海拔不同。2019 年和 2002 年的最高极区温度集中在 5～10hPa 的平流层中部，而 1988 年的最高极区温度主要位于 5hPa 以上的平流层上部。1988 年和 2019 年的小 SSW 的异常极区变暖在峰值期间被限制在 100hPa 以上，而 2002 年的大 SSW 则向下延伸到约 300hPa。

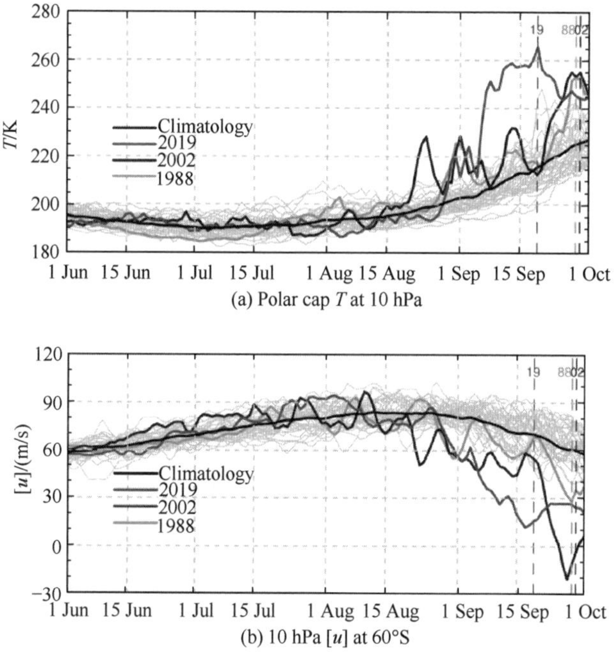

图 4-5　平流层极帽温度和绕极西风射流的演化(见彩图)

(a) 2019 年 6 月 1 日至 10 月 1 日，2002 年(蓝色)、1988 年(绿色)、1979～2018 年(灰色)的 10hPa 极地气温(平均面积超过 80°S～90°S)及其气候态(黑色)。(b)与(a)相同，但表示的是在 60°S 处 10hPa 的平均纬向风[21]

参 考 文 献

[1] Fritts D C, Wang D Y. Doppler-shifting effects on frequency spectra of gravity waves observed near the summer mesopause at high latitude. Journal of the Atmospheric Sciences, 1991, 48(13): 1535-1544.

[2] Fritts D C, Vincent R A. Mesospheric momentum flux studies at Adelaide, Australia: Observations and a gravity wave-tidal interaction model. Journal of the Atmospheric Sciences, 1987, 44: 605-619.
[3] 黄荣辉, 陈文, 魏科, 等. 平流层大气动力学及其与对流层大气相互作用的研究：进展与问题. 大气科学, 2018, 42 (3): 463-487.
[4] Charney J G, Drazin P G. Propagation of planetary-scale disturbances from the lower into the upper atmosphere. Journal of Geophysical Research, 1961, 66(1): 83-109.
[5] Wang D Y, Ward W E, Shepherd G G, et al. Stationary planetary waves inferred from WINDII wind data taken within 90-120km altitudes 90-120km during 1991-1996. Journal of the Atmospheric Sciences, 2000, 57(12): 1906-1918.
[6] Wang D Y, Ward W E, Solheim B H, et al. Longitudinal variations of green line emission rates observed by WINDII at altitudes 90-120km during 1991-1996. Journal of Atmospheric and Solar-Terrestrial Physics, 2002, 64(8-11): 1273-1286.
[7] Smith A K. The origin of stationary planetary waves in the upper mesosphere. Journal of the Atmospheric Sciences, 2003, 60(24): 3033-3041.
[8] Ward W E, Wang D Y, Solheim B H, et al. Observations of the two-day wave in WINDII data during January, 1993. Geophysical Research Letters, 1996, 23(21): 2923-2926.
[9] Hauchecorne A, Keckhut P, Chanin M L. Interannual variability and long term changes in planetary wave activity in the middle atmosphere observed by lidar. Atmospheric Chemistry and Physics Discussions, 2006, 6(6): 11299.
[10] Forbes J M, Hagan M E, Miyahara S, et al. Diurnal nonmigrating tides in the tropical lower thermosphere. Earth, Planets and Space, 2003, 55(7): 419-426.
[11] Wang D Y, Ward W E, Rochon Y J, et al. Airglow intensity variations induced by gravity waves. Part 1: Generalization of the Hines-Tarasick's theory. Journal of Atmospheric and Solar-Terrestrial Physics, 2001, 63(1): 35-46.
[12] Wang D Y, Rochon Y J, Zhang S P, et al. Airglow intensity variations induced by gravity waves. Part 2: Comparisons with observations. Journal of Atmospheric and Solar-Terrestrial Physics, 2001, 63(11): 47-60.
[13] Wang D Y, Ward W E, Solheim B H, et al. Wavenumber spectra of horizontal wind and temperature measured with WINDII. Part Ⅰ: Observational results. Journal of Atmospheric and Solar-Terrestrial Physics, 2000, 62(11): 967-979.
[14] Wang D Y, Ward W E, Solheim B H, et al. Wavenumber spectra of horizontal wind and temperature measured with WINDII. Part Ⅱ: Diffusive effect on spectral formation. Journal of Atmospheric and Solar-Terrestrial Physics, 2000, 62(11): 981-991.
[15] Fritts D C. Gravity wave saturation in the middle atmosphere: A review of theory and observations. Reviews of Geophysics, 1984, 22(3): 275-308.
[16] Molina M J, Rowland F S. Stratospheric sink for chlorofluoromethanes: Chlorine atom-catalyzed destruction of ozone. Nature, 1974, 249(5460): 810-812.
[17] McConnell J C, Jin J J. Stratospheric ozone chemistry. Atmosphere Ocean, 2008, 46(1): 69-92.

[18] Matsuno T. A dynamical model of the stratospheric sudden warming. Journal of the Atmospheric Sciences, 1971, 28(8): 1479-1494.

[19] Roscoe H K, Shanklin J D, Colwell S R. Has the antarctic vortex split before 2002? Journal of the Atmospheric Sciences, 2005, 62 (3): 581-588.

[20] 雷霄龙, 符养, 薛震刚, 等. 2009 年 1 月平流层爆发性增温期间全球电离层响应的研究. 空间科学学报, 2012, 32(4): 513-523.

[21] Shen X C, Wang L, Osprey S. The southern hemisphere sudden stratospheric warming of september 2019. Science Bulletin, 2020, 65(21): 1800-1802.

第 5 章 地球高层大气的气辉辐射

WINDII、HRDI 和 TIDI 探测高层大气风场使用的光源是气辉谱线，通过成像干涉仪获得气辉辐射的干涉条纹，确定气辉谱线的多普勒频移，进而确定高层大气的风速、温度、浓度和压强等物理量[1,2]。WINDII 使用了 5 条单色可见光谱线 $O(^1S)$557.7nm、$O(^1D)$630.0nm、OH(8-3)730.0nm、O^+732.0nm 和 O_2 大气带 762.0/763.0nm 作为探测光源[1]。因为原子氧 OI 处于寿命较长的亚稳态(metastable)，$O(^1S)$557.7nm 和 $O(^1D)$630.0nm 常被选作最佳探测光源[1]。高层大气主要成分是 N_2，包括 N_2 气辉在内的更多可见光波段的谱线将会成为探测光源。航天探测的效率在不断地提高，卫星的飞行高度也将随着探测大气物理量的不同而具有不同的高度，因而探测器的波段范围也会逐渐从可见光发展到红外、紫外、极紫外区等波段。

5.1 大气气辉辐射的基本特征

5.1.1 气辉与极光

气辉(airglow)是地球高层大气吸收太阳电磁辐射产生的微弱光辐射现象，正是有了气辉才使得夜晚的天空不是一片漆黑。气辉出现在地球上空 50～500km，亮度比极光(aurora)低很多，分布也比较均匀，不易被人们察觉，只有用敏感的仪器才能观测。对气辉的观测和研究，有助于人们了解高层的大气物理、光化学过程。将金星、火星和木星大气在太阳辐射作用下发生的气辉现象称为行星气辉。对行星气辉的观测和研究，更有助于对太阳的了解。

极光或气辉是太阳发出的高速带电粒子流(太阳风)使地球高层稀薄的大气原子或分子激发，当被激发的原子、分子通过与其他粒子碰撞或自身处于亚稳态的高能级辐射回到低能级态时，激发态原子(或分子)能量以辐射方式释放出来时所出现的发光现象。

波长相同的气辉和极光谱线来源于同种大气发光微粒，但是气辉的亮度远低于极光的亮度；气辉多出现在中、低纬度的大气区域，极光多出现在地球高纬地区及南北两极；气辉比较均匀地出现在全天空，极光有均匀弧、射线结构、极光带、冕和幕。

氧原子的基态是三重态 $^3P_{2,1,0}$，$O(^1S)$557.7nm 和 $O(^1D)$630.0nm 是禁戒跃迁产生的谱线，它们的亚稳态寿命分别达到 0.8s 和 110s，如图 5-1 所示，O_2 的能级跃迁气辉如图 5-2 所示。

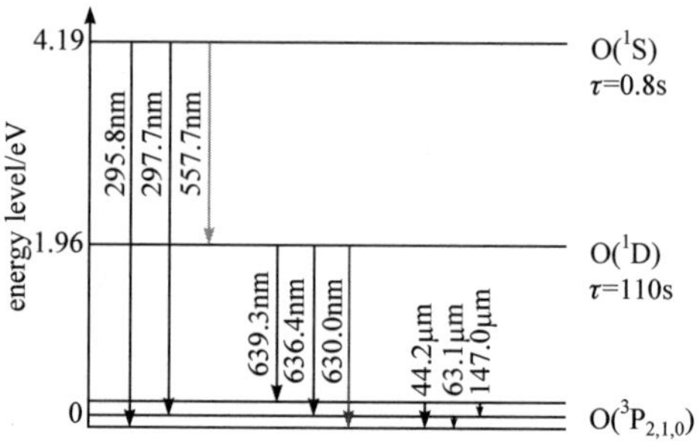

图 5-1　O 原子气辉能级跃迁

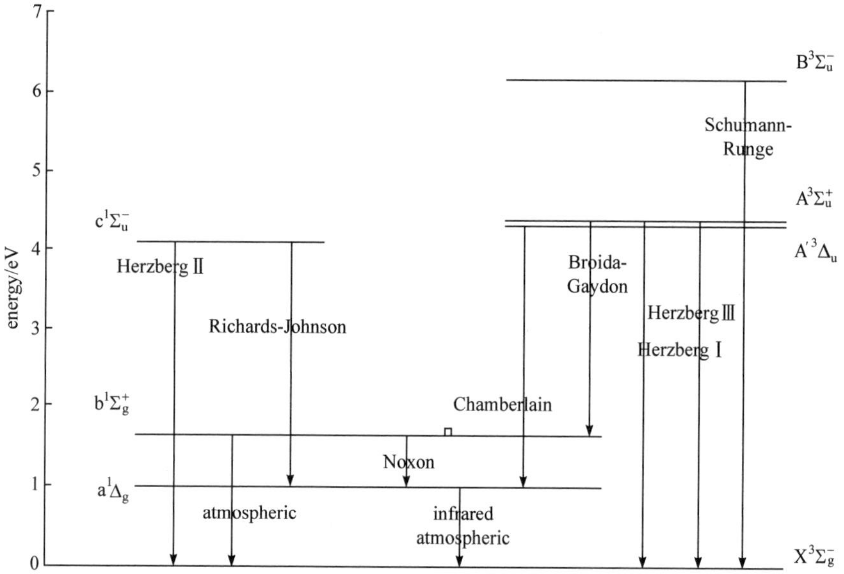

图 5-2　O_2 的能级跃迁气辉

5.1.2　地球气辉辐射特征

按照高层大气接受太阳辐照情况的不同，将气辉分为夜气辉(night glow)、昼气辉(day glow)和曙暮气辉(twilight glow)3 类。夜间出现夜气辉，白天出现昼气辉，曙暮出现曙暮气辉。因为中间层和低热层的高层大气与辐射离子之间有碰撞和发射，所以跃迁是与周围气体达到热平衡时表现出的特性。在热层中部碰撞时间较长，这些变化的气辉辐射与不同大气高度的氧原子复合相对应，测量这些不同特征能提供不同高度的氧原子浓度，例如，通过测量 OH(8-3)带、O_2 分子(0-0)带和 $O(^1S)$绿线就能得到大气高度轮廓，这些都是高层大气风场探测的范畴，地球气辉辐射特征如表 5-1 所示[1,3,4]。

表 5-1　地球气辉辐射特征[1,3,4]

能量来源	寿命	波长/nm	高度范围/km	峰值高度/km	亮度/kR	
					夜间	白天
$O(^1S)$	0.8s	557.7	83～250 150～300	98 145	5	25
$O(^1D)$	110s	630.0/636.4/639.3	150～300	约为 250	5	30
OH(8-3)带	4.2ms	732.0/734.0	80～110	87	1.5	5
O_2 (0-0)带	14s	762.0/763.0	80～110	94	20	200
O_2 (0-1)带	12.6s	867.7	80～110	94	13.2	
O^+线	5s	732.0/733.0	200～300	约为 250		
N_2^+(0-1)带	μs	427.0/427.8	<<200	100	0.01～0.1	0.3～5
N_2(第一正带)	6μs	670.0		约为 100	23～100	

注：R 是亮度单位，1kR=1000R；量子力学计算结果：正常原子能级跃迁的发光寿命为 10^{-9}～10^{-8}s。

鉴于光源谱线有三种发光线型：高斯线型、洛伦兹线型和佛克特(Voigt)线型。我们认为正在发光的大气粒子与探测器之间具有相对运动速度，导致发光谱线具有高斯线型，两个发光粒子之间碰撞的共同作用产生洛伦兹线型的光源谱线，既考虑相对运动速度又考虑粒子间碰撞的共同作用将产生佛克特线型的光源谱线。探测高层大气视线方向上的风速常常基于高斯线型气辉谱线。鉴于气辉辐射的寿命较长(表 5-1)，发光粒子的运动速度被认为是中性风的运动，中性风的速度也就是高斯线型气辉辐射视线方向相对探测器的速度，气辉粒子与探测器之间的相对运动引起谱线的展宽为

$$W=[(7.16\times10^{-7})^2\sigma_0^2 T/M]^{1/2} \tag{5-1}$$

式中，W 是谱线的半高宽；T 是大气温度(单位为 K)；M 是气辉粒子的原子量；σ_0 是谱线中心波数。式(5-1)表明，大气温度越高，原子量越小的元素，谱线展宽越严重；波长越长，展宽越显著。

5.2　气辉的光化学反应

5.2.1　$O(^1S)$557.7nm 和 $O(^1D)$630.0nm 气辉

大气主要成分是 N_2 和 O_2，O_2 主要吸收 0.104～0.18μm 的紫外辐射和 0.18～0.24μm 的弱连续吸收波段，其中，O_2 吸收 0.14～0.17μm 的辐射并离解成一个基态 $O(^3P)$和激发态 $O(^1D)$氧原子，$O(^1D)$能级的电子向 $O(^3P)$跃迁时辐射相应的 3 条气辉波长为 630.0nm/636.4nm/639.3nm。因为高层大气中 0.14～0.17μm 的太阳辐射较强，O_2 的吸收系数也较大，所以 0.14～0.17μm 的辐射是高层大气光化反应的主要能量来源，也是气辉的主要来源[5]。$O(^1S)$557.7nm 和 $O(^1D)$630nm 常作为大气风场探测的主要光源。气辉中氧原子辐射的产生分两步光化学反应：① 氧离子和氧分子之间的电荷交换[2]，即 $O^+ + O_2 \to O_2^+ + O$；②氧离子与电子的再结合，即 $O^+ + e \to O^* + O^*$。

O_2^+ 与电子结合产生激发态[3]，从高能态向低能态跃迁直接产生氧原子禁线 557.7nm 和 630.0nm 等气辉谱线，它们的光化学反应如下：

$$O_2^+ + e \longrightarrow O(^1S) + O(^3P)\ ,\ \ O(^3P) + e \longrightarrow O(^1S) + e' \tag{5-2}$$

$$O(^1S) \longrightarrow O(^1D) + h\nu \quad (557.7\text{nm}) \tag{5-3}$$

$$O(^3P) + e \longrightarrow O(^1D) + e'\ ,\ \ O_2^+ + e \longrightarrow O(^1D) + O \tag{5-4}$$

$$O(^1D) \longrightarrow O(^3P) + h\nu \quad (630.0\text{nm} / 636.4\text{nm} / 639.3\text{nm}) \tag{5-5}$$

由于 ^1S 和 ^1D 态的总电子自旋 S=0，氧原子基态 ^3P 总自旋 S=1。禁戒跃迁经历的时间很长，O(^{1}S)557.7nm 跃迁时间约为 0.8s，O(^{1}D)630nm 需要 110s，后者跃迁过程非常缓慢，在 O(^{1}D)有机会发射之前已发生碰撞并离开 O(^{1}D)态，因此，630nm 的激发预期在地面 200km 以上高度具有最大值，如图 5-3 所示，557.7nm 谱线是可见光中最明亮的气辉[6]。

氧原子的基态是三重态 $^3P_{2,1,0}$，O(^{1}D)应该有 3 条谱线，能级跃迁如图 5-1 所示。根据美国原子分子光谱数据库(national institute of standards and technology，NIST)提供的氧原子能级数据，在图 5-1 列出 O(^{1}D)的 630nm/636.4nm/639.3nm 的 3 条谱线[7,8]。

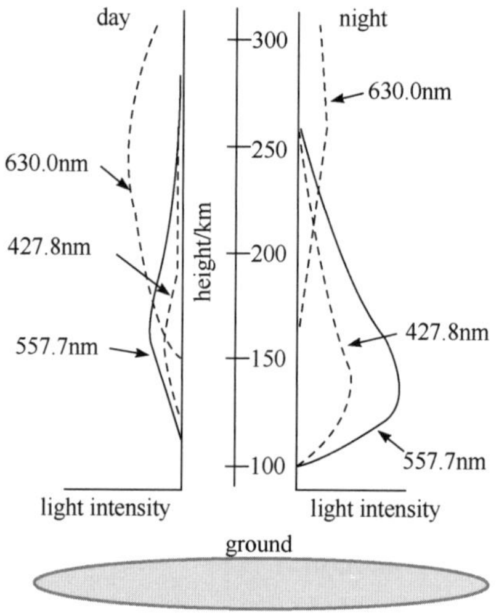

图 5-3 白天和夜间气辉随高度变化的规律[6]

5.2.2 O(^{1}S)557.7nm 气辉的体发射率

氧原子绿线 O(^{1}S) 557.7nm 夜气辉在可见光波段最强，它是由氧原子能级 ^1S 跃迁到 ^1D 时产生的辐射，使用 Barth 机制[9]来计算氧原子绿线($OI_{557.7}$)辐射的体发射率。Barth 机制考虑的光化学反应依次如下：

$$O(^3P) + O(^3P) + M \xrightarrow{\beta k_1} O_2^* + M$$

$$O_2^* + O(^3P) \xrightarrow{\delta k_2^O} O(^1S) + O_2$$

$$
\begin{aligned}
&O_2^* + O_2, N_2, O \xrightarrow{\sigma k_2^{O_2,N_2,O}} O_2, N_2, O \\
&O_2^* \xrightarrow{A_2} O_2 + h\nu \\
&O(^1S) + O_2 \xrightarrow{k_3} O + O_2 \\
&O(^1S) \xrightarrow{A_2} O(^1D) + h\nu(557.7\text{nm}) \\
&O(^1S) \xrightarrow{A_3} O(^3P, ^1D) + h\nu
\end{aligned}
\tag{5-6}
$$

上述这些反应的速率系数分别为 $k_1 = 4.7\times10^{-33}(300/T)^2\text{cm}^6\cdot\text{s}^{-1}$ (T 为背景大气的温度)，$\delta k_2^{O} = 6.0\times10^{-11}\text{cm}^3\cdot\text{s}^{-1}$，$k_3 = 4.0\times10^{-12}\exp(-865/T)\text{cm}^3\cdot\text{s}^{-1}$，爱因斯坦跃迁系数分别为 $A_1 = 2.0\times10^{-2}\text{s}^{-1}$，$A_2 = 1.18\text{s}^{-1}$，$A_3 = 1.35\text{s}^{-1}$。

由上面反应式，根据平衡时粒子数守恒可得 Barth 机制下 $O(^1S)$557.7nm 体发射率表达式：

$$
V_{OI(557.7\text{nm})} = A_2[O(^1S)] = \frac{A_2 k_2 [O]^3 [M]}{(A_3 + k_3[O_2])(C^{\prime(0)} + C^{\prime(1)}[O] + C^{\prime(2)}[O_2])} \tag{5-7}
$$

式中，浓度数[M]={[N_2],[O_2]}，[O_2]和[N_2]分别表示分子氧和分子氮的数浓度；[O]为原子氧的数浓度。其他系数分别为 $C^{\prime(0)} = A_4/\left(\beta\delta k_4^{O}\right)\approx 0$，$C^{\prime(1)} = 1/\left(\beta\delta\right) = 211$，$C^{\prime(2)} = (k_4^{O_2} + Rk_4^{N_2})/\left(\beta\delta k_4^{O}\right) = 15$，$R = [N_2]/[O_2]$。

由描述大气中各种粒子浓度的竖直分布规律的查普曼(Chapman)机制[10]可得 $O(^1S)$557.7nm 随高度分布的体发射率表达式：

$$
\text{VER}(z) = V_f \exp[1 - b_f - \exp(-b_f)] + V_e \exp[1 - b_e - \exp(-b_e)] \tag{5-8}
$$

式中，V_f、V_e 分别代表地球上空 F 层和 E 层的峰值体发射率；$b_f = (z - H_f)/W_f$、$b_e = (z - H_e)/W_e$，W_f 与 W_e 分别代表 F 层和 E 层曲线的 Chapman 展宽。

图 5-4 表示由 WINDII 探测器观测的实验数据绘制的曲线[8]，其中，圆点为 WINDII 的实测值，实线是由式(5-8)得到的预测值，$O(^1S)$VER 代表气辉的体发射率，单位为光子数 · $\text{cm}^{-3}\cdot\text{s}^{-1}$。latitude、local time 和 cos (SZA)分别代表纬度、当地时间和当时的太阳天顶角(solar zenith angles，SZA)。

5.2.3　O_2(0-1)867.7nm 气辉的体发射率

O_2(0-1)867.7nm 能级跃迁图如图 5-5 所示，O_2(0-1)867.7nm 气辉的反应速率系数如表 5-2 所示。根据大气粒子浓度动态平衡可以得到 O_2(0-1)867.7nm 的体发射率表达式为

$$
\text{VER}_{O_2(0\text{-}1)} = \frac{Ak_1[O]^2([O_2]+[N_2])[O_2]}{(A + k_3[O_2] + k_4[N_2])(k_3[O_2] + k_5[O])} \tag{5-9}
$$

O_2(0-1)867.7nm 气辉的反应速率系数如表 5-2 所示。

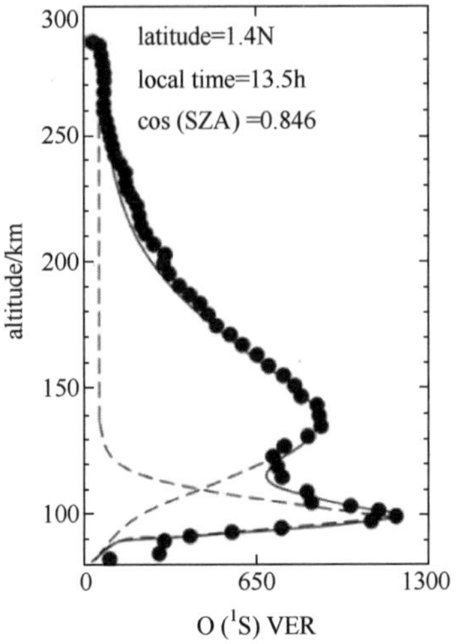

图 5-4 cos(SZA)=0.846 时 WINDII 探测值与式(5-8)表示的曲线[8]

表 5-2 O_2(0-1)867.7nm 气辉的反应速率系数[11]

反应方程	反应速率系数
$O+O+M \xrightarrow{k_1} O_3+M$	$k_1=9.4\times10^{-34}(300/T)$
$O_2+h\nu \xrightarrow{k_2} O_2(b^1\Sigma_g^+)g_\Sigma$	$k_2=2.2\times10^{-34}(300/T)$
$O_2(b^1\Sigma_g^+)+O_2 \xrightarrow{k_3} 2O_2$	$k_3=3.6\times10^{-18}\exp(-220/T)$
$O_2(b^1\Sigma_g^+)+N_2 \xrightarrow{k_4} O_2+N_2$	$k_4=5.8\times10^{-18}\exp(-220/T)$
$O_2(b^1\Sigma_g^+)+O \xrightarrow{k_5} O_2+O$	$k_5=1.3\times10^{-16}$
$O_2(b^1\Sigma_g^+) \xrightarrow{A} O_2+h\nu$	$A=1.47\times10^{-14}$

5.2.4 N_2^+第一负带 427.8nm、470.9nm 和 N_2 第一正带 670nm 气辉

由于大气中的 N_2 不能吸收大于波长为 0.1μm 的光，但 N_2 对 $\lambda<0.091$μm 的光有较弱吸收，只有吸收 $\lambda<0.0796$μm 的光才开始离解，大气中 N_2 吸收太阳辐射的光致电离较弱；大气中 N_2 相当稳定，N_2 光致电离概率较小，高层大气中大量存在的是分子 N_2 或离子 N_2^+；高层大气的 N_2 数密度较 O^+的数密度至少小两个数量级，导致 N_2 气辉较弱[5, 12]；N_2 产生气辉的寿命较短，随着探测技术日趋成熟，观测波段逐渐拓展，N_2 气辉应该纳入高层大气风场探测的光源之列。

N_2 分子基态 $X^1\Sigma_g^+$ 为单重态，而 $A^3\Pi_u$、$B^3\Pi_g$、$C^3\Pi_u$ 依次为第 1、2、3 电子激发态。N_2 能级跃迁图如图 5-6 所示[13]。从表 5-3 所示的 N_2 分子的部分光谱

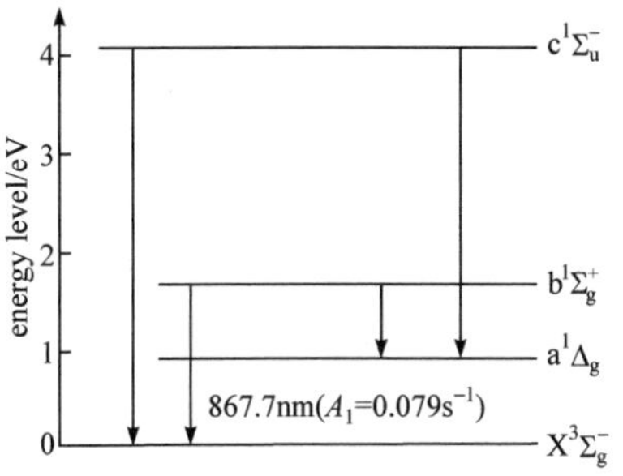

图 5-5　O_2(0-1)867.7nm 能级跃迁图

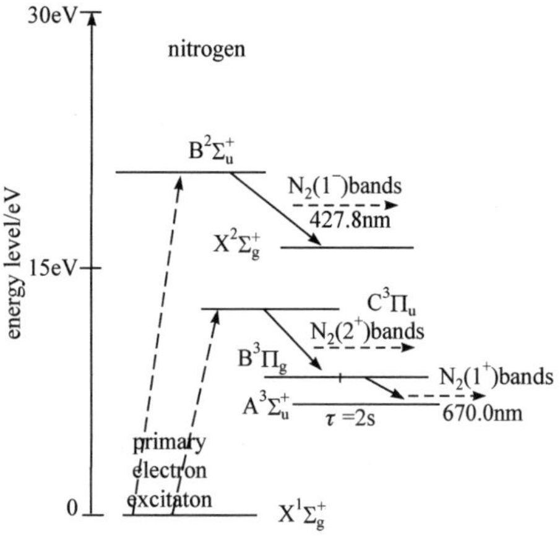

图 5-6　N_2 能级跃迁图[6]

带可知，与第一正带相比 N_2 的第二正带属于 N_2 中比较强的带，而 N_2^+的第一负带又比 N_2 第二正带的体发射率大，由于 N_2^+对太阳光的共振散射，白天 N_2^+气辉光谱的第一负带更强。研究表明，在波长为 391.4nm 谱带中发射的每个光子需产生大约 25 个离子对，而波长为 427.8nm 带中的每个光子需产生 75 个离子对，因而第一负带 427.8nm 波长可以作为一条重要的谱线，它与 O(^{1}S)557.7nm 和 O(^{1}D)630nm 强度对比如图 5-3 所示。第一负带的光化学反应是由于中性粒子电离时离子处于激发态并发光，这些谱带直接由 N_2 的基态激发：

$$N_2 + (\text{e或}H^+) \longrightarrow (N_2^+)^* + (\text{e}' \text{或 } H'^+) + \text{e}_n \tag{5-10}$$

式中，$\text{e}' = \text{e} - 36\text{eV}$，$H'^+ = H^+ - 36\text{eV}$[6]，此后由第一负带 3 条谱线发射：

$$(N_2^+)^* \longrightarrow N_2^+ + (391.4\text{nm},\quad 427.8\text{nm},\quad 470.9\text{nm}) \tag{5-11}$$

$A^3\Sigma_u^+$ 是 N_2 的亚稳态，辐射寿命约为 2s[14]，N_2 第一正带 670nm 辐射就是从 $B^3\Pi_g$ 高能态向 $A^3\Sigma_u^+$ 亚稳态跃迁辐射产生的。

如果使用可见光波段响应度较高的探测器来测风，由于 391.4nm 谱线对 CCD 的响应很低，且 N_2^+第一负带 427.8nm、470.9nm 和 N_2 第一正带 670nm 气辉谱线的寿命为微秒量级，所以需要设计特殊的探测器。N_2^+第一负带 427.8nm 和 N_2 第一正带 670nm 辐射已于 2003 年被日本的 INDEX(innovative technology demonstration experiment)卫星上的 CCD 照相机观测到，且用于分析光谱的精细结构[15]。除了上述 N_2 可见光波段的谱线，还有氮原子 ^{4}S→^{2}D 禁戒跃迁 520nm 的谱线，两个电离氮Ⅱ原子发射 575.5nm 和 658.4nm 谱线等。

N_2 的可见光波段光谱带如表 5-3 所示。

表 5-3 N_2的可见光波段光谱带

名称	缩写	跃迁(允许)	寿命	辐射波长/nm	体发射率/($m^{-3}\cdot s^{-1}$)
N_2第一正带	1P	$B^3\Pi_g \to A^3\Sigma_u^+$	6μs	670	5.2×10^{-17}
N_2第二正带	2P	$C^3\Pi_u \to B^3\Pi_g$	50ns	1-4 带：399.8	7.4×10^{-17}
N_2第一负带	1N	$B^2\Sigma_u^+ \to X^2\Sigma_g^+$	～μs	0-0 带：391.4 0-1 带：427.8 0-2 带：470.9	4×10^{-16}

5.2.5 OH(8-3)带 732.0nm/734.0nm 气辉

夜间约在 85km 上空出现羟基 OH 气辉，其产生机制源于大气水汽，由于太阳的辐射作用而离解产生自由基和少量分子氧，水汽的光致离解生成原子氧，在第三体 M 存在时可结合成分子氧，即$O+O+M\to O_2+M$，该发射进入许多带，包括高层大气风场探测中能被 CCD 探测器观测到的 OH(8-3)带，即$O+O_2+M\to O_3+M$，$O_3+H\to OH^*+O_2$。OH(8-3)发射谱线波长为 732.0nm/734.0nm，大气中 OH 辐射的谱线$P_2(4),P_1(3),P_2(3),P_1(2)$是由激发 OH 通过下面两个反应产生的：

$$H+O_3\longrightarrow OH^*(\nu\leqslant 9)+O_2\text{，}\quad OH+O\longrightarrow H+O_2 \tag{5-12}$$

式中，H 可以在式(5-12)反应中再循环，而且在式(5-12)中当具有 3.3eV 的能量时就能激发 OH 到振动量子数 ν=9 的振动态上，所观测的 P_1 和 P_2 谱线是 OH 从$^2\Pi_{3/2}$ 和$^2\Pi_{1/2}$振动-转动电子跃迁到基态的结果。振动跃迁从 ν=6→ν=1，转动跃迁相应 P 支(ΔJ=−1)，所以$P_1(3)$谱线是由量子态(ν=6，J'=2)→量子态(ν=1，J''=3)($\Delta J=J'-J''$)振动-转动跃迁产生的。OH 的 $P_1(3)$、$P_2(4)$谱线的波长为 734.1nm 和 736.9nm，这两条气辉谱线的强度不等，$P_1(3)$比$P_2(4)$大，可以表现出自旋双 P 线的强弱。

5.2.6 $O^+(^2P)$732.0nm/733.0nm 和 O_2 762.0nm 气辉

太阳光的深紫外线(<67nm)导致地球大气痕量粒子的光子产生电离现象，然后辐射出相关谱线，白天或夜间辐射分别位于地球上空较高的海拔，$O^+(^2P)$发射 732.0nm/733.0nm 的气辉，而夜间电子沉降产生如下离子：$O+e\to O^+(^2P)+2e$，$O+h\nu\to O^+(^2P)$。白天通过 O_2 和 N_2 对太阳光的锐利散射，在较低高度的所有通道上产生连续背景光线。原子氧复合成分子氧过程中产生的能量也导致激发电子态$O_2(^1\Sigma)$，O_2 大气带发射 762.0nm/763.0nm 的气辉。$O_2(^1\Sigma)$辐射过程为

$$O+O+M\longrightarrow O_2^{**}+M\text{，}\quad O_2^++O_2\longrightarrow O_2(^1\Sigma)+O_2 \tag{5-13}$$

白天 $O_2(^1\Sigma)$ 释放能量并将其发射到 $O(^1D)$态，通过紫外照射 O_2 与 H_2O 进行臭氧光解和光致离解作用，产生 $O(^1D)$态，这就是白天太阳的共振散射给大气带来的辐射。

$O^+(^2P)$732.0 与 OH(8-3)732.0nm 的波长一样，只用一个滤波片可以探测不同峰值高度的气辉。在实践中，OH 和 O^+不能同时观测[1]，因为 O^+谱线出现在白天，其在视场较低部位的锐利散射将阻止 OH 的观测，而 OH(8-3)732.0nm 谱线出现在夜间，这有利于测量。

高层大气中存在微弱的由激发态氢原子产生的 656.3nm-H_α 谱线和 486.1nm-H_β 谱线，这些氢原子源于高能质子(H^+)对大气的轰击，激发机制为

$$X + H^+ \longrightarrow X^+ + H^*,\ H^* \longrightarrow H + h\nu \quad (656.3\text{nm}, 486.1\text{nm}) \tag{5-14}$$

589.0nm 和 589.6nm(^2S-^2P)的 Na 双线偶尔在气辉中也有出现，在稀少情形下还观测到(^3P-^3D)的 He587.6nm 线[16]。

综上，我们根据高层大气气辉粒子的部分光化学反应，将可见光波段内的 17 条谱线列于表 5-4 中。不同大气成分产生的气辉波段一般不同，在不同激发条件及环境影响下也会产生不同的颜色与亮度。1995 年 9 月“奋进号”航天飞机进行了亚利桑那气辉实验，监测到地球边缘的夜间气辉如图 5-7 所示，可以探测到 240～900nm 的气辉光谱。通过这些气辉谱线可以选择性地探测地球上空不同谱线峰值高度处的大气风速和温度等信息，将来也可以将波段拓展到紫外、远紫外、红外等波段，进而实施土星、火星等其他行星气辉的遥感探测。

表 5-4　地球大气中部分可见光波段气辉谱线

序号	气辉粒子	波长/nm	序号	气辉粒子	波长/nm
1	N_2^+(0-0 带)	391.4	10	OH Meinel 带	625.7
2	N_2第二正带	399.8	11	$O(^1D)$	630.0/636.4/639.3
3	N_2^+(0-1 带)	427.8	12	H_α	656.3
4	N_2^+(0-2 带)	470.9	13	OH $P_1(3)$，$P_1(4)$	734.1 /736.9
5	H_β 巴耳末线	486.1	14	N_2(第一正带)	670.0
6	$N(^4S$-$^2D)$	520.0	15	OH(8-3)带	732.0/734.0
7	$O(^1S)$	557.7	16	$O^+(^2P)$	732.0/733.0
8	He	587.6	17	O_2 大气带发射	762.0/763.0
9	Na	589.0/589.6			

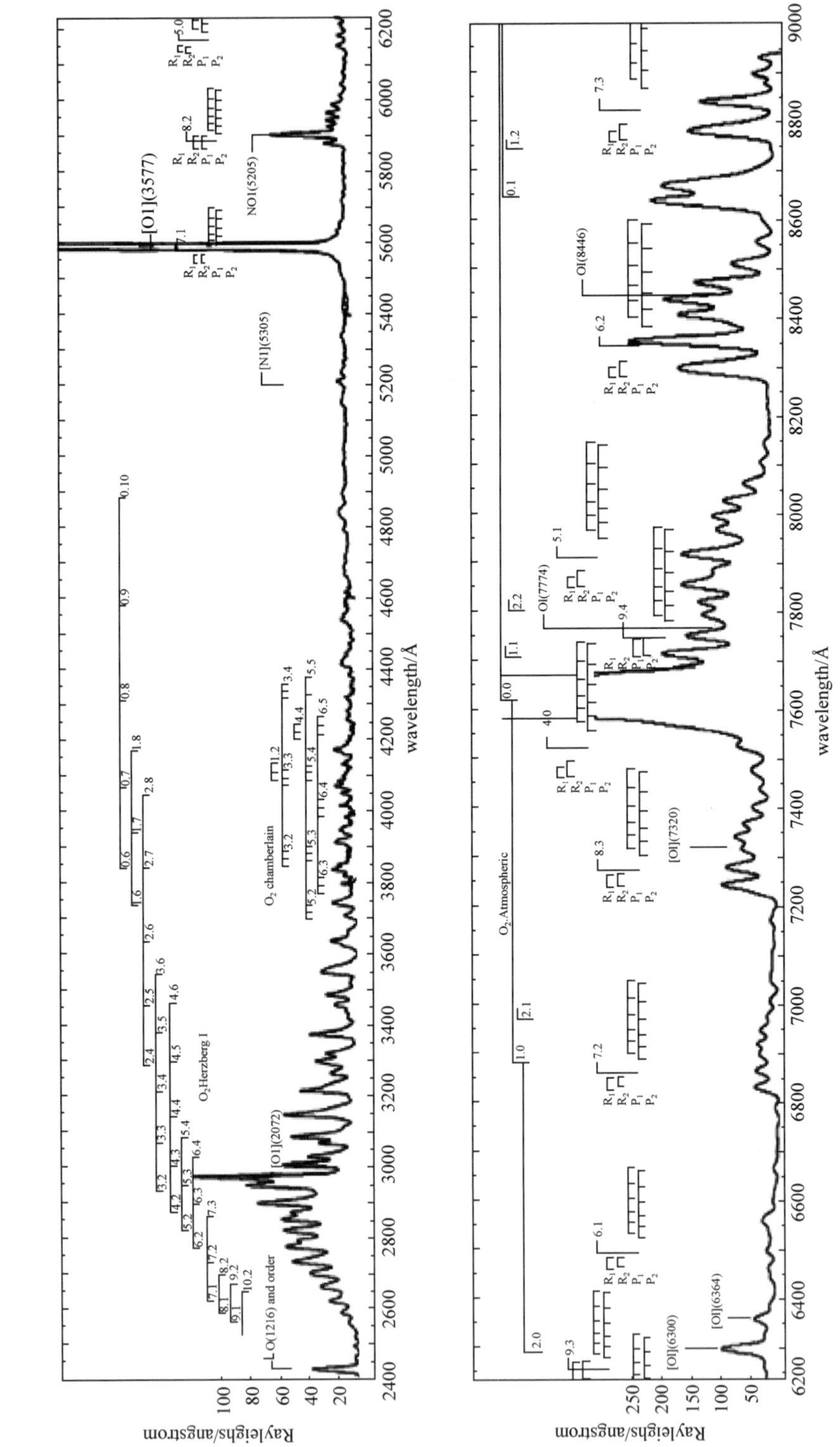

图5-7　探测到240~900nm的气辉光谱[17]

参 考 文 献

[1] Shepherd G G, Thuillier G, Gault W A, et al. WINDII, the wind imaging interferometer on the upper atmosphere research satellite. Journal of Geophysical Research Atmospheres, 1993, 98(D6): 10725-10750.

[2] Thuillier G, Wiens R H, Shepherd G G, et al. Photochemistry and dynamics in thermospheric intertropical arcs measured by the WIND imaging interferometer on board UARS: A comparison with TIE-GCM simulations. Journal of Atmospheric and Solar-Terrestrial Physics, 2002, 64(4): 405-415.

[3] Wiens R H, Bhatnagar V P, Thuillier G, et al. Geomagnetic storm heating effects on the low-latitude dayside thermosphere from WINDII observations at equinox. Journal of Atmospheric and Solar-Terrestrial Physics, 2002, 64(12/13/14): 1393-1400.

[4] McEwen D J, Steele D P, Creutzberg F, et al. The ionospheric response to the CME event of 6-11 January 1997. Journal of Atmospheric and Solar-Terrestrial Physics, 1999, 61(3/4): 223-232.

[5] 王明星. 大气化学. 2 版. 北京: 气象出版社, 1999.

[6] Kivelson M G，Russell C T. 太空物理学导论. 曹晋滨等译. 北京: 科学出版社, 2001.

[7] 美国原子分子光谱数据库. https://physics.nist.gov/physRefData. [2024-12-11].

[8] Zhang S P, Shepherd G G. On the response of the O(^{1}S) dayglow emission rate to the Sun's energy input: An empirical model deduced from WINDII/UARS global measurements. Journal of Geophysical Research Space Physics, 2005, 110(A3): 1029-1048.

[9] Gao H, Xu J Y, Yuan W A, et al. A method of inversing the peak density of atomic oxygen vertical distribution in the MLT region from the OI(557.7nm) night airglow intensity. 空间科学学报, 2005, 25(5): 484-489.

[10] 蔡红涛. 极区电离层结构及粒子沉降和对流电场的作用: EISCAT 观测与数值模拟. 武汉: 武汉大学, 2003.

[11] Maharay-Sharma, Shepherd G G. Solar variability of the daytime atomic oxygen O(^{1}S) emission in the middle and lower thermosphere. Journal of Geophysical Research Space Physics, 2004, 109(V3): 3303-3314.

[12] Tang Y H, Chen G D, Zhang C M, et al. O(Ⅰ, Ⅱ) forbidden lines aurora and their photochemical reactions. Chinese Journal of Luminescence, 2005, 26(3): 309-315.

[13] Williams W D, Sherrouse P M, Crosswy F L, et al. AEDC development of the pulsed electron beam fluorescence (PEBF) technique for hypersonic test facility applications. American Institute of Aeronautics and Astronautics, 2002, 5155.

[14] Šimek M. Determination of $N_2(A3\ \Sigma_u^+)$ metastable density produced by nitrogen streamers at atmospheric pressure: 2. Experimental verification. Plasma Sources Science and Technology, 2003, 12(3): 421-431.

[15] Sakanoi T, Okano S, Obuchi Y, et al. Development of the multi-spectral auroral camera onboard the index satellite. Advances in Space Research, 2003, 32(3): 379-384.

[16] Melo S M L, Takahashi H, Clemesha B R, et al. Atomic oxygen concentrations from rocket airglow observations in the equatorial region. Journal of Atmospheric and Solar-Terrestrial Physics, 1996, 58(16): 1935-1942.

[17] Broadfoot A L, Bellaire P J. Bridging the gap between ground-based and space-based observations of the night airglow. Journal of Geophysical Research Atmospheres Space Physics, 1999, 104(A8): 17127-17138.

第 6 章　仪器的正演模型

6.1　正演模型的基本概念

“正演”术语来自控制理论，研究怎样控制动力系统的行为。在给定系统现有的状态和控制信号后，预测出该系统未来的状态，这就是正演模型。如图 6-1 所示，讨论大气光学遥感观察中的正演模型就是描述光学成像过程的数值模拟结果：将仪器的光学性能、观察取样的时空特征、大气和光源随时空变化的物理性质等已知参数输入模型中，经过模拟计算，产生出预期的光学观察图像(如 MI 的干涉图、信噪比、电子计数等)。例如，图 6-1 用于第 9 章的 GBAII 正演模型，主要包括：①气辉辐射光源模型；②大气辐射传输模型；③测温的滤波函数模型；④测风的 MI 成像干涉仪模型；⑤成像 CCD 模型等。我们充分考虑上述这些模型的参数和公式，用 MATLAB 来编写各模块的程序并进行计算机模拟，建立一套完整的 MATLAB 模拟流程，得出风场探测的正演值。图 6-2 是图 6-1 的正演模拟程序框图。

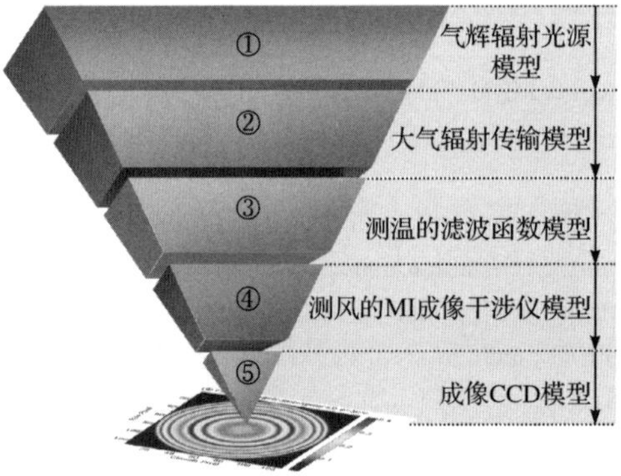

图 6-1　正演模型示意图

正演模型可以独立于实际系统(仪器)运行，从影响该系统的多个因素中选择某些特定的因素来研究，用来检验这些特定的控制信号输入是否可行及它所产生的效果(脱机运行的解耦模型)。因此，正演模型在仪器开发研制中起着重要的作用，在提高效率的同时，可以降低成本和风险。

仪器正演与实验数据的反演相互关联：通过正演模型预测值和实际观察值的对照，能够把预期反馈信号与外部干扰区分开来，而且预测值与实际观察值的差

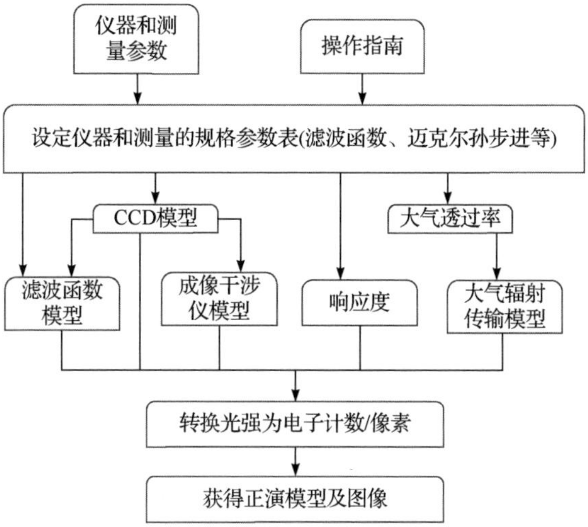

图 6-2　图 6-1 的正演模拟程序框图

异可以被用来进行深入分析和改进控制信号的生成，这就是遥感观察中反演算法的理论基础。比较正演模型产生的结果和实验观察的光学图像结果，不断调整正演方程描述大气和光源的物理参数，使预测值与实际观察值的差异最小，来确定一组大气和光源性质的参数，获得需要的遥感信息。

6.2 WINDII 的正演

6.2.1 迈克尔孙方程的一般形式

WINDII 的 CCD 探测器上每个像素元观察到的辐射强度 I 可用沿视线方向(line of sight，LOS)的积分，即迈克尔孙方程来描述，它实际上就是 WINDII 的正演模型。为讨论方便，我们在此略去仪器滤波函数 F 和仪器响应度 R，把 MI 方程写为一般的形式[1]：

$$I = J_1 + J_2 U \cos\Phi - J_3 U \sin\Phi + I_b' \tag{6-1}$$

式中，U 是设备可见度；Φ 包括 MI 每一面镜子位置不同时的光学相位、卫星运动导致的相位、地球转动导致的相位、一些与仪器校准有联系的相位成分；I_b' 是连续背景光强度 I_b、暗电流 I_d 及随机噪声 I_δ 三者之和；U、Φ 和 I_b' 通过飞行前和飞行中的定标测量确定；J_1、J_2 和 J_3 是大气信号，它们可以写成矢量形式[1]：

$$\boldsymbol{J} = \begin{pmatrix} J_1 \\ J_2 \\ J_3 \end{pmatrix} = f^{-1}(\nu_0)\int_0^{s_h}\int_0^{\infty} f(\nu) B_\nu(T,\nu)\left[\tau(s) + \frac{\tau^2(s_h)}{\tau(s)}\right]\frac{A(\nu,s)}{\nu^2}\begin{pmatrix} 1 \\ \cos\phi_D(\nu) \\ \sin\phi_D(\nu) \end{pmatrix} \mathrm{d}\nu\,\mathrm{d}s \tag{6-2}$$

式中，ν_0是光谱线中心波数；f 是谱线滤波函数，它描述波数ν的谱线与中心谱线的相关性，假定为

$$f(\nu-\nu_0)=\left[1+4(\nu-\nu_0)^2/(\Delta\nu)_0{}^2\right]^{1/2} \tag{6-3}$$

式(6-2)中的 $B_\nu(T,\nu)$ 是光源的体积分辐射率。如果光源是热辐射，那么 $B_\nu(T,\nu)$ 可用普朗克黑体辐射模型描述，它是温度 T 和辐射波数ν的函数；$\phi_D(\nu)$ 是多普勒相位，它取决于多普勒风场 $w(s)$，即大气矢量风场$\boldsymbol{V}$沿视线方向 $\boldsymbol{s}$ 的投影 $w(s)=\boldsymbol{V}\cdot\boldsymbol{s}$。风场的多普勒效应使辐射波发生频移，相应的有效波数为 $\nu-\nu\,w/c$ (c 是光速)。因此，多普勒相位为

$$\phi_D(\nu)=2\pi\Delta_0\nu_0 w/c+\phi \tag{6-4}$$

式中，Δ_0 是光谱线中心波数对应的光程差；$\phi=\phi_0+\phi_\nu$，即零点风场相位 $\phi_0=2\pi\lambda_0^{-1}\left(\Delta_\lambda-\lambda_0\dfrac{\mathrm{d}\Delta}{\mathrm{d}\lambda}\right)$与波数变化$\nu-\nu_0$相联系的相位$\phi_\nu$。

式(6-2)中大气的光吸收系数 $A(\nu,s)$ 是辐射波数ν和光源沿视线方向到探测器距离 s 的函数，它取决于作为辐射光源的大气成分 l 和其他大气成分 m 的浓度n_l、n_m和相应的吸收截面 σ_l、σ_m。吸收截面是辐射波数ν的函数，受风场多普勒效应的影响。大气的吸收系数可以写为

$$A(\nu,s)=n_l\sigma_l+\sum_{m\neq l}n_m\sigma_m \tag{6-5}$$

$$\sigma_m(\nu)=\sigma_{m_0}(\nu-\nu\,w/c) \tag{6-6}$$

式(6-2)中的大气光传输系数$\tau(s)$是大气光学厚度 $D(\nu,s)$的函数。光学厚度是沿视线方向大气总的光吸收率，即 $A(\nu,s)$沿视线方向的积分效应，它同样受风场多普勒效应的影响。因此，大气的光传输系数可以写为

$$D(\nu,s)=\int_0^S A(\nu,s)\mathrm{d}s \tag{6-7}$$

$$\tau(s)=\mathrm{e}^{-D(\nu,s)} \tag{6-8}$$

式(6-2)表明探测器观察到的大气信号强度 J 是经过大气吸收和传输的光源辐射沿视线方向在整个视线区域$[0,s_h]$的积分效应。理论上，光源辐射包括在$[0,S]$内所有的波长，而每一个波长的光波在多普勒风场的影响下产生不同频移，在大气中经受不同的吸收和传输，因此，观察到的大气信号强度也是所有可能波长的积分效应。图 6-3 显示 WINDII 的临边观测视线几何示意图，它们是从探测器(卫星)到球形大气不同高度壳层的切线。

大气的折射效应导致了 LOS 的非直线特性。如图 6-4 所示，ψ为沿着路径的弯曲度，s 为弯曲的路径长度。折射率 n 的梯度变化导致光线会沿 n 增加方向折射，大气的折射定律为

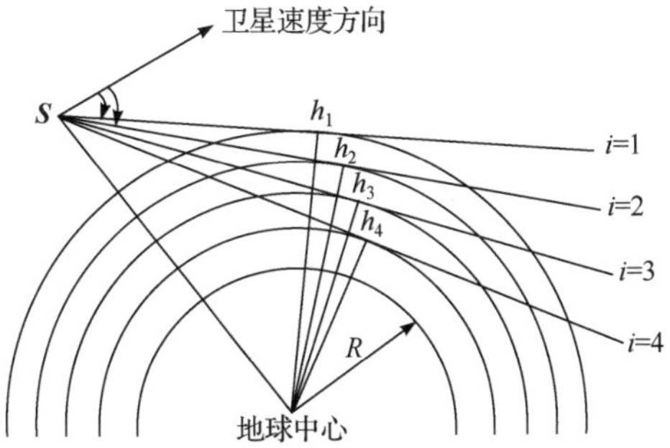

图 6-3　临边观测几何示意图
视线穿越球形大气的切点位置和积分路径

$$\boldsymbol{n}(\boldsymbol{r})\boldsymbol{r}\sin\theta = \boldsymbol{n}(\boldsymbol{r}_T)\boldsymbol{r}_T \tag{6-9}$$

式中，$\boldsymbol{r}$ 是某一球形大气壳层的径向距离；θ是 $\boldsymbol{r}$ 处的天顶角；$\mathrm{d}\boldsymbol{s}/\mathrm{d}\boldsymbol{r} = \sec\theta$；$\boldsymbol{r}_T$ 是光线水平时的切点径向高度(在 $\boldsymbol{r}_T$ 处，$\sin\theta = 1$)。由此可以确定光线的轨迹：

$$\mathrm{d}\boldsymbol{s} = \frac{\mathrm{d}\boldsymbol{r}}{\sqrt{1-(\boldsymbol{c}/\boldsymbol{nr})^2}} \tag{6-10}$$

式中，$\boldsymbol{c} = \boldsymbol{n}(\boldsymbol{r}_T)\boldsymbol{r}_T$。

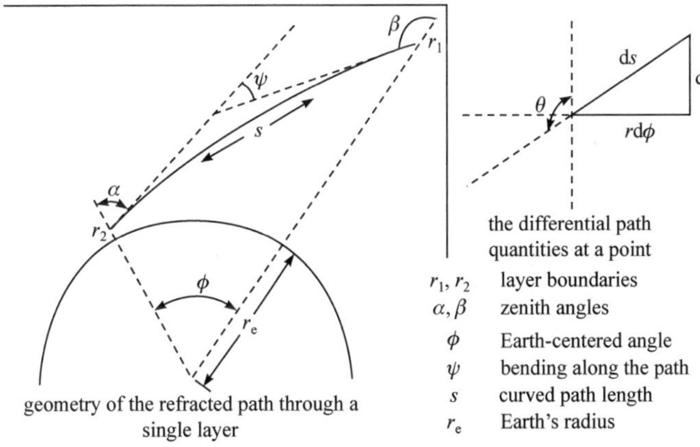

图 6-4　大气的折射效应和光线跟踪

6.2.2　WINDII 的迈克尔孙方程

鉴于大气的吸收效应对 1.27μm 的 O_2 红外热辐射谱线特别显著，而对 WINDII 测风所采用的 5 条可见光气辉谱线(557.7nm, 630.0nm, 732.0nm, 734.0nm, 763.1nm)的吸收则不显著，可以忽略不计。WINDII 观察选择了可见光波段的气辉谱线，经过滤光器过滤，是接近单色光的狭窄波段。波段宽度对仪器参数的影响可以在定标测量中做适当的处理，可以把 WINDII 的迈克尔孙方程简化为沿 LOS 的积分[2]：

$$\boldsymbol{J}=\begin{bmatrix}\boldsymbol{J}_1\\ \boldsymbol{J}_2\\ \boldsymbol{J}_3\end{bmatrix}=\int_{\text{LOS}}\varepsilon\begin{bmatrix}1\\ V\cos\phi\\ V\sin\phi\end{bmatrix}\mathrm{d}s \tag{6-11}$$

式中，ε 为体发射率；V 为与大气温度 T 相联系的谱线调制度，由式(2-2)可知 $V\propto \mathrm{e}^{-T}$；$\phi=C_\phi\, w(s)$ 为多普勒相位，C_ϕ 为多普勒风场 $w(\boldsymbol{s})=\boldsymbol{V}\cdot\boldsymbol{s}$ 和多普勒相位之间的转换系数。

WINDII 的正演模型，即它的迈克尔孙方程，以 FORTRAN 语言编程，是 NASA 科学数据产品处理程序包(scientific data production processor software, SDPPS)的一部分[2]。在此基础上，Wang 等[3,4]进行了一些重要补充，建立了一个用于探索性研究的正演模型。在这个实验模型中，WINDII 观察的可见光体发射率 ε 的模型沿用 Thuillier 等[5]根据历史观察数据建立的经验模型。大气成分浓度、温度和水平风场的模型采用了 MSIS(mass spectrometer-incoherent scatter)90[6]和 HWM (horizontal wind model)93[7]。根据 WINDII 观察数据建立 90～120 km 水平风场的经验模型[8]，在这一高度区域代替相应的 HWM93 模型。这些辐射率、浓度、温度和水平风场的经验模型包括高度、纬度和季节变化。大气重力波扰动引起的气辉辐射强度变化，也包含在这一实验正演模型中。关于重力波和气辉相互作用模型的理论分析与数学计算细节可以参考文献[3]和[4]。

图 6-5 比较了 WINDII 的正演模拟值与实际观测值[4]。1993 年 1 月 22 日，

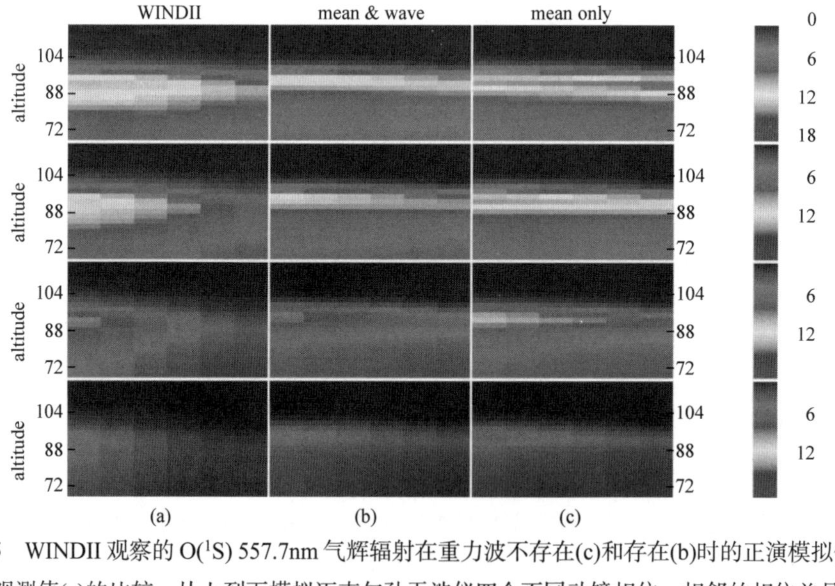

图 6-5 WINDII 观察的 O(^{1}S) 557.7nm 气辉辐射在重力波不存在(c)和存在(b)时的正演模拟值与实际观测值(a)的比较。从上到下模拟迈克尔孙干涉仪四个不同动镜相位，相邻的相位差是 1/8 波长[4](见彩图)

WINDII 观察美国犹他州 Bear Lake 地区的 O(^{1}S)557.7nm 气辉辐射。当卫星经过时，MORTI 也同步测量，得到重力波周期为 25min、水平波长为 280km、传播方向东偏北 27°、温度波幅为 3%的相关参数。利用这些参数，WINDII 实验正演模型可以产生重力波不存在和存在时的模拟值。

6.3　正演模型的误差

正演模型的最后输出结果，即每一像素单元的模拟辐射强度 I 具有误差。描述正演模型的迈克尔孙方程(式(6-2))是沿视线和对所有可能波长的积分，涉及大气辐射和吸收的过程，需要输入各种参数：大气成分浓度、温度、风场、飞行器轨道和仪器特性等。这些参数不可能绝对准确，只能估计到一定的精度，因而有一定的误差。这些参数误差对模拟辐射强度精度有不同程度的影响，得到每一像素单元模拟辐射强度误差的协方差矩阵信息在反演算法和仿真模拟中尤为重要。

在正演模型(6-1)中，每一像素单元的 I 可以用迈克尔孙方程来描述。所有(假定为 n 个)输入正演模型的参数可以归结为未知的参数状态向量，写为 $\boldsymbol{X}=(x_1,x_2,\cdots,x_n)$，而正演模型产生的最后输出 $\boldsymbol{y}$ 可以看作 $\boldsymbol{X}$ 的函数：

$$\boldsymbol{y}=\boldsymbol{y}(\boldsymbol{X})=\boldsymbol{y}(x_1,x_2,\cdots,x_n) \tag{6-12}$$

式中，$\boldsymbol{y}$ 是由所有(假定为 m 个)像素单元模拟输出结果构成的向量：

$$\boldsymbol{y}=\begin{bmatrix} y_1=y_1(x_1,x_2,\cdots,x_n) \\ y_2=y_2(x_1,x_2,\cdots,x_n) \\ \vdots \\ y_m=y_m(x_1,x_2,\cdots,x_n) \end{bmatrix} \tag{6-13}$$

我们用向量微分法得到正演模型的协方差矩阵：

$$\mathrm{d}\boldsymbol{y}=\frac{\partial \boldsymbol{y}}{\partial \boldsymbol{X}}\mathrm{d}\boldsymbol{X},\quad \boldsymbol{J}=\frac{\partial \boldsymbol{y}}{\partial \boldsymbol{X}} \tag{6-14}$$

$$\boldsymbol{J}(\boldsymbol{X})=\begin{bmatrix} \dfrac{\partial y_1}{\partial x_1}\cdots\dfrac{\partial y_1}{\partial x_n} \\ \vdots \qquad \vdots \\ \dfrac{\partial y_m}{\partial x_1}\cdots\dfrac{\partial y_m}{\partial x_n} \end{bmatrix} \tag{6-15}$$

式中，$\boldsymbol{J}(\boldsymbol{X})$是雅可比(Jacobi)函数行列式矩阵，它是正演模型的误差协方差矩阵。

在随机统计理论中，本节给出 n 个随机变量 x_i，i=1, 2,⋯,n，任何两个变量 x_i 和 x_j 之间的协方差构成矩阵：

$$\boldsymbol{S}_{ij}=\mathrm{Cov}(\boldsymbol{x}_i,\boldsymbol{x}_j)=\left\langle(\boldsymbol{x}_i-\overline{\boldsymbol{x}}_i)(\boldsymbol{x}_j-\overline{\boldsymbol{x}}_j)\right\rangle=\left\langle\boldsymbol{x}_i\boldsymbol{x}_j\right\rangle-\overline{\boldsymbol{x}}_i\overline{\boldsymbol{x}}_j \tag{6-16}$$

我们可以通过对正演模型各个输入参数的微分计算得到误差协方差矩阵。为了叙述简洁，我们省略了所有的数学细节[1]。误差协方差矩阵在反演算法中的应用将在第 7 章进行详细的讨论。

参 考 文 献

[1] Ward W E, Wang D Y, Kowalski M, et al. Instrument forward model for data assimilation and observation system simulation experiment for the mesospheric imaging Michelson interferometer (MIMI). Concept Study Report to Canadian Space Agency Morch, 2002.

[2] Shepherd G G, Thuillier G, Gault W A, et al. WINDII, the wind imaging interferometer on the upper atmosphere research satellite. Journal of Geophysical Research Atmospheres, 1993, 98(D6): 10725-10750.

[3] Wang D Y, Ward W E, Rochon Y J, et al. Airglow intensity variations induced by gravity waves. Part 1: Generalization of the Hines-Tarasick's theory. Journal of Atmospheric and Solar-Terrestrial Physics, 2001, 63(1): 35-46.

[4] Wang D Y, Rochon Y J, Zhang S P, et al. Airglow intensity variations induced by gravity waves. Part 2: Comparisons with observations. Journal of Atmospheric and Solar-Terrestrial Physics, 2001, 63(1): 47-60.

[5] Thuillier G, Christophe J, Azria G, et al. Simulation of the experiment data from WINDII flown on the UARS/NASA satellite. Simulation, 1992, 59(2): 78-91.

[6] Hedin A E. Extension of the MSIS thermosphere model into the middle and lower atmosphere. Journal of Geophysical Research Space Physics, 1991, 96(A2): 1159-1172.

[7] Hedin A E, Fleming E L, Manson A H, et al. Empirical wind model for the upper, middle and lower atmosphere. Journal of Atmospheric and Solar-Terrestrial Physics, 1996, 58(13): 1421-1447.

[8] Wang D Y, McLandress C, Fleming E L, et al. Empirical model of 90-120 km horizontal winds from wind-imaging interferometer green line measurements in 1992-1993. Journal of Geophysical Research Atmospheres, 1997, 102(D6): 6729-6745.

第 7 章　WINDII 的洋葱剥皮反演算法

与第 6 章正演过程恰恰相反，本章通过仪器观察的光学图像来获取关于大气和光源的物理信息。反演算法就是比较正演模型产生的图像和实际观察的光学图像，不断地调整正演过程中描述大气和光源等物理量的已知输入参数，使预测值与实验观察值的差异最小，由此确定一组大气和光源性质参数，这组参数就是相应于实际观察的大气遥感信息。本章介绍高层大气风场的反演，深入的研究可以参考文献[1]。

7.1　大气信号(表观量)的反演

式(6-1)和式(6-12)给出了 WINDII 的正演模型。在大气遥感观察中，WINDII 的 CCD 探测器上每个像素元观察记录 4 个或者 8 个相位变化的 MI 干涉条纹的光辐射强度 I。本节利用这些测量的光辐射强度，通过反演得到大气参数(温度、风场和大气成分浓度)。反演计算主要有以下 3 个步骤：①确定式(6-11)中大气信号(表观量)J_1、J_2 和 J_3；②确定体发射率、谱线调制度(可见度)V 和多普勒相位 ϕ 的高度剖面；③确定大气参数。下面对 WINDII 反演算法进行介绍，详细的讨论见文献[2]和[3]。

在反演大气信号之前，对观察测量的干涉条纹光辐射强度 I 做定标处理，减除连续背景光强度 I_b 和暗电流 I_d，转换成物理量。在这一过程中，同时计算误差协方差，得到测量误差的估计。测量的随机误差包括大气辐射谱线和连续背景观察。补偿一些数据的误差，这些误差在补偿前可以确认是低估的。随机噪声通过平滑、平均或者拟合定标和大气测量的数据来确定。

假定 CCD 探测器上每个像素元记录了 4 个迈克尔孙相位变化的干涉条纹，由式(6-1)可知，它们的光辐射强度 I 分别可以写为

$$\begin{bmatrix} 1 & \boldsymbol{U}_1\cos\varPhi_1 & -\boldsymbol{U}_1\sin\varPhi_1 \\ 1 & \boldsymbol{U}_2\cos\varPhi_2 & -\boldsymbol{U}_2\sin\varPhi_2 \\ 1 & \boldsymbol{U}_3\cos\varPhi_3 & -\boldsymbol{U}_3\sin\varPhi_3 \\ 1 & \boldsymbol{U}_4\cos\varPhi_4 & -\boldsymbol{U}_4\sin\varPhi_4 \end{bmatrix}\begin{bmatrix} \boldsymbol{J}_1 \\ \boldsymbol{J}_2 \\ \boldsymbol{J}_3 \end{bmatrix}=\begin{bmatrix} \boldsymbol{I}_1 \\ \boldsymbol{I}_2 \\ \boldsymbol{I}_3 \\ \boldsymbol{I}_4 \end{bmatrix} \tag{7-1}$$

式中，大气信号 $\boldsymbol{J}_1$、$\boldsymbol{J}_2$ 和 $\boldsymbol{J}_3$ 是需确定的未知量；$\boldsymbol{U}_1$、$\boldsymbol{U}_2$、$\boldsymbol{U}_3$、$\boldsymbol{U}_4$ 和 $\varPhi_1$、$\varPhi_2$、$\varPhi_3$、

Φ_4 分别对应不同迈克尔孙相位的仪器可见度和相位，它们是通过飞行前和飞行中的定标测量确定的已知量。

考虑测量误差 ε ，式(7-1)可以写成

$$\boldsymbol{MJ} = \boldsymbol{I}_e + \varepsilon \tag{7-2}$$

式中，$\boldsymbol{M}$、$\boldsymbol{J}$ 和 $\boldsymbol{I}_e$ 分别是式(7-1)中的中 $\boldsymbol{U}$ 和 $\boldsymbol{\Phi}$ 的系数矩阵、大气信号矢量和光辐射强度矢量。由式(7-2)可以写出 χ^2 函数：

$$\chi^2 = (\boldsymbol{MJ} - \boldsymbol{I}_e)^{\mathrm{T}} \boldsymbol{S}_\varepsilon^{-1} (\boldsymbol{MJ} - \boldsymbol{I}_e) \tag{7-3}$$

大气信号矢量的解为

$$\boldsymbol{J} = \left(\boldsymbol{M}^{\mathrm{T}} \boldsymbol{S}_\varepsilon^{-1} \boldsymbol{M}\right)^{-1} \boldsymbol{M}^{\mathrm{T}} \boldsymbol{S}_\varepsilon^{-1} \boldsymbol{I}_e \tag{7-4}$$

大气信号矢量的误差为

$$\boldsymbol{S}_J = \left(\boldsymbol{M}^{\mathrm{T}} \boldsymbol{S}_\varepsilon^{-1} \boldsymbol{M}\right)^{-1} \tag{7-5}$$

WINDII 的 CCD 探测器在沿卫星运动的水平方向上共有 6 个像素单元 (每个包含 20 个像素元)。对每一个像素单元进行反演，得到在每一个视线切点高度的大气信号矢量，然后对得到的 6 个大气信号矢量进行平均，以减少随机噪声的水平，同时减少下一步反演未知量的个数。图 7-1 给出一个反演得到的大气信号矢量和它们误差的高度剖面。

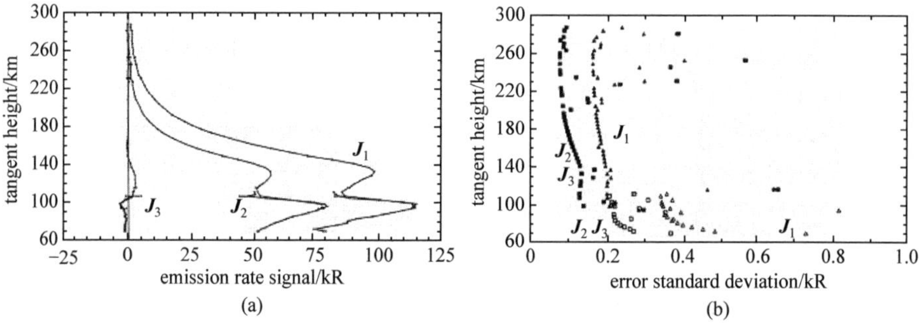

图 7-1　WINDII 反演得到大气信号矢量(a)和它们误差(b)随高度的变化

用于反演的观察量是 WINDII 日间观察 O(^{1}S) 557.7nm 气辉辐射强度，显示的高度剖面是水平方向的 6 个像素单元的平均[3]

7.2　体发射率、谱线调制度和多普勒相位的反演

式(6-11)表示大气信号矢量 $\boldsymbol{J}$ 是体发射率(记为 E)、谱线调制度 V 和多普勒相

位ϕ沿 LOS 的积分。从观察到的干涉条纹光辐射强度反演得到大气信号矢量后，我们可以进一步反演式(6-11)，得到体发射率、谱线调制度和多普勒相位的高度剖面。我们首先把积分方程离散化，得到如下方程：

$$\begin{bmatrix} \boldsymbol{J}_1 \\ \boldsymbol{J}_2 \\ \boldsymbol{J}_3 \end{bmatrix}_i = \sum_j K_{1i,j} \begin{bmatrix} E_j \\ E_j V_j \cos\phi_j \\ E_j V_j \sin\phi_j \end{bmatrix} \tag{7-6}$$

式中，$K_{1i,j}$是第 i 条视线穿越球形大气的第 j 层积分路径元。定义如下矢量：

$$\boldsymbol{x} = \begin{bmatrix} x_1 \\ x_2 \\ x_3 \end{bmatrix} = \begin{bmatrix} E \\ V\cos\phi \\ V\sin\phi \end{bmatrix} \tag{7-7}$$

式(7-6)可以写为

$$\begin{bmatrix} \boldsymbol{J}_1 \\ \boldsymbol{J}_2 \\ \boldsymbol{J}_3 \end{bmatrix} = \begin{bmatrix} \boldsymbol{K}_1 x_1 \\ \boldsymbol{K}_2 x_2 \\ \boldsymbol{K}_3 x_3 \end{bmatrix} \tag{7-8}$$

式中，将矩阵 $\boldsymbol{K}$ 定义为

$$\boldsymbol{K}_2 = \boldsymbol{K}_3 = \boldsymbol{K}_1 X_1,\ \ X_{1i,j} = \delta_{ij} x_{1j} \tag{7-9}$$

其中，若 i=j，则 $\delta_{ij}=1$；若 $i\neq j$，则 δ_{ij}=0。考虑大气信号矢量 $\boldsymbol{J}$ 的误差 ε，可以得到

$$\boldsymbol{J} = \boldsymbol{K}x + \varepsilon \tag{7-10}$$

其 χ^2 函数为

$$\chi^2 = \left(\boldsymbol{K}x - \boldsymbol{J}\right)^{\mathrm{T}} \boldsymbol{S}_J^{-1} \left(\boldsymbol{K}x - \boldsymbol{J}\right) \tag{7-11}$$

其中，大气信号矢量 $\boldsymbol{J}$ 的误差协方差 $\boldsymbol{S}_J^{-1}$ 由式(7-5)确定。如果反演中的先验信息为 x_a，那么它的误差为 ε_a，得到 χ^2 函数：

$$\chi^2 = (\boldsymbol{K}x - \boldsymbol{J})^{\mathrm{T}} \boldsymbol{S}_J^{-1} (\boldsymbol{k}x - \boldsymbol{J}) + \left(x - x_a\right)^{\mathrm{T}} \boldsymbol{S}_a^{-1} \left(x - x_a\right) \tag{7-12}$$

用迭代法求出 x 的近似数值解，使 χ^2 达到极小。下面我们进一步讨论两个问题：在一定约束条件下 χ^2 函数的极小化和洋葱剥皮反演算法。

7.2.1　在一定约束条件下 χ^2 函数的极小化

假定大气信号矢量 $\boldsymbol{J}$ 满足一定约束条件：

$$\boldsymbol{J}-\boldsymbol{B}x=\boldsymbol{\varepsilon}_r \tag{7-13}$$

式中，$\boldsymbol{B}$ 称为规则矩阵或者形状约束矩阵；$\boldsymbol{\varepsilon}_r$ 是大气信号矢量 $\boldsymbol{J}$ 与约束矢量 $\boldsymbol{B}x$ 之间的差，它的协方差矩阵为 $\boldsymbol{S}_r^{-1}$。通常可以构造一个对称矩阵 $\boldsymbol{C}$ 和选择一个加权标量系数 γ，使其满足条件：

$$\boldsymbol{B}^{\mathrm{T}}\boldsymbol{S}_r^{-1}\boldsymbol{B}=\gamma\boldsymbol{C}^{\mathrm{T}}\boldsymbol{C} \tag{7-14}$$

在这一约束条件下的 χ^2 函数可以写为

$$\chi^2=\left(\boldsymbol{K}x-\boldsymbol{J}\right)^{\mathrm{T}}\boldsymbol{S}_J^{-1}\left(\boldsymbol{K}x-\boldsymbol{J}\right)+\gamma(\boldsymbol{C}x)^{\mathrm{T}}(\boldsymbol{C}x) \tag{7-15}$$

为了简化问题，我们忽略了先验信息。它的解 $\hat{x}$ 和误差 $S_{\hat{x}}$ 可以表示为

$$\hat{x}=\left(\boldsymbol{K}^{\mathrm{T}}\boldsymbol{S}_J^{-1}\boldsymbol{K}+\gamma\boldsymbol{C}^{\mathrm{T}}\boldsymbol{C}\right)\boldsymbol{K}^{\mathrm{T}}\boldsymbol{S}_J^{-1}\boldsymbol{J} \tag{7-16}$$

$$S_{\hat{x}}=\left(\boldsymbol{K}^{\mathrm{T}}\boldsymbol{S}_J^{-1}\boldsymbol{K}+\gamma\boldsymbol{C}^{\mathrm{T}}\boldsymbol{C}\right) \tag{7-17}$$

式(7-16)和式(7-17)表明，$\boldsymbol{C}$ 和 γ 的选择不仅影响反演计算，而且影响估计的反演结果中标准方差的大小。因此，选择约束条件的一个要求就是反演结果的误差应该能够很好地估计实际的随机误差。一般地，当与 N 次测量相关的约化 χ^2 检验(χ^2/N)接近而不超过某一近于 1(如 95%)的阈值时，反演的结果被认为是良好的约束。当χ^2/N 超过这一阈值时，约束被认为是过度的，但典型情况是在不同大气和信噪比条件下的反演结果，不太可能具有同等程度的良好约束。

通常选择如下形式的加权二阶差分算子来作为式(7-14)中的对称矩阵：

$$c=\begin{bmatrix} -c_2 & 2c_2 & -c_2 & 0 & 0 & \cdots & 0 \\ 0 & -c_3 & 2c_3 & -c_3 & 0 & \cdots & 0 \\ \vdots & & & & & & \vdots \\ 0 & \cdots & 0 & -c_{n-2} & 2c_{n-2} & -c_{n-2} & 0 \\ 0 & \cdots & 0 & 0 & -c_{n-1} & -2c_{n-1} & -c_{n-1} \end{bmatrix}_{n-2,n} \tag{7-18}$$

规则矩阵 $\boldsymbol{B}$ 的行矢量可以写为

$$\boldsymbol{B}=\left[0,\cdots,0,-1,2,-1,0,\cdots,0\right] \tag{7-19}$$

协方差矩阵 $\boldsymbol{S}_r^{-1}$ 的对角线元素为 γc_i^2，c_i 可以表示为

$$c_i=\sigma_{x_{k_i}}^{-1}\times\max\left[1,\frac{\left|x'_{i-1}-x'_{k_i}\right|}{\sigma_{x_{k_i}}^{+}},\frac{\left|x'_{i-1}\right|-x'_{k_{i+1}}}{\sigma_{x_{k_i}}^{+}}\right]^{-1} \tag{7-20}$$

式中，各个σ分别是大气信号 $\boldsymbol{J}_1$、$\boldsymbol{J}_2$、$\boldsymbol{J}_3$ 和连续背景光强度 $\boldsymbol{I}_b$ 的标准方差：

$$
\begin{aligned}
\sigma_{x_{1_i}}^{+} &= \left[\boldsymbol{K}_1^{-1} \boldsymbol{S}_{J1} \boldsymbol{K}_1^{-T} \right] ii \\
\sigma_{x_{2_i}}^{+} &= \left[\boldsymbol{K}_2^{-1} \boldsymbol{S}_{J2} \boldsymbol{K}_2^{-T} \right] ii \\
\sigma_{x_{3_i}}^{+} &= \left[\boldsymbol{K}_1^{-1} \boldsymbol{S}_{J3} \boldsymbol{K}_3^{-T} \right] ii \\
\sigma_{x_{b_i}}^{+} &= \left[\boldsymbol{K}_1^{-1} \boldsymbol{S}_{ib} \boldsymbol{K}_1^{-T} \right] ii
\end{aligned}
\tag{7-21}
$$

式(7-20)中的 c_i 由两项组成，目的是设置同样的约束条件，使其可以适用于不同的辐射强度和不同的求解参数，以及白天和夜间不同的观察条件。第一项是相对于最初无约束的噪声水平 $\sigma_{x_{k_i}}$ 所施加的标准化条件，它相当于平滑，因而在一定程度上，相当于噪声抑制。第二项是在一定高度区域放松约束的松弛条件，在这些区域约束函数的一阶垂直梯度不能很好地代表严格的即无噪声的解。为了保证松弛项的有效性，首要的条件是式(7-20)中的作为分母的标准方差要恰当地反映数据的误差水平。这时假设从初始的约束反演中可以获得一个适当的解，而完整的反演过程包括两个连续的反演。加权因子 γ 的取值范围在表 7-1 中列出，常用取值区间为 0.5～3，最大取值区间为 5～10，随反演参数和高度而变化。图 7-2 给出用模拟测量的夜间 $O(^1S)$气辉辐射强度反演计算体发射率的例子，其中，体发射率标准方差约为 1 光子 · cm^{-3} · s^{-1}。图 7-2 为无约束条件(不包含随机噪声)的解(实线)，以及有约束条件(γ=0.5(圆)、γ=1(正方形)和 γ=3(三角形))的解。当 γ=1 时我们应用了噪声抑制约束条件，从而显示了约束条件的松弛项对反演结果的影响。图 7-3 给出用 WINDII 实际测量的日间 $O(^1S)$气辉辐射强度反演的大气信号 $\boldsymbol{J}_1$ 和 $\boldsymbol{J}_2$，以及在无约束和有约束条件下反演的体发射率。

表 7-1　加权因子γ的取值范围[3]

$\boldsymbol{J}$	权重因子γ	
	应用	约束条件上界
$\boldsymbol{J}_1(\boldsymbol{I}_0)$	0.5	1～3
$\boldsymbol{I}_b$	0.5	1～3
$\boldsymbol{J}_2$	3	5～10
$\boldsymbol{J}_3$	1 代表 $z \leqslant 120$km 1+(z−120)3/40 代表 120km<z<160km 3 代表 z>160km，(对 $O(^1D)$的峰值高度为 250km)	5～10

7.2.2　洋葱剥皮反演算法

WINDII 反演算法使用洋葱剥皮反演法求解式(7-8)。为了简洁，我们略去包含先验信息的式(7-12)和约束条件方程(7-15)。洋葱剥皮反演算法概述如下，详细讨论

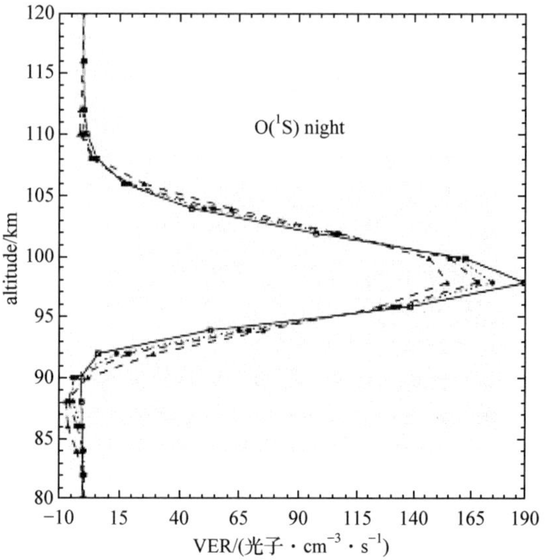

图 7-2 WINDII 约束条件的松弛项对夜间 O(^{1}S)VER 的反演结果[3]

见文献[4]。

式(7-8)是式(7-6)中的 $K_{1i,j}$ 的具体体现，是第 i 条视线穿越球形大气第 j 层的积分路径元(图 7-2)。洋葱剥皮反演算法的反演计算从球形大气的最顶层开始，由上往下逐层进行；在每一层反演中，假定它的上面各层的反演结果正确，不需要做更新计算。为此，态矢量和每一个测量矢量的高度网格点直接对应，使得加权平均函数矩阵是正方阵。在测量的每一个高度网格点，必须保证测量的信号仅依赖于在那一层高度及其上面各层高度的态矢量。因此，加权平均函数矩阵是上三角阵，假定态矢量最后一个元素相应于最顶层。这样在每一层反演中，仅需要确定一个标量参数。在线性问题中，这等价于用回代法求解一个具有系数矩阵是三角阵的方程组。

需要特别注意应用洋葱剥皮反演算法的条件，即在每一层高度的网格点，测量的信号仅依赖于在某一层高度及其上面各层高度的态矢量，这一条件必须保证得到满足。例如，如果一个态矢量由在绝对高度网格点上的温度构成，同时它也包含一个在大气底层的参考压强，这个态矢量就不适合用洋葱剥皮反演算法来反演。因为大气压强由流体静力学平衡方程决定，在某一层高度 z 的压强依赖于在 z 之上和在 z 之下的大气温度。

7.3 多普勒温度和风场的反演

从式(7-8)的反演得到式(7-7)定义的态矢量，其中，x_1 给出体发射率。图 7-3

给出用 WINDII 实际测量的日间 O(^{1}S)气辉辐射强度反演体发射率的例子。谱线调制度 V 和多普勒相位 ϕ 可以由大气信号 $\boldsymbol{J}_1$、$\boldsymbol{J}_2$ 和 $\boldsymbol{J}_3$ 确定：

$$\begin{cases} V \propto \mathrm{e}^{-T} = \dfrac{(\boldsymbol{J}_2^2 + \boldsymbol{J}_3^2)^{\frac{1}{2}}}{\boldsymbol{J}_1} \\ V \propto \mathrm{e}^{-T} = (x_2^2 + x_3^2)^{\frac{1}{2}} \end{cases} \tag{7-22}$$

$$\begin{cases} \phi = C_\phi(V \cdot s^0) = \arctan\left(\dfrac{\boldsymbol{J}_3}{\boldsymbol{J}_2}\right) \\ \phi = C_\phi(V \cdot s^0) = \arctan\left(\dfrac{x_3}{x_2}\right) \end{cases} \tag{7-23}$$

由谱线调制度 V 可得大气温度，由多普勒相位 ϕ 可得视线方向的风。这两个变换需要的转换因子是由定标测量确定的标量。图 7-4 为 WINDII 反演得到的多普勒温度和风场的例子。

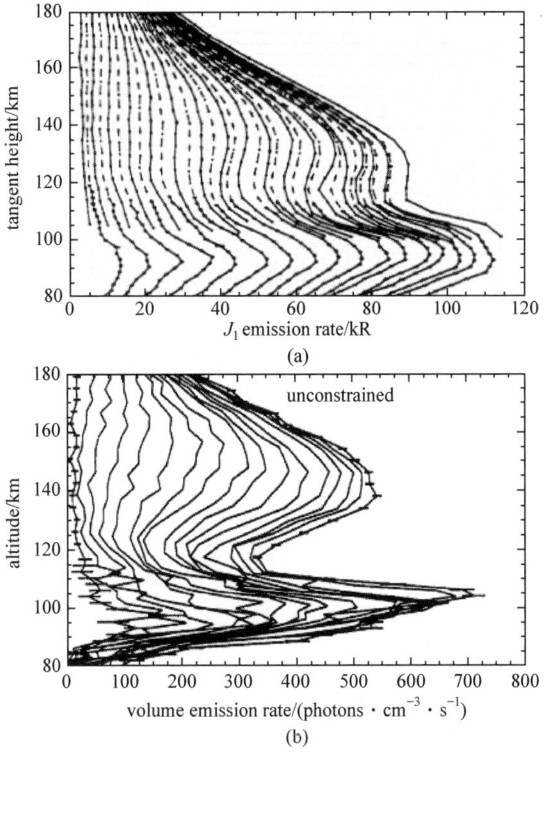

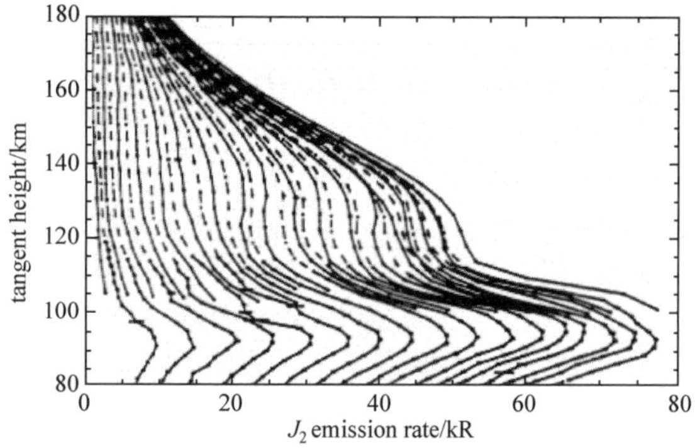

(c)

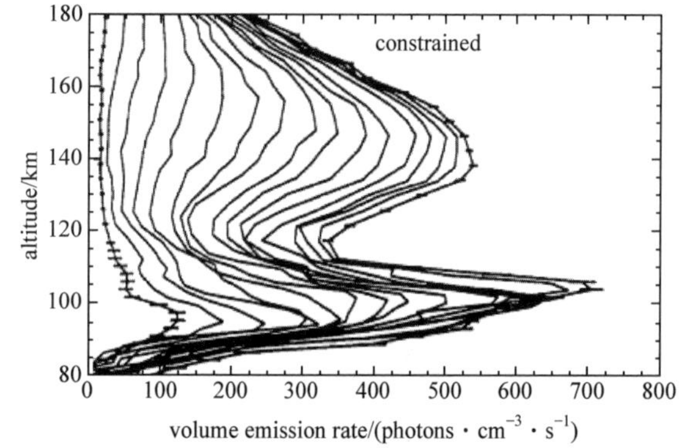

(d)

图 7-3　WINDII 反演的大气信号 J_1(a)和 J_2(c)，无约束(b)和有约束(d)条件下反演的体发射率[3]

反演数据是 WINDII 测量的日间 $O(^1S)$气辉辐射强度，观察时间为 1993 年 8 月 14 日，1:47-2:00 UT，覆盖纬度 43°N～0°N。

用贝叶斯方法处理反演问题，描述一组可能的解，考虑所有可能的状态矢量，并且把一定的概率赋予每个态矢量[1]。因此，对得到的解必须仔细验证，程序的一般验证及其与其他遥感探测仪器的对比细节可以参考文献[5]～[7]。

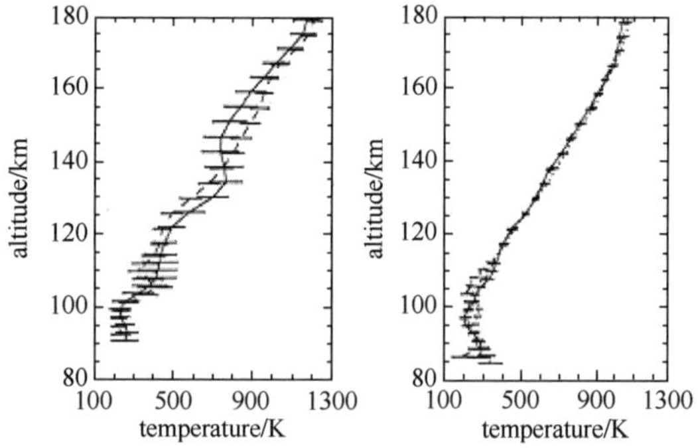

(a)　　(b)

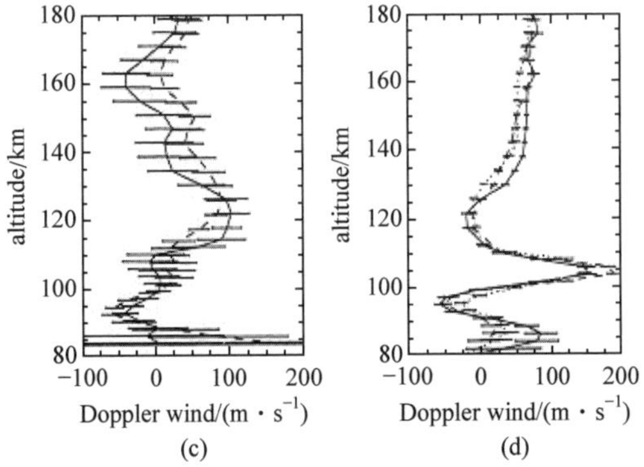

图 7-4　WINDII 反演得到的多普勒温度和风速[3]

大气信号来自图 7-3 所示的反演结果，选择 J_1 最弱的第 2 高度剖面和第 3 高度剖面(图 7-3(a)与(c))和最强的 3 条高度剖面(图 7-3(b)与(d))

参 考 文 献

[1] Rodgers C D. Inverse Methods for Atmospheric Sounding: Theory and Practice, Series on Atmospheric, Oceanic and Planetary Physics. Vol.2. Singapore, New Jersey, London, Hong Kong: World Scientific Publishing Co, 2000.

[2] Shepherd G G, Gault W A, Thuillier G, et al. WINDII, the wind imaging interferometer on the upper atmosphere research satellite. Journal of Geophysical Research Atmospheres, 1993, 98(D6): 10725-10750.

[3] Rochon Y J. The retrieval of winds, Doppler temperatures, and emission rates for the WINDII experiment. Toronto: York University, 2001: 464.

[4] Russell J M III, Drayson S R. The inference of atmospheric ozone using satellite horizon measurements in the 1024 /cm band. Journal of the Atmospheric Sciences, 1972, 29(2): 376-390.

[5] Wang D Y, Stiller G P, Clarmann T V, et al. Cross-validation of MIPAS/ENVISAT and GPS RO/CHAMP temperature profiles. Journal of Geophysical Research Atmospheres, 2004, 109: D19311(1-15).

[6] Wang D Y, Stiller G P, Clarmann T V, et al. Comparisons of MIPAS-observed temperature profiles with other satellite measurements. Proceedings of SPIE, Barcelona, 2003: 196-207.

[7] 唐远河, 张淳民. 卫星遥感被动探测高层大气风场. 北京: 科学出版社, 2011: 133.

下篇　地基遥感被动探测高层大气风场

第 8 章　强光局部选通成像仪和微光增强成像探测器

探测高层大气风场需要两个精密部件：干涉仪和探测器，前几章介绍了测风的广角迈克尔孙干涉仪和法布里-珀罗干涉仪，本章介绍我们课题组对成像探测器的一些研究结果。在常温下，国内外的现有 CCD 探测器对光强的照度探测范围为 10^{-2}～10^{4}lx[1]，如果光强高于 10^{4}lx，那么拍摄的像就曝光过度，显示一片白，无法提取更多的有效信息；如果外界光强低于 10^{-2}lx，那么拍摄的像就曝光不足，显示一片黑，也无法提取更多的有效信息。鉴于被动遥感探测高层大气风场使用的光源是气辉或极光，高层大气中相同大气粒子辐射的气辉强度比极光强度弱得多，大多出现在高纬度地区的极光有正常的亮度，而弥散在低纬度或中纬度地区的气辉为地基被动遥感探测高层大气风场提供了光源，为此我们课题组进行了强度局部选通成像探测和微光增强成像探测等方面的研究。

8.1　基于透射式液晶的强光局部选通成像探测器

8.1.1　气辉亮度与照度的关系

气辉的体发射率是单位体积单位时间内发光粒子辐射的光子数(光子数 · $cm^{-3}s^{-1}$)，在天空中表现为光源的亮度，而地基仪器探测的气辉强度是空中发光物辐射的光线沿路径到达地面探测器的累积，即积分发射率(integrated emission rate，IER)，IER 是单位面积和单位时间内接收气辉辐射的光子数(光子数 · $cm^{-2}s^{-1}$)，在探测器上显示为光源的照度。为了便于选通探测强度不同的气辉和极光，我们需要明确气辉的强度范围。

由图 8-1 可知，镜头张角 Ω 对应的空间表面积为 $\Omega\cdot r^2$ (m^2)，这是镜头对大气团在探测方向上的光通量，根据图 8-2 所示可见光的视见函数，可得可见光气辉的照度 E 与亮度 I 的转换关系：

$$E=\frac{683_{\lambda=557.7\text{nm}}\times 10^{10}}{4\pi}\cdot\Omega\cdot\frac{hcv(\lambda)}{\lambda}\cdot I \tag{8-1}$$

式中，λ 为波长；$v(\lambda)$为视见函数；h 为普朗克常量；c 为真空中光速。式(8-1)说明理想成像光学系统探测的光强只与探测器的视场角、待测气辉的强弱、波长、该波长对应的视见函数有关。

以氧绿线 O(^{1}S)557.7nm 气辉为例，假设光学系统理想成像，鉴于我们研制的 GBAII 的视场角为±6°，对应 Ω=π/15sr，将 h=6.63×9^{-34}J · s、λ=557.7nm、c=3×10^{8}m/s、v_g(557.7)≈1、v_r(630.0)≈0.2 等参数代入式(8-1)，得到 GBAII 关于气辉氧绿线 O(^{1}S)557.7nm 和氧红线 O(^{1}D)630.0nm 的照度 E 与亮度 I 的换算关系为

$$E_{\text{green}}=4.06\times10^{-8}I,\quad E_{\text{red}}=8.12\times10^{-9}I \tag{8-2}$$

第 12 章将介绍的 GBAVTII 的视场角为±13.6°，对应 Ω=π/6.6sr，则得到照度与亮度的换算关系为

$$E_{\text{green}}=9.23\times10^{-8}I,\quad E_{\text{red}}=1.845\times10^{-8}I \tag{8-3}$$

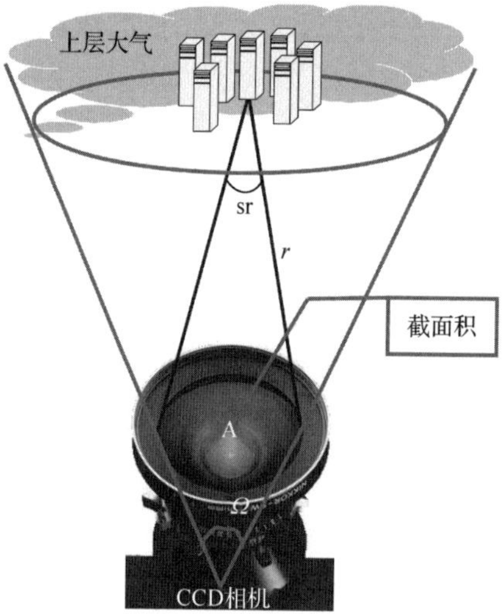

图 8-1　GBAII 进行大气探测的简单模型

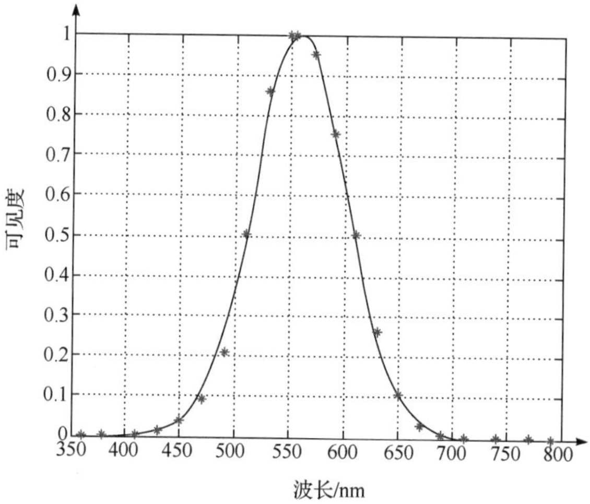

图 8-2　可见光的视见函数

表 5-1 中的夜气辉 O(^{1}S)557.7nm 和 O(^{1}D)630.0nm 的亮度约为 5kR，由此我们计算得出 O(^{1}S)557.7nm 和 O(^{1}D)630.0nm 气辉的亮度与照度之间的换算结果如表 8-1 所示，从中可见气辉对地基仪器 GBAII 的照度为 10^{-5}～10^{-4}lx；GBAVTII 接收到夜气辉的照度比 GBAII 的大一个量级，这与两台仪器实地拍摄的实验效果吻合。

表 8-1 O(^{1}S)557.7nm 和 O(^{1}D)630.0nm 气辉的亮度与照度之间的换算结果

O(^{1}S)557.7nm		O(^{1}D)630.0nm	
气辉 I/R	照度 E/lx	气辉 I/R	照度 E/lx
5000	2.028×10^{-5} @GBAII	5000	4.06×10^{-6}@GBAII
5000	4.615×10^{-4} @GBAVTII	5000	9.22×10^{-5}@GBAVTII

如果利用带鱼眼镜头的全天空成像仪拍摄气辉，那么式(8-1)中的 $\Omega=\pi$；其他成像仪的视场角都小于 π，所以即便用全天空成像仪在地面观测气辉，其照度也在 10^{-4}～10^{-3}lx 内。为了使正常 CCD 能拍摄得到光强大于 10^5lx 或低于 10^{-4}lx 的极端情况下的成像结果，除了提高 CCD 探测效率，我们对基于透射式液晶的强光局部选通成像技术和基于磁镜的像增强技术进行了一系列的研究。

光的单位有多种形式，例如，10^4lx 相当于在 CCD 上能探测 $4.02\times10^4\text{W}\cdot\text{m}^{-2}$，在 CCD 探测器上能探测的 1 个 O(^{1}S)557.7nm 光子的能量为

$$1\text{photon}=\frac{hc}{\lambda}=\frac{6.63\times10^{-34}\times3\times10^{8}}{557.7\times10^{-9}}=3.56\times10^{-19}(\text{J}) \tag{8-4}$$

即一个波长为 557.7nm 的光子能量为 3.56×10^{-19}J[1]。光的不同单位可以参考网站：https://www.egc.com/useful_info_lighting.php 进行相互转换。

8.1.2 强光局部选通成像器

随着科技的发展，为了使光电成像器件在光强照度大于 10^5lx 的强光照射下清晰成像，也为了在被摄物体光照对比度较大情况下还原更多的成像细节，我们根据透射式液晶的电光特性，将液晶耦合到传统成像 CCD 和镜头之间，利用现场可编程门阵列(field programmable gate array，FPGA)或数字信号处理器(digital signal processor，DSP)控制液晶单个像素的透过率，使照度大于 10^5lx 的强光被摄体的照度下降 1～2 个数量级，实现光强局部选通的正常成像，我们设计并自制了两代基于液晶的新型强光局部选通成像探测器样机和摄像机[2-13]。

常用于显示器和空间光调制器(spatial light modulator，SLM)的液晶在外加电场作用下其透射率将发生变化，图 8-3 所示的单个液晶单元的微观结构有微透镜、透明电极、定向层等器件，为了使液晶在界面上定向，导电层覆盖一薄层经过抛光处理的定向层；在液晶盒的两块玻璃基片之间，用涂在玻璃基片内表面的透明导电层施加外电压，改变液晶分子的极化方向；光线通过微透镜透射到相应的液

晶像素上，其中液晶的像素与微透镜一一对应。

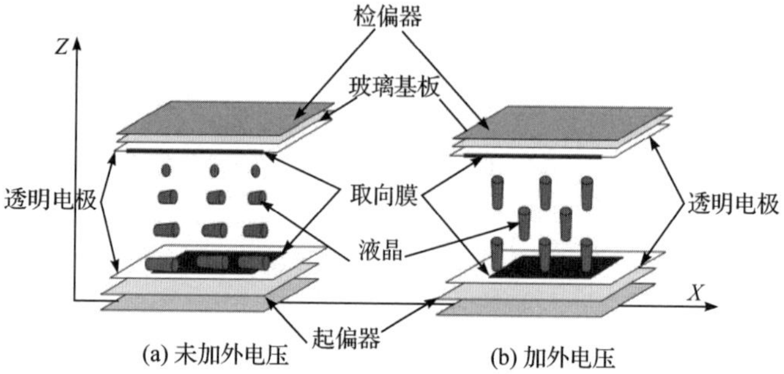

图 8-3　液晶单元微观结构原理图

如图 8-4 所示，在液晶单元上加一个外电场，每个液晶分子内感应出一个电偶极子而发生转向极化，液晶分子的长条结构使这种材料的光学性质呈现各向异性，展现出双折射的非常折射率和寻常折射率有较大差别。若沿光传播方向对向列型液晶盒施加电压，如果外加电压足够大，将会导致液晶分子的指向矢量尽可能地转向外加电场的方向。把向列型液晶当作可变偏转器，如果在向列型液晶盒的前表面有一个起偏器，那么后表面上有一个检偏器就能调制透射光的强度。为了避免发生不可逆的化学变化，这类液晶盒都用交变电压驱动，典型频率值为 1～10kHz，电压为 5V 量级。

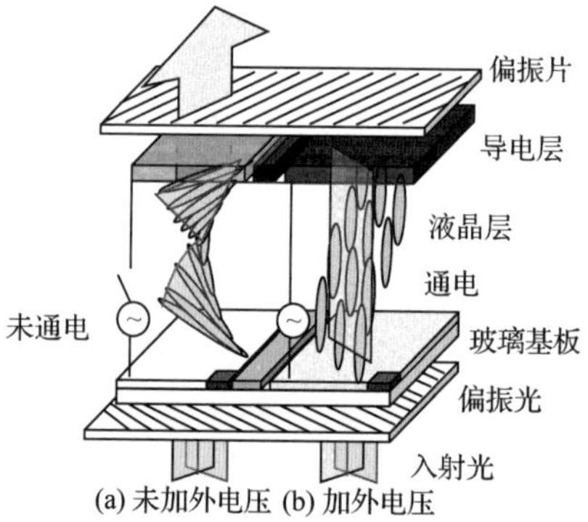

图 8-4　偏振光透过向列型液晶情况

液晶材料按分子结构可以分为近晶型液晶、向列型液晶、胆甾相液晶三类。我们比较了 3 种液晶分子的结构，选择了如图 8-4 所示的向列型液晶材料，其分子运动更易实现强光选通成像：鉴于在左右两个液晶单元之间加了两个偏振化方向互相垂直的偏振片，左边单元的液晶分子未加外电压，当光通过液晶层时，由于液晶分子的旋光效应，左边液晶单元的光就透射出去；右边单元的液晶分子在外电压作用下，液晶分子发生转向极化，导致部分光线透射出去，透射光与外电压成正比。我们根据这个原理控制单个液晶分子的透过率以实现强光选通成像。

我们研制的强光局部选通成像器选用了响应时间短、灵敏度高、体积小的向列型含氟负性 SONY LCX029——薄膜晶体管液晶显示器(thin film transistor-liquid crystal display，TFT-LCD)液晶作为选通成像的液晶器件，在传统相机的 CCD 与镜头之间加了一片 LCX029 透射式液晶，用光锥将液晶和 CCD 耦合起来，在液晶原驱动控制电路的基础上加入视频信号处理模块，将液晶耦合于成像探测器，根据液晶透过率与灰度的线性关系来控制外电压，实现液晶单像素的强光局部选通成像仪的功能[6]。我们研制的 I 代强光局部选通成像仪的流程图如图 8-5 所示，需要两帧图像完成一幅选通成像：CCD 获得第一帧强光图像后，反馈给液晶板，液晶识别到其某些像素区域有强光导致曝光过度，第二帧图像成像前液晶就对该区域的强光像素进行选通控制，然后再成像，把成像的光强照度控制在 10^5lx 以下。通过 FPGA 或 DSP 对液晶的单像素透过率进行控制，进而实现自动选通成像的目的。

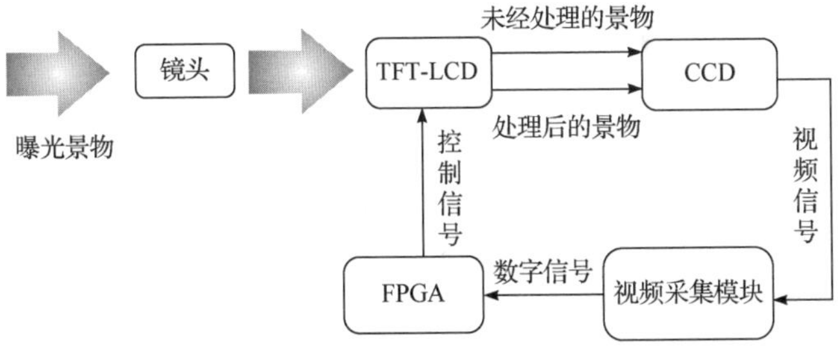

图 8-5　我们研制的 I 代强光局部选通成像仪的流程图[6]

TFT-LCD 透过率与灰度的关系如图 8-6 所示，可见 TFT-LCD 的最大透过率为 27%，最小为 2%。根据线性成像规律，我们尽可能地将选通成像控制在液晶的线性透过率部分，选择图 8-6 中灰度在 120～220 的宽容度区间，透过率与灰度之间基本呈线性关系，最小透过率可达 5%，即如果用我们研制的 I 代强光局部选通成像仪拍摄照度大于 10^5lx 的强光物体，其照度可降低 1～2 个数量级，达到 10^3lx，这正是目前 CCD 能正常拍摄成像的照度范围。我们测试 SONY LCX029 液晶的电光效应特性测试图如图 8-7 所示。液晶具有双折射效应：

$$\frac{1}{n_{\mathrm{e}}^2(\theta)}=\frac{\cos^2\theta}{n_{\mathrm{o}}^2}+\frac{\sin^2\theta}{n_{\mathrm{e}}^2} \tag{8-5}$$

式中，n_{o}是寻常光(o 光)的折射率；n_{e}是非常光(e 光)的折射率；$n_{\mathrm{e}}(\theta)$是液晶分子指向矢倾斜角 θ(也称为扭曲角)的函数。折射率之差$\Delta n = n_{\mathrm{e}}(\theta) - n_{\mathrm{o}}$也是倾斜角 θ 的函数。

当平行的线偏振光垂直于 TTF-LCD 平面沿 Z 轴方向传播时，经 TTF-LCD 调制及检偏器检偏后，液晶单个像素的光强透过率为

$$T=\frac{1}{2}\frac{\sin^2\left(\dfrac{\pi}{2}\sqrt{1+u^2}\right)}{1+u^2} \tag{8-6}$$

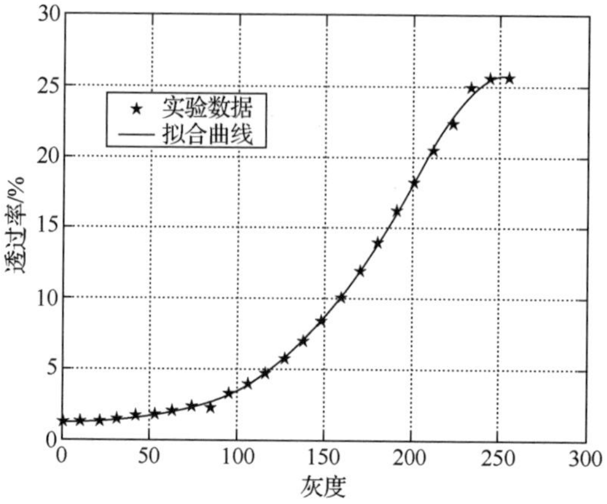

图 8-6　TFT-LCD 透过率与灰度的关系[6]

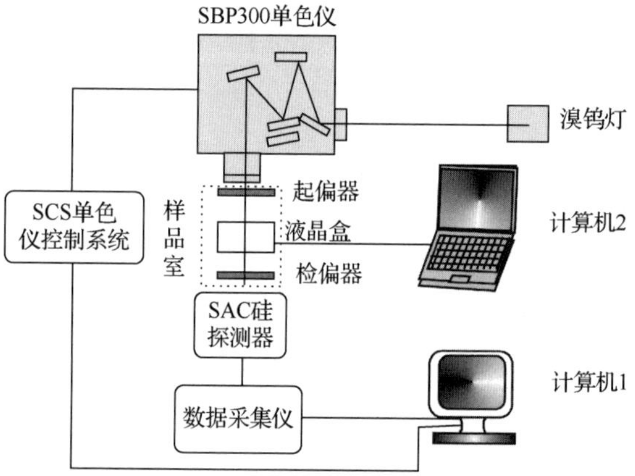

图 8-7　SONY LCX029 液晶的电光效应特性测试图[6]

式中，$u=\dfrac{2\Delta n\cdot d}{\lambda}$，$\lambda$ 是入射光波长，d 是液晶板的厚度。o 光折射率一般为 1.6，e 光折射率为 1.6～1.8，可见光范围内 d 一般为 2～6μm，取决于液晶双折射率，双折射率越大，盒原越薄。

当对液晶进行光强调制时，外电压与液晶偏转角(扭曲角)θ 的关系为[14,15]

$$\theta=\begin{cases}0, & V\leqslant V_c\\ \dfrac{\pi}{2}-2\arctan\left[\exp-\left|\dfrac{V-V_c}{V_0}\right|\right], & V>V_c\end{cases} \tag{8-7}$$

式中，V_c 是液晶分子的阈值电压；V_0 是 $\theta=49.6°$时 V 与 V_c 电压的差值[16]。

在式(8-7)中，当施加于液晶板单像素上的电压发生变化时，就会改变液晶向矢倾斜角 θ 的值，Δn 随之变化，导致出射光的偏振态发生改变，使透过出射偏振片的光强发生变化，透射光强由式(8-6)决定，这样通过精确控制液晶板的单个像素的电压，进而改变液晶板单个像素的光强透过率，实现对强光的局部选通控制。

我们自制的基于液晶的 I 代强光局部选通成像仪的样机如图 8-8 所示，其中，扭曲向列型 SONY LCX029 液晶片的分辨率为 1024×768，对角线长 2.3cm，选用光锥将 CCD 和液晶耦合起来。液晶驱动模块硬件设计原理如图 8-9 所示。实验采用照度计测量光强，我们用一个照度大于 2.2×10^5lx 的射灯(光强>2.2×10^5lx，该照度是所用照度计的满量程)把强光照射在被摄物体上，获得的局部选通前后对比图如图 8-10 和图 8-11 所示，这样的结果验证了强光局部选通成像仪的样机优于整体选通相机。利用 I 代强光局部选通成像仪的样机较为清晰地拍摄了夜晚前灯开启情况下的汽车牌照，可以明显地看到该样机能分辨出强光下的图像细节(图 8-12)[6]。

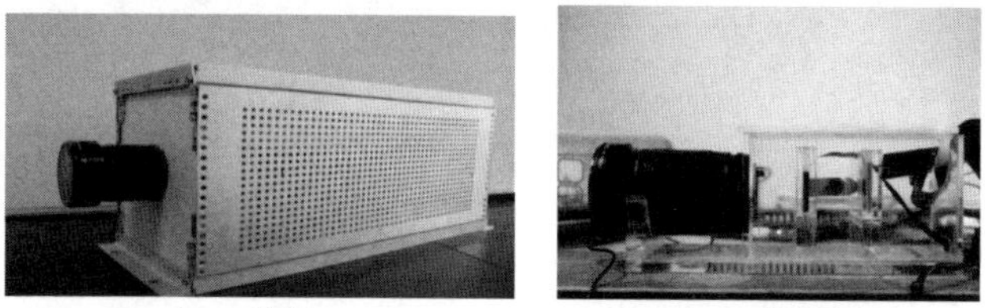

(a) 外形　(b) 内部结构

图 8-8　我们自制的基于液晶的 I 代强光局部选通成像仪的样机

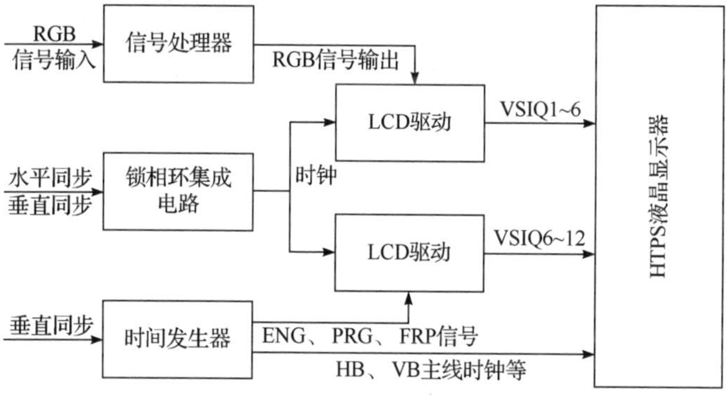

图 8-9　液晶驱动模块硬件设计原理[6]

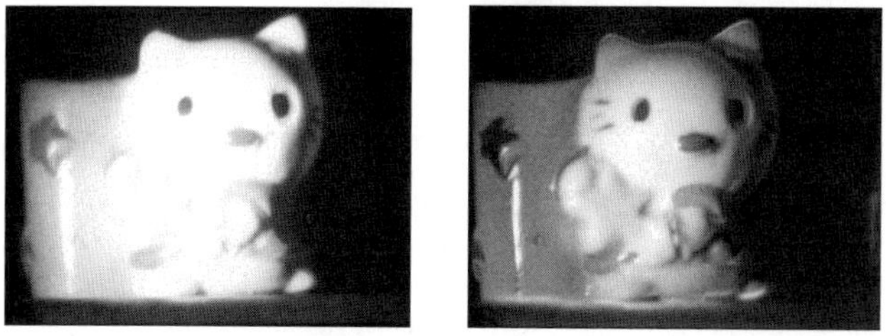

(a) 未加液晶前的强光过曝照片　(b) 加液晶后的局部选通照片

图 8-10　利用 I 代强光局部选通成像仪拍摄的局部强光选通图片[6](见彩图)

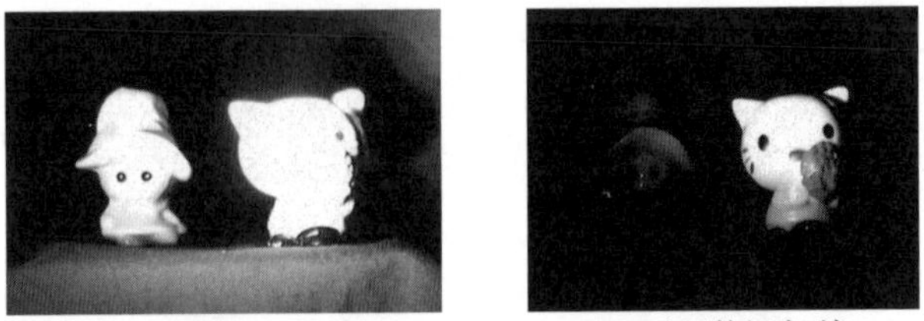

(a1) 电子快门为2档　　(a2) 电子快门为7档

(a) 在强光照射下，改变传统数码相机电子快门拍摄的对比图

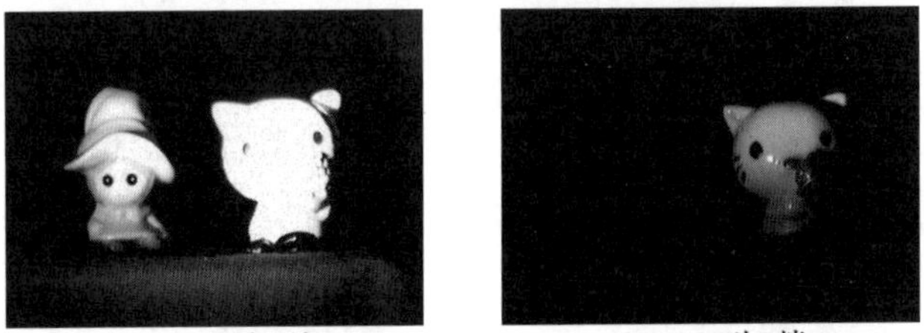

(b1) AGC为H档　　(b2) AGC为L档

(b) 在强光照射下，改变传统数码相机光圈拍摄得到的对比图

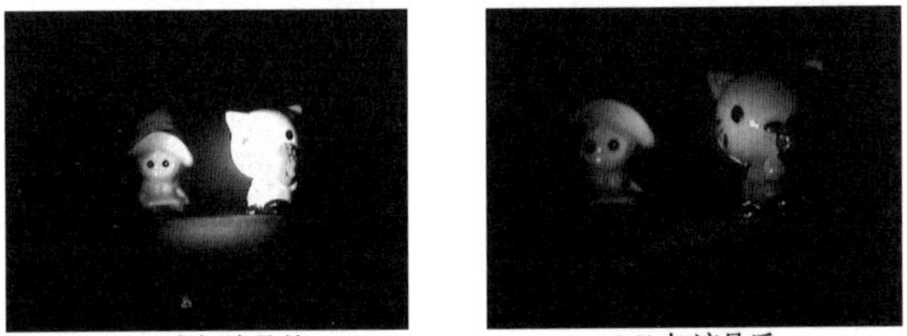

(c1) 未加液晶前　　(c2) 加液晶后

(c) 在强光照射下，用我们自制的 I 代强光局部选通成像仪的样机拍摄选通前后的对比图

图 8-11　我们自制的 I 代强光局部选通成像仪的样机与传统数码相机整体选通成像的对比结果[6](见彩图)

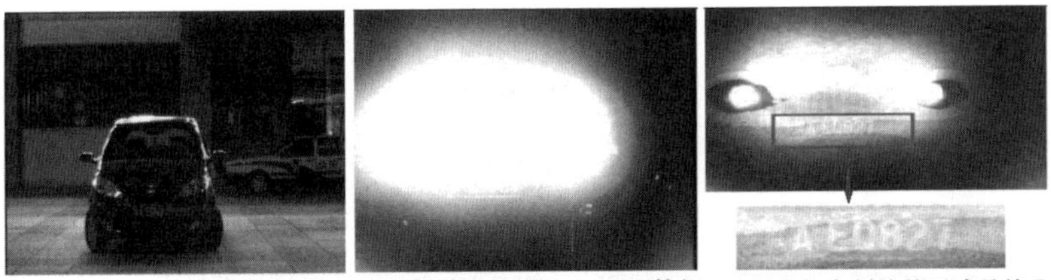

(a) WAT-231S2 CCD相机拍摄的汽车及牌照　　(b) 传统数码相机用1/10000s快门拍摄的汽车前大灯开启的车牌　　(c) 用我们自制的基于液晶的 I 代强光局部选通成像仪的样机拍摄的前大灯开启的车牌：“陕A EQ827”

图 8-12　我们自制的基于液晶的 I 代强光局部选通成像仪的样机拍摄夜间前大灯开启的车牌[6](见彩图)

我们利用 FPGA、DSP 及琼斯矩阵实现扭曲向列型液晶的振幅调制，实现了单像素强光局部选通的成像探测。我们用光锥将液晶耦合到 CCD 相机上以实现图像的实时传递。理论研究表明：光锥的耦合效率为 14.24%，比用透镜耦合的效率 1.83%高出近 8 倍[12]。我们还研究了液晶的透过率随波长、折射率、电压的关系，从双折射率与光强的关系出发，定量研究了扭曲向列型液晶的色散效应[13]，测试了液晶在不同灰度和波长下的透射率：在可见光波段色散较小，随着灰度值的增加，色散增大。我们还研究了液晶和 CCD 构成的成像光学系统中消除莫尔条纹的方法[17]，通过自制的Ⅰ代强光局部选通成像仪的样机对同一物体进行对比拍摄，选通前后的照片对比表明液晶板的色散对成像质量影响不大。

8.2　基于透射式液晶的眼控防眩光成像仪

当夜晚看见迎面而来并开启前大灯的汽车时，驾驶员会感觉很刺眼，飞行员在空中看见太阳会产生炫光，夜间飞机着陆滑行的前方也有炫光。为了防止诸如此类的眩光危害，我们基于眼控对焦-测光模式研制了防眩光选通成像仪，其结构和流程如图 8-13、图 8-14 所示，通过眼控对焦模块获取主对焦区并自动对焦，利用 DSP 的处理能力，实时采集、处理图像，通过液晶驱动控制液晶对强光进行单像素选通，实现防眩光的功能。通过图 8-15 的眼电信号采集与分析系统工作流程图，制作了图 8-16 的Ⅱ代强光局部选通成像仪样机，部分实验结果如图 8-17 所示[7]。Ⅱ代强光局部选通成像仪与Ⅰ代强光局部选通成像仪的区别在于：使用两个 CCD，一个 CCD 测光，另一个 CCD 成像，只需一帧图像即可完成选通成像；Ⅱ代强光局部选通成像仪使用眼控测光技术。

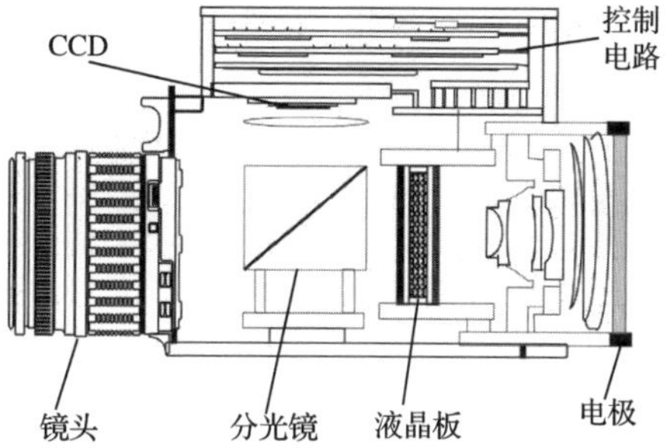

图 8-13　基于眼控对焦-测光模式的直视型防眩光强光局部选通成像仪(Ⅱ代强光局部选通成像仪样机)

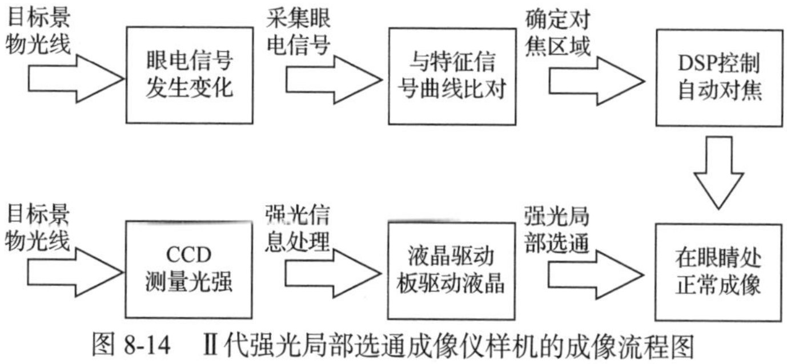

图 8-14　Ⅱ代强光局部选通成像仪样机的成像流程图

调制传递函数可以定量判定成像的质量，基于液晶的强光局部选通成像仪两代样机的成像质量如图 8-18 所示，Ⅰ代强光局部选通成像仪样机在奈奎斯特(Nyquist)频率处 $MTF_1=0.518$，极限分辨率为 34lp/mm；Ⅱ代强光局部选通成像仪样机在奈奎斯特频率处的 $MTF_2=0.480$，极限分辨率为 40lp/m。两代强光局部选通成像仪样机所用液晶的时延为 25.5ms[7]。

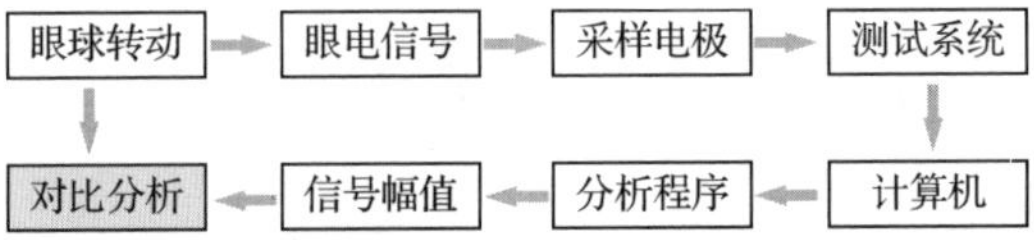

图 8-15　眼电信号采集与分析系统工作流程图

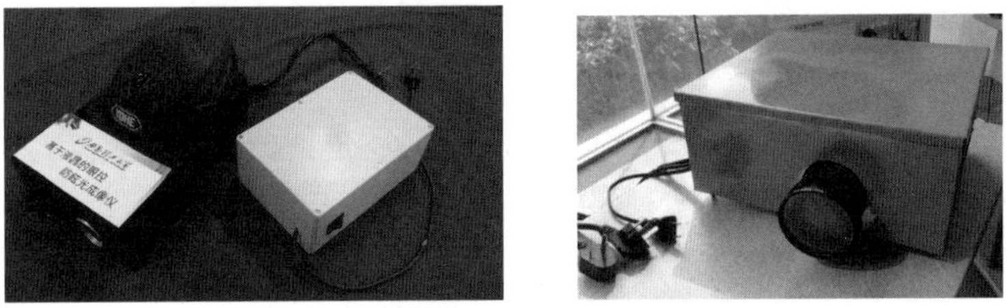

图 8-16　基于液晶的防眩光局部选通成像仪——Ⅱ代强光局部选通成像仪样机(帽子型和传统型)

图 8-17　Ⅱ代强光局部选通成像仪拍摄得到选通前后的照片[7](见彩图)

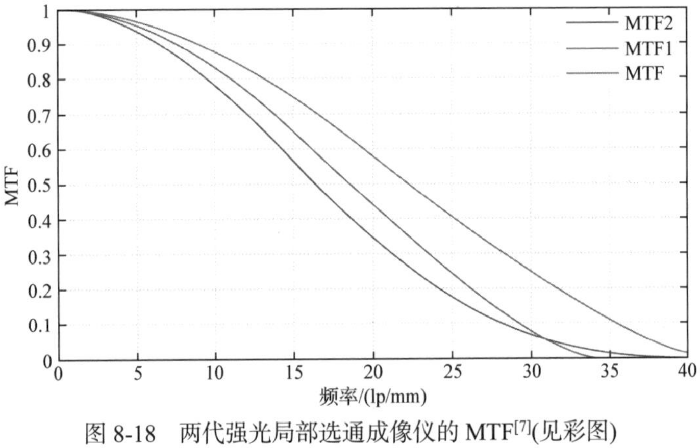

图 8-18　两代强光局部选通成像仪的 MTF[7](见彩图)

8.3　基于透射式液晶的强光局部选通智能网络摄像机

随着成像技术的数字化、网络化、智能化发展，我们研制出一台可以自动识别强光并进行局部选通控制的智能网络摄像机系统[10,18]，如图 8-19 所示，该系统分为两部分：Part 1 实现强光局部选通，Part 2 实现网络传输与存储。强光局部选通视频选用 DM642 视频处理算法。我们还用射灯(光强>2.2×10^5lx)照射车牌并将其作为被摄目标物体，模拟交通现场在强光照射下识别汽车牌照，最终通过 H.264 的视频压缩编码格式保存到计算机硬盘上，观测到视频画面中清晰的汽车牌照号码(图 8-20)。

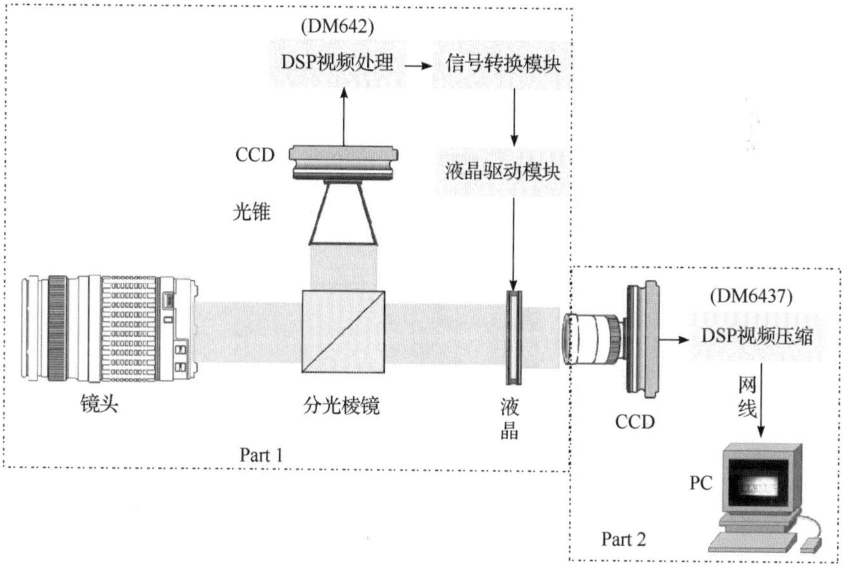

图 8-19　强光局部选通智能网络摄像机的结构示意图[18]

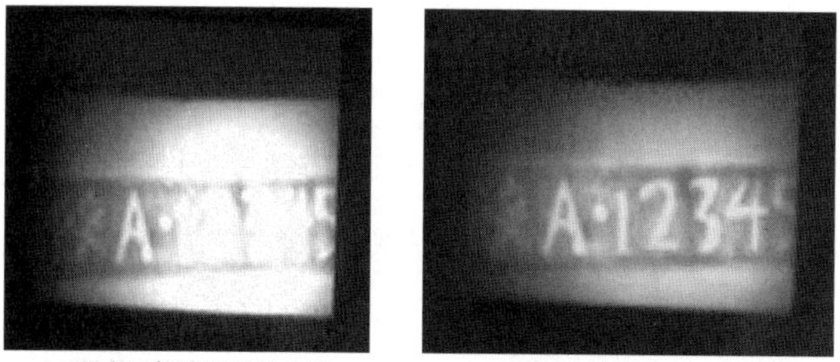

(a) 强光局部选通前的车牌　(b) 强光局部选通后的车牌

图 8-20　自制的强光局部选通摄像机拍摄的实验结果[18]

8.4　基于透射式液晶和像增强器选通模拟探测气辉和极光

由第 5 章可知极光和气辉是同一种大气微粒的发光现象，同一波长的气辉和极光的光强不同，极光(正常照度)光强远大于气辉($<10^{-5}$lx)光强，星载遥感探测气辉的成像干涉仪往往把极光作为白噪声而去除，鉴于同种大气痕量微粒辐射极光和气辉的波长相同，而强度不同，我们利用透射式液晶和像增强器的特点，本节设计了一种可以探测气辉和极光的探测器，该探测器直接探测较弱的气辉，选通探测强度较强的极光[1]。

图 8-21 是我们设计的基于液晶和超二代像增强器的选通成像仪结构图。如图 8-22 所示，该成像仪 MTF=0.391，而 WINDII 的 MTF=0.35。在实验室模拟了基于液晶和像增强器的选通成像仪的成像效果，我们将光强照度大于 2.2×10^5lx 强光照射到一块用金刚刀刻有“西安理工大学 XAUT”字样的洁净玻璃上，当对液晶施加 0～255 灰度时，由于光强太强所以不能看到玻璃上所刻的字样，当对液

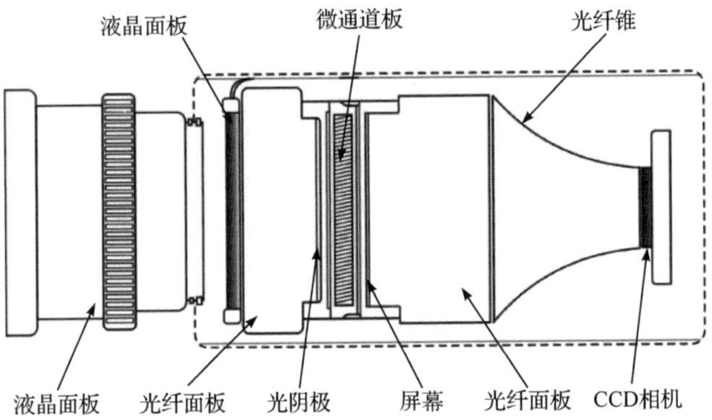

图 8-21　基于液晶和超二代像增强器的选通成像仪结构图[1]

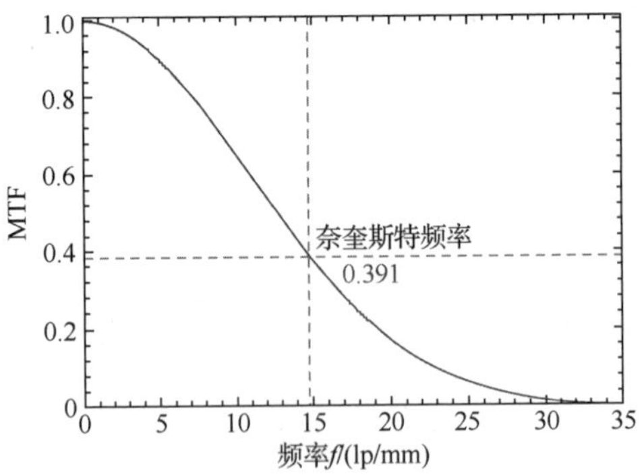

图 8-22　基于液晶和超二代像增强器的选通成像仪的 MTF 曲线

晶施加 0 灰度时，可以清晰地获得玻璃上所刻“西安理工大学 XAUT”的字样，实验结果如图 8-23～图 8-25 所示。我们用玻璃模拟气辉，用刻字“西安理工大学 XAUT”模拟极光，这样就实现了气辉和极光的同机探测。

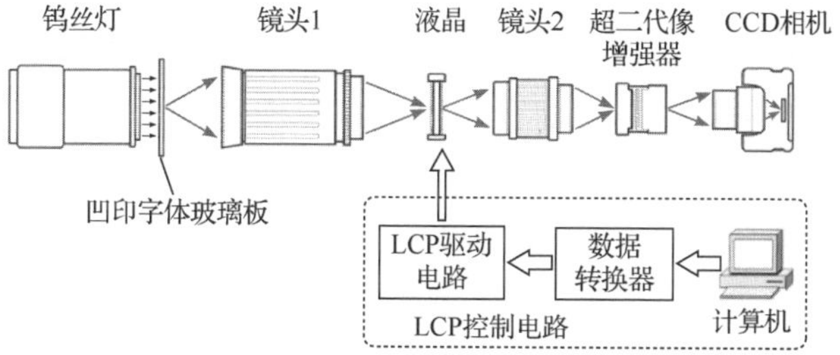

图 8-23　基于液晶和超二代像增强器的选通成像仪的验证实验光路图[1]

图 8-24　图 8-23 实验光路实物图

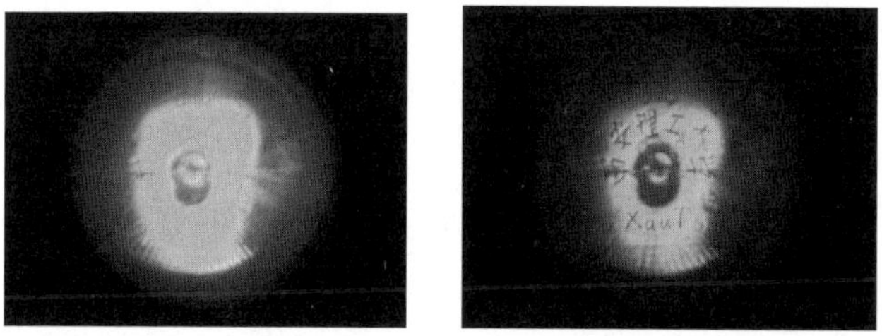

(a) 液晶灰度为255　　(b) 液晶灰度为0

图 8-25　基于液晶与超二代像增强器模拟气辉和极光的拍摄图像对比图[1](见彩图)

8.5　基于磁镜的痕量电子约束器

8.5.1　磁镜约束电子的基本原理

微光成像技术的发展备受世界各国高度重视，其中微光像增强器是该技术领域中最具代表的产品。国外夜视技术发展很成熟，但关键技术对我国封锁。我们在二代倒像式像增强器基础上，借鉴核聚变中的磁镜原理，提出在光电阴极与微通道板(microchannel plate, MCP)之间用静电聚焦系统耦合一个磁镜阵列装置，在常温下约束光电阴极逸出的电子，对静态光电子信号进行长时间积累，再进入微通道板放大，从而提高微光探测能力[19-21]。

磁镜通过磁场中的磁矩守恒来约束电子，电子在随时空缓变的非匀强磁场 B 中，其磁矩为 $\mu=\dfrac{\frac{1}{2}mv_{\perp}^{2}}{B}$，其中，$\frac{1}{2}mv_{\perp}^{2}=W_{\perp}$是垂直于磁场方向电子的横向动能，$v_{\perp}$为垂直于磁场方向电子的速度，$m$ 为电子质量，B 为磁感应强度。电子总能量

为 $W=W_{/\!/}+W_{\perp}$(其中，$W_{/\!/}$为电子在平行磁场方向的动能，与电子在平行磁场方向的速度分量 $v_{/\!/}$相对应)。如果电子仅受洛伦兹力，那么洛伦兹力不做功，使电子的总能量 W 守恒。电子横向受到磁场约束，电子纵向沿磁力线做螺旋运动。当电子从磁场较弱区域运动到两端磁场较强区域时，随着磁场 B 增大，横向动能 $W_{\perp}$增大，$W_{/\!/}=W-W_{\perp}$则会减小，即横向速率 $v_{\perp}$会增大，纵向速率 $v_{/\!/}$会减小。如果电子运动的区域磁场 B 足够强，强到使 $W_{\perp}=W$ 时，此时 $W_{/\!/}=0$，即 $v_{/\!/}=0$，这时电子不再沿磁力线方向运动，而在 $F_{\|}=-\mu_B \nabla B$ 作用下，开始从强磁场区域返回弱磁场区域，一直运动到另一端的强磁场区域，同样被挡回来，形成反射现象运动。如果仅从 $v_{/\!/}$来看，在磁镜中的电子就像在两个山坡之间来回滚动的小球，或像在两面镜子中间来回反射的光线一样，这就是磁镜的由来。

磁镜束缚电子的能力越强越好，但总有一部分电子，它们的 $v_{/\!/}$足够大，以至于运动到磁镜最大磁场的两端(磁喉)时，还有沿磁力线向外继续飞行的速度($v_{/\!/}>0$)。这样它们就可以像有足够速度的小球翻过山顶一样越过磁山 $B_{\max}$,进而逃出磁镜。电子逃出磁镜的条件是在磁场最弱处(磁镜中心)$B_{\min}$，它的速度分量($v_{/\!/}$和 $v_{\perp}$)之间满足条件：

$$\frac{v_{\perp}}{v_{\|}}<\sqrt{\frac{B_{\min}}{B_{\max}}}=\frac{1}{\sqrt{\gamma}} \tag{8-8}$$

式中，$\gamma=B_{\max}/B_{\min}$称为磁镜比。当一个磁镜装置做好后，其磁镜比为固定值。如果 $v_{\perp}/v_{/\!/}$足够大且大于$\sqrt{B_{\min}/B_{\max}}$，那么这个电子就不会逃出磁镜；磁镜比 γ 越大，从磁喉处跑出来的电子就越少，磁镜约束效果也越好。

8.5.2　基于磁镜阵列的像增强器

我们设计的基于二代倒像式像增强的磁镜阵列像增强器如图 8-26 所示[19]，工作原理为：拍摄图像开始，目标景物进入镜头光学系统，在光电阴极前的光纤面板上形成光学图像，再由光纤面板传递至光电阴极；此时开启光电阴极及静电聚焦电子光学系统，后续部件电位保持与前置静电聚焦电子光学系统相同，此时只通过微磁镜阵列对光电阴极出射的光电子进行积累；当光电子积累到微光正常成像所需条件时，调高后置静电聚焦电子光学系统和微通道板的电位，并在两个栅电极增加电压，产生电场力，通过电场力的作用将磁镜中的电子引出，经静电聚焦系统进入微通道板。由于每个微磁镜阵列与微通道板的通道一一对应，所以，电子在各磁镜场中磁力线的跃迁短时间内不会对图像信息产生影响，图像信息保持完整，完成二维电子图像的传递。磁镜二代倒像式像增强器耦合装置与磁镜三代近贴式像增强器耦合装置如图 8-27 和图 8-28 所示。

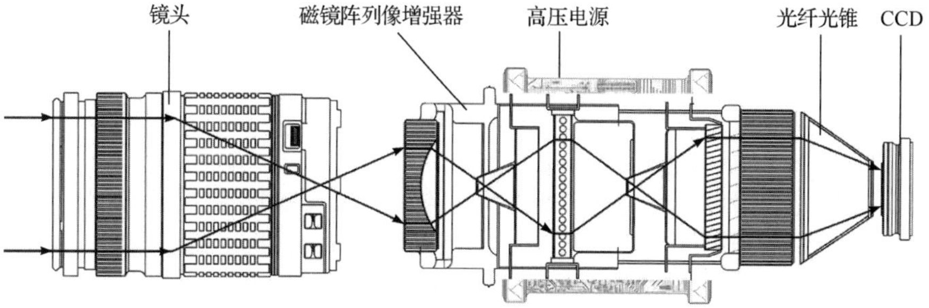

图 8-26 磁镜阵列像增强器的结构[19]

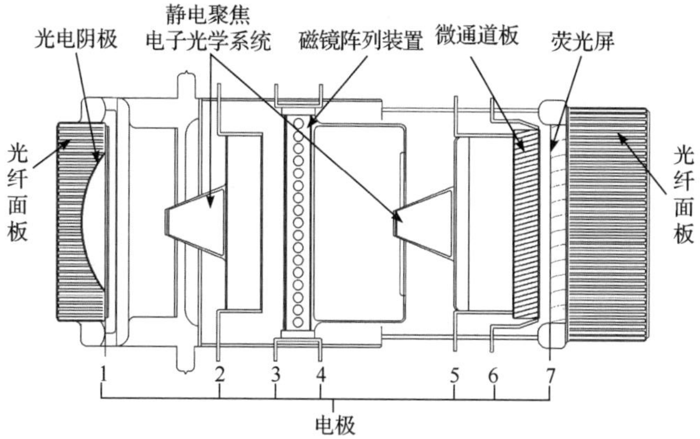

图 8-27 磁镜二代倒像式像增强器耦合装置[8]

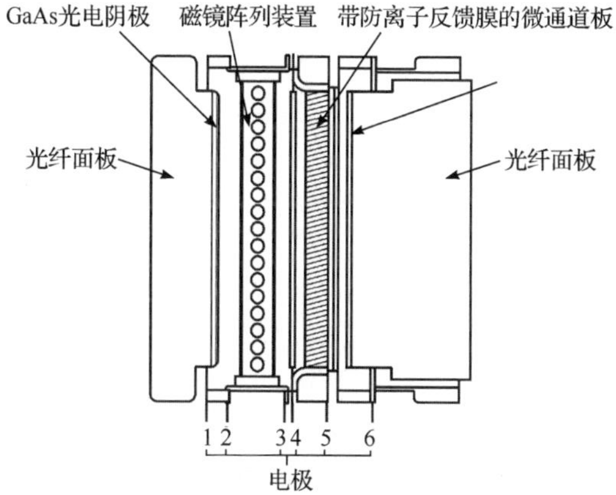

图 8-28 磁镜三代近贴式像增强器耦合装置[9]

在像增强器中，微通道板的微通道及成像所用 CCD 的像素单元排列均呈二维面阵分布，因此，为了与后续部件 MCP 及 CCD 相匹配，并考虑到尽量地降低对成像系统空间分辨率产生的影响，我们将磁镜装置设计为二维栅状面阵结构，如图 8-29 所示，磁镜阵列装置的结构采用铜或陶瓷制成的外圆内方的环形支架，该支架的内侧壁为卡口，该支架的方形环内设置由永磁材料铷铁硼制成的栅状永磁体，栅状永磁体通过该支架内侧壁的卡口与该支架固接，栅状永磁体在垂直于栅状磁片的方向(横向)充磁并设置多个通孔，栅状永磁体沿支架轴线方向的两侧各设置一层电极，该电极为栅状永磁体两侧分别镀的一层渗透电极，或由金属制成的栅电极，电极与栅状永磁体之间设置陶瓷制成的垫圈，栅状永磁体的每道栅上相对应的通孔位于同一条轴线，构成栅状且整齐排列的多个微磁镜单元。该磁镜阵列装置内部磁场可以看成整齐排列的多个微磁镜单元组合，如图 8-30 所示。

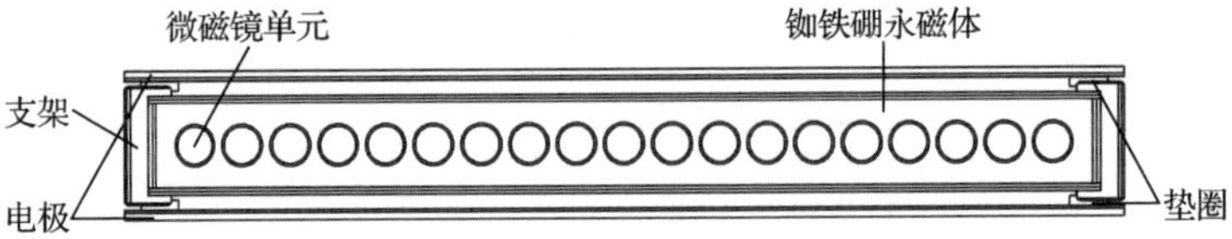

图 8-29　磁镜阵列装置侧视图

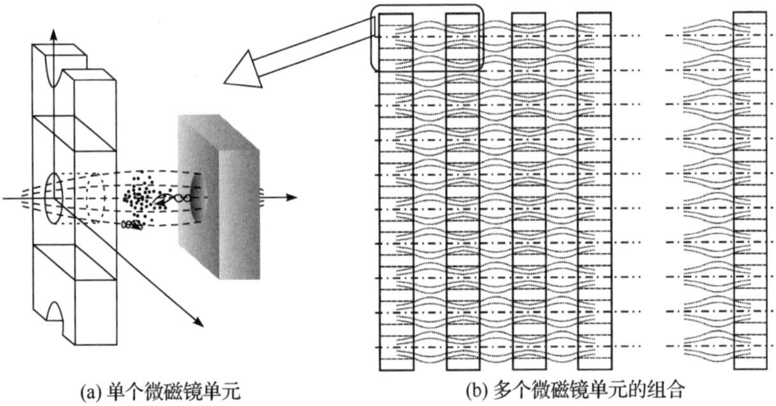

图 8-30　磁镜阵列装置的磁场分布示意图

根据图 8-31 的矩形永磁环微磁镜单元装置对电子的束缚效果，其中，a、b、h 分别为单个永磁环的长、宽、厚度，d 为两永磁环的间距，R 为圆孔半径。当电子 2 从垂直于 z 轴的方向正入射至磁镜场中时，就会被束缚在图 8-31 中 1 所示的磁力线上，做螺旋往返运动，其轨迹形同 3。

利用毕奥-萨伐尔定理，我们得到了均匀完全充磁的矩形永磁块体外部空间在某个方向上的磁场分布解析表达式，得到单块及多块组合矩形永磁体外部空间的磁场分布。对该永磁体的磁场进行计算、数值模拟和优化，得到微磁镜场中不同 R、d 值对应的轴线磁场分布的模拟结果(图 8-32)，相关参数如表 8-2 所示。

图 8-33 是图 8-32 磁感应强度的 3D 分布曲线，可见其磁场皆呈现两端大中间小的分布趋势，是很理想的磁镜场分布曲线，最大磁场达 1.05T，最小磁场超

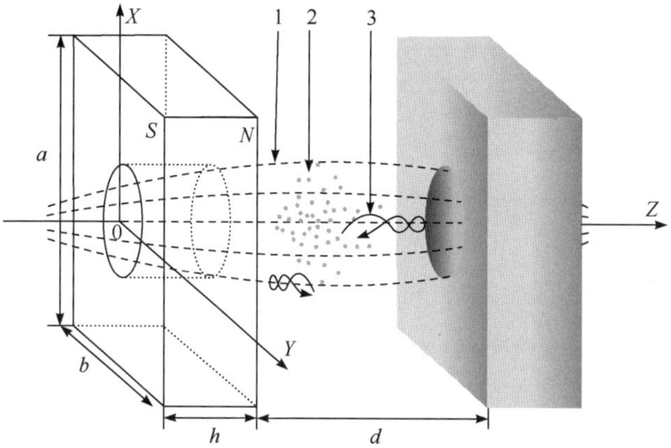

图 8-31　两个矩形永磁环组成的微磁镜单元

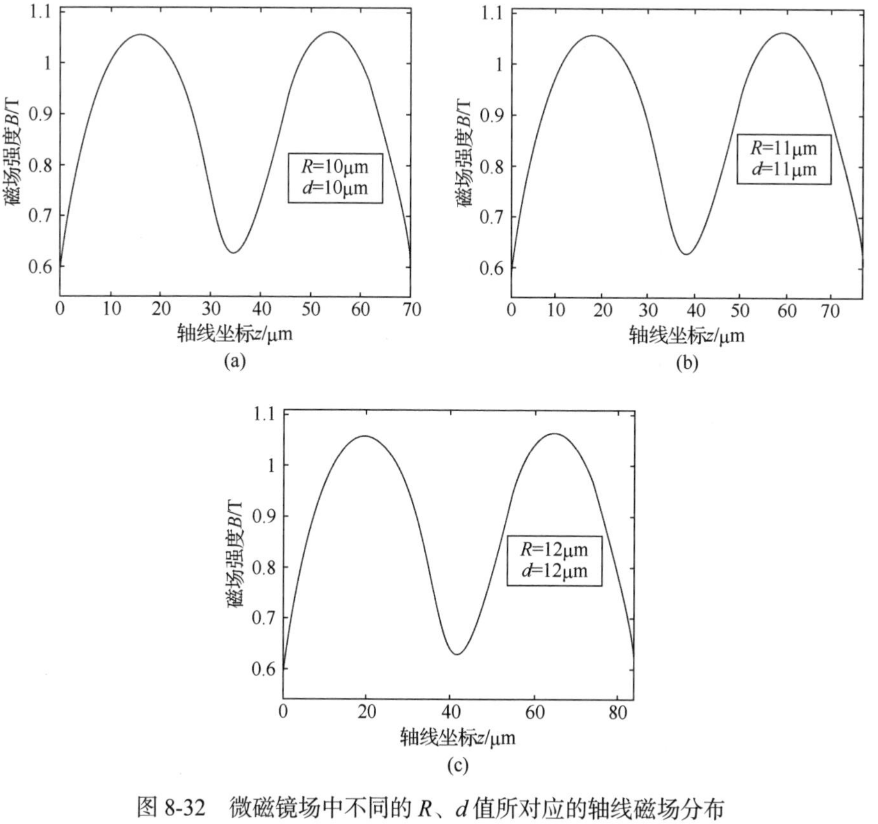

图 8-32　微磁镜场中不同的 *R*、*d* 值所对应的轴线磁场分布

0.62T，并随着 *R* 和 *d* 值的增大而减小；3 组不同参数下的磁镜场的磁镜比 γ 都接近 1.7，数值比较理想，且随着 *R* 和 *d* 值的增大略有增加，这 3 组参数得到的磁场分布都可以满足磁镜阵列的基本需要，如表 8-2 所示。

表 8-2 磁镜阵列装置不同 *R*、*d* 值所对应的 B_{max}、B_{min} 和 γ 等物理量

物理量	参数 1	参数 2	参数 3
圆孔半径 R	10μm	11μm	12μm
磁环间距 d	10μm	11μm	12μm
最大磁场 B_{max}	1.0578T	1.0561T	1.0544T
最小磁场 B_{min}	0.6260T	0.6243T	0.6226T
磁镜比 γ	1.6898	1.6917	1.6935
其他参数	a=30000μm，b=4000μm，B_r=1.25T，h=3d		

我们计算了图 8-31 磁镜阵列装置的调制传递函数：当取 d=10μm、11μm、12μm，m=12μm，a=30μm，n=32μm，频率 f_x=0～85lp/mm、f_y= 0～32lp/mm 时，X 轴的调制传递函数如图 8-34 所示。由于 a 和 n 的数值不变，当 d 变化时，纵向调制传递函数并无变化，MTF=2%时对应的极限分辨率为 28lp/mm，奈奎斯特频率处的纵向 MTF=0.52；而随着 d 增大，横向调制传递函数曲线整体左移，极限分辨率变小，分别为 79lp/mm、72lp/mm、64lp/mm，奈奎斯特频率处的横向调

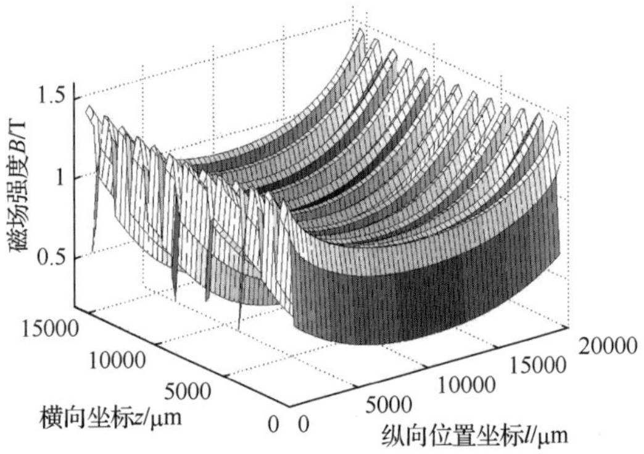

图 8-33 微磁镜场单元的磁场三维分布[20]

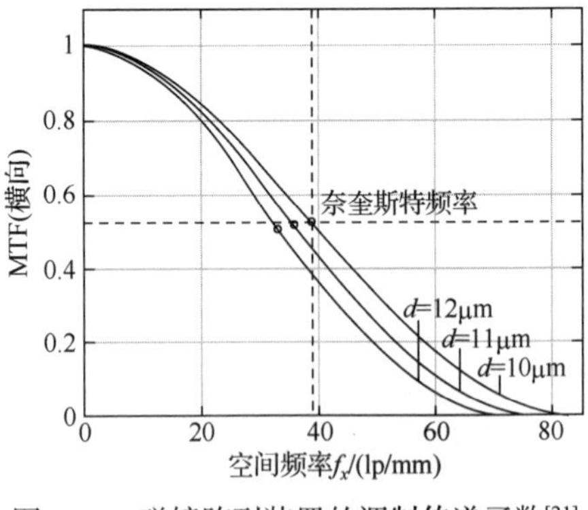

图 8-34 磁镜阵列装置的调制传递函数[21]

制传递函数呈下降趋势，但变化不大，我们计算了磁镜阵列装置的通知传递函数，在 0.53～0.54[21]，理论上能满足成像质量要求。

我们研究了将磁镜阵列装置引入成像器件后产生的噪声。将磁镜阵列装置作为中间部件引入像增强器，它本身结构和性能将对整个成像系统产生一定的影响：碰撞导致电子在磁力线间的跃迁、磁镜本身固有的逃逸锥等因素。假设最小磁场足够大，能够把电子束缚在 4μm 半径尺度内，那么磁力线间的跃迁概率很小，而且在像素尺寸内的磁力线跃迁不会对图像的完整传递产生影响，因此，逃逸锥给系统带来的噪声是微光成像过程中亟须关心的问题。

根据磁镜原理，当电子入射到轴线附近某点时，该点的磁感应强度与磁喉处最大磁场的比值 $B(z)/B_{\max}$ 决定了该位置逃逸锥角 $\theta(z)$ 的大小，轴上任意位置逃逸锥角表达式为

$$\theta(z)=\arcsin(\sqrt{B_{轴}(z)/B_{\max}}) \tag{8-9}$$

只有当入射方向与轴线夹角大于逃逸锥角 θ 的电子才能被磁场束缚，否则电子将逃逸出磁镜，影响微光信号的长时间积累和成像效果。由式(8-9)可见，只有满足尽可能大的磁镜比，才能在中心位置处将电子牢牢束缚。

逃逸锥角随轴向位置的变化曲线如图 8-35 所示，其中，参数为 a=30000μm，b=4000μm，B_r=1.25T，h=3d，R=10μm，d=10μm。由图 8-35(a)可见，中心位置逃逸锥角最小，约为 35°，而两端最大磁场的磁喉处逃逸锥角接近 90°；图 8-35(b)是图 8-35(a)的局部放大图，给出了两个永磁环之间 10μm 缝隙内的逃逸锥变化，如果电子的入射方向与轴线的夹角大于 37°，同时电子的入射能量和磁镜的最小磁场也满足相应的要求，那么该电子就会被磁镜牢牢地束缚住而不会逃逸出去，因此，磁镜阵列装置带来的逃逸噪声很小，几乎趋于 0。在实际像管中，通过静电聚焦电子光学系统射出的电子基本与轴线保持垂直[20]，因此，从中部入射的电子几乎全部能够被束缚在磁镜中。

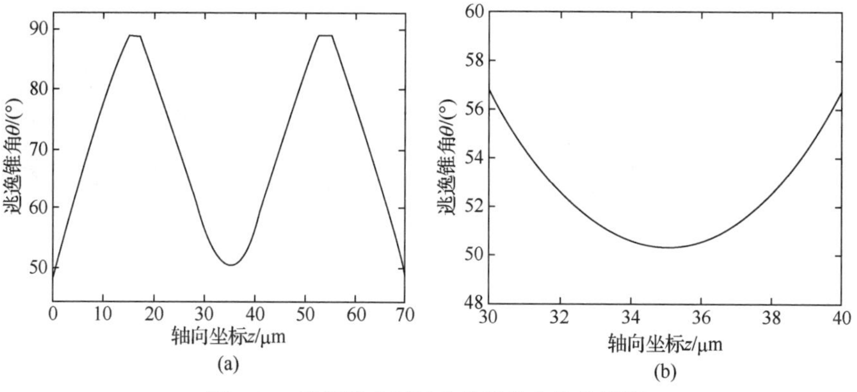

图 8-35 逃逸锥角随轴向位置的变化曲线[20]

8.5.3 基于磁镜阵列的痕量电子约束器

由于我们设计的单个微磁镜的孔径较大，无法与微通道板的微米量级孔径一一对接，因此，我们设计了一个如图 8-36 所示的大孔径磁镜阵列装置束缚电子的实验装置：由电子枪发射热电子，经电场加速至 4 块永磁体并排构成的大孔径磁镜阵列装置，最后通过超二代像增强器的荧光屏系统收集高速电子束[19,20]，制得微磁镜阵列痕量电子约束器如图 8-37 所示，抽真空后确实将痕量电子约束住，结果如图 8-38 所示。

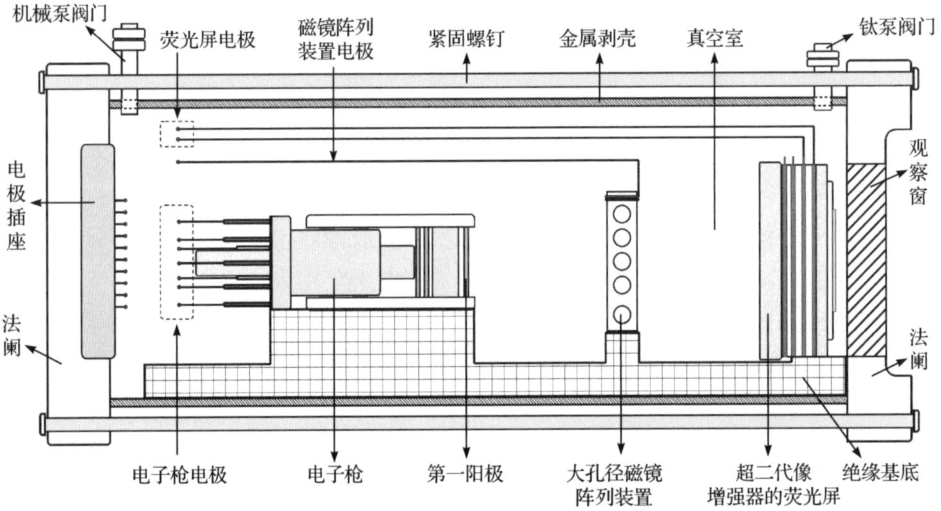

图 8-36　大孔径磁镜阵列装置束缚热电子的实验装置图[19,20]

图 8-37　自制的微磁镜阵列痕量电子约束器

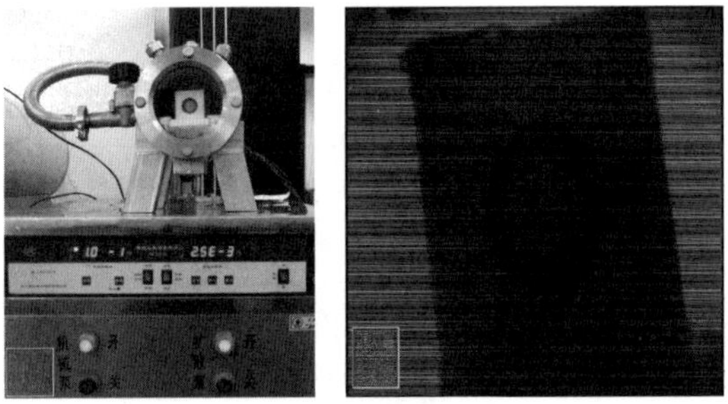

(a)　(b)

图 8-38　自制的微磁镜阵列痕量电子约束器试验过程和结果[20]

鉴于微通道的丝径一般为 6～50μm[22]，要在钕铁硼材料上打孔，或是先成型再充磁，这些小孔的直径不能超过微通道丝径。随着材料技术的发展，我们期待可以将磁镜阵列的孔径做得更小，能够跟微通道板的丝径一一对接，这样基于磁镜的微光探测器可以走向实用。

以上基于透射式液晶的强光选通成像技术和基于磁镜的微光增强成像技术的研究获得了一些成果[23]，在国际会议上也作过 2 次报告[24,25]。在第 11 章中，我们把反射式液晶 LCoS 用于 GBAII 的静态测风技术中，也做了大量的研究工作。

参 考 文 献

[1] Tang Y H, Cao X G, Liu H C, et al. Partially light-controlled imager based on liquid crystal plate and image intensifier for aurora and airglow measurement. Applied Optics, 2012, 51(12): 1968-1975.

[2] 唐远河, 张瑞霞, 刘锴, 等. 一种基于液晶自动控制光强实现局部选通的探测器. ZL200810151198.8 中国发明专利, 2009-09-29.

[3] 唐远河, 李卿, 刘锴, 等. 基于 HTPS 液晶板的局部选通探测器. ZL200810232000.9 中国发明专利, 2009-06-02.

[4] 唐远河, 赵高翔, 刘锴, 等. 光电成像系统高宽容度液晶选通电荷耦合器件及制备方法. ZL200810232003.2 中国发明专利, 2009-06-02.

[5] 唐远河, 王水威, 杨旭三, 等. 一种基于液晶的直视型防眩光成像仪及防眩光成像方法. ZL201010242147.3 中国发明专利, 2013-03-13.

[6] Tang Y H, Zhang R X, Gao H Y, et al. Partially light-controlled imaging system based on high temperature poly-silicon thin film transistor-liquid crystal display. Optics Express, 2010, 18(10): 10616-10626.

[7] Tang Y H, Yang X S, Gao H Y, et al. A comparative study of two generation partial light intensity imager based on liquid crystal. Journal of Quantitative Spectroscopy and Radiative Transfer, 2013, 122: 87-96.

[8] 唐远河, 郜海阳, 刘锴, 等. 基于二代倒像式像增强器在常温下局部选通的微光探测器. ZL200810232001.3 中国发明专利, 2009-06-02.

[9] 唐远河, 杨旭三, 刘锴, 等. 基于三代近贴式像增强器在常温下局部选通的微光探测器. ZL200810232002.8 中国发明专利, 2009-04-07.

[10] 唐远河, 吴勇, 杨旭三, 等. 一种基于 DSP 的强光局部选通的智能网络摄像机. ZL201310011154.6 中国发明专利, 2015-08-24.

[11] 张瑞霞. 基于液晶选通成像探测器的研究. 西安: 西安理工大学, 2010.

[12] 唐远河, 杨旭三, 郜海阳, 等. 光强局部选通成像器中光锥耦合技术研究. 光学技术, 2012, 38(1): 3-8.

[13] 唐远河, 张瑞霞, 刘汉臣, 等. 基于光强选通成像的液晶透过谱研究. 液晶与显示, 2010, 25(2): 200-204.

[14] Zhang H X, Zhang J, Wu L Y. Evaluation of phase-only liquid crystal spatial light modulator for phase modulation performance using a Twyman-Green interferometer. Measurement Science and Technology, 2007, 18(6): 1724.

[15] Neto L G, Roberge D, Sheng Y. Full-range, continuous, complex modulation by the use of two

coupled-mode liquid-crystal televisions. Applied Optics, 1996, 35(23): 4567-4576.

[16] Roberge D, Neto L G, Sheng Y. Full complex modulation spatial light modulator using two coupled 2mode modulation liquid crystal televisions. Proceedings of SPIE, 1999, 2490: 407-415.

[17] Tang Y H, Liu Q S, Wu Y, et al. Beyond the partial light intensity imager: Eliminating Moiré patterns. Optics Communications, 2015, 355: 143-147.

[18] 唐远河, 吴勇. 基于液晶和 DSP 的强光局部选通智能网络摄像系统研究. 物理学报, 2013, 62(21): 21429.

[19] 郜海阳. 磁镜阵列像增强器的研究. 西安: 西安理工大学, 2009.

[20] Tang Y H, Yu Y, Gao H Y, et al. Study on magnetic mirror array image intensifier to work at room temperature. Applied Optics, 2015, 54(26): 8010-8017.

[21] 郜海阳, 唐远河, 华灯鑫. 磁镜阵列像增强器的调制传递函数研究. 光子学报, 2010, 39(10): 1729-1733.

[22] 超二代像增强器、高性能像增强器系列. 北方夜视公司. https://www.nvt.com.cn/cp1.htm.[2024-12-08].

[23] 唐远河, 刘汉臣, 郜海阳, 等. 基于液晶的选通成像探测研究. 2013 年获陕西省教育厅颁发的陕西高校科学技术一等奖(奖状编号 13A16).

[24] Tang Y H, Wang S H, Xu Y, et al. A new technology of liquid crystal for strong light partial imaging(oral). 5th Australia-China Conference on Science, Technology and Education in conjunction with 5th Australia-China Symposium for Materials Science, Wollongong, 2014.

[25] Tang Y H, Lv H, Cui J, et al. The liquid crystal coupled skillfully into the imaging interferometer systems (oral). The 24th General Congress of International Commission for Optics, Tokyo, 2017.

第 9 章　GBAII 探测地球高层大气风场

GBAII 是我们课题组 2011 年研制的一台用于探测地球上空 90～100km 的大气风速、温度、浓度、重力波等物理量的地基遥感样机，利用成像干涉被动遥感探测技术来拍摄地球大气层中峰值高度为 98km 的 $O(^1S)$557.7nm 和峰值高度为 94km 的 O_2(0-1)夜气辉(865.21nm、865.37nm、865.67nm、865.82nm、866.15nm、866.30nm、866.65nm、866.80nm、867.17nm、867.31nm、867.70nm 和 867.84nm)，从而获取西安及其附近上空 90～100km 的大气风速、温度、体发射率、重力波等信息[1-15]。GBAII 结合了国际上惯用的广角 MI 和 FPI 的优点于一体，优化设计光路并完善了 GBAII 测温、测风理论[2,3,10]；GBAII 将国际上 WINDII 的小空气隙改为大空气隙，利用大空气隙和 K9 玻璃制成大光程差为 7.495cm 的实体广角 MI，节约了仪器成本[8]；GBAII 的预计测温精度为 2K，测风精度为 4～6m/s。GBAII 通过对“气辉及其辐射谱线的光源、成像干涉仪、探测模式、定标、CCD 成像探测器、仪器正演、数据反演、操作系统和结果比较研究”等 9 方面内容的反复研究与实践，成功地获取西安及其周边上空 90～100km 的大气风速和温度的观测数据[1-4,16]。本章较为详细地介绍 GBAII 及其探测风场的细节。

9.1　GBAII 的光学结构

9.1.1　GBAII 的光学结构

我们最初设计的 GBAII 光学系统的整体设计示意图如图 9-1 所示，工作原理如下：气辉通过指向镜进入 GBAII 的光阑，通过三组透镜组合(当时没有恰好满足焦距的透镜，故用图 9-1 中的 3 个透镜组合)，汇聚到 CCD 上，其间用到广角 MI 和窄带滤光片。

GBAII 的等效光路设计示意图如图 9-2 所示，共有 3 套光路：第 1 套 $4f$(f 为焦距)系统光路用来完成广角 MI(将 MI 展开成 4 块平板玻璃)的测风任务，视场光阑可视为物面，通过焦距为 f_2 的透镜将视场光阑的发散光变为平行光以合适的角度进入广角 MI，并在第 2 个 f_2 焦面位置即干涉仪反射镜的位置设置孔径光阑，再通过焦距同为 f_2 的第 2 块透镜第 1 次成像在第 4 个 f_2 焦面处；第 2 套 $4f$ 系统光路用来完成转动谱线测温的任务，将第一次成的像作为物面，通过焦距为 f_1 的第 3 个透镜把发散光变为平行光并以合适的角度进入窄带干涉滤光片；第 3 套光路满足成像，把通过滤光片的平行光汇聚在 CCD 像面上，完成对视场光阑处物面的成像。

第 1 套光路的任务是保证进入广角 MI 的入射角 θ_1 不超过 6°，否则会影响视场展宽的效果；第 2 套光路的任务是尽量地使进入窄带干涉滤光片的入射角 θ_2 大于 9.5°，只有这样才能将 O_2(0-1)带的多条谱线全部滤出；第 3 套光路的任务是保证将视场光阑的物面成像在 CCD 上，并充分地利用 CCD 上 10mm×10mm 的有效成像面积。另外，每套光路需要限制光束，不能超过 MI、窄带干涉滤光片和 CCD 像面的光学尺寸。

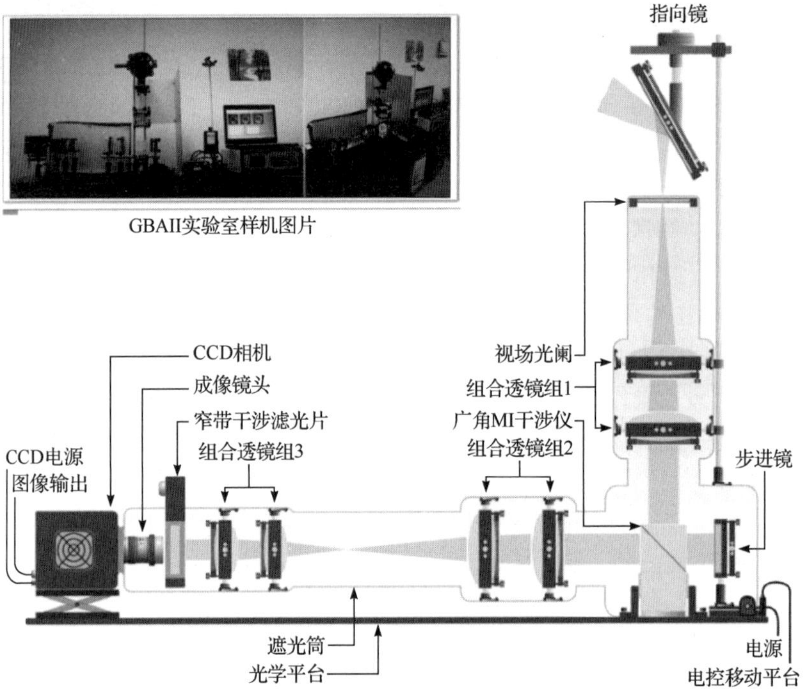

图 9-1　GBAII 光学系统的整体设计示意图[2]

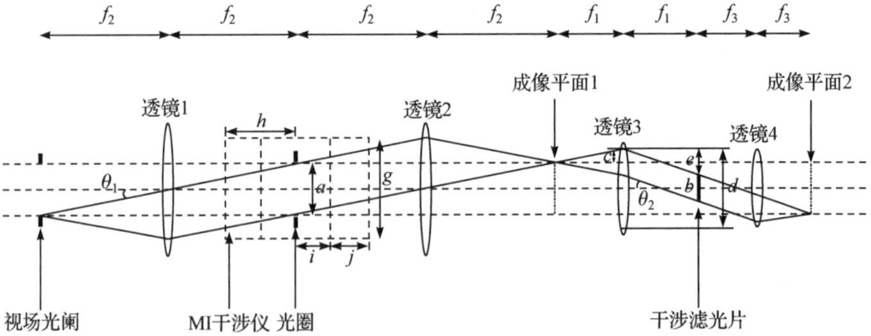

图 9-2　GBAII 的等效光路设计示意图

图 9-2 列出了 GBAII 的光学参数，a 为视场光阑和孔径光阑的直径，可先假设两者相等，在优化时会有不同的值，h 与 g 分别为广角 MI 的等效厚度和实际通光孔径，i 与 j 分别为广角 MI 的分光棱镜和玻璃臂的厚度，d 为第 3 个透镜的实际通光孔径，b 为窄带干涉滤光片的实际通光孔径，c 和 e 可以通过简单几何关系算出。我们得到这些参数间的关系为 $f_1/f_2=\tan\theta_2/\tan\theta_1$，$a=f_1\tan\theta_1$，$b=d-2e$，$c=f_2\tan\theta_1$，$d=a+2c=a+2f_2\tan\theta_1$，$e=f_2\tan\theta_2$，$g=a+2h\tan\theta_1$，$h=(i+j)/n$。通过这些式子再附加实际限制，我们计算出 GBAII 整体光学系统的各项初始值(表 9-1)。将优化透镜组和镜头全部构建在光学设计软件(Zemax 或 Code V)中，并加入视场光阑和孔径光阑，用 Code V 设计的 GBAII 光路示意图如图 9-3 所示，由于干涉在光学设计中可看成平板光学系统，对整体光路的像质没多大影响，只改变光路走向，限制的一个关键量是放大率为–0.286，保证直径为 35mm 的视场光阑能完全成像在 10mm×10mm 的 CCD 有效成像面积上，这样 GBAII 需要 38 个光学面。

表 9-1　GBAII 光学系统的一阶参数

一阶参数	值	一阶参数	值
视场光阑直径/mm	35	第三组透镜有效焦距/mm	87.5
第一组透镜有效焦距/mm	167.5	进入滤光片入射角/(°)	10～30
干涉仪入射角/(°)	5.96	镜头可使用全视场/(°)	22.6×22.6
孔径光阑直径 STOP/mm	35	镜头入瞳直径/mm	26.3
第二组透镜有效焦距/mm	167.5	镜头有效焦距 EFL/mm	25
一次成像后截距/mm	130.35	CCD 有效成像面积/mm^2	10×10

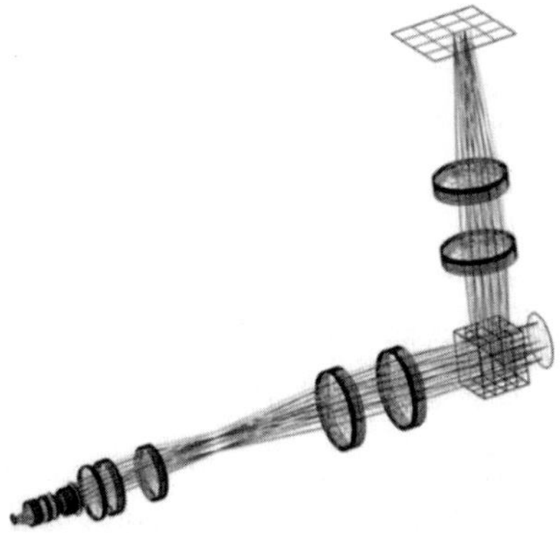

图 9-3　用 Code V 设计的 GBAII 光路示意图

9.1.2　GBAII 使用大空气隙广角 MI

第 2 章介绍的 WINDII、SWIFT 及 WAMI 都使用广角 MI 被动遥感探测高层大气风场[17-19]。当制作光程差很大的实体 MI 时，对光学玻璃材质及加工工艺要求很高，导致制作难度和成本较高。WINDII 的 MI 两臂采用 LaFN21 和 LF5 玻璃[17]，PAMI 在保证 4.8cm 光程差的同时将 5.369cm 的 LF5 及 6.001cm 的 LaF21 作为 MI 两臂玻璃[20]，ERWIN 使用 6.248cm 的 SF11、8.875cm 的 BK7 和 5.131cm 的 LaKN12 来制作 MI 的两臂[21]，西安交通大学朱化春等[22]提出的新型风成像干涉仪采用 6.108cm 的 LF5 和 6.153cm 的 N-LaF21 的玻璃臂组合来制作广角 MI，我们曾提出用 K-PSKn2 和 K-BK7 玻璃组合来制作广角 Sagnac 干涉仪[23]。MI 的大光程差可以用两种方式来实现：小折射率和 MI 两臂的大尺寸差；大折射率和 MI 两臂的小尺寸差。鉴于上述这几种牌号的玻璃均为火石玻璃或含稀土元素的镧系玻璃，其制造和加工成本十分昂贵，对地基 GBAII 来说，我们选用 K9 玻璃立方作为广角 MI 的主体，在立方主体玻璃一臂上加另一个长方 K9 玻璃，并在其顶边镀全反射膜，如图 9-4 所示，立方主体玻璃到另一臂反射镜之间采用大空气隙，以实现 GBAII 广角 MI 的 7.495cm 大光程差。这样能够有效地减小玻璃臂尺寸带来的大体积，更加经济地实现广角 MI 的测风功能。

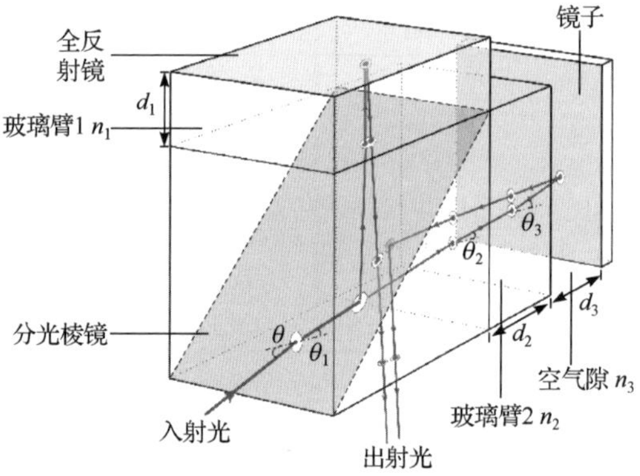

图 9-4　大空气隙广角 MI 的结构示意图[5]

1. GBAII 视场展宽的理论计算

视场展宽是广角 MI 用于探测风场的关键技术，可以对普通 MI 进行视场补偿、消色差及热补偿等的全面优化设计，使光程差随入射角、波长和温度的变化趋势减到最小，从而允许在大的立体角范围内有效地收集光能来提高灵敏度，增大探测波长范围，而仪器温度变化也不会对探测大气物理参数带来很大的影响[24]。基于高层大气风场探测的大空气隙广角 MI 需要在理论上计算视场展宽。

针对如图 9-4 所示的大空气隙广角 MI 的结构，我们假设折射率为 n_0 的分光棱镜的两个相邻端面分别胶合两块不同材质的光学玻璃以作为干涉仪的两臂，折射率分别为 n_1 和 n_2，长度为 d_1 和 d_2，假设 $n_1>n_2$，那么在折射率较小的玻璃臂末端与平面镜之间留有间隔为 d_3 的空气隙，计算后得到入射角为 θ 的光线经过干涉仪后产生的整体光程差为

$$\Delta = 2(n_1 d_1 \cos\theta_1 - n_2 d_2 \cos\theta_2 - n_3 d_3 \cos\theta_3) \tag{9-1}$$

式中，θ_1、θ_2、θ_3 分别为光线在各个界面的入射角。利用折射定律将式(9-1)中的 θ_1、θ_2、θ_3 都转换成在干涉仪端面的入射角度 θ，利用泰勒级数将式(9-1)展开为

$$\Delta_\theta = 2\left(n_1 d_1 - n_2 d_2 - n_3 d_3\right) - \left(\frac{d_1}{n_1} - \frac{d_2}{n_2} - \frac{d_3}{n_3}\right)\sin^2\theta - \frac{1}{4}\left(\frac{d_1}{n_1^3} - \frac{d_2}{n_2^3} - \frac{d_3}{n_3^3}\right)\sin^4\theta \cdots \tag{9-2}$$

式(9-2)的第一项不含入射角，令其为固定光程差：

$$\Delta_0 = 2(n_1 d_1 - n_2 d_2 - n_3 d_3) \tag{9-3}$$

式(9-2)中，如果满足 $\sin^2\theta$ 前系数为 0 的条件，即广角条件为

$$\frac{d_1}{n_1} - \frac{d_2}{n_2} - \frac{d_3}{n_3} = 0 \tag{9-4}$$

那么将满足广角条件的干涉仪称为视场补偿的 MI。

式(9-2)中，如果满足 $\sin^4\theta$ 前的系数也为 0 的条件，即超广角条件。满足超广角条件则光程差随入射角的变化趋势被大大地降低。

玻璃材质的选择需要靠色散补偿和热补偿的条件来进行筛选，式(9-2)中，如果令

$$\omega = \frac{d_1}{n_1} - \frac{d_2}{n_2} - \frac{d_3}{n_3} \tag{9-5}$$

由于折射率 n 是波长的函数，若要保持光程差不随波长变化(消色散)，则需满足 $\partial\omega / \partial\lambda = 0$，结合式(9-3)和式(9-4)，可得

$$n_1 \frac{\partial n_2}{\partial\lambda}\left(\Delta_0 - \frac{n_1^2 - n_3^2}{n_3} d_3\right) = n_2 \frac{\partial n_1}{\partial\lambda}\left(\Delta_0 - \frac{n_2^2 - n_3^2}{n_3} d_3\right) \tag{9-6}$$

式(9-6)即色散补偿条件,通过光学玻璃折射率与色散系数的匹配来满足这一方程。但实际情况下，由于玻璃种类有限，很难令方程两端平衡，因此，只需找到能够让方程两端差值最小的玻璃对组合即可。将式(9-6)变换，可得

$$\mathrm{Dif}_{\mathrm{Chromatic}} = \left(n_1 \frac{\partial n_2}{\partial\lambda} - n_2 \frac{\partial n_1}{\partial\lambda}\right)\Delta_0 + \left[\frac{n_2}{n_3}\frac{\partial n_1}{\partial\lambda}(n_2^2 - n_3^2) - \frac{n_1}{n_3}\frac{\partial n_2}{\partial\lambda}(n_1^2 - n_3^2)\right] d_3 \tag{9-7}$$

WINDII、PAMI 通常将空气隙做得很小甚至为 0，这样式(9-7)中含 d_3 的项将被消去，从而简化方程及计算过程[17,20]。而我们利用一个较大的 d_3 值来减小 d_1 和 d_2 的值，因此，不能忽略含 d_3 的项。探测仪器所在环境温度变化通常会引起玻璃性质改变，进而引起折射率变化，导致式(9-7)固定光程差 Δ_0 改变。将式(9-7)对温度 T 求导，并令 $\partial\Delta_0 / \partial T = 0$，整理后，可得

$$\begin{aligned}\mathrm{Dif}_{\mathrm{Thermal}} &= \left(n_1 \frac{\partial d_1}{\partial T} + d_1 \frac{\partial n_1}{\partial T}\right) - \left(n_2 \frac{\partial d_2}{\partial T} + d_2 \frac{\partial n_2}{\partial T}\right) - \left(n_3 \frac{\partial d_3}{\partial T} + d_3 \frac{\partial n_3}{\partial T}\right) \\ &= n_1(n_1\alpha_1 + \beta_1)[n_3\Delta_0 - (n_2^2 - n_3^2) d_3] - n_2(n_2\alpha_2 + \beta_2)[n_3\Delta_0 - (n_1^2 - n_3^2) d_3] \\ &\quad - n_3 d_3 (n_3\alpha_3 + \beta_3)(n_1^2 - n_2^2)\end{aligned} \tag{9-8}$$

式(9-8)即热补偿的条件，其中，$\alpha_1 = \frac{1}{d_1}\frac{\partial d_1}{\partial T}$、$\alpha_2 = \frac{1}{d_2}\frac{\partial d_2}{\partial T}$和$\alpha_3 = \frac{1}{d_3}\frac{\partial d_3}{\partial T}$为两臂玻璃及空气隙的线膨胀系数，而$\beta_1 = \frac{\partial n_1}{\partial T}$、$\beta_2 = \frac{\partial n_2}{\partial T}$和$\beta_3 = \frac{\partial n_3}{\partial T}$为折射率随温度变化系数，由于空气隙与外界连通，可以忽略其体积膨胀对光程差的影响。我们需要制作一个温控装置，并在探测时尽量地保持较为频繁的定标，可将这一影响降至最低。

2. 广角 MI 玻璃臂的优化及数值模拟

我们计算视场展宽的目的是最终确定实体广角 MI 的玻璃材质和尺寸，其基本的思路是首先根据式(9-6)和式(9-7)来确定玻璃材质，再通过式(9-3)和式(9-4)计算玻璃尺寸，而在式(9-6)和式(9-8)中存在两个需要根据探测谱线和实际情况来确定的量：固定光程差$\varDelta_0$和大空气隙d_3。我们采用的谱线是位于地球上空 94km 的夜气辉 O_2(0-1) band 一簇的振转谱线(P_5：波长为 865.673nm；Q_5：波长为 865.824nm)，由于双线无法被单独测量，为尽量地提高调制度，需要满足双线同相位的原则[21]，因此，选取光程差为 7.495cm，这样的大光程差能够为测风提供足够的灵敏度，在保证 O_2(0-1)band 谱线观测效果的同时，还兼顾 O(^{1}S)557.7nm、O(^{1}D)630.0nm 及 OH meinel (8-3) band 732.0nm 等多条谱线的探测。空气隙d_3的选择相对灵活，一般考虑到压电陶瓷电容的装配及 MI 镜面平行度的调试等实际问题，空气隙选择在 1～2cm 为宜[24]，我们模拟了 1.0cm、1.5cm 及 2.0cm 的大空气隙广角 MI 的结果(图 9-5)，可见空气隙选择 1.5cm 最佳。

我们采用交互式数据语言(interactive data language，IDL)软件编写玻璃臂的优化程序，输入成都光明光学元件有限公司及湖北新华光信息材料有限公司提供的 135 种牌号玻璃[25]并逐个筛选，选夜气辉中最常见的 5 条发光谱线作为光源，找到符合视场展宽的玻璃壁材质和尺寸，能将 6°入射角范围内的光程差变化量控制在 1 个条纹以内，空气隙 d_3=1.5cm 的优化结果如图 9-5 所示：三对玻璃在 6°入射角时的广角 MI 的光程差变化量都在一个条纹(“四强度测风法”只需一个干涉条纹)以内，而 3°入射角时光程差的变化量仅不到 0.3 个条纹，其中，d_3=1.5cm 时的色散补偿效果明显地优于其他两对玻璃组合，5 条谱线的模拟结果十分接近，而且玻璃臂尺寸也得到很好地控制，分别为 5.765cm(H-ZF12)和 2.956cm(H-ZLaF54)，均小于其他两对组合。

至于 GBAII 中广角 MI 的热补偿，三对组合的表现基本一致，只是在 d_3=2.0cm 时的光程差变化稍大，在外界温度为(25±1)℃时达到 0.15 个条纹，而其他两对均在 0.1 个条纹左右。从理论计算和模拟来看，图 9-5(b)中的玻璃臂组合在展宽效果、色散补偿及热补偿方面与 WINDII、ERWIN 及 PAMI 等仪器的效果相近，而在玻璃的尺寸方面更具有优势，在 7.495cm 光程差下两臂相加的总长度仅为 8.7cm

左右，而 WINDII 和 PAMI 使用 4.5cm 的光程差，臂长达到 11.4cm 左右，而 ERWIN 则需要 20cm 的臂长组合[21]，因此，我们提出的 GBAII 减小了仪器整体重量和节省了所占空间[17,20]。

至于 GBAII 的广角 MI 光学玻璃的材质，我们没有选用与 WINDII、PAMI 和 ERWIN 所用玻璃牌号及组合大致相同的重火石玻璃(ZF)或含有稀土元素镧的镧系火石(ZLaF)或镧系冕牌玻璃(LaK)的玻璃组合，而是选择了国内光学玻璃中最常用的 K9L 牌号(折射率 $n_d = 1.51680$，$n_e = 1.51872$；阿贝系数 $v_d = 64.20$，$v_e = 64.00$；中部色散 $n_F - n_c = 0.008050$，$n_{F'} - n_{c'} = 0.008105$)(与 Schott 提出的 BK7 相同)和大空气隙组合的广角 MI 完成 GBAII 的大光程差实体干涉仪。GBAII 的视场展宽、色散补偿及热补偿对比结果如图 9-5 所示。将 GBAII 室内通过热电制冷温控装置将温度控制在(25±0.1)℃，可见光程差变化量仅在 0.1 个条纹以内，能够满足探测要求。

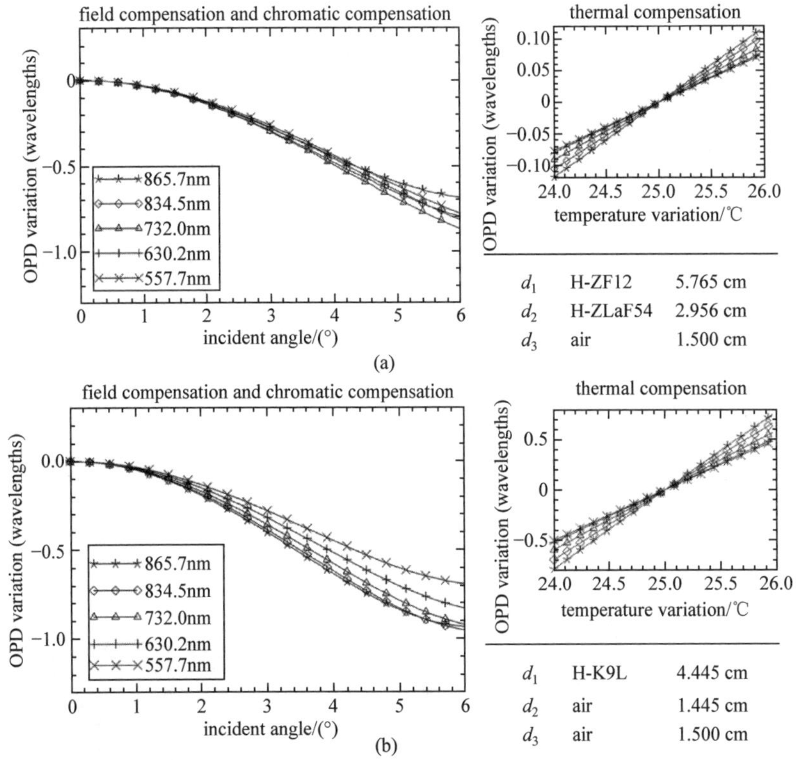

图 9-5　大空气隙广角 MI 在理想情况下最优化的玻璃臂组合

3. 大空气隙广角 MI 的实验及数据处理

通过上面的模拟，我们制作了 20×20mm 口径的玻璃臂，采用一等品 H-K9L 材质，臂长 44.45mm，面型为 $\lambda/10$。采用 Thorlabs 生产的 20×20mm 口径的分束立方体，分束比为 1:1，面型同样为 $\lambda/10$，这样有利于玻璃臂与分束立方体的胶合。测试 GBAII 的大空气隙 MI 视场展宽的实验光路和实验现场如图 9-6 所示，光源部分采用 632.8nm 的氦氖激光器，通过扩束镜和反射镜后进入 Φ28cm 积分球，产生标准面光源(平面度大于 95%)。成像光路采用 4f 系统，透镜焦距均为 200mm，在积分球出口处设置了 9.5mm 的视场光阑，这样构成 3°视场角，在第一面透镜前设置 17mm 的孔径光阑，以便遮挡从侧面入射分光棱镜的光线。在干涉仪玻璃臂端紧贴反射镜，而将大空气隙一端的反射镜放置于电控位移平台之上，位移分辨率在 64 细分下的最小间隔为 78nm 左右，空气隙间隔为 29.45mm，反射镜距第一面透镜的距离为 189.8mm，正好位于该透镜的后焦面上。第二面透镜与第一面透镜关于空气隙端的反射镜对称放置，最后的成像结果用 FLI 公司生产的 M0261E 型号科学级 CCD 相机拍摄，该相机总像素为 512×512，单像素尺寸为 20μm，灰度级为 16bit。

实验对光程差步进 1 个周期左右的结果进行等间隔扫描拍摄，拍摄 60 次，CCD 工作在(−20±0.1)℃环境下，曝光时间为 0.25s。从拍摄的 60 幅图中随机挑选 10 幅图，首先确定条纹的中心位置。对每一幅中的 200～300 列及 200～300 行的灰度值进行高斯曲线拟合，求曲线极值点，利用 IDL 编程实现该计算，最后确定条纹中心在(259, 267)像素位置。我们找到灰度值与相位变化的正弦定标曲线。选取每一幅图中心位置的 9 个像素的灰度并取平均作图(图 9-7 中离散点)，由于拍摄图像的灰度与拍摄次数呈正弦分布，利用最小二乘法拟合离散点，最终横坐标的拍摄次数可等同于相对相位值，如图 9-7 中实线所示，其中下方的 4 幅图分别为第 15、25、35、45 次拍摄的图像。图 9-7 中的方格符号是第 25 次拍摄的实验结果，对其他图像进行分析，结果与第 25 次拍摄的结果基本一致。实线为输入 632.8nm 谱线时的理论模拟结果，3°时边缘的光程差变化量仅为 0.26～0.27 个条纹。

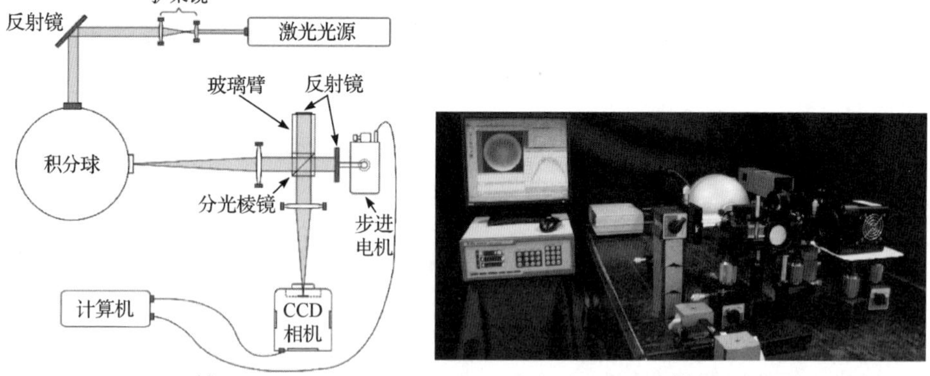

(a)　　(b)

图 9-6　测试 GBAII 的大空气隙 MI 视场展宽的实验光路和实验现场

将图 9-7 中的实验数据用最小二乘法拟合为

$$y = A\sin[\pi(x-B)/C]+D \tag{9-9}$$

式中，y 为灰度值，可代表干涉强度；x 为拍摄次数，可代表相位的相对值；A=4533.94947；B=24.2409；C=22.00675；D=29013.3203。通过最小二乘法，最大拟合度为 91.246%。利用 IDL 编程，每一个环的宽度为一个像素，将所有环的灰度值取平均值，将每一环的平均灰度值代入式(9-9)中，得到光程差随入射光角度的变化结果(图 9-8)。

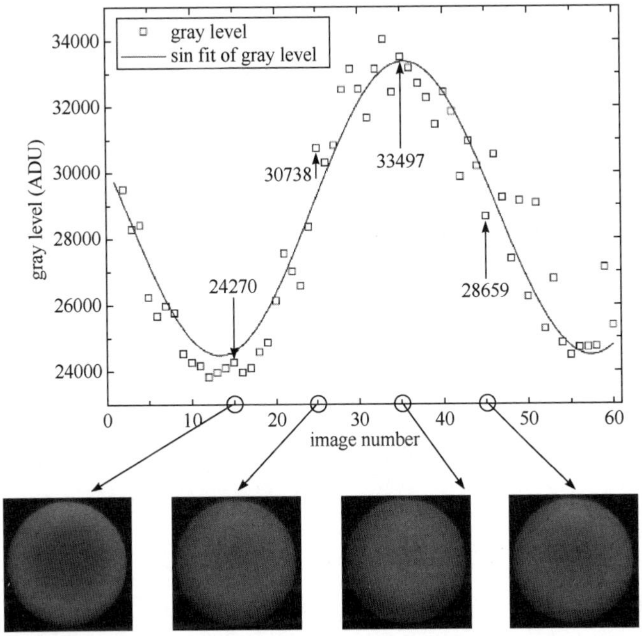

图 9-7　GBAII 的灰度值与相位变化的实验值及拟合的正弦定标曲线

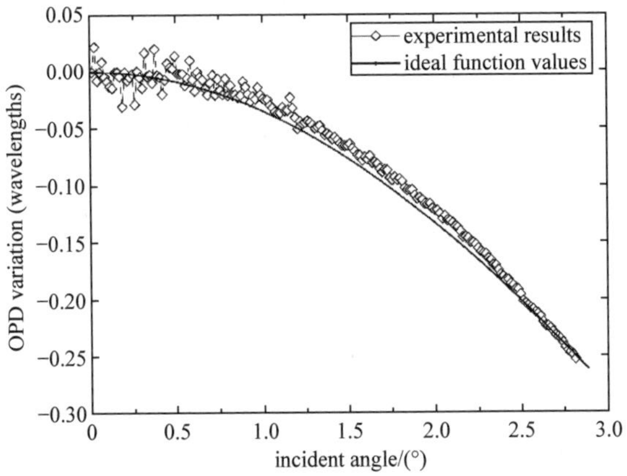

图 9-8　GBAII 的视场展宽测试结果

图 9-7 的实验结果与理论计算基本吻合，由图 9-8 可知，实验值与理论值还存在一定的差异，其中视场大于 1°时出现偏差的原因主要源于实验室的光学系统，由于条件限制，平凸透镜的组合并不能够很好地消除轴外像差影响；在视场小于 1°时会出现灰度值不稳定现象，这是因为图像中心圆环所包含的像素值较少，得到的平均灰度受 CCD 随机噪声的影响较大。由于分光棱镜尺寸限制，本实验仅能满足 3°视场要求，要实现 GBAII 接近 6°视场展宽效果，最终制作大通光孔径实体广角 MI(通光孔径大于 50mm×50mm)。

9.2　GBAII 的测温测风原理

GBAII 的探测原理是将窄带 FPI 的“转动谱线测温法”与广角 MI 的“四强度测风法”相结合，把单独测温和测风的原理糅合至一套观测系统中，实现对中高层大气温度和风速的同时探测。

9.2.1　转动谱线测温法

假设气辉目标光源是双原子或多原子分子，在某一热平衡状态时大气温度下，原子中的两条转动谱线(3 条或更多谱线时原理相似)对应转动量子数分别为 L_1 和 L_2，则在未加广角 MI 之前，CCD 上能够接收到的谱线强度 $I_{0(L_1)}$ 和 $I_{0(L_2)}$ 可以表示为

$$I_{0(L_1)}=\left(C_r n^4/Q_r\right)\left(2L_1+1\right)\exp[-B_n L_1\left(L_1+1\right)hc/kT_r] \tag{9-10}$$

$$I_{0(L_2)}=\left(C_r n^4/Q_r\right)\left(2L_2+1\right)\exp[-B_n L_2\left(L_2+1\right)hc/kT_r] \tag{9-11}$$

式中，n 为振动量子数；在给定的转动振动谱带中 $C_r n^4/Q_r$ 为常数；h 为普朗克常量；c 为真空中的光速；k 为玻尔兹曼常量；T_r 为热平衡状态时的大气温度；$B_n=B_e-\alpha_e(n+1/2)$(B_e、α_e 为光谱常数，不同能级其值略有差别)[26,27]。在同一温度 T_r 下不同转动量子数 L_1 和 L_2 对应不同的跃迁概率，对应着不同谱线的辐射强度。

图 9-1 中的 GBAII 是一套光度成像系统，巧妙地把视场光阑处作为物面，通过准直透镜的作用将物面的发散光准直为平行光路，物面上不同的点对应不同角度的平行光，这样再经过滤光片和成像光学系统的作用，光源中两条谱线就能够在 CCD 靶面上呈现出具有一定宽度的两圈亮环，如果又加入一套包含广角 MI 在内的光路，那么两条谱线的强度就被分别调制为

$$I_{(L_1)}=I_{0(L_1)}(1+V\cos\phi_{\text{total}(L_1)}),\quad I_{(L_2)}=I_{0(L_2)}(1+V\cos\phi_{\text{total}(L_2)}) \tag{9-12}$$

我们使用第 2 章提及的“四强度测风法”，对步进光程差Δ'做 3 次步进，即分别使$\Delta'=\lambda/4$、$2\lambda/4$、$3\lambda/4$，则对应步进相位 $\phi'=\pi/2$、π、$3\pi/2$ 递增 3 次，经广角 MI 和窄带干涉滤光片双重作用后得到量子数分别为 L_1 和 L_2 的谱线强度：

$$\begin{cases} I_{1(L_1)} = I_{0(L_1)}(1+V\cos\phi_{(L_1)}) \\ I_{2(L_1)} = I_{0(L_1)}(1-V\sin\phi_{(L_1)}) \\ I_{3(L_1)} = I_{0(L_1)}(1-V\cos\phi_{(L_1)}) \\ I_{4(L_1)} = I_{0(L_1)}(1+V\sin\phi_{(L_1)}) \end{cases}, \quad \begin{cases} I_{1(L_2)} = I_{0(L_2)}(1+V\cos\phi_{(L_2)}) \\ I_{2(L_2)} = I_{0(L_2)}(1-V\sin\phi_{(L_2)}) \\ I_{3(L_2)} = I_{0(L_2)}(1-V\cos\phi_{(L_2)}) \\ I_{4(L_2)} = I_{0(L_2)}(1+V\sin\phi_{(L_2)}) \end{cases} \tag{9-13}$$

由式(9-13)分别还原出 $I_{0(L_1)}$ 和 $I_{0(L_2)}$ 的值为

$$I_{0(L_1)} = \left(I_{1(L_1)} + I_{3(L_1)}\right)/2 = \left(I_{2(L_1)} + I_{4(L_1)}\right)/2 = \left(C_r n^4 / Q_r\right)(2L_1+1)\exp[-B_n L_1(L_1+1)hc/kT_r] \tag{9-14}$$

$$I_{0(L_2)} = \left(I_{1(L_2)} + I_{3(L_2)}\right)/2 = \left(I_{2(L_2)} + I_{4(L_2)}\right)/2 = \left(C_r n^4 / Q_r\right)(2L_2+1)\exp[-B_n L_2(L_2+1)hc/kT_r] \tag{9-15}$$

由式(9-14)和式(9-15)的比值可以推导出大气温度 T_r 为

$$T_r = \frac{B_n hc}{k}\left[L_2(L_2+1) - L_1(L_1+1)\right]\ln\left[\frac{I_{0(L_1)}(2L_2+1)}{I_{0(L_2)}(2L_1+1)}\right] \tag{9-16}$$

式(9-16)即 GBAII 利用“转动谱线测温法”得到的中高层大气温度表达式。

9.2.2　四强度测风法

利用式(9-13)得到广角 MI 相位的正切值为

$$\tan\phi = \left(I_{4(L_1)} - I_{2(L_1)}\right)\Big/\left(I_{1(L_1)} - I_{3(L_1)}\right) = \left(I_{4(L_2)} - I_{2(L_2)}\right)\Big/\left(I_{1(L_2)} - I_{3(L_2)}\right) \tag{9-17}$$

得到视线方向上的大气风速值：

$$v = \frac{c}{2\pi\sigma_1 \Delta_{0(L_1)}}\left[\arctan\left(\frac{I_{4(L_1)} - I_{2(L_1)}}{I_{1(L_1)} - I_{3(L_1)}}\right) - \phi_{0(L_1)}\right] = \frac{c}{2\pi\sigma_2 \Delta_{0(L_2)}}\left[\arctan\left(\frac{I_{4(L_2)} - I_{2(L_2)}}{I_{1(L_2)} - I_{3(L_2)}}\right) - \phi_{0(L_2)}\right] \tag{9-18}$$

式(9-18)是 GBAII 利用广角 MI 的“四强度测风法”得到视线方向上的大气风速的表达式，其中，$\phi_{0(L_1)}$ 和 $\phi_{0(L_2)}$ 是两条谱线的初相位。如果将图 9-1 右上角的指向镜转动 90°再实施一次完整的四强度测风法探测，那么可以得到两个相互垂直的视线方向风速，即可获得二维大气风速。

9.3　GBAII 的光通量研究

第 8 章我们在描述探测器探测气辉时粗略计算过气辉的照度为 10^{-5}～10^{-4}lx[4]，要探测如此低的光强形成调制度较高的成像干涉圆环，就需要高通量的成像干涉接收系统[17, 28-30]。用于探测高层大气风速和温度的地基仪器 WAMDII 的

光通量为 $1.2\times10^4 cm^2sr$[31]；可同时监测风速、温度和 O_3 浓度的地基仪器 SWIMI(static wind imaging Michelson interferometer)在特定系统孔径、视场角及像素数条件下光通量可达 $6.7\times10^{-8}cm^2sr$[32]；用于探测昼夜平流层水平风速矢量和臭氧浓度的 SWIFT 的光通量为 $2\times10^{-14}m^2sr$ [33,34]；SLPIIS(static large field of view polarization interference imaging spectrometer)的光通量受偏振化方向影响，在保证最大调制度情况下，当入射角为 0°时的光通量为 $0.88I_0$，当入射角为±10°时的光通量为 $0.86I_0$[35]；改型超广角 Sagnac 干涉仪(super-wide-angle Sagnac interferometer，SASI)的光通量为 $6.8791\times10^{-7}I_0r^2$[36]；Savart 型偏振干涉成像光谱仪在入射角变化范围内的光通量为 $0.00025I_0S\sim0.00081I_0S$ [37]。

2012 年我们研制了 GBAII 的雏形，采用步进电机来实现 MI 一臂的 4 次步进光程差，以获得 4 个强度来进行测风。鉴于 GBAII 的测温精度能达到预期的 2K，测风误差较大，后来我们将 MI 的一臂反射镜换成 LCoS，研制了纯相位静态调制四步进技术测风的 GBAII-LCoS 仪器[6]——详见第 10 章[7, 8]，本节计算光通量是基于 GBAII-LCoS 系统进行的。2019 年我们研制了 GBAVTII[38]——详见第 12 章[16]，该仪器具有高精度测温性能且便于携带和联网观测。下面介绍 GBAII-LCoS、GBAVTII 的光通量[39,40]。

9.3.1 GBAII & GBAVTII 的光学结构及特点

1. GBAII-LCoS 光学系统

GBAII-LCoS 可以用于全波段静态探测 MLT 区域的大气温度、风速、体发射率[41]、大气重力波等参量，利用“四强度测风法”[31]和“转动谱线测温法”[42,43]同机探测模式，在 GBAII-LCoS 中 LCoS 能实现纯相位调制，改进了 WINDII 所用压电陶瓷步进的四强度测风模式。GBAII-LCoS 光学系统如图 9-9 所示。GBAII-LCoS 的视场角为±6°；可探测的气辉谱线包括双原子 O_2(0-1)带、O(^{1}S)绿线、O(^{1}D)红线、OH(8-3) Meinel 带等，由于不同波长的气辉发光峰值高度不同，GBAII 使用相应的滤光片就可以获得对应高度的大气风速和温度等信息；GBAII-LCoS 使用的 CCD 总像素为 512×512，单像素长度为 20μm；为了加快运行速度及尽可能地让干涉圆环和 CCD 靶面中心重合，通常以 2×2 为 1 个 Bin 进行气辉成像干涉图的相关处理。根据其结构的对称性，我们可以进行简化计算以研究该仪器的光通量。

2. GBAVTII 光学系统

地基被动遥感探测仪 GBAVTII 也以气辉为光源，利用“转动谱线测温法”探测 MLT 区域的温度、体发射率、重力波等参数[16,41,42]。GBAVTII 的光学结构及室内调试图如图 9-10 所示，由直径为 48mm 的光学玻璃、直径为 75mm 的双胶合透镜、窄带干涉滤光片、成像透镜及 CCD 组成，仪器外部的黑色氧化铝套筒用来实

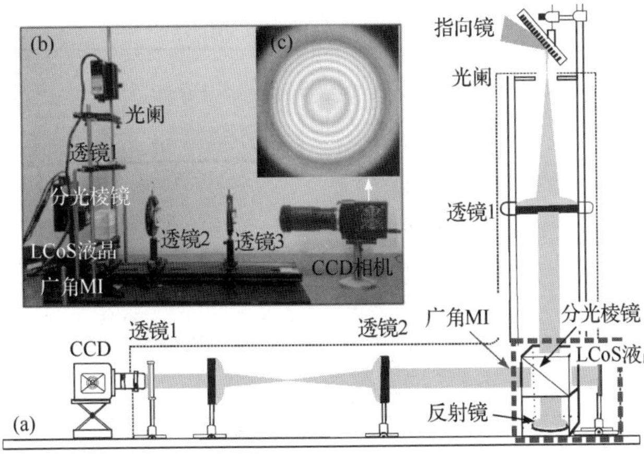

图 9-9　GBAII-LCoS 光学系统(见彩图)

(a) GBAII-LCoS 光学结构；(b) GBAII-LCoS 实物图；(c) GBAII-LCoS 拍摄的气辉成像干涉图

现良好的光密性。

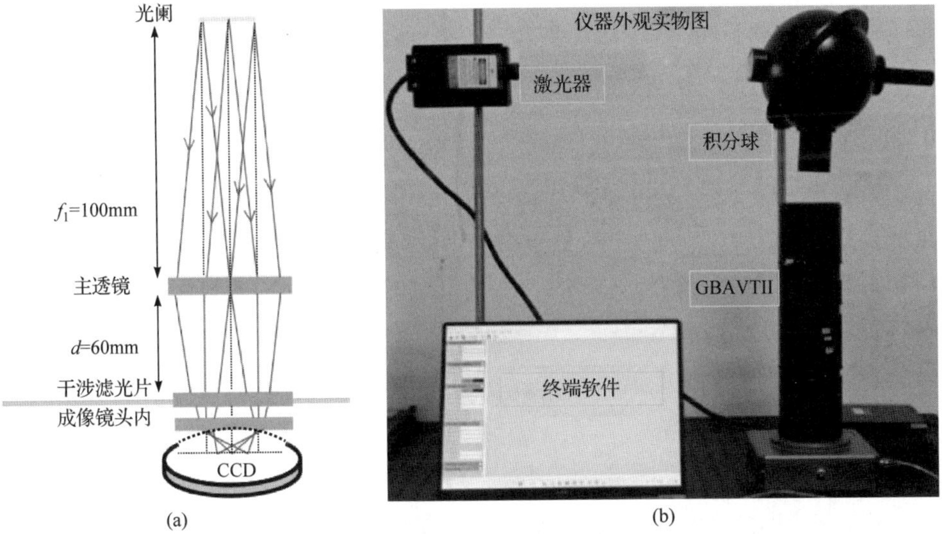

图 9-10　GBAVTII 的光学结构(a)及室内调试图(b)(见彩图)

GBAVTII 结构中的光学玻璃位于双胶合透镜(f=100mm)焦平面上，CCD 感光面处于成像镜头(f=50mm)焦平面，滤光片紧挨成像透镜以保证整个系统较大的透过率；GBAVTII 的视场角为±13.6°，可探测的气辉谱线与 GBAII-LCoS 相同，GBAVTII 的 CCD 像素数为 1024×1024，单像素尺寸为 24 μm，实地拍摄时采用 4×4 为 1 个 Bin，该系统也是完全左右对称结构，研究光通量时也根据这一特点简化计算。虽然 GBAII-LCoS 较 GBAVTII 来说，结构较为复杂，但两者在探测高层大气风场中的优势互补，两台地基气辉成像干涉仪的光学参数如表 9-2 所示。

表 9-2　两台地基气辉成像干涉仪的光学参数

参数	GBAII	GBAVTII
视场角	±6°	±13.6°
CCD	512×512pixels，20 μm/pixel	1024×1024pixels，24 μm/pixel
量子效率	0.38(867.7nm); 0.70(557.7nm)	0.38(867.7nm)
特点	2 个 4*f* 系统，糅合 MI 和 FPI 探测原理	FPI

探测的气辉	波长/nm	峰值高度/km	夜发光强度/kR
O_2(0-1)	865.2～867.9	94	15
O(^{1}S)	557.0	100/145	5
O(^{1}D)	630.0/636.4/639.3	250	5
OH(8-3)	732.0/734.0	87	1.5

滤光片中心波长/nm	半高宽/nm	峰值透过率/%	有效折射率	直径/nm
867.79	0.28	37.9	2.05	50
558.00	1.00	45.0		
630.00	0.80	50.0		
732.00	1.00	45.0		

9.3.2　GBAII & GBAVTII 的光通量

鉴于 GBAII-LCoS 和 GBAVTII 都是地基气辉成像干涉仪，虽然仪器的光学结构和参数不同，但计算它们的光通量[39]用到相同的表达式：

$$F_Q' = T\cdot\frac{A\Omega}{4\pi}\int_0^\infty V(r)\,\mathrm{d}r = 10^{10}\cdot T\cdot\frac{A\Omega}{4\pi}I_0(\lambda) = TA\Omega L(\lambda) \tag{9-19}$$

式中，T 为仪器的透过率；V 为体发射率；A 为孔径光阑面积；r 为气辉光源到孔径光阑的距离；Ω 为仪器立体角；$I_0(\lambda)$为气辉的辐射强度；L 为气辉的辐射度(单位为光子数 · $\mathrm{m}^{-2}\cdot\mathrm{sr}^{-1}\cdot\mathrm{s}^{-1}$)：

$$L(\lambda) = \frac{10^{10}I_0(\lambda)}{4\pi} \tag{9-20}$$

1. GBAII-LCoS 的光通量

为了将“四强度测风法”和“转动谱线测温法”相结合，优化设计的 GBAII-LCoS 的光路图及相关参数和尺寸如图 9-11 所示，用 3 个平凸透镜(lens1，2，3)将广角 MI、LCoS 和窄带 FPI 联系起来，研究 GBAII 的光通量也围绕这 4 组器件展开。根据式(9-19)，为了得到 GBAII 光通量，利用光线追迹法和菲涅耳公式，当±6°视场范围内的气辉进入图 9-11 光阑时，我们计算了系统中 3 个平凸透镜、MI、LCoS 和 FPI 元件的透过率与反射率。

(1) 3 个平凸透镜和成像透镜的透过率：图 9-11 中的 3 组平凸透镜是连接“四强度测风法”MI 和“转动谱线测温法”FPI 的器件，我们在 3 个平凸透镜和一个成像透镜的表面均镀透过率达 98%的增透膜，所以图 9-11 所示 GBAII 整个系统透镜总透过率为 92%。

(2) 广角 MI 的透过率：图 9-11 中的广角 MI 是 GBAII 测风的关键器件。光线在平凸透镜 1(lens 1)的入射角 i 为±6º，根据光具组成像特点，光线到达大空气隙广角 MI 干涉仪 1 号面的角度 i_1 也为±6º，广角 MI 由 H-K9L 光学玻璃制成，折射率为 1.5168；MI 的分光棱镜 BS 分束比 0.45∶0.45。

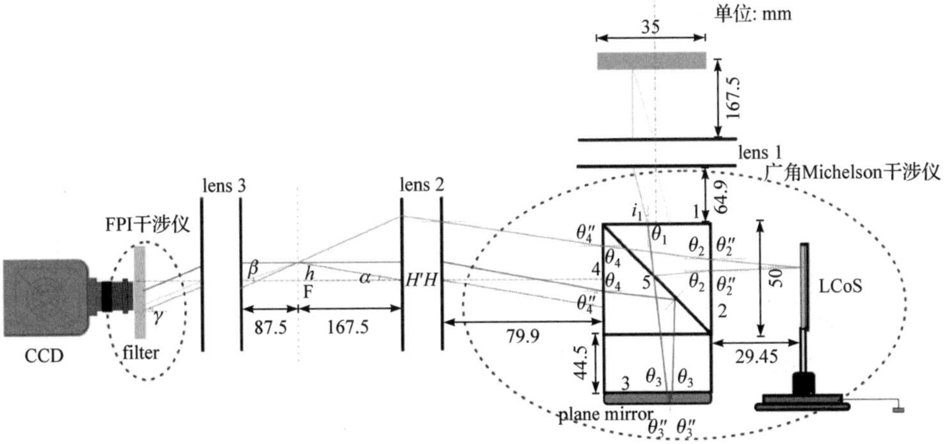

图 9-11　GBAII-LCoS 的光路图及相关参数和尺寸(见彩图)

气辉经 lens 1 后，在 BS 上会被 5 号面的半透半反膜分成两束，分别对应图 9-11 右下中的 1～4 个光学面，根据折射定律，由两束光线的对称性及几何关系可知 $\theta_1=\theta_2=\theta_3=\theta_4$，则光通过广角 MI 干涉仪的透过率为

$$\begin{cases} T_{sA}=T_{s1}R_{s5}T_{s2}R_{\mathrm{LCoS}}T_{s2'}T_{s5'}T_{s4} \\ T_{pA}=T_{p1}R_{p5}T_{p2}R_{\mathrm{LCoS}}T_{p2'}T_{p5'}T_{p4} \end{cases},\quad \begin{cases} T_{sB}=T_{s1}T_{s5}T_{s3}R_{sM}T_{s3'}R_{s5}T_{s4} \\ T_{pB}=T_{p1}T_{p5}T_{p3}R_{pM}T_{\mathrm{P}3'}R_{p5}T_{p4} \end{cases} \tag{9-21}$$

式中

$$\begin{cases} T_{s1}=\dfrac{n\cos\theta_1}{n_0\cos i_1}\left(\dfrac{2n_0\cos i_1}{n_0\cos i_1+n\cos\theta_1}\right)^2,\ T_{p1}=\dfrac{n\cos\theta_1}{n_0\cos i_1}\left(\dfrac{2n_0\cos i_1}{n\cos i_1+n_0\cos\theta_1}\right)^2 \\ T_{s2}=\dfrac{n_0\cos\theta_2''}{n\cos\theta_2}\left(\dfrac{2n\cos\theta_2}{n\cos\theta_2+n_0\cos\theta_2''}\right)^2,\ T_{p2}=\dfrac{n_0\cos\theta_2''}{n\cos\theta_2}\left(\dfrac{2n\cos\theta_2}{n_0\cos\theta_2+n\cos\theta_2''}\right)^2 \\ T_{s2'}=\dfrac{n\cos\theta_2}{n_0\cos\theta_2''}\left(\dfrac{2n_0\cos\theta_2''}{n_0\cos\theta_2''+n\cos\theta_2}\right)^2,\ T_{p2'}=\dfrac{n\cos\theta_2}{n_0\cos\theta_2''}\left(\dfrac{2n_0\cos\theta_2''}{n\cos\theta_2''+n_0\cos\theta_2}\right)^2 \\ T_{s4}=\dfrac{n_0\cos\theta_4''}{n\cos\theta_4}\left(\dfrac{2n\cos\theta_4}{n\cos\theta_4+n_0\cos\theta_4''}\right)^2,\ T_{p4}=\dfrac{n_0\cos\theta_4''}{n\cos\theta_4}\left(\dfrac{2n\cos\theta_4}{n_0\cos\theta_4+n\cos\theta_4''}\right)^2 \\ T_{s3}=T_{s2},\ T_{p3}=T_{p2};\ T_{s3'}=T_{s2'},\ T_{p3'}=T_{p2'} \end{cases}$$

式(9-21)中的 A 为光线进入广角 MI 干涉仪在半反半透膜上的反射光线(绿色)，B 为在

半反半透膜上的透射光线(红色)，T_{sA}和T_{pA}分别为A光线的s和p分量通过MI的透过率，T_{sB}和T_{pB}分别为B光线的s和p分量通过MI的透过率；n_0为空气折射率，n为H-K9L折射率，i_1为面1上入射角，θ_1为面1折射角，θ_2为面2入射角，θ_2''为面2折射角，θ_3为面3入射角，θ_3''为面3折射角，θ_4为面4入射角，θ_4''为面4折射角，对于从面2、面3反射回来光的透过率用T_2'、T_3'表示，s、p表示相应的偏振态。

(3) LCoS的反射率：图9-11中的LCoS是非线性光学元件，其反射率为[7]

$$R_{\mathrm{LCoS}}=\left[m^2+n^2\cos\left(2\sqrt{m^2+n^2}\right)\right]^2\left(\frac{\cos\psi}{m^2+n^2}\right)^2 +\left[\frac{mn\sin\psi}{m^2+n^2}\left(1-\cos2\sqrt{m^2+n^2}\right)-\frac{n\cos\psi}{\sqrt{m^2+n^2}}\sin2\sqrt{m^2+n^2}\right]^2 \tag{9-22}$$

式中，m是液晶分子扭曲角；n是与电压有关的参数；ψ是出射光的偏振面相对入射光所转过的角度。我们通过时间调制和空间调制技术，得到“四强度测风法”要求LCoS的2π线性相位区间的反射率为R_{LCoS}=97%[43,44]。

结合式(9-21)和式(9-22)，可得气辉经过广角MI干涉仪后的透过率T_{MI}为

$$T_{\mathrm{MI}}=T_{sA}+T_{sB}+T_{pA}+T_{pB} \tag{9-23}$$

(4) 窄带FPI的透过率：图9-11中窄带FPI是GBAII测温的关键器件。GBAII-LCoS接收不同波长的气辉，只需更换表9-1所示的滤光片就可以实现多谱段的遥感探测。气辉进入窄带FPI的透过率与角度的关系为

$$\tau=\frac{\tau_{\max}}{1+\left(\dfrac{2(\lambda-\lambda_0)}{(\Delta\lambda)_0}+\dfrac{\lambda}{(\Delta\lambda)_0}\dfrac{i^2}{\mu_e^2}\right)^2} \tag{9-24}$$

式中，$\tau_{\max}$为滤光片的峰值透过率；$(\Delta\lambda)_0$为半高宽；i为入射角(±6°)；μ_e为有效折射率；λ_0为气辉中心波长；λ为气辉波长。要计算光线经窄带FPI后的透过率，需先确定光线在其上的入射角γ。

从图9-11的面4出射的两束平行光在lens 2后焦平面上汇聚成一点，而lens 3又会将前焦平面的像成像于后焦平面的滤光片上，其中，lens 2的焦距f_2=167.5mm，lens 3的焦距f_3=87.5mm；根据成像规律及几何关系，图9-11所示的角α、β满足关系$\tan\beta=\dfrac{f_3\cdot\tan\alpha}{f_2}$;$\alpha=\theta_4''$、$\gamma=\beta$，考虑图9-11所示的透镜、MI、LCoS反射率和FPI透过率，得到GBAII-LCoS的总透过率为

$$T_{总}=T_{透}T_{\mathrm{MI}}\tau_{\mathrm{FPI}}=T_{透}\left(T_{sA}+T_{sB}+T_{pA}+T_{pB}\right)\left(\tau_s+\tau_p\right) \tag{9-25}$$

当强度为$I_0(\lambda)$的气辉进入图9-11所示光阑时，s和p偏振态的强度相等即$I_s=I_p=I_0(\lambda)/2$，则由式(9-19)得到GBAII-LCoS的光通量F_{Q_1}为

$$F_{Q_1} = 2\frac{A\Omega}{4\pi}T_{总} \cdot \frac{10^{10} I_0(\lambda)}{2} \tag{9-26}$$

以 GBAII-LCoS 探测 O_2(0-1)夜气辉为例，式(9-26)中光阑面积对应立体角为 $A\Omega$=3.303×$10^{-5}$$m^2$ · sr，根据图 9-11 相关参数和式(9-26)计算得到 GBAII-LCoS 的最大光通量为 1.8×10^8 光子数 · s^{-1}。

2. GBAVTII 的光通量

如图 9-10(a)所示的 GBAVTII 的光学结构的主要元件有光阑、2 组双胶合透镜和 FPI。计算 GBAVTII 的光通量需要计算整个系统的透过率，前期优化设计后气辉进入 GBAVTII 的入射视场角 θ_1 为±13.6°，计算 GBAVTII 光通量，需要先确定光线入射到窄带干涉滤光片上的透过率和透镜的透过率。

GBAVTII 滤光片的透过率：气辉进入系统的入射角 θ_1 为±13.6°，也可将光阑上的光点看作许多扩展光源在该角度下发出的光线，光线经系统的作用后在 CCD 上呈现出干涉圆环。对于 GBAVTII 而言，也需确定光线入射到窄带干涉滤光片上的角度。根据成像原理便可以得到其在滤光片上的入射角 i 的变化范围为±13.6°，不同波长的气辉以不同的角度进入滤光片后的透过率依然与式(9-24)有关。

当光强为 I_0 的气辉进入 GBAVTII 系统时，根据式(9-19)、式(9-20)、式(9-24)得到其光通量 F_{Q_2} 为

$$F_{Q_2} = 2 \cdot \frac{A\Omega}{4\pi}[\tau_{光阑}\tau_{透}(\tau_s + \tau_p)] \cdot \frac{10^{10} I_0(\lambda)}{2} \tag{9-27}$$

式中，$\tau_{透}$ 为 GBAVTII 透镜透过率；τ_s 和 τ_p 分别为 FPI 出射光线 s 和 p 分量的透过率，光学玻璃(光阑)透过率为 97.6%，在 GBAVTII 系统中有 2 组胶合透镜分别用于准直和成像，订制表面涂层后的透过率达 98%，透镜总透过率为 93.6%；根据表 9-2 参数，可得 GBAVTII 的 $A\Omega = 3.143 \times 10^{-4}$ m^2sr；当 O_2(0-1)夜气辉进入 GBAVTII 时，根据相关参数和式(9-27)计算得到该仪器的最大光通量为 5.3×10^9 光子数 · s^{-1}，可见 GBAVTII 的光通量比 GBAII 的大一个数量级。

GBAVTII 中透镜的透过率：GBAVTII 使用直径为 75mm、焦距为 100mm 的消色差透镜，由于其表面镀有增透膜，根据厂家提供的参数，我们利用 ZEMAX 将波长为 865.2～867.9nm 的光线限定在 0～13.6°内，结合 ZEMAX 和实验测试得到该胶合透镜的透过率为 98.5%。

9.3.3　两台地基仪器的光通量比较

1. 理论比较

根据式(9-26)和式(9-27)，再结合 GBAII-LCoS 和 GBAVTII 两台地基仪器的参数，得到光通量随不同气辉波长和视场角之间的关系。由图 9-12 可见，对 4 种夜

气辉 O_2(0-1)867.7nm、O(^{1}S)557.7nm、O(^{1}D)630.0nm、OH(8-3)732.0nm 而言，我们得出如下结论：

(1) 当不同气辉以相同入射角进入 GBAII-LCoS 系统后，CCD 对其的收集能力不同。由图 9-12 可见，O_2(0-1)的光通量最大值为 1.8×10^8 光子数 · s^{-1}，O(^{1}D)和 O(^{1}S)光通量的最大值几乎相同，约为 4×10^7 光子数 · s^{-1}，O(^{1}D)的光通量最大值出现在 0°～1°入射角范围内，而 O(^{1}S)的光通量最大值出现在 3.5°～4°入射角范围内；OH(8-3)的光通量最小为 1×10^7 光子数 · s^{-1}，它与 O(^{1}D)最大光通量对应的入射角均在 0.5°附近，但其值是后者的 3/8；O_2(0-1)光通量最大值是 O(^{1}D)的 4.5 倍。

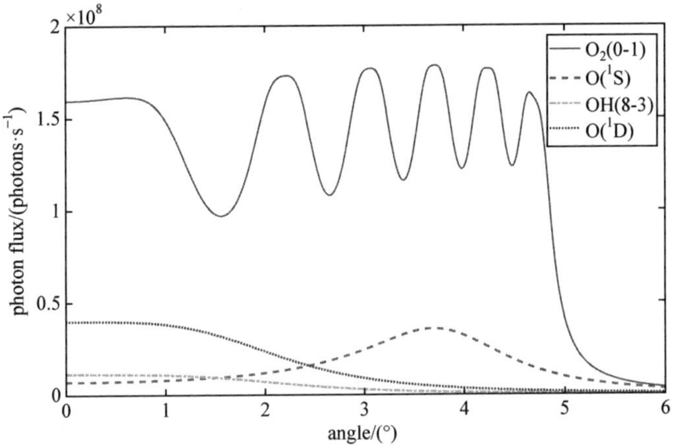

图 9-12　GBAII-LCoS 对 4 种气辉波长的光通量与入射角的变化关系

(2) GBAII-LCoS 在实际拍摄气辉时，要根据我们上述研究的结果得到 CCD 上不同气辉的成像干涉圆环，通过图像处理后就得到大气风速和温度等信息。鉴于 O_2(0-1)夜气辉位于大气窗口，大气透过率较大，而 O(^{1}S)、O(^{1}D)、OH(8-3)波段的气辉的大气透过率相对较小，所以当采用 GBAII-LCoS 探测不同高度的大气风速和温度时，就需要合理增加曝光时间；我们以往拍摄 O_2(0-1)夜气辉的曝光时间为 3min～200s，所以拍摄 O(^{1}S)557.7nm 气辉的曝光时间要提高 2～3 倍，至少为 400s。

(3) 图 9-13 为 GBAVTII 中 4 种气辉波长的光通量与入射角的变化关系，当不同波长气辉以±13.6 °进入系统后，O_2(0-1)的光通量最大且为 5.3×10^9 光子数 · s^{-1}；O(^{1}D)和 O(^{1}S)的光通量次之，最大值为 1.1×10^9 光子数 · s^{-1}；OH(8-3)的光通量最小，最大值为 0.4×10^9 光子数 · s^{-1}。总体上 GBAVTII 对光的收集能力比 GBAII-LCoS 大 2 个数量级，当两台仪器探测相同波长的气辉谱线时，它们的最大光通量值对应着不同的光纤入射角，O(^{1}D)和 OH(8-3)最大光通量均出现在 0～2°入射角范围内，O(^{1}S)最大光通量出现在入射角为 7°左右。当利用这两台地基仪器对相同谱线的夜气辉进行实地拍摄时，可以根据我们的研究结果来相应地增加或减少曝光时间。

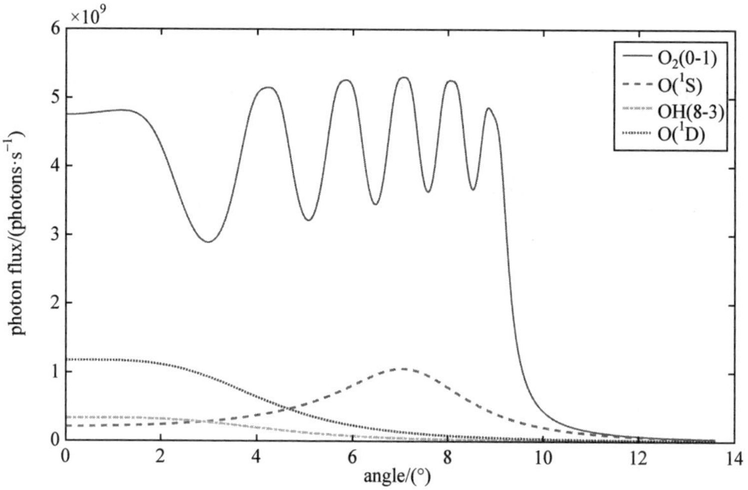

图 9-13 GBAVTII 中 4 种气辉波长的光通量与入射角的变化关系

2. 实验比较

GBAII-LCoS 与 GBAVTII 拍摄地点均选在位于城区的西安理工大学曲江校区教学实验大楼 9 楼顶(34.23°N，109.01°E，海拔为 457m)，鉴于气辉照度非常弱，实验表明观测气辉的最佳时间是农历初一前后一周的晴朗夜晚，由于 GBAII-LCoS 和 GBAVTII 先后研制于 2011 年和 2019 年，我们选择在 2011 年 11 月 14 日晚 GBAII-LCoS 拍摄的 $O_2(0\text{-}1)$夜气辉和 2022 年 11 月 14 日晚 GBAVTII 拍摄的 $O_2(0\text{-}1)$夜气辉(太阳活动周期为 11 年，气辉的强度与太阳风密切相关)的两组成像干涉图作对比，比较两台仪器的光通量。

GBAII-LCoS 和 GBAVTII 拍摄的 $O_2(0\text{-}1)$夜气辉的成像干涉图如图 9-14(a)和(c)所示，图 9-14(a)是 2011 年 11 月 14 日晚 GBAII-LCoS(每次曝光时间为 200s)拍摄的成像干涉图，图 9-14(b)是拍摄当天的暗噪声；图 9-14(c)是 2022 年 11 月 14 日晚 GBAVTII(每次曝光时间为 180s)拍摄的 $O_2(0\text{-}1)$夜气辉的成像干涉图，图 9-14(d)是 GBAVTII 拍摄时的暗噪声。

鉴于 $O_2(0\text{-}1)$867.7nm 附近有 12 条 6 对波长相差很小的气辉谱线，在理论上可以拍摄得到 6 个干涉圆环。由图 9-14 可见，我们利用 ImageJ 软件选取两幅图中同一级干涉圆环并进行相应对比度计算，得到 GBAVTII 与 GBAII-LCoS 的对比度之比为 8：3。

我们均对上述两幅图进行提高对比度的处理，利用 ImageJ 对两台仪器拍摄的干涉图中同一级圆环进行了相应对比度的计算(图 9-15)，GBAII-LCoS 拍摄干涉图的最大电子数为 1200e 左右，GBAVTII 拍摄干涉图的最大值电子数为 2200e 左右，且干涉环 4 个角上的电子数都为 200e 左右；从而得到 GBAII-LCoS 和 GBAVTII 拍摄的干涉圆环的对比度之比为3∶8，说明GBAVTII的圆环对比度优于GBAII-LCoS。

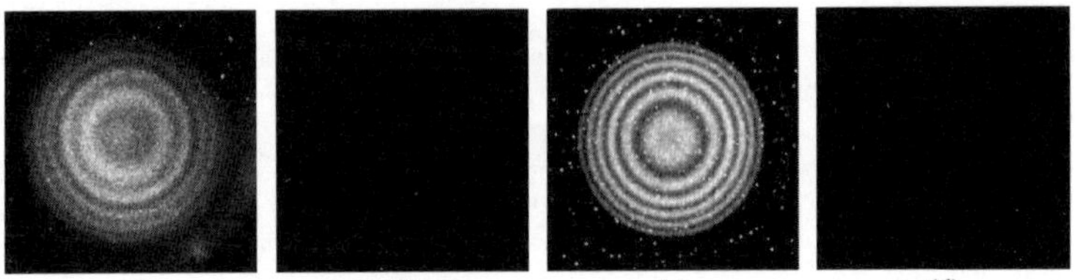

(a)　(b)　(c)　(d)

图 9-14　GBAII-LCoS 和 GBAVTII 拍摄的 O_2(0-1)夜气辉的成像干涉图

2011 年 11 月 14 日晚 GBAII-LCoS 拍摄的成像干涉图(a)及对应暗噪声(b)；2022 年 11 月 14 日晚 GBAVTII 拍摄的 O_2(0-1)夜气辉的成像干涉图(c)及对应暗噪声(d)

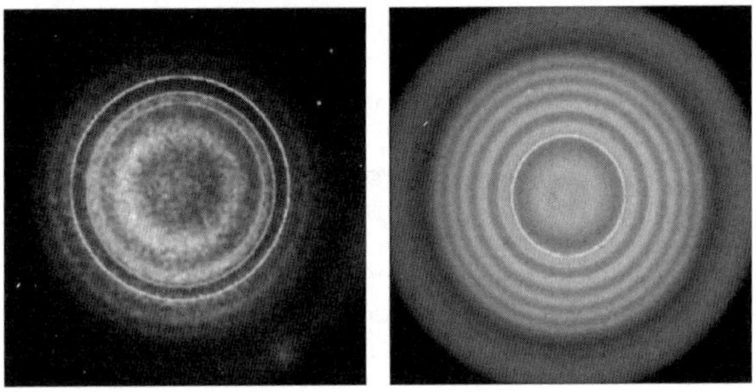

(a) GBAII　(b) GBAVTII

图 9-15　利用 ImageJ 求图 9-14 中圆环的对比度

根据仪器拍摄的成像干涉图，计算得到两台仪器对应电子数(图 9-16)，图 9-16(a)是 GBAII-LCoS 拍摄成像干涉图经图像处理后每个 Bin 上的电子数，其最大电子数为 1200e，图 9-16 中不同颜色代表不同电子值：可见第 1 个环、第 2 个环的电子数分别为 1100～1200e，边缘只有 100e 左右；图 9-16(b)是其对应的俯视图，可

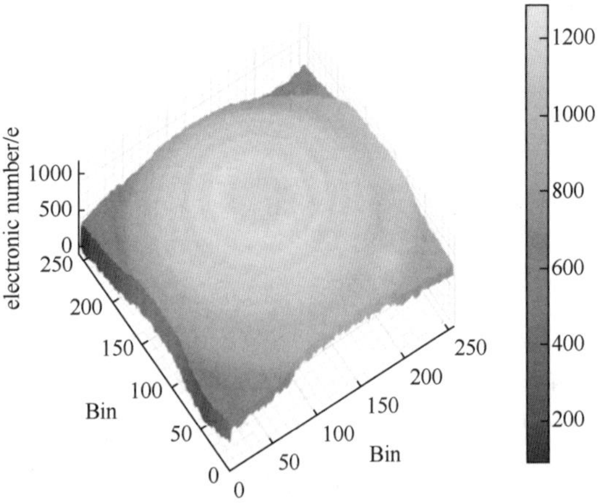

(a) GBAII-LCoS拍摄的成像干涉图

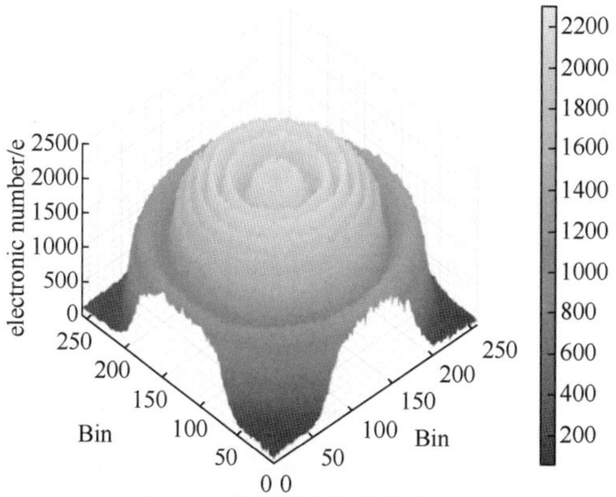

(b) GBAII拍摄的成像干涉图

图 9-16　GBAII-LCoS 和 GBAVTII 拍摄的 $O_2(0\text{-}1)$气辉成像干涉环的电子数随 Bin 的变化(见彩图)

见成像干涉环的每个环并不都清晰，越向外明暗圆环对比度越低；图 9-16(a)、图 9-16(b)分别是 GBAVTII 拍摄的成像干涉图，电子数与 Bin 的三维图及对应俯视图，从图 9-16 中可见该圆环最大电子数在内环，约为 2200e，且圆环对比度高，同一个环上的电子数几乎相同；所以与 GBAII-LCoS 相比，GBAVTII 对光的接收能力更好[39]。

9.4　GBAII 的调制传递函数

9.4.1　计算 MTF

判断成像系统像质优劣的标准可用锐利判据、中心点亮度、分辨率、点列图和 MTF 等参数，MTF 已经发展成定量判断像质优劣的指标。MTF 是通过成像系统后的像与被摄原物的还原比例，其值为 0～1。因为 GBAII 是一套成像干涉系统，它针对光强很弱的气辉既要成像还要产生干涉圆环，其 MTF 就成为 GBAII 设计、研制和测试过程中一个非常重要的指标，我们研究了 GBAII 的 MTF [40]。

GBAII 的简化光学成像结构如图 9-17 所示，它由锥形镜、广角 MI 干涉仪、干涉滤光片、CCD 相机和 3 个透镜等 5 部分组成。图 9-17 顶部的锥形镜用来保证光线的高通量，光线经锥形镜侧面反射，以一定角度入射到透镜 1，再经广角 MI 干涉仪、透镜 2、透镜 3 后，出射的准直光束以一定离轴角进入干涉滤光片，通过干涉滤光片的光线由离轴角决定其空间光谱的分离，从 CCD 拍摄气辉的成像干涉图来获取大气的温度和风速[2,9]。鉴于实际中没有适合图 9-17 所示 3 个透镜的焦距，GBAII 采用了相应的 3 个透镜组合来等效图 9-17 所示的 3 个透镜。

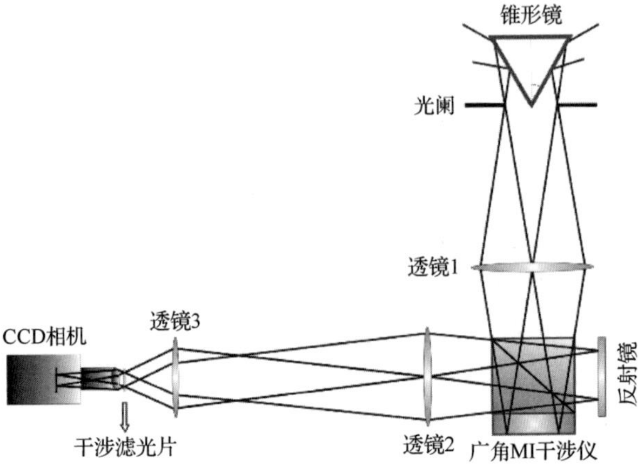

图 9-17　GBAII 的简化光学成像结构

GBAII 的视场角为±6°，通过超广角、消色散、热补偿等条件优化出来的广角 MI 的基准光程差为 7.495cm，所用 CCD 相机像素为 512×512，单像素大小为 20μm，GBAII 选用气辉峰值波长为 557.7nm、867.7nm 和 630.0nm 等。

我们通过 Code V 软件对图 9-17 所示的 GBAII 进行优化设计，通过计算 GBAII 各器件的 MTF，得到 GBAII 总的 MTF 表达式为[40]

$$\mathrm{MTF}(f)=\mathrm{rect}\left(\frac{\lambda d_{i1}f}{2a}\right)\cdot\left|\frac{J_1(2\pi b\lambda d_{i2}f)}{b\lambda d_{i2}f}\right|\cdot\left|\sin c(wf)\right|\cdot\left|\sin c(lf)\right| \tag{9-28}$$

根据超广角、消色散、热补偿条件优化了广角 GBAII 的相关结构和尺寸[2]，将 a=25mm，d_{i1}=18.89cm，b=20mm，d_{i2}=1mm，w=0.02mm，l=0.0146mm，λ_1=557.7nm，λ_2=867.7nm 代入式(9-28)，作出 GBAII 的 MTF 曲线(图 9-18)。由图 9-18 可见，对于波长为 557.7nm 和 867.7nm 的气辉，MTF 分别为 0.508 和 0.510，对应奈奎斯特频率分别为 20lp/mm 和 16lp/mm。成像系统的 MTF 值越高，说明该系统的分辨率越高。对于我们研制的 GBAII，在低频处 MTF > 0.51，表明其成像质量令人满意，大于 WINDII 的 0.35MTF[17]。

9.4.2　实验及结果

GBAII 样机研制成功后进行了多次拍摄。图 9-19(a1)是利用 GBAII 和 He-Ne 激光器(波长为 632.8nm)在实验室拍摄的成像干涉图；图 9-19(a2)是利用 GBAII 在西安理工大学教学实验大楼 9 楼顶(N34°13′22.21″, E108°59′38.14″)拍摄的地球上空 94km O_2(0-1)867.7nm 气辉成像干涉图；图 9-19(a3)是利用 GBAII 在临潼仁宗庙(N34°19′56.57″, E109°16′53″，1302m)山顶拍摄地球上空 98km 的 $O(^1S)$557.7nm 气辉成像干涉图。

为了从实验图像中得到 GBAII 的 MTF，我们先计算干涉条纹的对比度 $V=$

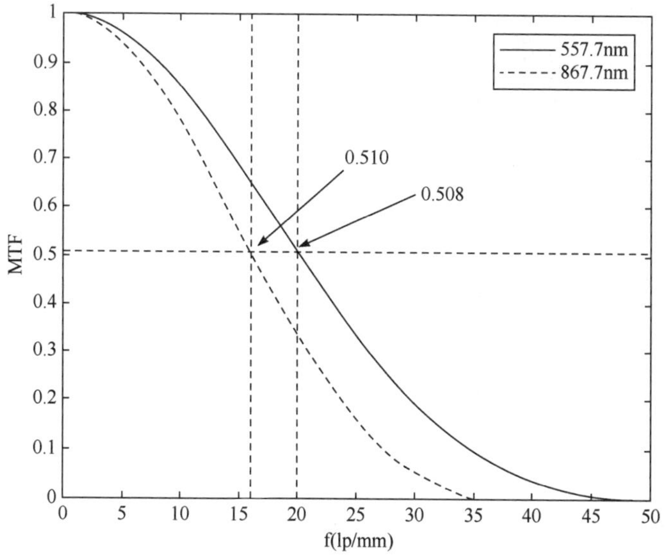

图 9-18　GBAII 的 MTF 曲线[40]

$(I_{max}-I_{min})/(I_{max}+I_{min})$(其中，$I_{max}$与$I_{min}$为干涉条纹的最大强度和最小强度)，通过GBAII拍摄图 9-19(a1)～(a3)所示的原始图像，利用 C++编程逐点读取图像的灰度值，对应得到干涉条纹灰度值的分布如图 9-19(b1)～(b3)所示，其中，横坐标是干涉圆环上各点到圆心的距离，纵坐标是灰度值；取图 9-20(a1)的第二个亮环与第二个暗环的灰度值，根据对比度 V 的表达式，得到图 9-19(b1)的最大对比度为 0.84；取图 9-19(b2)的第二个暗环与第二个亮环灰度值，得到图 9-19(b1)的对比度为 0.58；取图 9-19(b3)的第二个亮环与第三个亮环的灰度值，得到图 9-19(b3)的对比度为 0.24。

鉴于成像系统的 MTF 也等于像的对比度 V_i 除以物的对比度 V_o：$\mathrm{MTF}(f) = V_i/V_o$[45,46]。假设 $V_o=1$，(事实上被摄物体的对比度 $V_o\neq1$，V_o 小于 1)，则从图 9-19(b1)～(b3)可得，对于激光 632.8nm 和气辉 867.7nm 和 557.7nm，GBAII 拍摄得到成像干涉图的 MTF 实验值分别大于 0.84、0.58 和 0.24。

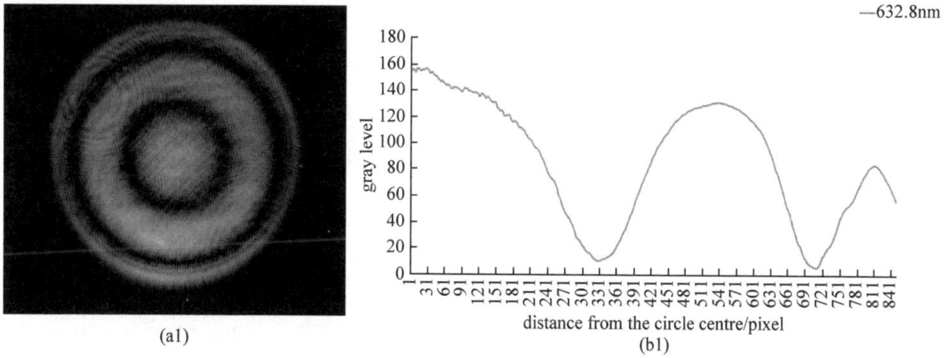

(a1)　　(b1)

(a2)

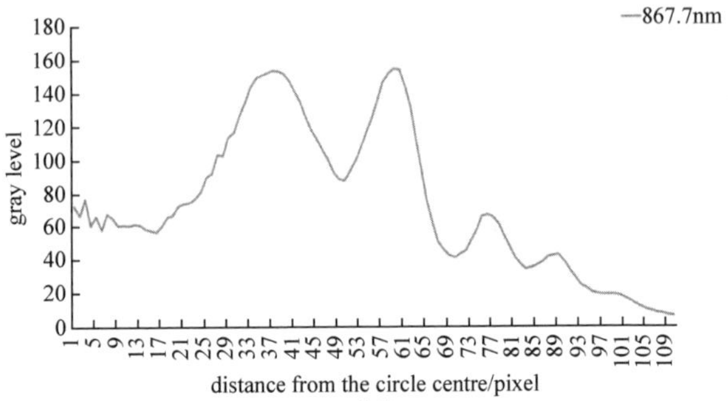

(b2)

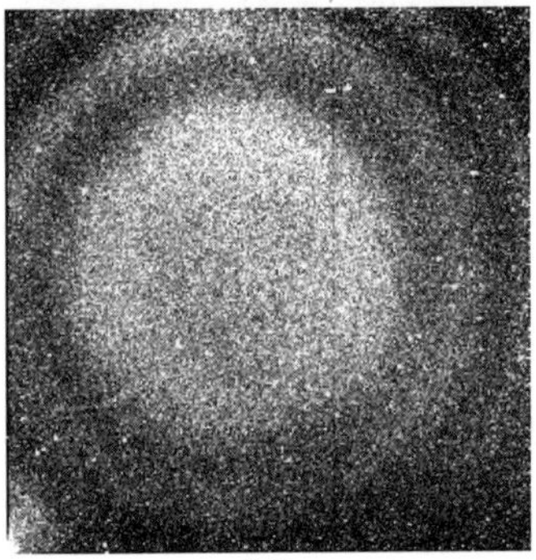

(a3)

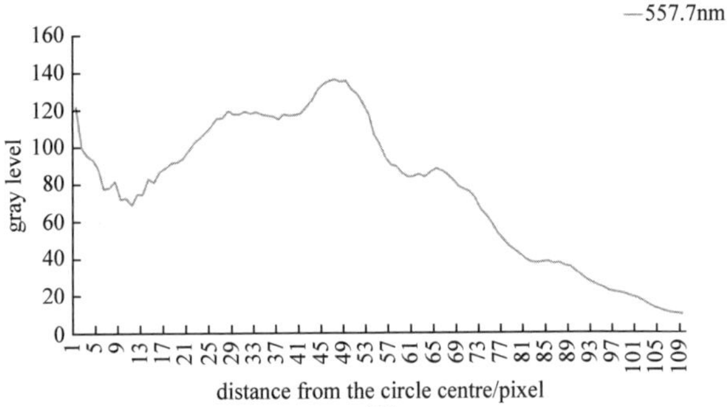

(b3)

图 9-19　GBAII 拍摄的成像干涉图[40](见彩图)

(a1)为 GBAII 通过 632.8nm 激光器获得的成像干涉图，(b1)为图(a1)的灰度值；(a2)为 GBAII 通过 O_2(0-1) 867.7nm 气辉获得的成像干涉图(白点是星光)，(b2)为图(a2)的灰度值；(a3)为 GBAII 通过 $O(^1S)$ 557.7nm 气辉获得的成像干涉图，(b3)为图(a3)的灰度值

9.5　GBAII 的正演和反演

9.5.1　GBAII 的正演模型

我们根据第 6 章的正演规律，将给定观测的气辉信息和 GBAII 各项参数信号进行计算机模拟，得到成像干涉图的条纹和强度。GBAII 的正演模型包含 7 个子模型：大气光源模型、大气传输模型、广角 MI 模型、滤光片模型、光学系统衰减模型、仪器响应度模型、CCD 模型、噪声模型，如图 9-20 所示。GBAII 正演模型为反演过程提供了重要基础，对反演的速度和精确度起着至关重要的作用[3]。

1. 大气光源模型

对双原子或多原子分子而言，在达到局部热平衡状态的相同环境温度下会导致转动跃迁的变化，从而使得转动跃迁的多条谱线的强度比值有差异，因此，可

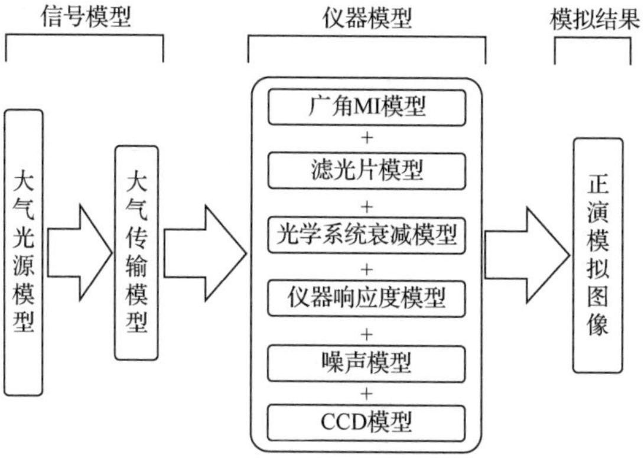

图 9-20　GBAII 正演模型的原理图

以通过测得的强度比值来推算出局部热平衡时的大气温度。选取 GBAII 在 O_2(0-1)带的振转谱线波长为 865.2～867.8nm(865.21nm、865.37nm、865.67nm、865.82nm、866.15nm、866.30nm、866.65nm、866.80nm、867.17nm、867.31nm、867.70nm 和 867.84nm)，每对 PR 线的间隔为 0.4～0.5nm，峰值发射强度位于地球上空 94km 左右，对于使用窄带干涉滤光片的探测仪器来说非常理想，虽然总体辐射强度没有 O_2(0-0)带那么强，但平均强度也能够达到 2.5～3kR[28]，且位于大气窗口区域，大气的吸收较弱，不同温度下多条转动谱线强度的比值变化也比较明显，很适合于转动谱线测温法。

我们从 HITRAN08 (high-resolution transmission molecular absorption database)数据库中收集到温度为 140～240K 且间隔为 1K 的 O_2(0-1)带谱线的相对强度值如图 9-21 所示。

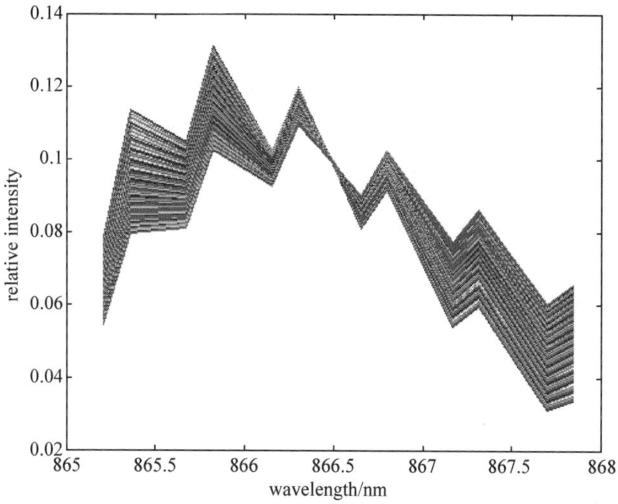

图 9-21　温度为 140～240K 且间隔为 1K 的 O_2(0-1)带谱线的相对强度值

理论上 HITRAN 数据库的温度间隔可取为 1K，即温度精度为 1K。在执行正演模拟过程中，需输入某一特定温度下 O_2(0-1)带的全部 12 条谱线的相对强度值。由于谱线彼此之间存在相对强度的依赖关系，因此，首先把所有温度下的谱线进行归一化，均以 866.15nm 为基准谱线，其他谱线均用相对系数表示，当正演输入谱线强度时，我们对各条谱线分别乘以一个绝对强度值 I_{abs}，单位为 Rayleigh(瑞利)。

2. 大气传输模型

GBAII 需要探测的目标位于地表上空 90～100km 处，气辉光源在到达探测器前要受到大气一定的衰减作用。通常大气的衰减作用主要体现在 3 个方面：①大气气体分子的吸收作用；②大气分子、气溶胶及微粒的散射作用；③气象条件引起的衰减作用。

O_2(0-1)带 867.7nm 谱线位于近红外波段，刚好位于大气窗口区域，吸收作用相对较弱，主要来自水汽的吸收，因此，在云雾天气中观测 O_2(0-1)的效果很差。我们将气辉光源在整个大气积分路径中的水汽透过率记作 τ_{wat}；大气分子及颗粒物的散射作用对光源的衰减影响较大，我们将通过散射整体作用后的透过率记作 τ_{scat}；气象衰减主要是指雨雪雾等天气对观测的影响，这类影响相当大，通常通过经验公式计算出衰减强度，将气象衰减后的透过率记作 τ_{metl}，这样总体的大气透过率 τ_{trans} 是上述 3 个透过率的乘积：$\tau_{trans} = \tau_{wat} \cdot \tau_{scat} \cdot \tau_{metl}$。气辉在云雾及雨雪天气的大气透过率急剧下降，目前 GBAII 样机不具备在云雾及雨雪复杂天气下进行观测的条件。

3. 广角 MI 模型

GBAII 正演的干涉仪模型采用大空气隙广角 MI，干涉仪结构如图 9-1 所示，根据计算，得出入射角为 θ_{MI} 的光线经过干涉仪作用后产生的整体光程差为

$$\varDelta = 2(n_1 d_1 \cos\theta_1 - n_2 d_2 \cos\theta_2 - n_3 d_3 \cos\theta_3) \tag{9-29}$$

式中，n_1 与 n_2 分别为干涉仪两臂的折射率；d_1 和 d_2 为长度；n_3 与 d_3 分别为空气隙的折射率和长度。通过折射定律，将式(9-29)中的光线在各个界面的入射角 θ_1、θ_2、θ_3 都转换成在干涉仪端面的入射角度 θ_{MI}，并利用泰勒公式将式(9-29)展开，得到广角条件下的光程差：

$$\varDelta_{\theta_{MI}} = 2\left(n_1 d_1 - n_2 d_2 - n_3 d_3\right) - \frac{\sin^4 \theta_{MI}}{4}\left(\frac{d_1}{n_1^3} - \frac{d_2}{n_2^3} - \frac{d_3}{n_3^3}\right)\cdots \tag{9-30}$$

将式(9-30)代入式(9-31)，即可得到通过大空气隙广角 MI 的 GBAII 干涉强度与光程差的关系式：

$$I(\theta_{MI}) = I_0[1 + VU\cos(2\pi\sigma\varDelta_{\theta_{MI}} + \phi_k)] \tag{9-31}$$

式(9-31)中 U 为仪器可见度，可由定标获得(常取 1)，V 为条纹可见度，σ 为包含频移信息的光源波数，ϕ_k 为步进光程差，也可以通过定标获得。

4. 滤光片模型

GBAII 正演的干涉滤光片的透过率为

$$\tau_f(\lambda,\theta_{\text{filter}})=\frac{\tau_c}{1+\left[\dfrac{2(\lambda-\lambda_c)}{\Delta\lambda_c}+\dfrac{\lambda}{\Delta\lambda_c}\dfrac{\theta_{\text{filter}}^2}{n_e^2}\right]^2} \tag{9-32}$$

式中，θ_{filter} 为入射到滤光片前的入射角，它有别于式(9-31)中的 θ_{MI}；n_e 为干涉滤光片的有效折射率；$\Delta\lambda_c$ 为中心波长的半高宽。式(9-32)中的 λ 可代入图 9-21 的一系列谱线中，在正演模型中不同的谱线对同一个 CCD 像素收集的光强都有所贡献，并不是某一个像素仅仅接收一条波长的信息。

5. 光学系统衰减模型

在 GBAII 光学系统中，视场光阑处即使为均匀平面光，经过系统作用后也不可能获取强度均匀的像，而是一幅中间亮边缘暗的渐变图像，这主要由孔径光阑对实际通光孔径的限制造成。用 D_0 表示正入射光束的实际通光孔径，用 D_θ 表示与孔径光阑呈 θ 角入射光束的实际通光孔径，则有 $D_\theta=D_0\cdot\cos\theta$。理论上，随着角度的增大，CCD 像面上接收到的强度以余弦趋势减小。通常采用平场定标的方法来获取光学系统衰减模型的数学表达式。

6. 仪器响应度模型

GBAII 正演的仪器响应度是为了表征光电探测器件的光学性能，响应度表达式为

$$R=\frac{A\Omega\eta_{\text{CCD}}\tau_{\text{sys}}}{4\pi N_{\text{pb}}C_{\text{ADU}}} \tag{9-33}$$

对于 GBAII 来说，式(9-33)中 A 为视场光阑，Ω 为观测系统的最大立体角，η_{CCD} 为量子效率，τ_{sys} 为整个系统到达 CCD 前的透过率，N_{pb} 为拍摄时所用到 CCD 的像素(或 Bin)个数，C_{ADU} 为数模转换单元值。式(9-33)中的各个参量都需严格定标。

7. CCD 模型

鉴于 GBAII 探测的是圆形干涉条纹，我们需要将 CCD 上各像素获得的强度关联到正演方程中。如图 9-22 所示，我们所用的 CCD 上第 i 行 j 列像素点到 CCD 中心的距离 $r(i,j)$和透镜的焦距 f_{CCD} 满足正切关系：$f_{\text{CCD}}\tan\theta_{\text{CCD}}=r(i,j)$，又由 GBAII 设计原理可知，有 $\tan\theta_{\text{CCD}}/\tan\theta_{\text{MI}}=f_{\text{MI}}/f_{\text{CCD}}$，因此，在 CCD 上第 i 行 j 列的像素点对应的角度为

$$\theta_{\text{MI}}=\arctan\left[\frac{r(i,j)}{f_{\text{MI}}}\right] \tag{9-34}$$

式中，$r(i,j)$是第 i 行第 j 列的像素点到 CCD 中心的距离；f_{MI} 是干涉仪的焦距。CCD 镜头前的入射角与滤光片前的入射角相同，即 $\theta_{CCD}=\theta_{filter}$，MI 光路中的入射角 θ_{MI} 需要转换为 θ_{CCD}，而 θ_{CCD} 又通过式(9-34)与 CCD 各像素关于面阵中心的半径 r_{CCD} 相关。

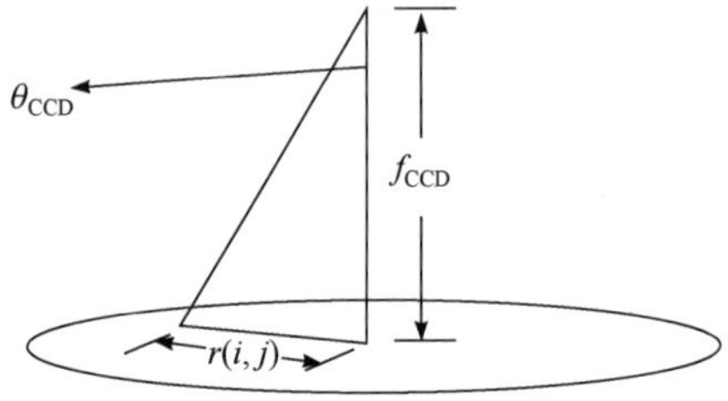

图 9-22　GBAII 的 CCD 焦距与像素点的对应关系图

8. 噪声模型

噪声主要来源于光源的随机噪声和 CCD 探测器自身的噪声：

$$N_{\text{noise}} = \sqrt{n_{\text{Bin}} \cdot N_{\text{signal}} + n_{\text{Bin}} \cdot N_{\text{dark}} + N_{\text{readout}}^2} \tag{9-35}$$

式中，N_{signal} 为光源发射的光子在 CCD 上产生的信号量，以电子计数 counts 为单位；N_{dark} 为 CCD 本身的暗噪声电子计数值，该噪声可以通过关闭快门在相同条件下进行暗拍摄得到；$N_{readout}$ 为 CCD 的读出噪声，在出厂测试报告中可以获得相关数值；n_{Bin} 为一个 Bin 中的像素个数。最终的噪声数据需要将 N_{signal} 做成一个正态分布的函数模型，然后加入正演模型的信号值。

9.5.2　GBAII 的正演模型方程

正演模型的最终目的是要模拟二维阵列 CCD 的图像，因此，需要从正演方程中获得每一个像素的强度值，而且需要将前面各子模型中的角度变量与 CCD 各像素位置相互关联起来，便可建立起 CCD 每一个像素的正演方程，即最终显示的电子计数值(或灰度值)。则在 GBAII 的 CCD 上第 m 列第 n 行像素的灰度值在第 k 次步进拍摄中应为

$$\begin{aligned}
N_{m,n,k} &= I_{\text{abs}} \cdot I_{T-\lambda_1} \cdot R_{m,n} \cdot \tau_{f(m,n)}(\theta_{\text{filter}}) \cdot \tau_{\text{trans}} \cdot D_{m,n} \cdot \{1 + V \cdot U \cdot \cos[2\pi \cdot \varDelta_{m,n}(\theta_{\text{MI}}) / \lambda_1 + \phi_k]\} \cdot t \\
&\quad + I_{\text{abs}} \cdot I_{T-\lambda_2} \cdot R_{m,n} \cdot \tau_{f(m,n)}(\theta_{\text{filter}}) \cdot \tau_{\text{trans}} \cdot D_{m,n} \cdot \{1 + V \cdot U \cdot \cos[2\pi \cdot \varDelta_{m,n}(\theta_{\text{MI}}) / \lambda_2 + \phi_k]\} \cdot t \\
&\quad \cdots \\
&\quad + I_{\text{abs}} \cdot I_{T-\lambda_{12}} \cdot R_{m,n} \cdot \tau_{f(m,n)}(\theta_{\text{filter}}) \cdot \tau_{\text{trans}} \cdot D_{m,n} \cdot \{1 + V \cdot U \cdot \cos[2\pi \cdot \varDelta_{m,n}(\theta_{\text{MI}}) / \lambda_{12} + \phi_k]\} \cdot t \\
&\quad + I_b(N_{\text{noise}}) \\
&= t \sum_{i=1}^{12} I_{\text{abs}} I_{T-\lambda_i} R_{m,n} \tau_{f(m,n)}(\theta_{\text{filter}}) \tau_{\text{trans}} D_{m,n} \{1 + VU \cos[2\pi \varDelta_{m,n}(\theta_{\text{MI}}) / \lambda_i + \phi_k]\} + I_b(N_{\text{noise}})
\end{aligned} \tag{9-36}$$

式(9-36)中的 t 是曝光时间，$I_{abs}\cdot I_{T-\lambda i}$ 为上面提及在温度 T 下第 i 条谱线绝对强度和相对强度的乘积，$R_{m,n}$ 为 CCD(m，n)单像素的响应度，$\tau_{f(m.n)}$为滤光片透过率，τ_{trans} 为大气传输透过率，$D_{m,n}$ 为光学系统衰减系数，V 为谱线可见度，U 为仪器可见度，λ_i 与 σ_i 分别为谱线的波长和波数，$\Delta_{m,n}$ 为整体光程差，ϕ_k 为步进相位，$I_b(N_{noise})$为符合正态分布的噪声计数值。代入各变量的值通过式(9-36)便能获得某一像素的灰度值，再利用计算机编程对 m 和 n 做循环赋值，便可获得整幅模拟图像。

CCD 上每个像素的灰度值 $N_{m,n}$ 是 O_2(0-1)的 12 条谱线共同作用的结果，这也是 GBAII 采用转动谱线测温和广角 MI 测风相结合后的必然结果，同时也给反演算法带来了更大的计算量，关于反演算法的执行在后面进行详细讨论。经过定标后，获得的 GBAII 的系统参数如表 9-3 所示。

将表 9-3 中的各项参数代入式(9-36)的正演方程中，借助计算机语言进行编程，对每个像素的信号实施计算，首先获得不加噪声的 4 幅带有步进的图像，这样可以有效地展示信号水平和步进情况，GBAII 的正演结果如图 9-23 所示。

表 9-3 GBAII 的系统参数

参数		值
大空气隙广角 MI	固定光程差	7.495cm (867.84nm)
	玻璃臂折射率	1.5095271
	干涉仪有效通光孔径	Φ48mm
	BS 分光比例	0.45：0.45
电控位移步进装置	轴向最小分辨率	78nm (64 细分)
	步进最小间隔	4.06nm
窄带干涉滤光片	正入射中心波长	867.79nm
	半高宽	0.28nm
	峰值透过率	0.3788
	有效折射率	2.05
	有效通光孔径	Φ48mm
CCD 探测器	像素数	512×512
	像素尺寸	20×20μm
	量子效率	0.38(863～869nm)
	暗噪声	0.3electrons /s · pixel (−35℃)
	C_{ADU} 数模转换单元	2electrons/counts
	读出噪声	14.6electrons

续表

参数		值
光学系统	干涉仪光路视场	5.96°×5.96°
	滤光片光路视场	10 · 3°×10 · 3°
	$A\Omega$	0.416sr · cm^2
	透镜组整体透过率	0.735
	曝光时间	200s
	Bin 数	2×2

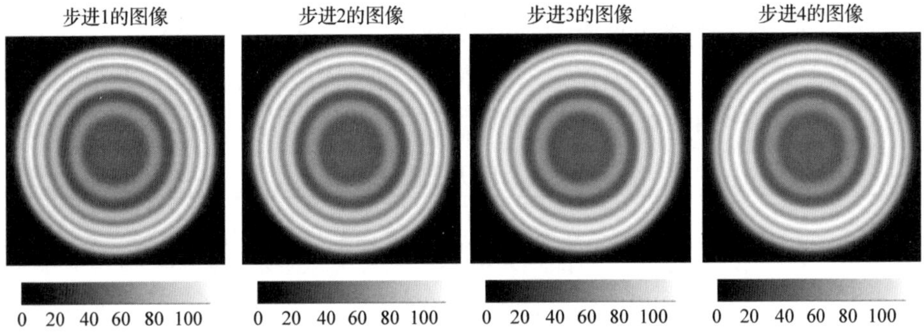

图 9-23 未加入噪声信号的 4 幅 GBAII 正演结果

由图 9-23 可见，4 幅图的微弱变化，这是由于每一幅图在相位上都有着 40 步即 0.374π 的步进。将每一条光源谱线的绝对值设定为 50Rayleigh，大气透过率 τ_{trans}=0.3，在 2×2 像素为一个 Bin 和 200s 的曝光时间下，能够获得最高约为 130 个电子计数的信号量，对于反演来说基本能够满足要求，若要提高信号量，只能在曝光时间和仪器水平方面进行改进。为了更清晰地观察四幅图的变化区别，我们选取每一幅图第 127 行的所有像素灰度进行 4 次步进对比，这些值被列在图 9-24 中，这样便可清楚地分辨 4 幅图的区别。

9.5.3 GBAII 的大气风温反演

1. GBAII 的大气温度反演

GBAII 要想利用线性反演算法，核心问题就是要找到未知量矩阵和系数矩阵。在“四强度测风法”的反演原理中，有一套较为固定的思路已被 WINDII、PAMI、ERWIN 等仪器广泛采用，即将一组表观量[J_1，J_2，J_3]作为未知量矩阵，本节用 $\boldsymbol{J}$ 表示。对于 GBAII 而言，由于采用了 12 条谱线，因此，3 个表观量的值有很大差异，这对风速的计算提出了新的要求。

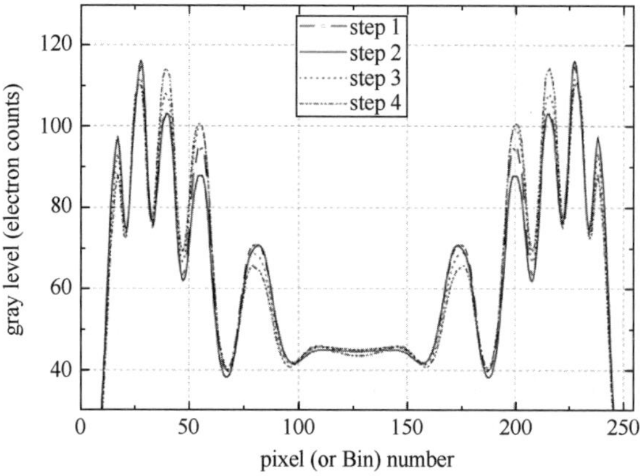

图 9-24　GBAII 的 4 幅正演图第 127 行的灰度分布

GBAII 第 m 列第 n 行像素的观测信号可用正演方程(9-36)表示。对于式(9-36)中 σ_i 而言，由于风速的引入，可以写为 $\sigma_i+\sigma_v$，σ_v 是风速引起的多普勒频移量的波数，从而使得干涉项内的相位变为 3 个子相位，即

$$\cos(2\pi\sigma_i\varDelta_{m,n}+2\pi\sigma_v\varDelta_{m,n}+\phi_k)=\cos(\phi_{i0}+\phi_v+\phi_k) \tag{9-37}$$

利用三角函数公式将需要求解的未知量 ϕ_v 分离出来，得

$$\cos(\phi_{i0}+\phi_v+\phi_k)=\cos\phi_v\cos(\phi_{i0}+\phi_k)-\sin\phi_v\sin(\phi_{i0}+\phi_k) \tag{9-38}$$

将式(9-38)代入式(9-36)中，并进行适当的运算，得到

$$\begin{aligned}N_{m,n,k}-I_b(N_{\text{noise}})=&\sum_{i=1}^{12}I_{\text{abs}}I_{T-\lambda_i}R_{m,n}\tau_{m,n,\lambda_i}D_{m,n}\\&+\sum_{i=1}^{12}I_{\text{abs}}I_{T-\lambda_i}R_{m,n}\tau_{m,n,\lambda_i}D_{m,n}V\cos\phi_v U\cos(\phi_{i0}+\phi_k)\\&-\sum_{i=1}^{12}I_{\text{abs}}I_{T-\lambda_i}R_{m,n}\tau_{m,n,\lambda_i}D_{m,n}V\sin\phi_v U\sin(\phi_{i0}+\phi_k)\end{aligned} \tag{9-39}$$

式(9-39)中的 τ_{m,n,λ_i} 为简化后的整体透过率 $\tau_{m,n,\lambda_i}=\tau_{f(m,n)}(\lambda_i)\tau_{\text{ins}}\tau_{\text{trans}}$，为了将第二项和第三项中提取出的常数项作为系数矩阵，需要设两个相位系数 ε_i 和 δ_i，该系数可将每一条谱线的固定相位 ϕ_{i0} 与第一条谱线的固定相位 ϕ_{10} 联系起来，即

$$\varepsilon_i=\cos(\phi_{i0}+\phi_k)/\cos(\phi_{(i-1)0}+\phi_k),\ i=2,3,\cdots,12$$

$$\delta_i=\sin(\phi_{i0}+\phi_k)/\sin(\phi_{(i-1)0}+\phi_k),\ i=2,3,\cdots,12 \tag{9-40}$$

一旦通过定标获得 ϕ_{10}，那么 ϕ_{20}，ϕ_{30}，…，ϕ_{120} 便可以通过光程差的计算来获得。因此，将式(9-40)代入式(9-39)后，并将 $U\cos(\phi_{10}+\phi_k)$ 提出，可得

$$
\begin{aligned}
N_{m,n,k} - I_b(N_{\text{noise}}) = & \sum_{i=1}^{12} I_{\text{abs}} I_{T-\lambda_i} R_{m,n} \tau_{m,n,\lambda_i} D_{m,n} \\
& + U\cos(\phi_{10}+\phi_k) \sum_{i=1}^{12} I_{\text{abs}} I_{T-\lambda_i} R_{m,n} \tau_{m,n,\lambda_i} D_{m,n} \varepsilon_i V \cos\phi_v \\
& - U\sin(\phi_{10}+\phi_k) \sum_{i=1}^{12} I_{\text{abs}} I_{T-\lambda_i} R_{m,n} \tau_{m,n,\lambda_i} D_{m,n} \delta_i V \sin\phi_v
\end{aligned} \tag{9-41}
$$

通过式(9-41)便可以构造矩阵，当步进相位变化四次，即当 k 分别为 1、2、3 和 4 时，已知的观测值矩阵 $\boldsymbol{g}$ 可以表示为

$$
\boldsymbol{g} = \begin{bmatrix} I_1 \\ I_2 \\ I_3 \\ I_4 \end{bmatrix} = \begin{bmatrix} N_{m,n,1} - I_b(N_{\text{noise}}) \\ N_{m,n,2} - I_b(N_{\text{noise}}) \\ N_{m,n,3} - I_b(N_{\text{noise}}) \\ N_{m,n,4} - I_b(N_{\text{noise}}) \end{bmatrix} \tag{9-42}
$$

需要求解的表观量矩阵 $\boldsymbol{J}$ 可以表示为

$$
\boldsymbol{J} = \begin{bmatrix} J_1 \\ J_2 \\ J_3 \end{bmatrix} = \begin{bmatrix} \sum_{i=1}^{12} I_{\text{abs}} I_{T-\lambda_i} R_{m,n} \tau_{m,n,\lambda_i} D_{m,n} \\ \sum_{i=1}^{12} I_{\text{abs}} I_{T-\lambda_i} R_{m,n} \tau_{m,n,\lambda_i} D_{m,n} \varepsilon_i V \cos\phi_v \\ \sum_{i=1}^{12} I_{\text{abs}} I_{T-\lambda_i} R_{m,n} \tau_{m,n,\lambda_i} D_{m,n} \delta_i V \sin\phi_v \end{bmatrix} \tag{9-43}
$$

系数矩阵 $\boldsymbol{A}$ 可以表示为

$$
\boldsymbol{A} = \begin{bmatrix} A_{11} & A_{12} & A_{13} \\ A_{21} & A_{22} & A_{23} \\ A_{31} & A_{32} & A_{33} \\ A_{41} & A_{42} & A_{43} \end{bmatrix} = \begin{bmatrix} 1 & U\cos(\phi_{10}+\phi_1) & -U\sin(\phi_{10}+\phi_1) \\ 1 & U\cos(\phi_{10}+\phi_2) & -U\sin(\phi_{10}+\phi_2) \\ 1 & U\cos(\phi_{10}+\phi_3) & -U\sin(\phi_{10}+\phi_3) \\ 1 & U\cos(\phi_{10}+\phi_4) & -U\sin(\phi_{10}+\phi_4) \end{bmatrix} \tag{9-44}
$$

于是式(9-41)可以写成矩阵的形式：

$$
\begin{bmatrix} N_{m,n,1} - I_b(N_{\text{noise}}) \\ N_{m,n,2} - I_b(N_{\text{noise}}) \\ N_{m,n,3} - I_b(N_{\text{noise}}) \\ N_{m,n,4} - I_b(N_{\text{noise}}) \end{bmatrix} = \begin{bmatrix} 1 & U\cos(\phi_{10}+\phi_1) & -U\sin(\phi_{10}+\phi_1) \\ 1 & U\cos(\phi_{10}+\phi_2) & -U\sin(\phi_{10}+\phi_2) \\ 1 & U\cos(\phi_{10}+\phi_3) & -U\sin(\phi_{10}+\phi_3) \\ 1 & U\cos(\phi_{10}+\phi_4) & -U\sin(\phi_{10}+\phi_4) \end{bmatrix} \begin{bmatrix} \sum_{i=1}^{12} I_{\text{abs}} I_{T-\lambda_i} R_{m,n} \tau_{m,n,\lambda_i} D_{m,n} \\ \sum_{i=1}^{12} I_{\text{abs}} I_{T-\lambda_i} R_{m,n} \tau_{m,n,\lambda_i} D_{m,n} \varepsilon_i V \cos\phi_v \\ \sum_{i=1}^{12} I_{\text{abs}} I_{T-\lambda_i} R_{m,n} \tau_{m,n,\lambda_i} D_{m,n} \delta_i V \sin\phi_v \end{bmatrix} \tag{9-45}
$$

如果系数矩阵 $\boldsymbol{A}$ 已知(下面介绍 $\boldsymbol{A}$ 的算法)，那么就可以利用计算机执行式(9-45)

的运算，进而得到表观量矩阵 $\boldsymbol{J}$ 的值。

当得到表观量矩阵 $\boldsymbol{J}$ 的结果后，需要将每一个像素的 J_1 值取出，利用转动谱线测温的原理来反演温度。由于采用 2×2 像素为 Bin 进行拍摄，因此，首先需要将 256×256 像素的图像划分成以一个 Bin 为宽度的 128 个环，并将环上所有 Bin 的 J_1 求平均值，最终获取一个 J_1 的数组 $J_{1,1}$，$J_{1,2}$，…，$J_{1,128}$，记作 $J_{1,p}$。为了获取大气温度，需要将实验探测数据所得的 $J_{1,p}$ 值与一定温度 T 下正演所得值进行比较，即求两者差值的平方和：

$$\sigma^2 = \sum_{p=1}^{128}[J_{1,p} - \sum_{i=1}^{12} I_{\mathrm{abs}} I_{T-\lambda_i}(T) R_{m,n} \tau_{m,n,\lambda_i} D_{m,n}]^2 \tag{9-46}$$

式中，$I_{T-\lambda_i}(T)$ 是与大气温度 T 有关的谱线相对强度，我们从 HITRAN08 数据库中选了大气温度从 140～240K 的 100 条谱线(间隔为 1K)，得到其相对强度，再将式(9-46)第二项参数代入，并精细调整所得正演强度，使式(9-46)的 σ^2 最小，则此时正演所对应的 T 就是 GBAII 观测得到的大气温度，这一求解过程可以借助 IDL 的计算机编程来实现。这就是 GBAII 探测高层大气温度的反演方法。

2. GBAII 的大气风速反演

风速的反演也需要将 256×256 像素的图像划分成以一个 Bin 为宽度的 128 个环，并将环上所有 Bin 的 J_2 和 J_3 求平均值，然后使 J_2 和 J_3 值相除：

$$\frac{J_3}{J_2} = \frac{\sum_{i=1}^{12} I_{\mathrm{abs}} I_{T-\lambda_i} R_{m,n} \tau_{m,n,\lambda_i} D_{m,n} \delta_i V \sin\phi_v}{\sum_{i=1}^{12} I_{\mathrm{abs}} I_{T-\lambda_i} R_{m,n} \tau_{m,n,\lambda_i} D_{m,n} \varepsilon_i V \cos\phi_v} = \tan\phi_v \frac{\gamma_3}{\gamma_2} \tag{9-47}$$

式中

$$\gamma_2 = \sum_{i=1}^{12} I_{\mathrm{abs}} I_{T-\lambda_i} R_{m,n} \tau_{m,n,\lambda_i} D_{m,n} \varepsilon_i，\quad \gamma_3 = \sum_{i=1}^{12} I_{\mathrm{abs}} I_{T-\lambda_i} R_{m,n} \tau_{m,n,\lambda_i} D_{m,n} \delta_i \tag{9-48}$$

经过简单导可以求出视线上的风速：

$$v = \frac{c \cdot \arctan\left(\dfrac{J_3\gamma_2}{J_2\gamma_3}\right)}{2\pi \cdot \sigma_1 \cdot \varDelta_{m,n}} \tag{9-49}$$

式中，γ_2 及其中 $I_{T-\lambda_i}$ 的值需要首先确定温度后，才能够获得，因此，GBAII 风速的反演需要依赖于温度的获得。另外，我们需要获得每一个像素的风速后取其平均值，这样也会提高风速的反演精度，式(9-49)即最终视线方向上的风速表达式。

3. GBAII 的零风速相位计算

经构造后的式(9-42)矩阵 $\boldsymbol{g}$ 是观测值，也就是实际探测值，通过图像的灰度值可直接获得；式(9-43)中矩阵 $\boldsymbol{J}$ 是表观量，是需要求解的量；而式(9-44)中矩阵 $\boldsymbol{A}$ 是系数矩阵，在反演中应为已知量，而在实际应用中，矩阵 $\boldsymbol{A}$ 需要通过定标来求解，我们把求解矩阵 $\boldsymbol{A}$ 的定标称为零风速相位定标。

通常的零风速相位定标是选用一个与观测光源谱线相同的定标灯来模拟大气信号，由于定标灯与仪器没有相对运动，因此，不存在多普勒频移，也就不存在含风速的相位，这样便可以通过数学方法求得矩阵 $\boldsymbol{A}$。对于 GBAII 而言，无法找到完全与 O_2(0-1)带谱线相同的定标光源，我们每次在拍摄夜气辉前，朝着天空正上方的方向拍摄一张图片作为零风速定标，通常认为此时的垂直风速几乎为零，因此，可以认为这样拍摄到的图像也不存在多普勒频移和含风速的相位。

通过零风速定标，使得 ϕ_v 为零，这样式(9-36)就可以变为

$$\begin{aligned}N_{m,n,k}-I_b(N_{\text{noise}})&=\sum_{i=1}^{12}I_{\text{abs}}I_{T-\lambda_i}R_{m,n}\tau_{m,n,\lambda_i}D_{m,n}\\&\quad+U\cos(\phi_{10}+\phi_k)\sum_{i=1}^{12}I_{\text{abs}}I_{T-\lambda_i}R_{m,n}\tau_{m,n,\lambda_i}D_{m,n}\varepsilon_i V\end{aligned}\tag{9-50}$$

通过前面的一些代替关系，可以将式(9-50)简化为

$$\begin{cases}I_1=J_1+\gamma_2 VU\cos(\phi_{10}+\phi_1)=J_1+\gamma_2 VU(\cos\phi_{10}\cos\phi_1-\sin\phi_{10}\sin\phi_1) & \text{(a)}\\I_2=J_1+\gamma_2 VU\cos(\phi_{10}+\phi_2)=J_1+\gamma_2 VU(\cos\phi_{10}\cos\phi_2-\sin\phi_{10}\sin\phi_2) & \text{(b)}\\I_3=J_1+\gamma_2 VU\cos(\phi_{10}+\phi_3)=J_1+\gamma_2 VU(\cos\phi_{10}\cos\phi_3-\sin\phi_{10}\sin\phi_3) & \text{(c)}\\I_4=J_1+\gamma_2 VU\cos(\phi_{10}+\phi_4)=J_1+\gamma_2 VU(\cos\phi_{10}\cos\phi_4-\sin\phi_{10}\sin\phi_4) & \text{(d)}\end{cases}\tag{9-51}$$

用式(9-51)中的[(a)–(b)]/[(c)–(d)]，恰好可以将 J_1 和 γ_2 消掉，于是得到

$$\frac{I_1-I_2}{I_3-I_4}=\frac{(\cos\phi_1-\cos\phi_2)\cos\phi_{10}-(\sin\phi_1-\sin\phi_2)\sin\phi_{10}}{(\cos\phi_3-\cos\phi_4)\cos\phi_{10}-(\sin\phi_3-\sin\phi_4)\sin\phi_{10}}\tag{9-52}$$

再进行简单的运算可以得到 ϕ_{10} 的表达式：

$$\phi_{10}=\arctan\left(\frac{\sin\phi_{10}}{\cos\phi_{10}}\right)=\frac{(I_1-I_2)(\cos\phi_3-\cos\phi_4)-(I_3-I_4)(\cos\phi_1-\cos\phi_2)}{(I_1-I_2)(\sin\phi_3-\sin\phi_4)-(I_3-I_4)(\sin\phi_1-\sin\phi_2)}\tag{9-53}$$

式(9-53)右侧的各项参数均为已知量，因此，就可以求出零风速相位 ϕ_{10}，再者也能够通过定标获得仪器可见度 U，因此，可以求出系数矩阵 $\boldsymbol{A}$，从而可以进行风速和温度的反演。

9.6 GBAII 的定标

9.6.1 GBAII 关键参数的实验室定标

GBAII 的实验室定标是对整个仪器的各项运行性能参数进行测量。GBAII 的定标[9]内容有定标光源和滤光片的测试，条纹中心定标，步进步长定标，光程差

随入射角变化量定标，暗噪声定标，光学系统衰减系数定标，仪器响应度定标和零风速相位定标。GBAII 的实验室定标总体图如图 9-25 所示，具体定标可以参考文献[9]。

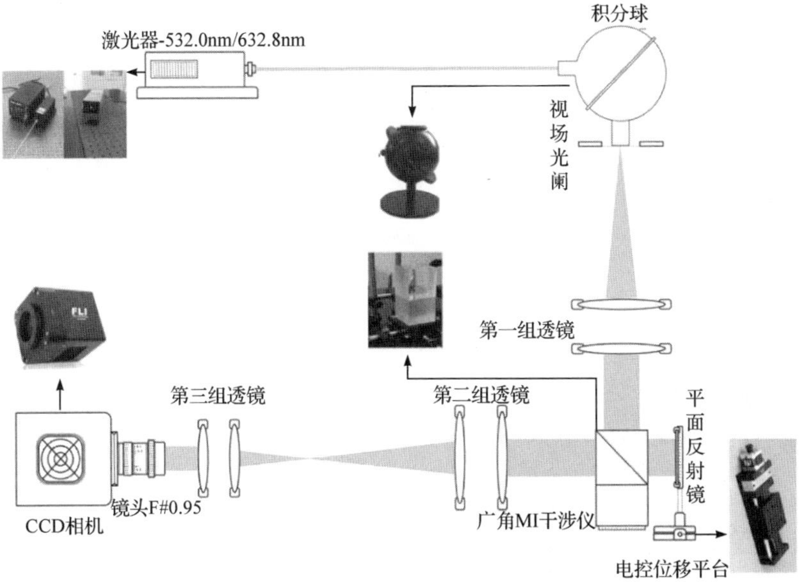

图 9-25　GBAII 的实验室定标总体图

9.6.2　滤光片的参数定标

GBAII 所用窄带干涉滤光片厂家给出了较为详细的测试参数，但并没有透过率峰值随入射角变化的情况，该参数对我们非常重要。虽然在式(9-50)中给出了滤光片特性的理论公式，但实际的测试结果与理论可能有一些偏差，我们通过光栅光谱仪和笔形定标灯得到窄带干涉滤光片透过率廓线随入射角的变化关系如图 9-26 所示。

9.6.3　CCD 上干涉条纹中心的定标

对 GBAII 拍摄 O_2(0-1)的 12 条夜气辉谱线将产生 6 级干涉圆条纹，所以首先需要在 CCD 靶面上确定干涉圆环的中心位置。确定圆环圆心的方法如下：以明亮的 865.4nm 谱线圆环为参考，从图像中相隔一段距离选出几行像素，考量其灰度值：两个峰值像素的中间即为圆环中心，可逐行计算，也可随机选取，但最终结果应该一致。我们相隔一段距离随机选取如图 9-27(a)所示的 4 行数据并进行分析，从而确定列的中心像素值，同理应用于图像中的列，便可获得行的中心像素值。

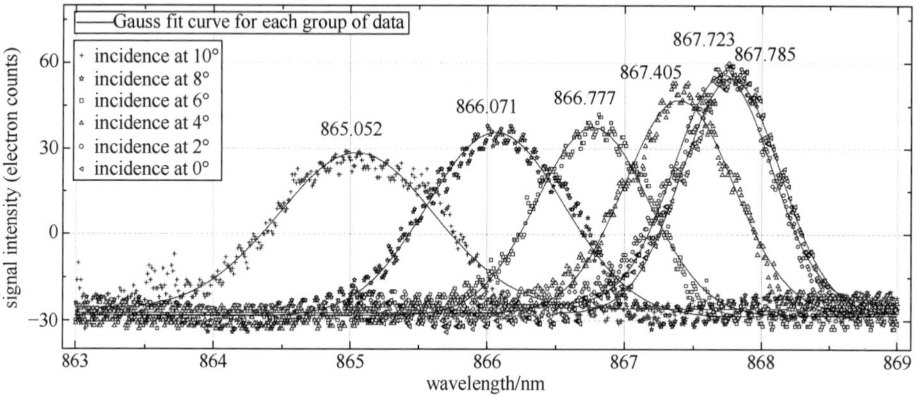

图 9-26　通过光栅光谱仪和笔形定标灯得到窄带干涉滤光片透过率廓线随入射角的变化关系

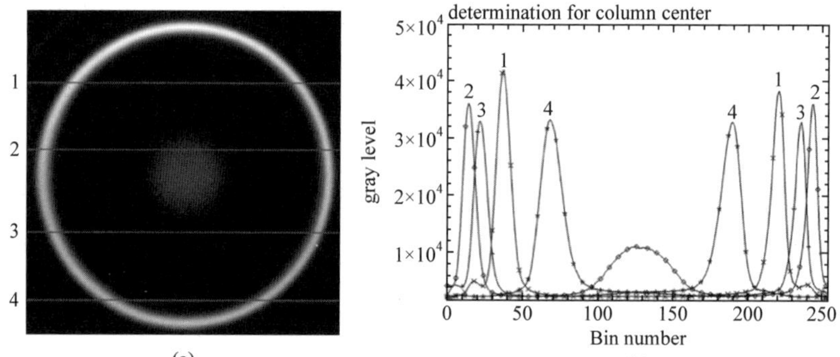

(a)　　(b)

图 9-27　确定 GBAII 所摄干涉圆条纹所在列的中心位置

9.6.4　CCD 暗噪声的定标

对图 9-25 所示的积分球，我们需检测其出射光的均匀性：用 532nm 激光从积分球的 2π 结构射入，从其 4π 结构射出并产生平面光源，将仪器置于完全黑暗环境下拍摄，用 10×10 作为一个 Bin，对得到 CCD 曝光图进行数据处理，得到如图 9-28 所示的灰度值分布图。不考虑 CCD 上的两个坏点，可见积分球射出光线的灰度值为 2084～2196，所有数据平均灰度值为 2125，出射光的均匀性为 98%(出厂标准为 99%)，可见该积分球产生的面光源有很好的均匀性，当然后面 CCD 的平场定标可以进一步弥补出射光的均匀性。

9.6.5　CCD 平场的定标

CCD 的平场定标可以检测 CCD 各像素对入射光的敏感程度。若输入一个

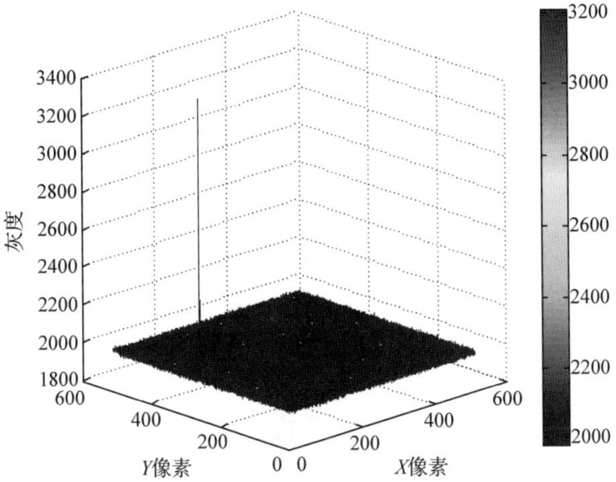

图 9-28　632.8nm 波长 CCD 上暗电流检测结果

均匀平行面光源，则理论上在 CCD 焦平面上的各像元均有相同输出，但是，实际上 CCD 各像元的实际输出不同，在视场中心 CCD 输出较大，沿中心到边缘输出逐渐降低，CCD 平场定标的目的就是将所得亮度非均匀的图像转化为一幅处处均匀的图像。具体操作方法如下：先计算出 CCD 边缘区域各亮度与中心区域亮度的比值，再将比值取倒数，获得一个二维平场系数矩阵，在后期图像处理时将原始图像乘以这个二维平场系数矩阵便可以得到均匀图像，这便是 CCD 的平场定标。平场系数为

$$F_c = \frac{I_{\max} - I_{\text{dark}}}{I - I_{\text{dark}}} \tag{9-54}$$

式中，$I_{\max}$ 为 CCD 读取的最大强度(灰度值)；I_{dark} 为暗电流；I 为各像素点的强度值。我们所用 CCD 为 512×512 像素，在图 9-25 积分球位置处放置波长为 632.8nm 红色激光，得到 632.8nm 的平场系数矩阵和平场前的成像干涉图(图 9-29)，可见平场系数在 1～16.7037 内变化。我们得到 CCD 的平场前后的成像干涉图(图 9-30)，由图 9-30(b)可见，CCD 上的某条干涉条纹达到均匀的灰度值。

9.6.6　光学系统衰减系数的平场定标

光学系统衰减系数定标采用平场定标方法来获得。当一个标准平面光源照射一般的光学系统时，在视场中心处的亮度最大，边缘会逐渐变暗，导致渐晕现象，平场定标的目的就是将得到的非均匀图像转化为一幅处处均匀的图像。拍摄原始图的实验需要将图 9-25 中 MI 连接空气隙的一面反射镜用不反光的黑屏遮住，

从而消除干涉效应，然后在积分球放置白光(单色光也可以)，开启 CCD 进行拍摄。以一次实验结果为例，得到平场系数矩阵三维图及衰减系数(图 9-31)，从而构成了正演公式(9-36)中的光学系统衰减系数 $D_{m,n}$。

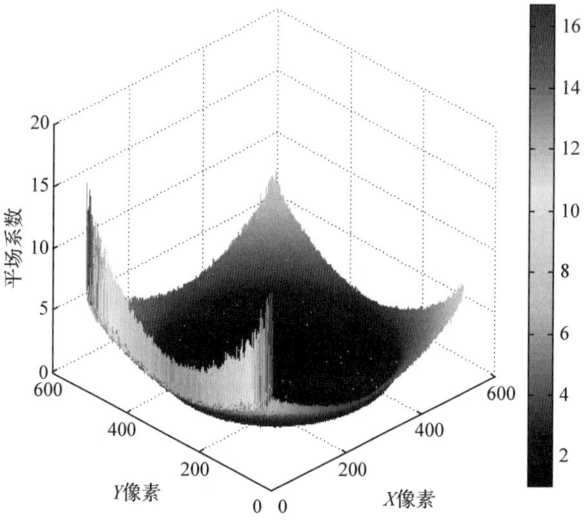

图 9-29　632.8nm 激光对 GBAII 的平场系数图

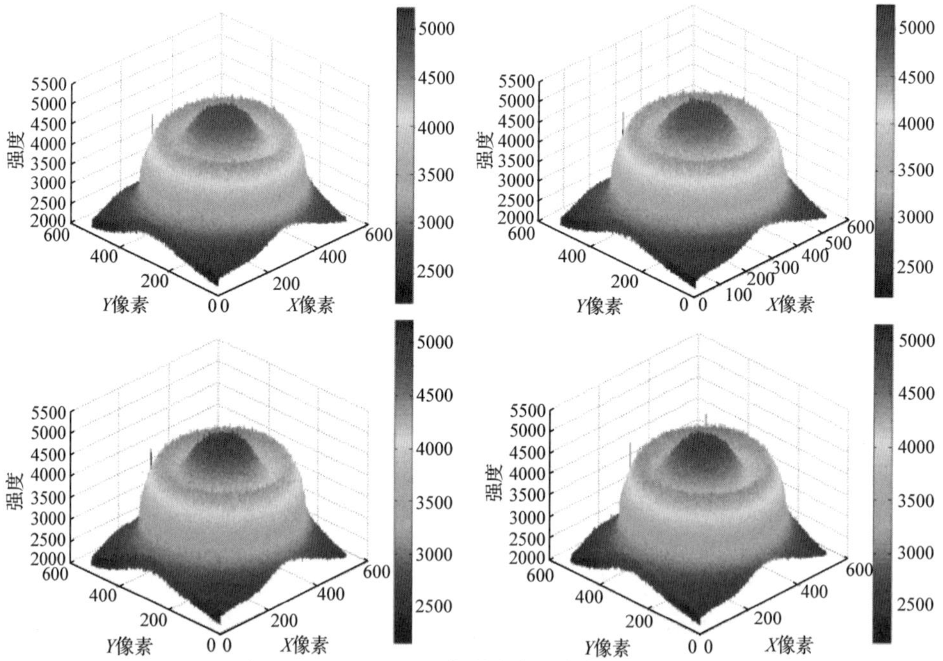

(a) 632.8nm平场前的4幅干涉图

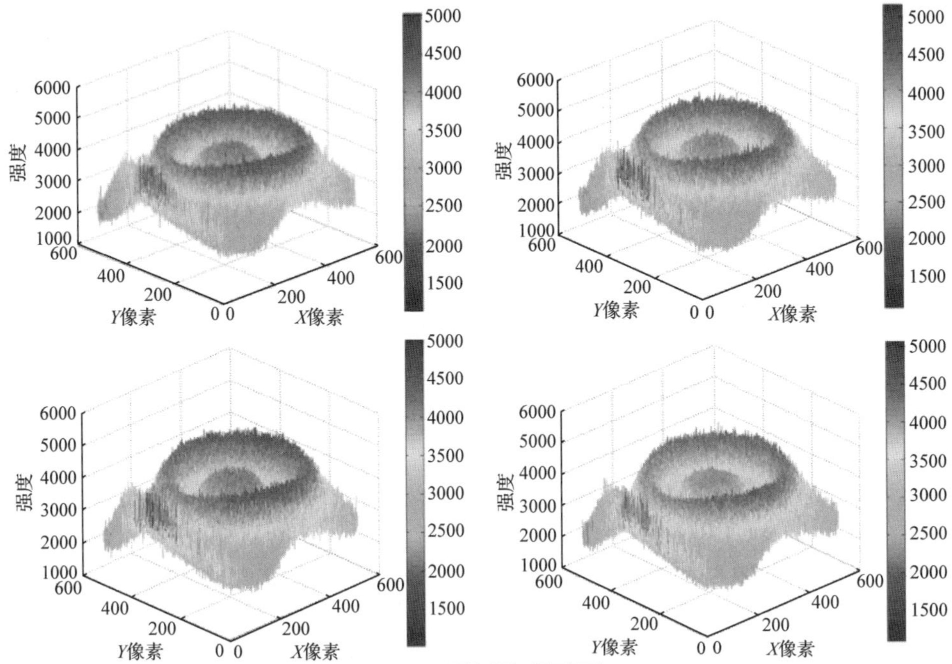

(b) 632.8nm平场后的4幅干涉图

图 9-30　用 632.8nm 激光对 GBAII 的 CCD 进行平场定标的前后结果(见彩图)

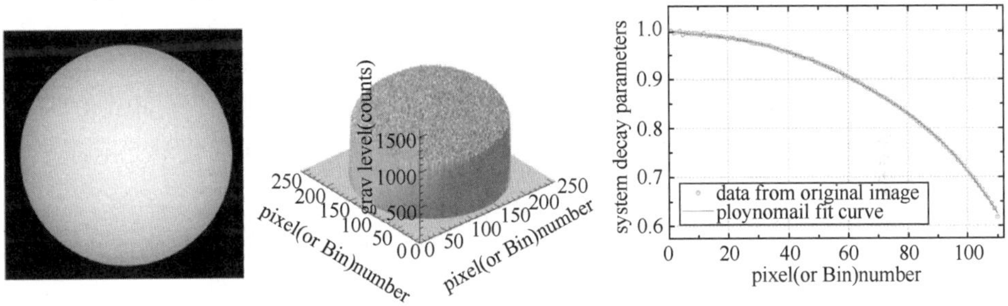

图 9-31　由平场定标图像获取 GBAII 光学系统衰减系数

9.6.7　相位步进步长的定标

GBAII 研究初期使用精密电控位移平台的步进方式进行动态探测模式，后期发展为 LCoS 静态探测模式。步进相位定标需要确定相位步进的步长：我们将电控位移平台调在 64 细分的状态，使得其每一步的最小分辨率约为 70nm，对于每一幅干涉图，选取中心像素周围的 9 个像素灰度值并取平均值，然后将这些值列在一起进行计算和分析，结果如图 9-32 所示。对图 9-32 实验离散点进行正弦拟合，得到实线所示的曲线，该曲线拟合的均方根标准偏差(Adj. R-Square)达到 90.34%，一个完整的周期为 213.81 步，对应着一个波长(868.2nm)，因此，一步的间隔为 4.06nm，对应的步进相位为 0.0094π，这样就完成了中心波长的步进定标。实际观测中可以选择合适的步长进行步进，例如，采用 40 步为一个步进，即一次步进 0.374π 的相位。

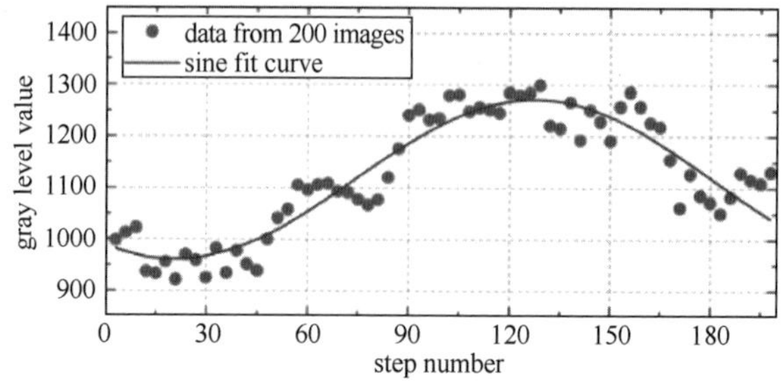

图 9-32　入射角为 0°时相位步进间隔的测试结果

9.6.8　光程差随入射角变化量的定标

在设计大空气隙广角 MI 时，一个重要的指标就是要将光程差随角度的变化趋势尽可能地降低。在定标中，我们所使用的笔形定标灯是复色光源，借助图像边缘亮环的相位变化与中心亮斑相位变化的差值来获取光程差的变化量。我们仍然借助每一幅图像外围亮环的 9 个像素的平均值，然后将这些值列在一起进行计算和分析，入射角为 10.24°时相位步进间隔的测试结果如图 9-33 所示。对图 9-33 的实验离散点进行正弦拟合，得到实线所示的曲线，该曲线拟合的均方根标准偏差达到了 89.51%，一个完整的周期为 157.18 步，对应的入射角与波长分别为 5.4°和 865.4nm，因此，可以算出光程差相对中间的变化值为 3.8.993nm，换算成条纹为 308.993/868.2=0.356 个。即当入射角为 5.4°时，光程差相对于入射角为 0°时变化了 0.356 个条纹，等同于 0.712π 的相位，即光程差随入射角变化量的定标。

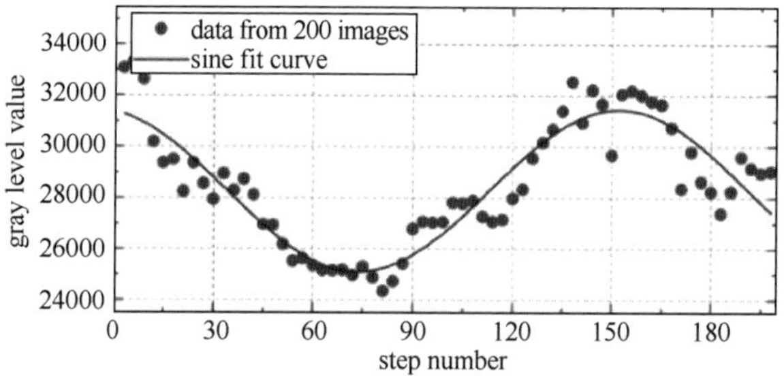

图 9-33　入射角为 10.24°时相位步进间隔的测试结果

9.6.9　响应度的定标

响应度的值对正演模型最终电子计数和真实值是否吻合起着重要的作用，但要精确地对响应度标定比较困难。对式(9-33)中的响应度定标，我们采用 632.8nm 的氦氖激光器作为光源，对于单波长而言，在式(9-36)基础上做些简化，将干涉项、大气传输项、衰减系数项、滤光片项消除，便得到一个简化后的电子计数表达式：

$$N_s = Rt\int I(\lambda)\tau(\lambda)\mathrm{d}\lambda + N_d = RtI(\lambda)\tau(\lambda)\Delta\lambda + N_d \tag{9-55}$$

式中，N_s 为 CCD 像素输出的电子计数值或灰度值；R 为响应度；t 为曝光时间；I 为输入光强，单位为瑞利(Rayleigh)；τ 为透过率；$\Delta\lambda$ 为谱线的半高宽；N_d 为暗噪声计数值。通过式(9-55)可得响应度 R 的表达式：

$$R = \frac{N_s - N_d}{I(\lambda)\tau(\lambda)\Delta\lambda t} \tag{9-56}$$

R 的单位为 counts · (Rayleigh · s)$^{-1}$，通过公式转化为 Rayleigh[47-50]：

$$I[\text{Rayleigh}] = \frac{E[\text{lx}]}{1.682\times 10^{-10}} \tag{9-57}$$

例如，平均强度 N_s 为 28696counts，N_d 为 2096counts，τ 为 0.18，$\Delta\lambda$ 为 10^{-3}nm，曝光时间 t 为 0.25s，通过计算可得 4.97×10^{-3}counts · (Rayleigh · s)$^{-1}$。在最终的观测和反演中，需要不断地调节诸如透过率和谱线宽度等参数来获取更加真实的响应度，从而使得正演图像与观测图像相匹配。

9.7　GBAII 的观测结果

9.7.1　观测模式

西安的沙尘阴霾天数较多，夜气辉很微弱，城区灯光影响 GBAII 的观测很大，我们的仪器大多在西安理工大学曲江校区教学实验大楼 9 号楼顶(海拔为 457m，N34°13′22.21″，E108°59′38.14″)进行观测，利用每月农历初一前后一周、晴朗无云的夜晚拍摄夜气辉图片，我们也将 GBAII 带到临潼、秦岭腹地等远离城市灯光的山里进行拍摄探测，例如，2011 年 12 月 20 日在西安市临潼的仁宗庙(海拔为 1302m，N34°19′51″，E109°16′56″)，2017 年 4 月 29 日在西安市临潼区的洪庆山顶(海拔为 1250m，N34°19′51″，E109°16′56″)，2018 年 3 月 24 日在西安市鄠邑区的朱雀森林(海拔为 1200m，N33°50′1″，E108°30′50″)，2023 年 4 月 19 日在西安临潼山顶的穹庐民宿(海拔为 1250m, N 34°19′52″, E 109°16′56″)等地进行了成功观测，几乎每年 1～2 次将 GBAII 带到临潼山顶的穹庐民宿进行观测，得到了西安周边上空 90～100km 的大气风速和温度等物理量[2]。

除去温控箱和计算机，GBAII 样机的体积大概为 120cm(长)×33cm(宽)×66cm(高)，总重量为 22kg 左右。GBAII 的实验观测地点常选在西安理工大学曲江校区教学实验大楼 9 号楼顶[1,2]。GBAII 每次实验需要进行两次正交方向完整的拍摄，分别指向正南方向和正西方向，从而获得经向和纬向的二维风速，如图 9-34 所示。GBAII 顶端指向镜与地面呈 67.5°，这样可以使得正入射光线的天顶角为 45°，由于 GBAII 的视场角为±6°，且探测高度为 94km 左右，因此，在天顶方向能探测到直径为 19.6km 的区域，在 45°方向能探测到直径为 39.7km 的区域，总体观测直径为

231.8km，所以，GBAII 观测的温度和风速代表了以仪器在天顶方向的投影为圆心、以 231.8km 为直径的一个圆形区域的温度和风速。

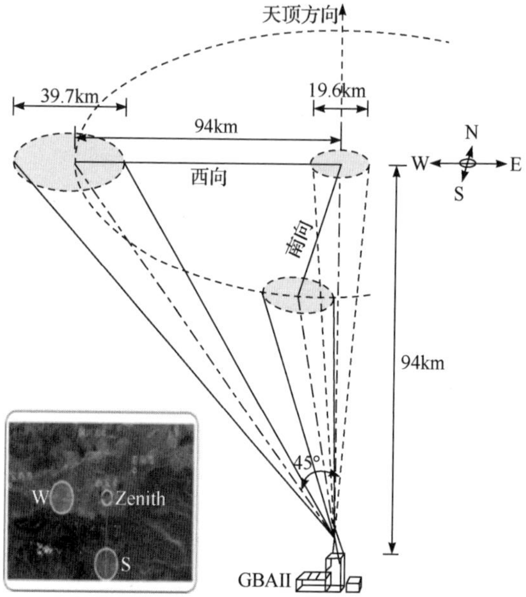

图 9-34　GBAII 的对空观测模式

9.7.2　GBAII 观测高层大气风速和温度

以 2012 年 6 月 12 日 GBAII 拍摄夜气辉为例，我们反演 GBAII 探测西安上空 90～100km 的大气风速和温度。对 2012 年 6 月 12 日夜晚的晴朗夜空进行拍摄，每幅图片拍摄时间为 200s，采用 2×2 像素为一个 Bin，先对一个方向(经向)拍摄 4 次，再将 GBAII 最前端的指向镜转动 90°，在另一个方向(纬向)再拍摄 4 次，两个方向均拍摄完毕后，需要正对天顶方向使用相同的曝光时间拍摄零风速的定标图像，来弥补温度控制不足的缺陷。一次完整拍摄大概需要 1h，因此，大气风速的时间分辨率为 1h，而大气温度的时间分辨率为 0.5h，因为只需 4 次拍摄便可以获取一个大气温度，而风速矢量需要 8 次步进拍摄加 4 次定标拍摄才能被反演出来。拍摄时间从 6 月 12 日 00:00am 持续到 05:00am，由于是夏季，从 05:30am 左右天空开始进入黎明状态，整个实地拍摄实验最终获得 10 个大气温度值及 10 个风速值(包括 5 个纬向风及 5 个经向风)。图 9-35 中上方 4 幅图为第一次正南方向的拍摄结果，图中一些极亮的点为宇宙线，在反演中将其去掉，并用周围 8 个 Bin 的平均值进行填补，下方两幅拍摄图分别为定标光源拍摄结果(左)和暗计数拍摄结果(右)。

1. 温度的反演

对 GBAII 拍摄的气辉成像干涉图像进行降噪、平滑、平场处理后，选择某时刻拍摄的成像干涉图中两级强度较好的干涉条纹，根据式(9-46)反演得到大气温度结果(图 9-36)，可见当晚西安上空 94km 处的大气温度为 167～196K，总体趋势平稳，但 2:30am 和 3:00am 获得两个温度值有较大的跳跃。由于我们 GBAII 的正演用到 HITRAN08 数据库提供的大气温度，其精度为 1K，因此，GBAII 理论上的测温精度为 1K，但综合仪器性能及图像处理过程中的一些计算精度问题，我们认为 GBAII 测温精度能达到 2K。

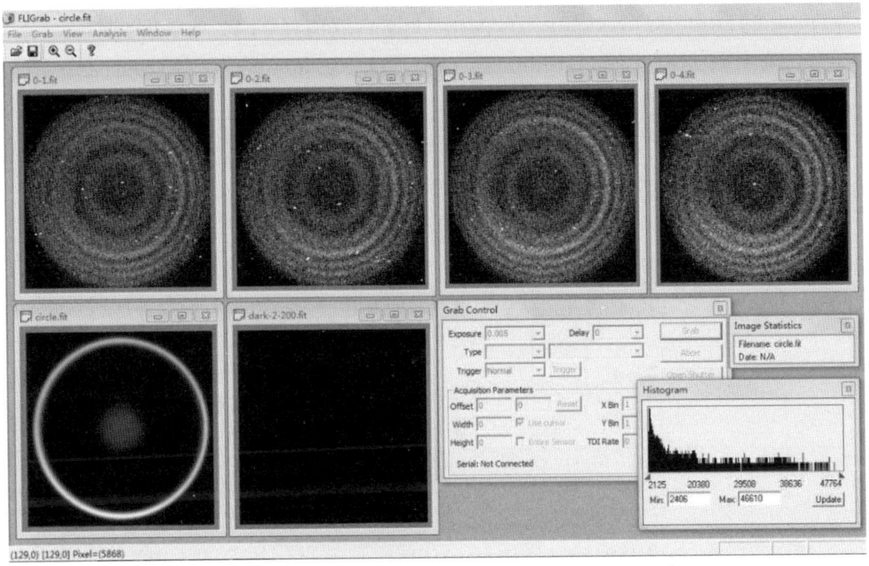

图 9-35　2012 年 6 月 12 日 GBAII 拍摄夜气辉 O_2(0-1)的成像干涉图及分析处理图

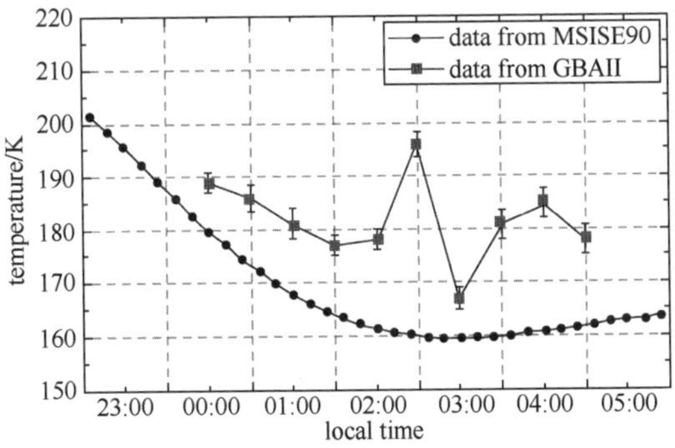

图 9-36　2012 年 6 月 12 日夜晚 GBAII 样机观测西安上空 90～100km 的大气温度值[2]

2. 风速的反演

风速的反演也需对 GBAII 拍摄的气辉成像干涉图像进行降噪、平滑、平场处理后，再求出式(9-46)中的表观量 J_1，J_2，J_3 值，然后通过零风速定标的 4 幅图像

获得 ϕ_{10} 值，从而获得风速值。为了方便分析和对比，我们将获得风速值分解为纬向风(北为正方向)和经向风(东为正方向)，所得结果如图 9-37 所示。

风速的误差与信号值、固定光程差及调制度等参数均有关，其表达式如下：

$$\sigma_v = \frac{c\lambda}{2\sqrt{2}\pi\Delta_0 UV\sqrt{S}} \tag{9-58}$$

式中，σ_v 为风速的误差；c 为光速；λ 为波长；Δ_0 为固定光程差；U 与 V 分别为仪器和条纹的调制度(对比度)；S 为信号值，以电子计数或灰度值为单位。通过式(9-58)求出每一风速值对应的误差，均在 13～21m/s 内，可见纬向风均为北向，且整体值在 1～45m/s 变化，图 9-37 中的经向风均为东向，整体值在 8～46m/s 变化，风速数量级基本与 MLT 区域 HWM93 经验风速相吻合，但是 GBAII 测的是即时风速，经验模型 HWM93 模型给出的是平均风速。

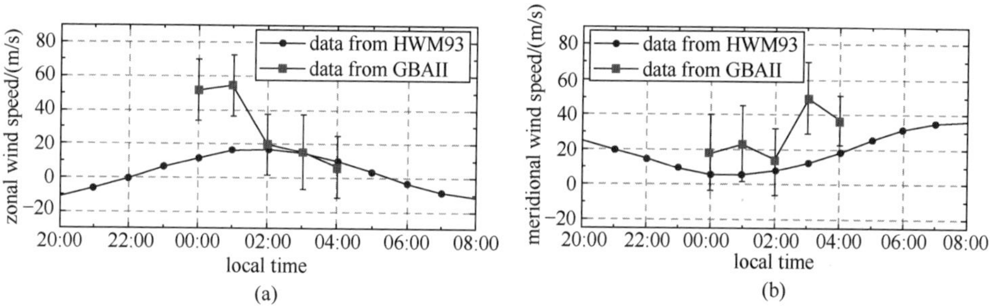

图 9-37　2012 年 6 月 12 日夜晚，采用 GBAII 样机观测西安上空 90～100km 的纬向风、经向风[2]

3. 数据的对比验证

图 9-36 中 GBAII 的观测温度与 MSISE90 的变化趋势基本一致，都出现全日潮特点，夜间 3:00am 时之前大气温度呈下降趋势，到达 3:00am 左右温度最低，然后逐渐升高。但 GBAII 观测的大气温度整体高于 MSISE90，因为模型 MSISE90 本身是多次观测数据的平均值，而 GBAII 观测的温度是某天某时某刻的结果，具备一定的数据瞬时独立性，因此，我们认为 GBAII 观测的结果基本达到预期设计要求。

图 9-37(a)中 GBAII 的纬向风观测结果与 HWM93 变化趋势基本一致，HWM93 的纬向风场模型有很强的全日潮和半日潮特征，在午夜 2:00am 左右达到最大。GBAII 纬向风虽然也有类似全日潮变化，但在 2:00am 前观测数据高于 HWM93 数据，在 2:00am～4:00am 观测结果与模型基本一致，这种差异一方面是因为观测结果具有相对独立性，另一方面也是因为模型数据都是多种观测结果经过融合后的经验值，导致与 GBAII 独立观测值总有一定的差异。图 9-37(b)中 GBAII 观测的经向

风结果与 HWM93 的变化趋势基本一致，HWM93 的经向风场模型依然有很强的全日潮和半日潮特征，在午夜 1:00am 左右达到最大。GBAII 的经向风观测数据整体值高于 HWM93 模型，其原因大体与上述温度和纬向风的情况类似，由于 HWM93 模型融入了太阳活动强度和地磁场等参数，而我们仅采用该模型的一般默认参数，无实际测量值，因此，该模型并不能全面给出当晚西安上空真实环境下的风速值。

9.7.3　GBAII 观测高层 O_2(0-1)大气柱浓度

气辉的体发射率(volume emission rates，VER)是单位体积单位时间内气辉粒子辐射出来的光子数，单位是光子数 · $cm^{-3}\cdot s^{-1}$，VER 是气辉的亮度。GBAII 是一台地基探测仪，它获取的是气辉的积分发射率(integrated emission rate，IER)，即 CCD 探测器在单位面积单位时间接收到的光子数，单位是光子数 · $cm^{-2}\cdot s^{-1}$，IER 是气辉的照度。我们根据 GBAII 的 CCD 上获取的电子计数导出 IER。在 CCD 上的探测值为

$$M=(N_s-N_{\rm d})\cdot\frac{1}{0.004^2}\cdot\frac{C_{\rm ADV}}{\eta}\cdot\frac{1}{\tau_{\rm sys}}\cdot\frac{1}{t} \tag{9-59}$$

式中，N_s 为探测灰度平均值；$N_{\rm d}$ 为暗电流的灰度值；$C_{\rm ADV}$ 为数模转换效率；η 为 867.7nm 的量子效率；$\tau_{\rm sys}$ 为 GABII 透过率；t 为曝光时间。0.004cm×0.004cm 是所用 CCD 的一个像素面积。

GBAII 在地面接收高空的气辉光子，仪器视场角为±6°，设探测高度为 h，R_0 为地球半径，由图 9-38 可知，气辉强度为

$$M=\iiint\frac{VER(h)}{4\pi r^2}\cdot\tau\cdot r^2\sin\theta{\rm d}\varphi{\rm d}r{\rm d}\theta \tag{9-60}$$

由于 VER 表达式为

$$\text{VER}=A\cdot c \tag{9-61}$$

式中，A 为爱因斯坦自发辐射系数；c 为数密度(浓度)。根据 VER 与 IER 的关系，则 GBAII 得到的是柱浓度，单位为 1/cm^2。式(9-60)中 r 与 h 的关系为 $(R_0+h)^2=r^2+R_0^2-2rR_0\cos(\pi-\theta_0-\theta)$，化简得 $h=r\cos(\theta_0+\theta)$，故式(9-60)强度 M 可以改写为

$$M=10^{-4}\times\int_{\theta=0}^{6^\circ}\int_{r_1}^{r_2}\int_{\varphi=0}^{2\pi}\frac{A\cdot c\times10^6}{4\pi r^2}\cdot\tau\cdot r^2\sin\theta{\rm d}\varphi{\rm d}r{\rm d}\theta \tag{9-62}$$

化简得

$$M=\frac{\tau}{2}\times10^5\cdot A\cdot c\cdot\Delta h\cdot\left(-\cos\theta_0\ln\frac{\cos(\theta_0+6^\circ)}{\cos\theta_0}-6^\circ\sin\theta_0\right) \tag{9-63}$$

最终得到柱浓度 c 为

$$c=\frac{M}{\frac{\tau}{2}\times10^5\cdot A\cdot\Delta h\cdot\left(-\cos\theta_0\ln\frac{\cos(\theta_0+6^\circ)}{\cos\theta_0}-6^\circ\sin\theta_0\right)} \tag{9-64}$$

以 2018 年 3 月 24 日野外 GBAII 实验为例，仪器所在环境温度为 5℃(278.15K)，湿度为 71%，选取中纬度夏季模型，气溶胶为乡村模型，能见度为 23km，由图 9-39 可知，868nm 的透过率为 0.762。

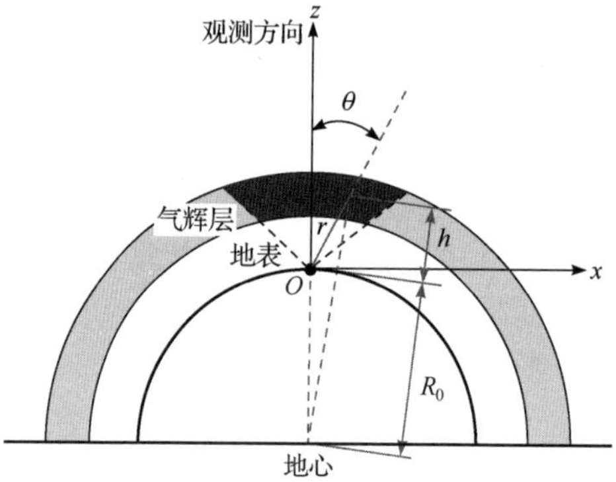

图 9-38 GBAII 的观测模式

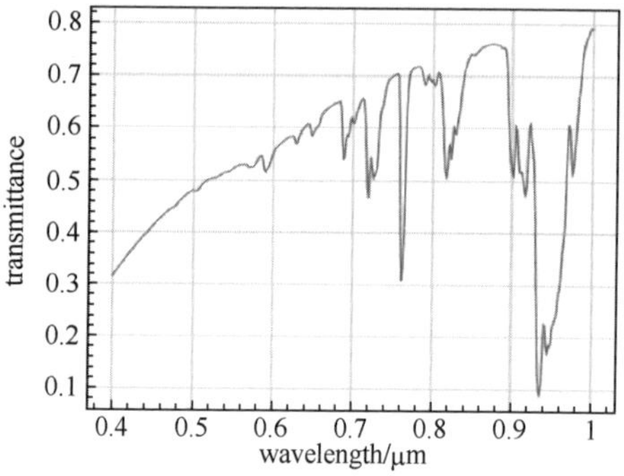

图 9-39 2018 年 3 月 24 日西安上空 O_2 透过率

将所有参数代入式(9-64)，计算出 O_2(0-1)867.7nm 的柱浓度值为 $1.596\times10^5/cm^2$，我们得到 2018 年 3 月 24 日夜晚 O_2(0-1)867.7nm 的柱浓度随时间变化结果如图 9-40 所示，可见一夜之间氧气柱浓度随时间变化较大且显现一定的规律，这为 GBAII 探测大气重力波提供了方向。GBAII 探测 O_2(0-1)柱浓度实验数据的计算结果如表 9-4 所示。

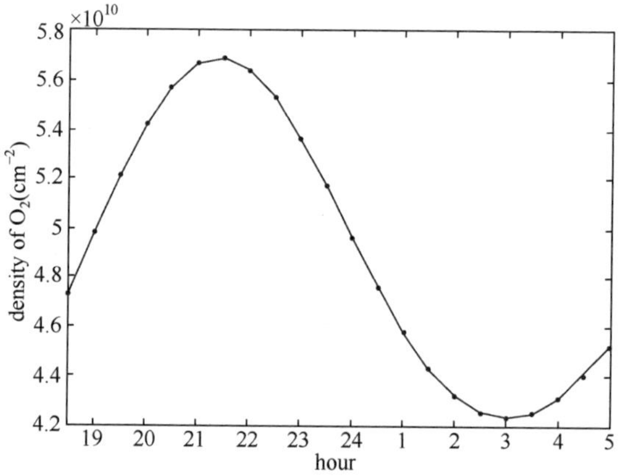

图 9-40 2018 年 3 月 24 日夜晚 O_2(0-1)867.7nm 柱浓度随时间变化结果

表 9-4 GBAII 探测 O_2(0-1)柱浓度实验数据的计算结果[1]

日期	867.7nm 探测值/cm^2	557.7nm 探测值/cm^2	相对误差/%
2011 年 12 月 18 日		2.628×10^3	

续表

日期	867.7nm 探测值/cm^2	557.7nm 探测值/cm^2	相对误差/%
2012 年 6 月 12 日	1.424×10^5		5.3
2013 年 12 月 6 日	1.442×10^5		4.1
2018 年 3 月 24 日	1.596×10^5		6.2
2018 年 4 月 18 日	1.648×10^5		9.6

9.8　GBAII 探测高层大气风场的精度

我们设计的 GBAII 将“四强度测风法”与“转动谱线测温法”相结合，最初设计的测温精度为 2K，测风精度为 4～6m/s，但 2011 年 GBAII 第一次观测西安上空 90～100km 的大气温度精度能达到 2K，风速误差为 13.2～21.5m/s[2]。后来我们围绕仪器、正演方程、反演算法、去噪、图像处理等多方面对 GBAII 测风精度进行了研究，理论和实验结果表明，GBAII 的测风精度能达到预先的设计值。下面阐述我们如何提高 GBAII 的测风精度[15]。

9.8.1　影响 GBAII 测风精度的因素

1. GBAII 的测风、测温精度相关联

由式(9-16)和式(9-18)可见，测风精度与测温精度密切相关。“四强度测风法”测风原理表明，较大光程差可以增加对相位探测的灵敏度，进而提高测风精度。风速与相位关系为

$$\phi = \frac{2\pi\varDelta_0}{\lambda_0 c}\cdot v \tag{9-65}$$

只要选取恰当的固定光程差$\varDelta_0$就能使相位ϕ和风速 v 有对应的关系，如果$\phi = 1°$是仪器可分辨的相位差，固定光程差$\varDelta_0$=7.495cm，当 GBAII 探测波长为 $O_2(0\text{-}1)$ 867.7nm 的气辉时，其测风精度的理论值 v=5.53m/s，这就是 GBAII 设计的测风精度为 4～6m/s 的原因，该精度低于 ERWIN 的 4m/s [21]。

GBAII 选择 $O_2(0\text{-}1)$气辉谱线为探测目标之一，其波长为 865.2～867.9nm，每对 PR 线的间隔距离为 0.4～0.5nm，峰值发射强度位于 94km 左右，平均亮度为 0.25～0.3kR[47,48]，且位于大气窗口区域，在不同温度下多条转动谱线强度的比值变化也较明显，非常适合“转动谱线测温法”。

按式(9-36)执行 GBAII 的正演过程，需考量 3 类参数：①第 i 条谱线的绝对强度 I_{abs}、相对强度 $I_{T\text{-}\lambda i}$、大气传输透过率 τ_{trans}；②与 CCD 像素(m,n)点相关

的响应度 $R_{m,n}$、FPI 透过率 $\tau_{f(m.n)}$、MI 固定光程差 $\Delta_{m,n}$、光学系统衰减系数 $D_{m,n}$；③谱线可见度 V、仪器可见度 U 等。将这三类参数代入式(9-36)，利用计算机编程对 m 和 n 做循环赋值，便可以获得 6 个干涉圆环及其各圆环所在像素点的灰度值。

由 GBAII 拍摄的气辉成像干涉图可知，高层大气风速和温度的反演过程与正演过程紧密相关：通过定标过程，找到 GBAII 探测的某级干涉圆环在 CCD 的 (m,n)像素上的测量强度值，与其级圆环在 CCD 上同一像素上的正演值进行差值比较，不断调节正演公式中的三类相关参数，使得这个差值趋于 0，则图 9-21 中某条初设温度对应的正演温度就是 GBAII 实际探测的大气温度。图 9-41 是 GBAII 探测 O_2(0-1)气辉的正演理论和实验反演的结果比较，GBAII 探测的大气温度值就是正演假设的大气温度值，因此，理论上讲 GBAII 的正演温度精度为 1K。如果考虑其他因素，把温度精度放宽一点，GBAII 的测温精度能达到 2K，事实上当我们采用 GBAII 进行探测时，温度精度确实达到了 2K[2]，所以 GBAII

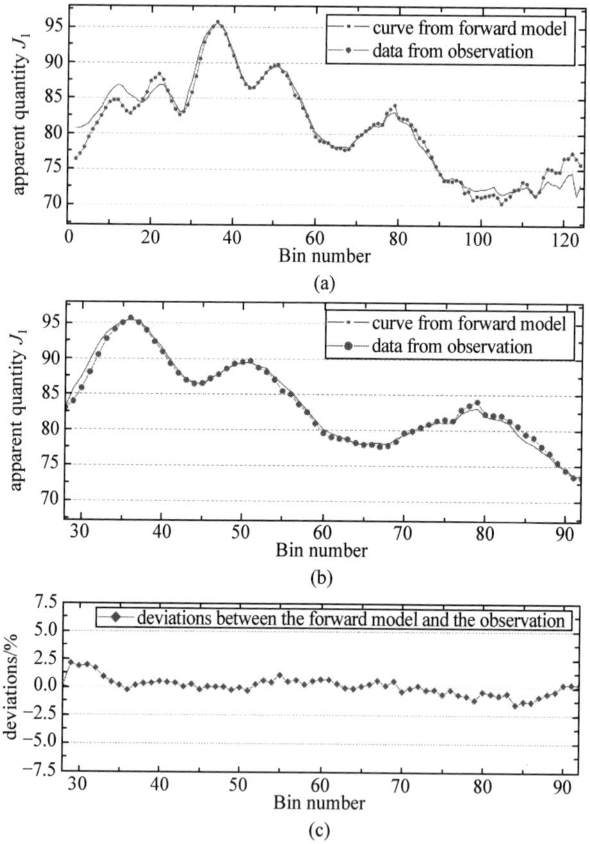

图 9-41　表观量 J_1 的理论值与实际值的对比[2]

的测温精度达到预期设计要求。由于 GBAII 可以同时测温和测风，高精度测温预示着高精度测风。

2. O_2(0-1)的 12 条精细气辉谱线对测风精度的影响

由于 GBAII 探测气辉目标光源的特殊性及滤光片对不同谱线的透过率不同都会对测温精度产生影响，下面分析 GBAII 探测的多条谱线对测风精度的影响。

图 9-1 中 GBAII 使用 K9 光学玻璃作为实体广角 MI 一臂的材料，另一臂采用大空气隙，则需要考虑式(9-3)中的固定光程差与有效光程差 D 之间的关系[17]：

$$D = \Delta_0 - \lambda_0 \frac{\partial \Delta_0}{\partial \lambda} \tag{9-66}$$

式中，Δ_0 为固定光程差；λ_0 为零风速的气辉波长。GBAII 光路中光线经广角 MI 干涉仪后产生整体光程差：

$$\Delta = 2(n_1 d_1 \cos\theta_1 - n_2 d_2 \cos\theta_2 - n_3 d_3 \cos\theta_3) \tag{9-67}$$

式中，θ_1、θ_2、θ_3 分别为光线在各界面的入射角；d_1、d_2、d_3 分别表示 MI 两臂的长度和空气隙长度；n_2、n_3 表示空气折射率，n_1 表示 K9 光学玻璃折射率，在超广角情况下，有

$$\Delta_\theta = 2(n_1 d_1 - n_2 d_2 - n_3 d_3) - \sin^2\theta \left(\frac{d_1}{n_1} - \frac{d_2}{n_2} - \frac{d_3}{n_3} \right) \tag{9-68}$$

不同玻璃材料折射率的色散关系为

$$n^2 = A_0 + A_1\lambda^2 + A_2\lambda^{-2} + A_3\lambda^{-4} + A_4\lambda^{-6} + A_5\lambda^{-8} + \cdots \tag{9-69}$$

对于 K9 玻璃，式(9-69)中的系数为 A_0=2.26655871，A_1= −6.8724026×10^{-3}，A_2= 1.2519603×10^{-2}，A_3= −2.3453401×10^{-4}，A_4= −2.3453401×10^{-4}，A_5= −1.6388464×10^{-6}。

GBAII 探测气辉的中心波长为 867.7nm，使用 K9 光学玻璃作为干涉仪主体和一臂的材料，另一臂采用大空气隙。两臂玻璃长度分别为 d_1=4.445cm、d_2=1.445cm，空气隙 d_3=1.5cm。GBAII 的广角 MI 空气隙折射度随波长的变化规律为[49]

$$N_{\text{sph}} = \left(n_{\text{sph}} - 1\right) \times 10^6 = 287.6155 + \frac{1.62887}{\lambda^2} + \frac{0.01360}{\lambda^4} \tag{9-70}$$

式中，n_{sph} 为空气的折射率；λ 为波长。将式(9-68)和式(9-69)及其他数据代入式(9-66)得到气辉 O_2(0-1)的 12 条不同波长对应的有效光程差(表 9-5)。

表 9-5 O_2(0-1)的 12 条气辉波长对应的有效光程差

参数	参数值					
λ/nm	867.844	867.700	867.311	867.166	866.796	866.650

续表

参数	参数值					
D/cm	7.9191	7.9192	7.9196	7.9198	7.9201	7.9203
λ/nm	866.300	866.152	865.824	865.673	865.366	865.209
D/cm	7.9206	7.9208	7.9211	7.9213	7.9216	7.9218

由于 $O_2(0\text{-}1)$气辉波长不同，结合 GBAII 的理论可得 $\delta_v = \delta_\phi\left(\dfrac{c\lambda_0}{2\pi\Delta_0}\right)$，当大气风速取 10m/s、20m/s、30m/s 和 40m/s 时，选取 $O_2(0\text{-}1)$的 12 条谱线中间隔最远两条谱线对应的相位差进行计算，得到由光源谱线造成的测风误差为 0.00051m/s、0.00102m/s、0.01153m/s 和 0.00204m/s，可见完全可以忽略 $O_2(0\text{-}1)$的 12 条谱线波长带来的测风误差。

3. 滤波片透过率对测温精度的影响

GBAII 采用"转动谱线测温法"的主要部件是窄带干涉滤光片，我们使用 Andover 公司生产的滤光片，其中心波长 λ_c=867.79nm、FWHM=0.28nm、峰值透过率 τ_c=37.88%，其透过率为

$$\tau_f(\lambda,\theta) = \frac{\tau_c}{1+\left[\dfrac{2(\lambda-\lambda_c)}{\Delta\lambda_c}+\dfrac{\lambda}{\Delta\lambda_c}\dfrac{\theta^2}{n_e^2}\right]^2} \tag{9-71}$$

式中，θ 为光束入射角；n_e 为干涉滤光片的有效折射率；$\Delta\lambda_c$ 为中心波长带宽。另外，谱线波长 λ 与入射角的关系为 $\sin\theta = n_e\left[1-\left(\dfrac{\lambda}{\lambda_c}\right)^2\right]^{1/2}$。GBAII 采用的光谱数据来自 HITRAN08，温度间隔为 1K。我们还需考虑经过滤光片后间隔为 1K 的光谱强度分布是否还能分辨开，需要计算经过滤光片后的光谱强度分布。我们选取 180K 附近 5 个温度(178K, 179K, 180K, 181K, 182K)并进行编程，得到如图 9-42 所示的结果。

由图 9-42 可见，每个温度下的曲线在中间 4 个峰值处相距较远，鉴于"转动谱线测温法"只需 2 个峰值谱线对应的强度比值就可以获得旋转温度即大气温度，所以我们定制的干涉滤波片完全可以分辨开至少两个峰值。由于 HITRAN08 提供的温度变化精度为 1K，这保证了 GBAII 的测温精度至少为 2K [2]。

9.8.2　GBAII 各器件对测风精度的影响

GBAII 探测气辉谱线 $O_2(0\text{-}1)$867.7nm 附近的 12 条振转谱线及 $O(^1S)$557.7nm 单线等气辉，在 GBAII 样机研制的初期，其光学元器件的各项相关参数主要针对

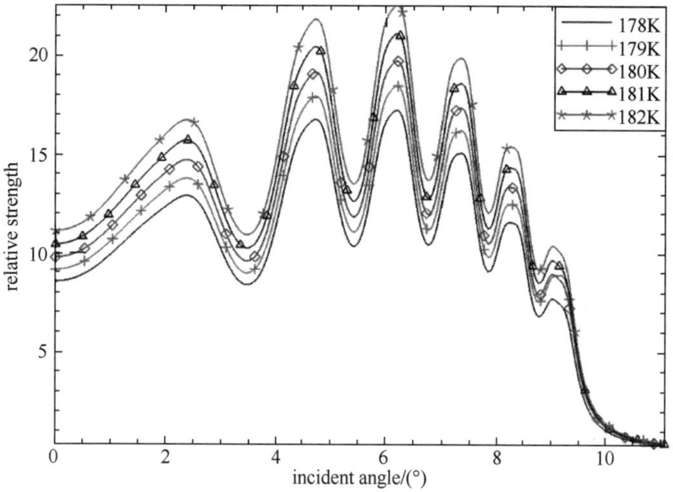

图 9-42　180K 附近 5 个温差为 1K 的 O_2(0-1)谱线强度通过滤光片后的相对强度值

557.7nm 的波长而设计，所以当其用于观测 867.7nm 波长的气辉时，将会引起相关光学参数的一些偏差，最终导致测风误差较大，所以后来我们针对近红外谱线 867.7nm 研究了 GBAII 中哪些光学部件对测风精度影响较大。

风速的系统误差与信号值、GBAII 固定光程差、条纹调制度、仪器调制度等参数均有关：

$$\delta_v = \frac{c\lambda}{2\sqrt{2}\pi\varDelta_0 UV\sqrt{S}} \tag{9-72}$$

式中，δ_v 为风速误差；c 为光速；λ 为入射光波长；$\varDelta_0$ 为固定光程差；U 与 V 分别为仪器和条纹的调制度(对比度)；S 为信号值，以电子计数或灰度值为单位。我们研究了式(9-72)中各量及 GBAII 的 CCD 上观测信号的正演方程(式(9-36))各参量对测风精度的影响。

1. 干涉条纹的调制度对测风精度的影响

调制度如何影响测风精度：光的相对强度或光照度与振幅 A 的平方成正比，虽然光的强度与所处介质折射率、密度有关，进入 GBAII 的 MI 两束相干气辉光的平均强度为

$$\overline{I} = \overline{A}^2 = A_1^2 + A_2^2 + 2A_1A_2\cos\left(\varphi_2 - \varphi_1\right) \tag{9-73}$$

式中，A_1、A_2 分别为两束光的振幅；φ_1、φ_2 分别对应为两束光的初位相。对于一个理想的相干光源，通过 MI 的振幅比是影响干涉条纹调制度的主要因素。当式(9-73)中 $\Delta\varphi = \left(\varphi_2 - \varphi_1\right) = 2j\pi$ (j=±1,2,3,⋯)时，$I_{\max} = (A_1 + A_2)^2$；当 $\Delta\varphi = (2j+1)\pi$ (j=±1,2,3,⋯)时，$I_{\min} = (A_1 - A_2)^2$，干涉条纹调制度为

$$V=\frac{I_{\max}-I_{\min}}{I_{\max}+I_{\min}}=\frac{2A_1A_2}{A_1^2+A_2^2} \tag{9-74}$$

由式(9-74)可见，当通过 GBAII 的 MI 两臂光强相等，即 GBAII 的 BS 分束器分光比例为 1:1 时，理论上 GBAII 干涉条纹的对比度最大为 1。我们计算了图 9-43 的 GBAII 超广角实体 MI 对 GBAII 仪器的条纹调制度影响(图 9-44)。当条纹对比度从 0.5 增到 0.9 时，风速误差可从 25.90m/s 降低到 14.73m/s，精度提高了 11.17m/s。

“四强度测风法”的精髓为在广角 MI 探测的成像干涉图中，选取对比度最好的一个干涉圆环，得到其步进 4 次的 4 个强度值，进一步获取视线方向上的风速。我们在实验室将 630.0nm 的激光作为光源，通过 GBAII 拍摄得到成像干涉条纹，计算得到第二个亮环与第二个暗环的对比度为 0.84；我们在室外将 867.7nm 的夜气辉作为光源，通过 GBAII 拍摄得到成像干涉条纹，计算得到第二个亮环与第二个暗环的对比度为 0.58[40]；所以对照图 9-44，提高 GBAII 的干涉条纹对比度至少可以提高 10m/s 的测风精度。

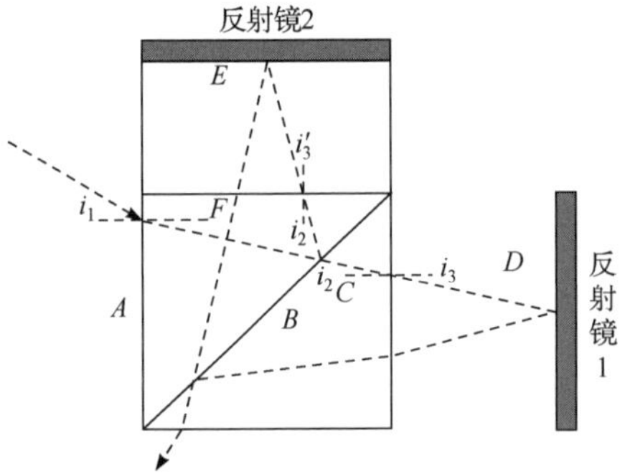

图 9-43　GBAII 超广角实体 MI 两臂不对称的光路

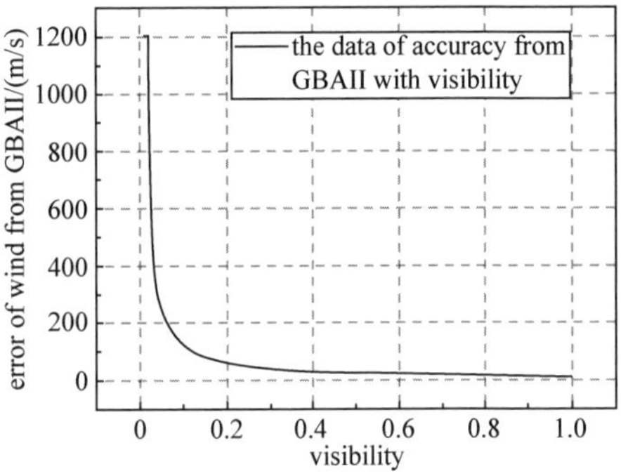

图 9-44　GBAII 条纹调制度与测风精度的关系

2. 光学透过率对测风精度的影响

GBAII 的光学结构中有多个透镜，当光线从一种介质进入另一种介质时，在界面处有损失。假设入射光的通量为 Φ，光线透过第一个折射面后，光通量变为 0.95Φ，透过第二个折射面后光通量变为 $(0.95)^2\Phi$。若整个系统中玻璃与空气接触的折射面总数为 k_1 个，则整个系统的透过率为 τ^{k_1}。

2011 年，搭建 GBAII 时没有找到合适的透镜焦距，我们就用 3 个透镜组合搭建了如图 9-1 所示的 GBAI 光学系统。3 组透镜组和后置透镜参数如表 9-1 所示。GBAII 实际使用了 7 个透镜，即 14 个光学界面，其中的 BK7 即 K9 光学玻璃，SF5 即 ZF2，只是两种不同的记法，我们查询光学玻璃手册可知，当厚度为 5mm 时，它的透射比为 0.999，用 $K=\tau^{k_1}(1-\alpha)^{\sum d}$ 计算透镜组的整体透过率，为 $0.96^{14}\times$

$0.999^{18} \approx 0.555$，若加上 MI 干涉仪，则透过率为 $0.555 \times 0.45^2 \times 2 = 0.224775$。

2022 年，我们将如图 9-1 所示的 GBAII 中的 3 组透镜换成 3 个单透镜，焦距分别为 167.5mm 与 87.5mm，透过率至少达到 0.95，则透过率 $\tau_{sys}=0.33451$。根据仪器响应度式(9-33)可知，更换 GBAII 的三组透镜为 3 个单透镜后的响应度也有相应变化，代入数据，可得 $R=5.58\times10^{-8}$。

不考虑光学系统的衰减函数，针对波长为 867.7nm 光源我们更换 GBAII 两个红外增透膜的透镜后，将 GBAII 的透过率代入误差公式，可以减小测风误差 1.2m/s，更换 6 个红外增透膜的透镜后，将系统 $\tau_{sys}=0.33451$ 代入误差公式，可知测风误差降低 3.0m/s。我们已经将 9-1 所示 GBAII 的 3 组透镜换成了 3 个红外消色差增透镜，如图 9-45 所示，采用图 9-45 所示的 GBAII 拍摄的成像干涉图如图 9-46 所示，可见确实提高了条纹的对比度，进一步提高了测风精度。由式(9-33)可知，升级更高量子效率 η_{CCD} 的 CCD 可以提升响应度 $R_{m,n}$，即可以提高式(9-33)中信号值 S 的值，那么由式(9-33)可知，可以降低风速误差 δ_v。改变 CCD 的量子效率(从 0.38 升高到 0.5)，响应度会有显著的变化，且精度提高约为 2.2m/s。

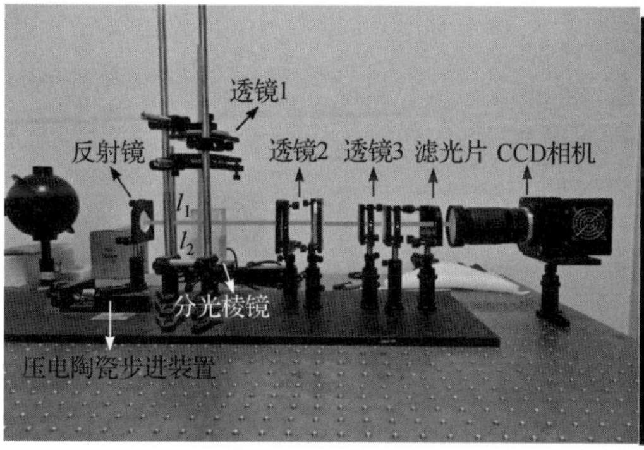

图 9-45　更换成 3 个消色差透镜的 GBAII 实物图

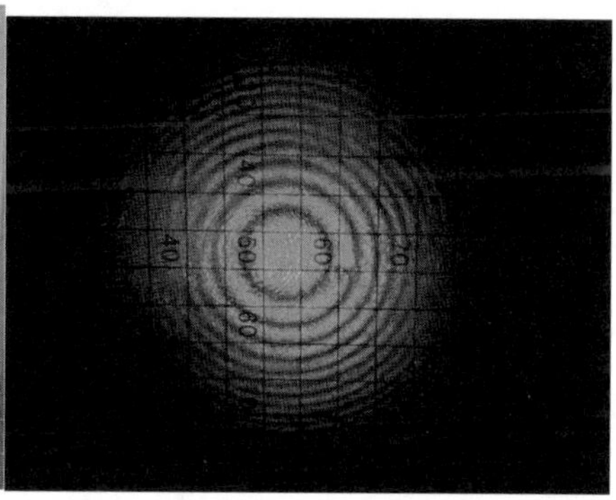

图 9-46　采用图 9-45 所示的 GBAII 拍摄的成像干涉图

9.8.3　温控系统对测风精度的影响

GBAII 中实体广角 MI 的固定光程差为

$$\Delta_0 = 2(n_1 d_1 - n_2 d_2 - n_3 d_3) \tag{9-75}$$

环境温度改变通常会引起 MI 玻璃折射率的改变，导致式(9-75)的光程差将发生改变，产生干涉条纹的温度漂移。让式(9-75)对环境温度 T 求偏导：

$$\mathrm{d}\Delta = \left(n_1\frac{\partial d_1}{\partial T} + d_1\frac{\partial n_1}{\partial T}\right) - \left(n_2\frac{\partial d_2}{\partial T} + d_2\frac{\partial n_2}{\partial T}\right) - \left(n_3\frac{\partial d_3}{\partial T} + d_3\frac{\partial n_3}{\partial T}\right)\mathrm{d}T \tag{9-76}$$

令 $\alpha_1 = \dfrac{1}{d_1}\dfrac{\partial d_1}{\partial T}$ 、 $\alpha_2 = \dfrac{1}{d_2}\dfrac{\partial d_2}{\partial T}$ 和 $\alpha_3 = \dfrac{1}{d_3}\dfrac{\partial d_3}{\partial T}$ 为两臂及空气隙的体膨胀系数；令

$\beta_1=\dfrac{\partial n_1}{\partial T}$、$\beta_2=\dfrac{\partial n_2}{\partial T}$和$\beta_3=\dfrac{\partial n_3}{\partial T}$为折射率随温度变化的系数，忽略不计空气的体积变化对光程差的影响，然而大空气隙的折射率将对整体仪器的光程差造成影响。光程差随仪器环境温度的改变会引起相位的改变：

$$\mathrm{d}\phi_v=\frac{2\pi v}{c\lambda_0}\mathrm{d}\Delta \tag{9-77}$$

相位的定标不准确会影响 GBAII 的测风精度，考虑$\delta_v=\delta_\phi\left(\dfrac{c\lambda_0}{2\pi\Delta}\right)$，玻璃的热膨胀系数为 10^{-7}，可以忽略空气热胀，玻璃折射率随环境温度的变化为 $\mathrm{d}n/\mathrm{d}t=10^{-6}$，近红外波段空气热敏性近似为[49]

$$N_r=77.6890\frac{p_d}{T}+71.2952\frac{p_w}{T}+375463\frac{p_w}{T^2} \tag{9-78}$$

式中，p_w为水汽压，$p_d(=p_{\text{tot}}-p_w)$为干空气的大气压强，单位为 hPa；T为环境温度，单位为 K。

当大气风速为 45m/s，压强为 1.013×10^5Pa，相对湿度为 0.6 时(西安最热月平均为 0.72)，环境温度变化引起干涉仪固定光程差的改变结果如图 9-47 所示，环境温度变化量与光程差变化量呈线性关系。根据式(9-78)，我们计算出空气折射率随环境温度的变化关系、光程差随环境温度的变化关系等，结论是 GBAII 需要制作一个温控装置将环温控制在±0.4℃，以便减小测风误差。

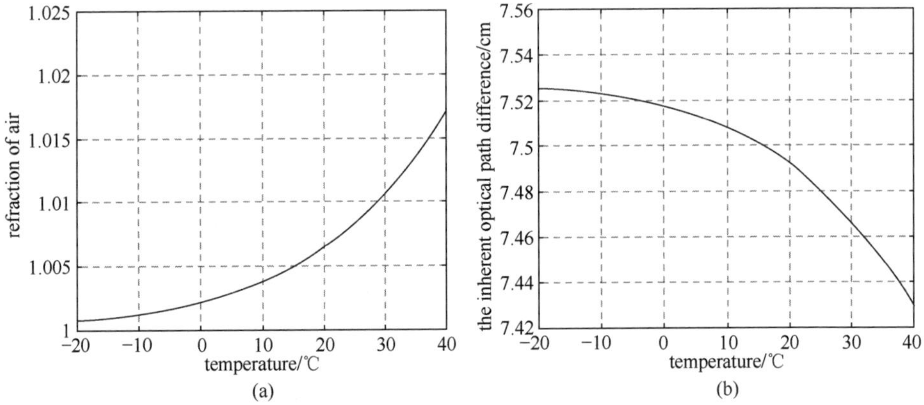

图 9-47　空气折射率和 GBAII 的广角 MI 固定光程差随环境温度变化规律

综上，GBAII 的测温精度理论和实验都能达到 2K；理论上影响 GBAII 测风精度的主要因素为：GBAII 设计之初，其广角 MI 干涉仪的光学元器件参数是针对 557.7nm 的可见光而设计的，当把这样的 GBAII 用于拍摄 867.7nm 的近红外气辉时，其实体广角 MI 干涉仪的相关参数会发生变化，所以当将 GBAII 中的广角 MI 的参数设计成适应近红外谱线的相关参数时，将会引起相关光学参数的一些偏差，通过计算，GBAII 的干涉条纹的对比度就会从 0.5 增大到 0.9，风速误差可从 25.90m/s 降低到 14.73m/s，精度提高 11.17m/s；将 GBAII 的 3 组可见光增透膜透镜变更换为近红外膜透膜透镜后，样机整体透过率可以从 0.225 提高到 0.334，测风精度提高了 3.0m/s；更换 GBAII 的 CCD，量子效率从现有 0.38 升高到 0.5，响应度有相应变化，测风精度提高了约为 2.2m/s；给 GBAII 的 MI 部件安装恒温装置，MI 的光程差随环境温度的改变会减少温度漂移，将 MI 的环境温度变化控制在 0.4℃内，可以保证干涉条纹相位在一个周期以内的 4 个强度值，能保证 GBAII 的测风精度达到预期的 4～6m/s。

9.8.4　更新 GBAII 部分元件后的室外实验结果

2013 年 12 月 6 日晚，我们将 GBAII 原来镀可见光薄膜的 2 个透镜换成了镀红外增透膜的透镜，进行了提高测风精度的室外验证性实验。2013 年 12 月 6 日利用 GBAII 拍摄 O_2(0-1)气辉得到其成像干涉图(图 9-48)。当晚天气十分晴朗，无月光干扰，每幅气辉图片拍摄时间为 200s，采用 2×2 像素为一个 Bin。拍摄过程：先正对天顶方向拍摄一张图片作为零风速定标的图像，然后将指向镜指向天空 45°方向，步进 3 次拍摄 4 张含有相位信息的图像，再将指向镜旋转 90°方向，按照同样方式拍摄，步进 50 步，拍摄时间从 12 月 6 日凌晨 01:00 持续到 05:30，从 06:00 左右天空开始进入黎明状态，整个实地拍摄实验最终获得 10 个温度值，以及 10 个风速值(包括 5 个纬向风及 5 个经向风)。

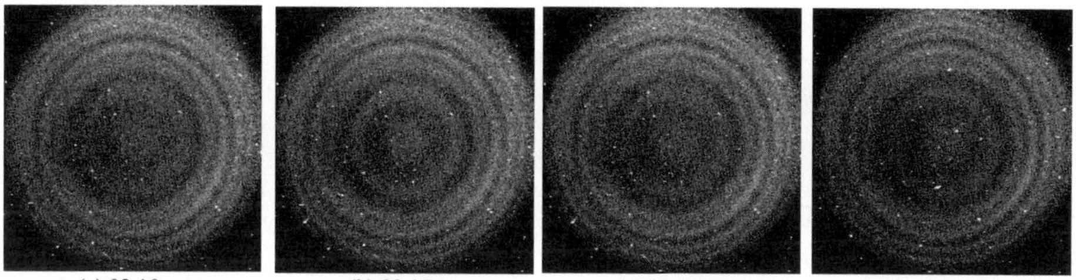

(a) 02:10am　(b) 02:15am　(c) 02:20am　(d) 02:25am

图 9-48　2013 年 12 月 6 日 GBAII 拍摄的 O_2(0-1)成像干涉条纹

通过处理图像分析得到当晚西安上空 90～100km 的大气温度为 193～226K，如图 9-49 所示，纬向风(东向为正方向)和经向风(北向为正方向)结果如图 9-50 所示。由图 9-50 可知 2013 年 12 月 6 日的纬向风为西向，整体风速值为 10～45m/s，经向风为北向，整体风速值为 5～55m/s，误差范围为 13.5～18.3m/s。与如图 9-37 所示的 GBAII 在 2012 年 6 月 12 日观测的结果进行比较：纬向风为东向，整体风速值为 5～45m/s，经向风为北向，整体值风速值为 12.5～48.3m/s，误差范围为 13.7.5～21.5m/s[2]，误差平均值分别减小约 2.6m/s 和 3.28m/s，说明通过更换 GBAII 的红外镀膜透镜和干涉仪提高了测风精度。

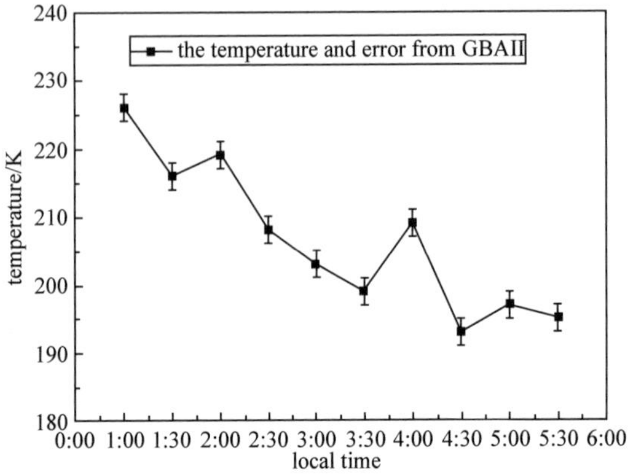

图 9-49　2013 年 12 月 6 日晚 GBAII 样机观测的西安上空 90～100km 的大气温度值[15]

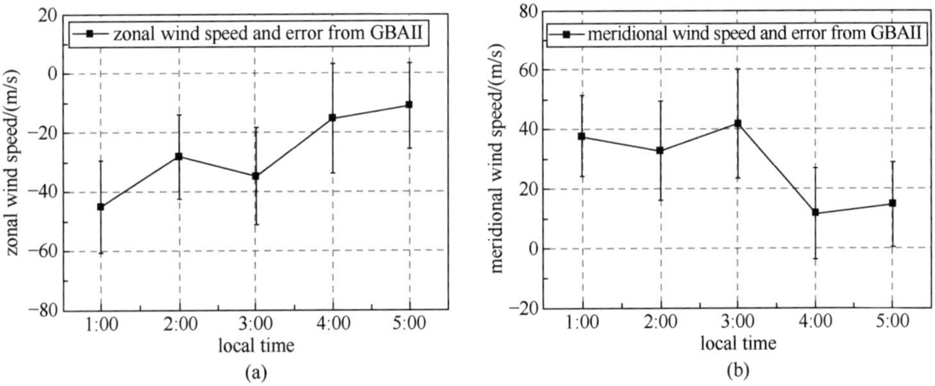

图 9-50　2013 年 12 月 6 日晚 GBAII 观测的西安上空 90～100km 的大气纬向风和经向风

2013 年 12 月 6 日 TIMED 卫星上的 SABER(sounding of the atmosphere using broadband emission radiometry)探测西安上空 90～100km 的温度为 180～220K(N 34.14°, E 111.34°)，90～100km 的温度为 160～210K(N37.09°, E 108.40°)如图 9-51 所示，2013 年 12 月 6 日 TIMED 卫星在(34.14°N，111.34°E)大约过境西安头顶的时间为 20:24:52。卫星过境地点距离西安市西安理工大学教学实验大楼 9 楼顶为 216.4km，距离 GBAII 观测的区域 100.5km。在(37.09°N,108.40°E)的过境时间为 20:23:43，距离 GBAII 观测的区域 208.0km。

图 9-52 显示 TIDI 在西安上空拍摄 2013 年 6 月 12 日夜间(阴侧)的风速数据：纬向风速为−25m/s，经向风速范围为 0～25m/s(34.14°N，111.34°E)。我们计算得到 GBAII 的平均值如下：温度为 206.5K，纬向风为−26.78m/s，经向风为 28.1m/s，和 TIMED 卫星数据相比差距不大，且实验的地理位置坐标及观测时间与 TIMED 卫星数据有偏差。

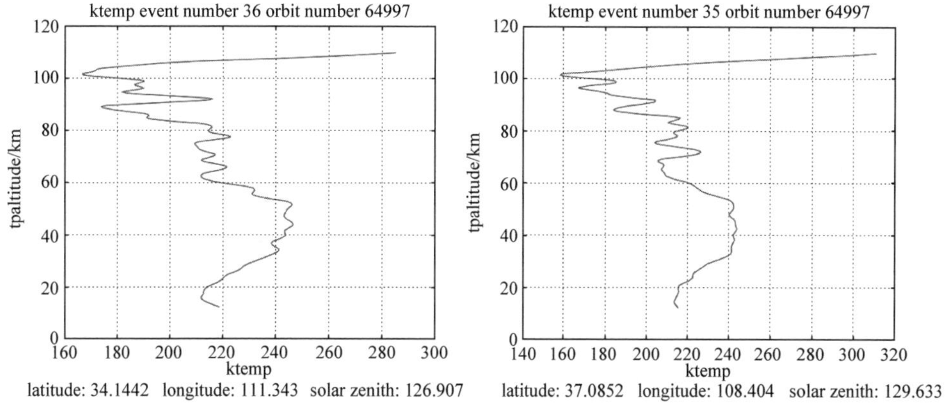

图 9-51　2013 年 12 月 6 日晚 TIMED 卫星上的 SABER 观测西安上空的温度数据[50]

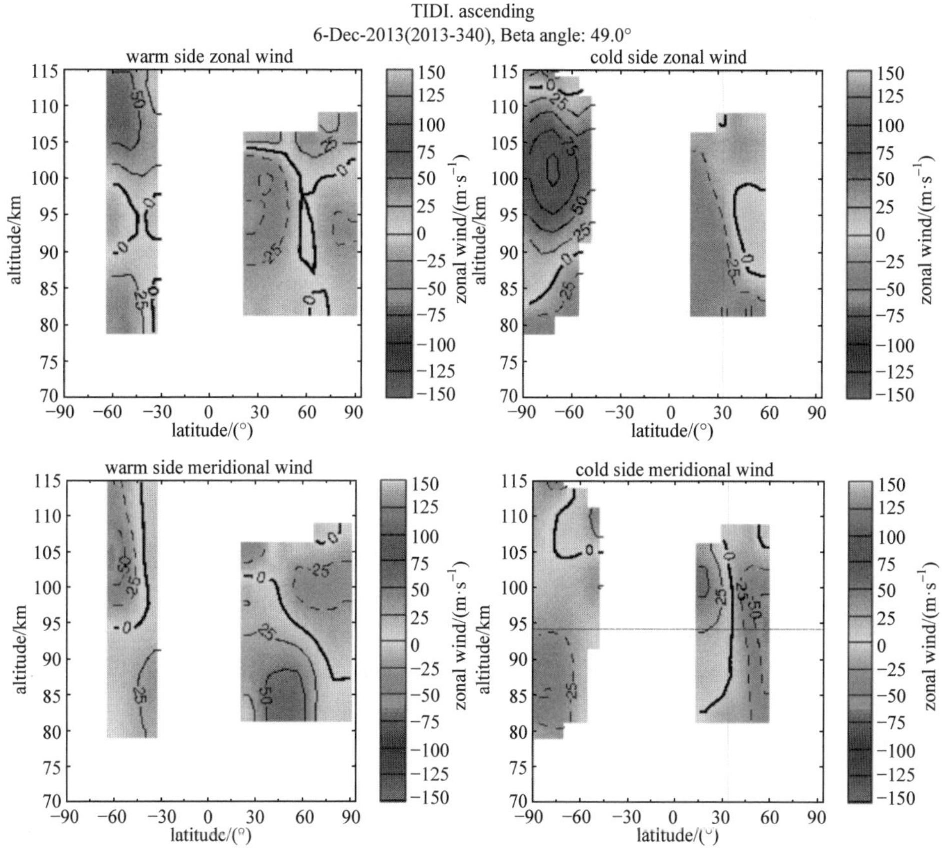

图 9-52　TIDI 2013 年 12 月 6 日探测的风速数据[51](见彩图)

GBAII 的研制成功，也得到了业内相应的承认，详见文献[52]。

参 考 文 献

[1] Tang Y H, Sun P, Gao H Y, et al. Simulation and observation for volume emission rates emitted from $O_2(0\text{-}1)$ and $O(^1S)$ nightglow in Northwest China. Applied Optics, 2019, 58(4): 1093-1100.

[2] Gao H Y, Tang Y H, Hua D X, et al. Ground based airglow imaging interferometer. Part 1: Instrument and observation. Applied Optics, 2013, 52(36): 8650-8660.

[3] Tang Y H, Duan X D, Gao H Y, et al. Ground based airglow imaging interferometer. Part 2: Forward model and inverse method. Applied Optics, 2014, 53(11): 2273-2282.

[4] Tang Y H, Cao X G, Liu H C, et al. Partially light-controlled imager based on liquid crystal plate and image intensifier for aurora and airglow measurement. Applied Optics, 2012, 51(12): 1968-1975.

[5] Gao H Y, Tang Y H, Hua D X, et al. Study on the wide-angle Michelson interferometer with large air gap. Applied Optics, 2011, 50(29): 5655-5661.

[6] Tang Y H, Qin L, Gao H Y, et al. Instrument forward model of the modified Sagnac interferometer for atmospheric wind measurement. Optics Communications, 2011, 284(12): 2672-2677.

[7] Gao H Y, Tang Y H, Hua D X, et al. Modified super-wide-angle Sagnac imaging interferometer based on LCoS for atmospheric wind measurement. Journal of Quantitative Spectroscopy and Radiative Transfer, 2011, 112(2): 268-276.

[8] Gao H Y, Hua D X, Tang Y H, et al. Wide angle Michelson interferometer based on LCoS. Optics Communications, 2013, 292: 36-41.

[9] 唐远河, 崔进, 郜海阳, 等. 地基气辉成像干涉仪探测高层大气风场的定标研究. 物理学报, 2017, 66(13): 71-80.

[10] 唐远河, 郜海阳, 段晓东, 等. 一种地基气辉成像干涉仪及其探测高层大气风速和温度方法. ZL201210080277.0 中国发明专利, 2014-04-28.

[11] 唐远河, 郜海阳, 张瑞霞, 等. 基于 LCoS 的广角迈克尔逊干涉仪及探测风场的方法. ZL200910219146.4 中国发明专利, 2010-08-10.

[12] 屈欧阳. 地基气辉成像干涉仪的仿真和定标研究. 西安: 西安理工大学, 2012.

[13] 郜海阳. 地基气辉成像干涉仪探测中高层大气的研究. 西安: 西安理工大学, 2012.

[14] 唐远河. 成像干涉技术探测上层大气风场的研究. 西安: 西安交通大学, 2006.

[15] Tang Y H, Yang R, Gao H Y, et al. Improving the atmospheric wind speed measured accuracy by the ground-based airglow imaging interferometer. Proceedings of SPIE, Xi’an, 2017: 102563C.

[16] Xue Y Y, Li C X, Hui N J, et al. Improving the upper atmospheric temperature accuracy of the ground-based instrument by eliminating noise ways. Applied Optics, 2023, 62(6): 1436-1446.

[17] Shepherd G G, Thuillier G, Gault W A, et al. WINDII: The wind imaging interferometer on the upper atmosphere research satellite. Journal of Geophysical Research Atmospheres, 1993, 98(D6): 10725-10750.

[18] Mani R, Dobbie S, Scott A, et al. Performance evaluation of a thermal Doppler Michelson interferometer system. Applied Optics, 2005, 44(33): 7144-7155.

[19] Ward W E, Gault W A, Shepherd G G, et al. Waves Michelson interferometer: A visible/near-IR interferometer for observing middle atmosphere dynamics and constituents. Proceedings of SPIE,

Toulouse, 2001: 100-111.
[20] Bird J C, Liang F C, Solheim B H, et al. A polarizing Michelson interferometer for measuring thermospheric winds. Measurement Science and Technology, 1995, 6(9): 1368-1378.
[21] Gault W A, Brown S, Moise A, et al. ERWIN: An E-region wind interferometer. Applied Optics, 1996, 35(16): 2913-2922.
[22] 朱化春, 张淳民, 简小华. 新型风成像干涉仪温度补偿理论研究. 物理学报, 2010, 59(2): 893-897.
[23] Tang Y H, Chen G D, Zhang C M, et al. Optimization of the modified Sagnac imaging interferometer for full compensation. Proceedings of SPIE, Xi'an, 2007.
[24] Shepherd G G. Spectral Imaging of the Atmosphere. New York: Academic Press, 2003.
[25] Hubei New Huaguang Information Materials Co., Ltd. The database of optical glasses. https://www.hbnhg.com/ph/webc. [2022-12-22].
[26] Rochon Y J. The retrieval of winds, Doppler temperatures, and emission rates for the WINDII experiment. Toronto: York University, 2001.
[27] Herzberg G. Molecular specutra and molecular structure Ⅰ: spectra of diatomic molecules. Beijing: Science Press, 1983.
[28] Sargoytchev S I, Brown S, Solheim B H, et al. Spectral airglow temperature imager (SATI): A ground-based instrument for the monitoring of mesosphere temperature. Applied Optics, 2004, 43(30): 5712-5721.
[29] Zhang C M, He J. The generalization of upper atmospheric wind and temperature based on the voigt line shape profile. Optics Express, 2006, 14(26): 12561-12567.
[30] Shepherd G G, Thuillier G, Cho Y M, et al. The wind imaging interferometer (WINDII) on the upper atmosphere research satellite: A 20 year perspective. Reviews of Geophysics, 2012,50(2): 1-38.
[31] Gault W A, Shepherd G G. WAMDII - A wide ANGLE Michelson Doppler imaging interferometer for spacelab. Advances in Space Research, 1982, 2(7): 111-114.
[32] Zhang C M, Wang Y X, Yan T Y, et al. Signal-to-noise ratio of a near-infrared static wind imaging Michelson interferometer. Applied Optics, 2021, 60(16): 4848-4855.
[33] Shepherd G G, McDade I C, Gault W A, et al. The stratospheric wind interferometer for transport studies (swift). Advances in Space Research, 2001, 27(6/7): 1071-1079.
[34] Rahnama P, Rochon Y J, McDade I C, et al. Satellite measurement of stratospheric winds and ozone using Doppler michelson interferometry. Part Ⅰ: instrument model and measurement simulation. Journal of Atmospheric and Oceanic Technology, 2006, 23(6): 753-769.
[35] 张淳民, 赵葆常, 相里斌, 等. 偏振干涉成像光谱仪通量的分析与计算. 光学学报, 2001, 21(2): 192-197.
[36] 唐远河, 陈光德, 赵振宇, 等. 改型萨尼亚克成像干涉仪的光通量. 光学学报, 2007, 27(8): 1490-1493.
[37] 白鑫, 张淳民, 景春元, 等. 干涉成像光谱仪光通量的计算与分析. 物理学报, 2011, 60(7): 180-187.
[38] 唐远河, 董晨, 孙鹏, 等. 自动遥感探测高层大气温度和体发射率的气辉成像干涉仪. ZL201910303380.9 中国发明专利, 2021-09-10.

[39] Li C X, Fang Y, Xue Y Y, et al. A comparative study of the luminous flux of two ground-based airglow imaging interferometers. Proceedings of SPIE, Sydney, 2023: 130.

[40] 李存霞, 刘洋河, 李子健, 等. GBAII 探测地球上空 90-100km 气辉 MTF 研究. 光子学报, 2022, 51(3): 290-297.

[41] Tang Y H, Sun P, Gao H Y, et al. Simulation and observation for volume emission rates emitted from O_2(0-1) and O(^{1}S) nightglow in northwest China. Applied Optics, 2019, 58(1093): 1093.

[42] 方妍, 李存霞, 惠宁菊, 等. GBAVTII 探测西安上空夜气辉反演 O_2(0-1)柱浓度及其波动的研究. 地球物理学报, 2024, 67(3): 960-968.

[43] 王骏, 崔萌, 陆红, 等. 基于固体腔扫描法布里-珀罗干涉仪的大气温度绝对探测方法研究. 物理学报, 2017, 66(8): 402-409.

[44] Liu Y H, Tang Y H, Li L Q, et al. Study on LCoS full wave band linear phase modulation for the widen Michelson interferometer, 2024.12.23, submit to Applied Optics under review.

[45] 秦莉, 董丽丽, 许文海, 等. CCD 图像灰度与照度的转换标定方法. 仪器仪表学报, 2015, 36(3): 639-644.

[46] 刘汉臣, 唐远河. 摄影系统的调制传递函数(MTF)的研究. 纺织高校基础科学学报, 2002, 15(2): 152-155.

[47] Rochon Y J. The Retrieval of Winds, Doppler Temperatures and Emission Rates for the WINDII Experiment. Toronto: York University, 1999.

[48] Tang Y H, Jia Q J, Qin L, et al. Aurora intensity conversion and distribution simulation. Materials Science Forum, 2010, 663-665: 340-343.

[49] 金群锋. 大气折射率影响因素的研究. 杭州: 浙江大学, 2006.

[50] SABER 温度数据. https://saber.gats-inc.com/browse_data.php#.[2024-12-08].

[51] TIDI 的风速数据. https://tidi.engin.umich.edu/html/go?scripts/daily_plots/cal.pl&menu_home.html. [2024-12-08].

[52] 我系唐远河教授团队在第六届全国高等学校教师自制实验教学仪器设备创新大赛决赛中获二等奖. https://lxy.xaut.edu.cn/info/1164/3415.htm. [2021-05-25].

第 10 章　GBAII-LCoS 静态测风的理论与实验

基于第 8 章我们对透射式液晶进行强光选通成像的研究基础，第 9 章的 GBAII 配备了纳米级压电陶瓷步进装置，但机械误差及振动误差仍影响测风精度，对比第 1 章介绍的 WINDII、PAMI 和 WAMI 的测风方案后，我们首次提出使用 LCoS 代替 MI 一臂的反射镜，构造 GBAII-LCoS 光学系统，实现静态步进的高层大气风场遥感探测。本章介绍 GBAII-LCoS 静态测风对非线性器件 LCoS 的步进相位要求及其在全波段实现 2π区间线性相位的调制规律。

10.1　LCoS 的纯相位调制规律

10.1.1　LCoS 简介

液晶空间光调制器(liquid crystal-spatial light modulator，LC-SLM)是一种非线性电光器件，利用电控双折射效应对液晶的一维或二维光场进行振幅、相位、偏振态及频率的调制。第 8 章用透射式液晶实现了强光选通功能，LC-SLM 按读出信号分为透射式和反射式，按照调制功能分为振幅型、纯相位型及混合型[1-7]。本章用纯相位 LCoS 来替换 MI 一臂的反射镜，研究其静态测风相关规律。

图 10-1 为反射式液晶 LCoS 的结构示意图，最顶层是一个偏振片，其下的玻璃层(indium tinoxides，ITO)与反射层之间夹着液晶分子层，底层是互补金属氧化物半导体器件(complementary metal oxide semiconductor，CMOS)芯片。液晶分子在 ITO 玻璃表面和反射层表面都沿锚定方向排列，且上下锚定方向角度差为 α，中间液晶层分为许多薄层，每层内分子的取向基本一致，且平行于层面(XOY 平面)，相邻分子的取向逐渐转过一个角度，从而形成扭曲向列排列方式。在一定的外加电压范围内，扭曲向列型液晶器件可以满足纯相位调制条件。

我们在国际上首次提出利用 LCoS 代替 GBAII 中广角 MI 一臂的步进位移台和反射镜，研制了 GBAII-LCoS 光学系统[8-10]，利用 LCoS 纯相位调制实现静态四步进测风。本章介绍 GBAII-LCoS 的线性相位调制、全波段气辉调制、LCoS 高反射率调制目标、中高层大气探测模式等。

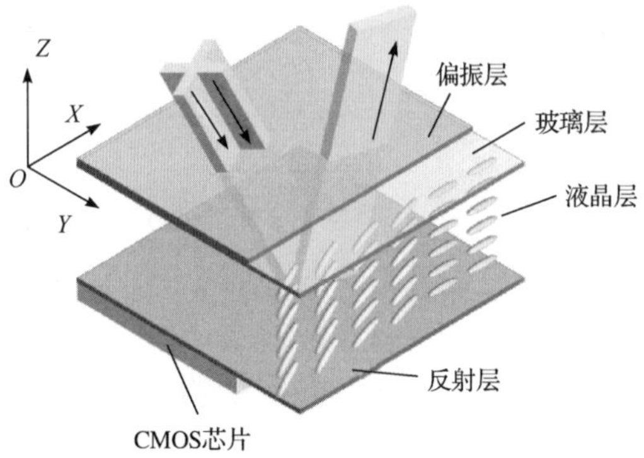

图 10-1　反射式液晶 LCoS 的结构示意图

10.1.2　LCoS 的相位调制原理

给如图 10-1 所示的 LCoS 两端外加一定的电压，液晶分子便发生一定角度的偏转：

$$\varphi=\begin{cases}0, & V\leqslant V_c\\ \dfrac{\pi}{2}-2\arctan\left[\exp\left(\dfrac{V_c-V}{V_o}\right)\right], & V>V_c\end{cases} \tag{10-1}$$

式中，φ是液晶分子旋转角；V_c是 LCoS 的阈值电压。当 LCoS 两端的电压小于V_c时，液晶分子几乎不发生偏转或偏转角很小；当外加电压超过V_c时，液晶分子才会出现明显的偏转。由于液晶层两端具有锚定作用，所以液晶分子从中间开始旋转，V_o是饱和电压，当电压超过V_o时，液晶分子不再发生偏转。液晶分子呈椭圆状结构，当入射光的偏振方向与长轴方向一致时，LCoS 会进行相位调制，调制后的相位改变量为[11,12]

$$\delta=2\beta-\arctan\left\{\frac{\alpha\beta\sin\omega[1-\cos(2\sqrt{\alpha^2+\beta^2})]-\beta\sqrt{\alpha^2+\beta^2}\cos\omega\sin(2\sqrt{\alpha^2+\beta^2})}{[\alpha^2+\beta^2\cos(2\sqrt{\alpha^2+\beta^2})]\cos\omega}\right\} \tag{10-2}$$

式中，δ是调制后的相位变化量；α是液晶分子的扭曲角；ω是出射光相对入射光改变的角度；β是与电压有关的系数[11,12]：

$$\beta=\frac{\pi d}{\lambda}\left[\frac{n_e n_o}{n_e^2\cos^2\left\{\dfrac{\pi}{2}-2\arctan\left[\exp\left(\dfrac{V_c-V}{V_o}\right)\right]\right\}+n_o^2\sin^2\left\{\dfrac{\pi}{2}-2\arctan\left[\exp\left(\dfrac{V_c-V}{V_o}\right)\right]\right\}}-n_0\right] \tag{10-3}$$

式中，d 是液晶层厚度；λ 是入射光波长；n_e 是非常光折射率；n_o 是寻常光折射率。虽然从上述公式可见 LCoS 通过改变外加电压来调制相位，但是实际上改变电压的方式是通过控制灰度值来实现的，向 LCoS 的驱动软件中加载不同灰度图来改变电压从而间接地改变相位。

我们使用的两个 LCoS 参数如下：第一个 LCoS 的靶面为 9.215mm×6.915mm，分辨率为 1024×768，单像素为 9×9 μm^2，灰度级为 8-bit(0～255)；第二个 LCoS 的靶面为 17.6mm×10.7mm，分辨率为 1920×1200，单像素为 9.2μm×9.2μm，灰度级为 8-bit(0～255)，LCoS 可调制波长范围均为 500～1200nm。

10.1.3 LCoS 的空间调制模式和时间调制模式

波动一个空间周期(波长为λ、相位为 2π)和一个时间周期 T 的步进调节 4 次彼此等价：

$$\text{步进波长：}0,\frac{\lambda}{4},\frac{2\lambda}{4},\frac{3\lambda}{4}\Leftrightarrow\text{步进相位：}0,\frac{\pi}{2},\frac{2\pi}{2},\frac{3\pi}{2}\Leftrightarrow\text{步进时间：}0,\frac{T}{4},\frac{2T}{4},\frac{3T}{4}$$

所以 LCoS 的相位调制模式分为空间调制模式与时间调制模式，如图 10-2 所示。

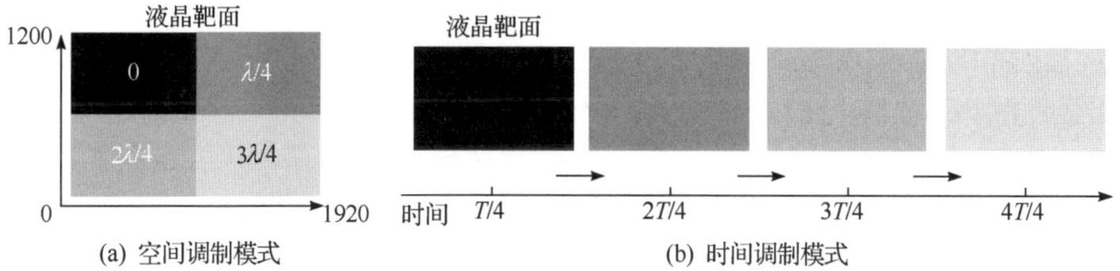

图 10-2 LCoS 的调制模式示意图

空间调制模式是将 LCoS 的靶面均分为 4 个区域，如图 10-2(a)所示，分别给每个区域加载不同的灰度图，使其调制出来的反射光相位依次相差 π/2；时间调制模式利用完整 LCoS 靶面，通过实验找出相位调制的起始灰度值，然后每 1/4T 加载一次灰度图，如图 10-2(b)所示。两种模式的共同点是四幅加载的灰度图都需经过相位调制实验定标才能确定。

LCoS 的空间调制模式优点是在一次实验中可以同时获得 3 次步进图像，有效地提高拍摄效率，扩充实验数据；缺点是 LCoS 的较小靶面不仅会导致有效反射光强不足，也使得该反射光与 MI 另一臂的反射光的光强不匹配，从而造成干涉图像对比度较差；因为 LCoS 的时间调制模式完整使用液晶靶面，所以成像质量较好。由此可知 LCoS 的时间调制模式更易实现，且成像质量更高，经过比较研究后，我们选用时间调制模式研究 GBAII-LCoS 的相关问题。

10.1.4 LCoS 反射率的调制目标

我们将 GBAII 的 MI 一臂反射镜替换为 LCoS，从而构成 GBAII-LCoS 系统，鉴于广角 MI 两臂的反射光的强度比值尽可能达到 1∶1 才能得到干涉条纹的最佳对比度，而 MI 一臂的玻璃镜面反射率约为 96%，由于 LCoS 是非线性光学器件，因此我们需要研究 LCoS 的反射率，让 MI 两臂的反射光强度尽可能地接近，以提高干涉条纹对比度。LCoS 的反射率表达式为[12]

$$R=\left[\alpha^2+\beta^2\cos\left(2\sqrt{\alpha^2+\beta^2}\right)\right]^2\left(\frac{\cos\psi}{\alpha^2+\beta^2}\right)^2+\left\{\frac{\alpha\beta\sin\psi}{\alpha^2+\beta^2}\left[1-\cos 2\sqrt{\alpha^2+\beta^2}\right]-\frac{\beta\cos\psi}{\sqrt{\alpha^2+\beta^2}}\sin 2\sqrt{\alpha^2+\beta^2}\right\}^2 \tag{10-4}$$

式中，α 是液晶分子的扭曲角；β 是电压相关系数；ψ 是出射光相对于入射光改变的角度。

LCoS 相位调制量及反射率与外加电压相关系数的关系如图 10-3 所示[12]，左右纵坐标分别是反射率、相位调制量，横坐标是电压相关系数 β。在入射到 LCoS 上光线的斜入射角必须小于 3°的情况下，图 10-3 所示的 *AB* 区间和 *CD* 区间对应的反射率均为 87%～100%，相位区间也均为 1.96π。在 β 为 2.1～3.7 内的反射率(87%～100%)的变化量为 13.0%，同时相位调制范围达到 0.91～2.81 π 。“四强度测风法”测风模式要求至少调制出来 1.5π 的线性相位。鉴于图 10-3 的 *CD* 区间反射率跟 *AB* 区间的几乎一样高，相位调制量也足够大，理论上可以满足仪器的探测需求，但是 *CD* 区间所需的相位 β 大。由于购置 LCoS 时遇到厂家不愿意提供关键参数的难题，我们通过多次实验获得 LCoS 的多个参数，从而确定“四强度测风法”测风的线性调制区间到底在图 10-3 的 *AB* 区间还是 *CD* 区间。

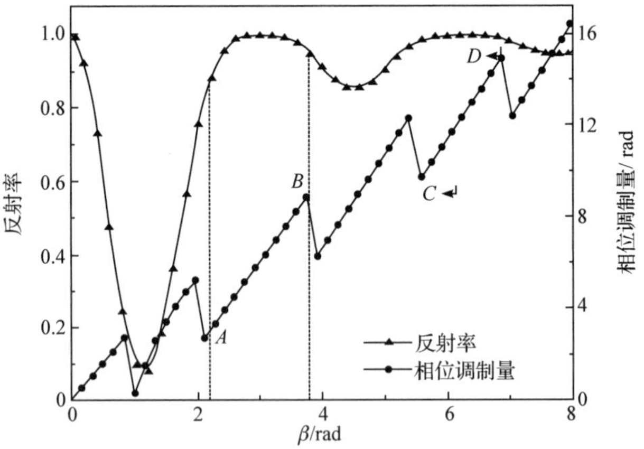

图 10-3　LCoS 相位调制量及反射率与外加电压相关系数的关系[12]

10.2　广角 MI-LCoS

10.2.1　广角 MI-LCoS 的光程差

基于 LCoS 的大空气隙广角 MI 结构如图 10-4 所示。我们采用 H-K9L 作为广角 MI 的光学玻璃材料，折射率为 n_1，它由分光棱镜与一块玻璃臂胶合而成，其中，分光棱镜尺寸为 50×50×50mm^3，玻璃臂厚度 $d_1 = 44.45$mm，另一臂空气隙厚度 $d_2 =$ 29.45mm。我们使用如图 10-1 所示 LCoS 的内部多层结构都很薄，从对光学性能产生影响角度可以把 LCoS 看作两层：玻璃层(厚度为 d_3，折射率为 n_3)和液晶层(厚度为 d_4，折射率为 n_4)。由于 LCoS 芯片为矩形，因此，需要在其表面加一个圆形的孔径光阑，直径为 6.8mm，使其通光口径扩大到 50mm×50mm。如果 MI 两臂光通量不等，那么会使最后获得条纹的调制度受到很大影响，为了避免这一影响，还需要在 MI 的玻璃臂末端与固定反射镜之间加入一个相同的视场光阑，直径仍然为 6.8mm。

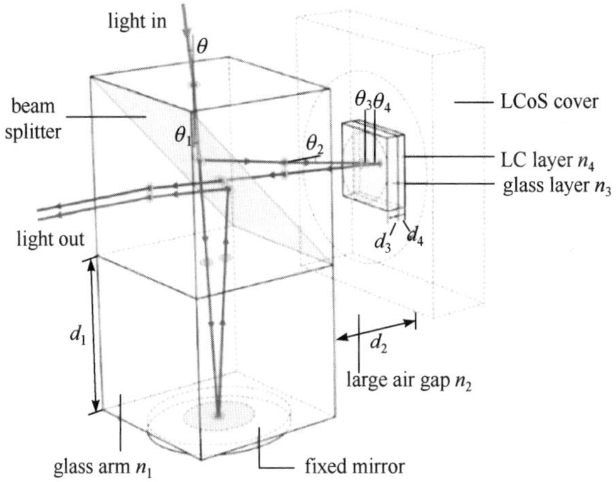

图 10-4　基于 LCoS 的大空气隙广角 MI 结构

根据图 10-4，基于 LCoS 的广角 MI 光程差为[13]

$$\begin{aligned}\Delta_\theta &= 2(n_1d_1\cos\theta_1 - n_2d_2\cos\theta_2 - n_3d_3\cos\theta_3 - n_4d_4\cos\theta_4)\\ &= 2(n_1d_1 - n_2d_2 - n_3d_3 - n_4d_4) - \sin^2\theta\left(\frac{d_1}{n_1}-\frac{d_2}{n_2}-\frac{d_3}{n_3}-\frac{d_4}{n_4}\right) - \frac{\sin^4\theta}{4}\left(\frac{d_1}{n_1^3}-\frac{d_2}{n_2^3}-\frac{d_3}{n_3^3}-\frac{d_4}{n_4^3}\right)\end{aligned} \tag{10-5}$$

式中，θ_1、θ_2、θ_3、θ_4 是各界面处的入射角。通过折射定律可以将 θ_1、θ_2、θ_3、θ_4 转换为只含入射角 θ 项的式(10-5)第二个等式的内容，其中与角度 θ 无关的第一项为固定光程差：

$$\Delta_\theta = 2(n_1 d_1 - n_2 d_2 - n_3 d_3 - n_4 d_4) \tag{10-6}$$

将所有参数代入式(10-6)，可得，基于 LCoS 的大空气隙广角 MI 的固定光程差为 7.638cm(波长为 532nm)和 7.601cm(波长为 633nm)。

10.2.2　广角 MI-LCoS 的测试实验

1. 实验器件

当采用 GBAII-LCoS 探测高层大气风场时，对器件性能有特殊的要求：光程差随入射角变化必须小于 3°、线性相位调制区间为 0～2π。在相位步进(0、π/2、π、3π/2)精度、仪器调制度、非线性器件的线性调制技术、干涉仪消色散等方面也有具体的要求。我们在实验室使用 632.8nm He-Ne 激光和 DPSS 532.0nm 激光做实验，通过平场、测暗、降噪、重复测试获取数据来满足上述要求。

GBAII-LCoS 系统结构及探测结果如图 10-5 所示[13]，激光进入位于顶部的积分球，在积分球出口端形成一个标准平面光源，并设置一个视场光阑来控制尺寸。发散光随后被第一组 lens 1 准直后进入 polarizer 1，出射的线偏振光被分光棱镜分束，

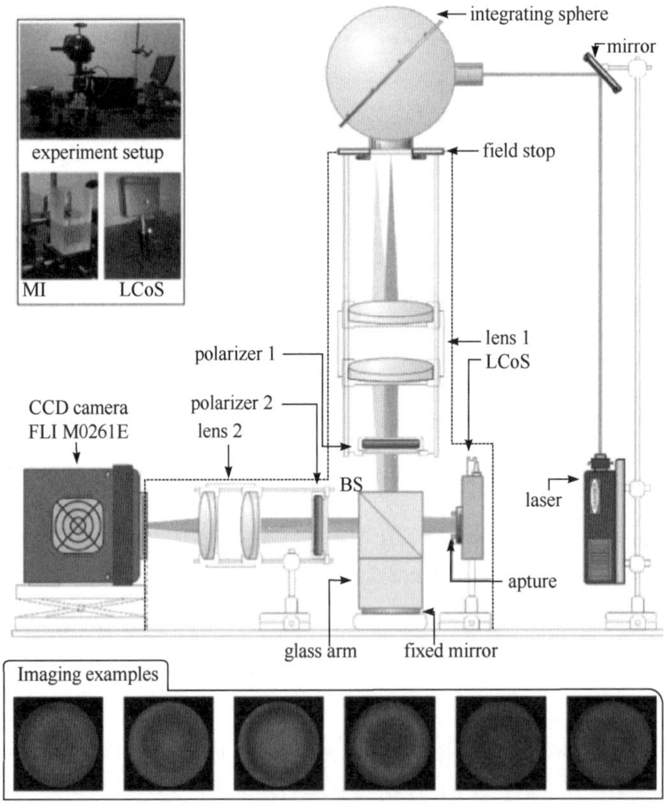

图 10-5　GBAII-LCoS 系统结构及探测结果[13]

一束进入 LCoS 进行调制，另一束则通过玻璃臂和固定反射镜。两束被反射回来的光会再次经过 polarizer 2 和 lens 2，然后成像在 CCD 相机的靶面上，此时的光已携带干涉信息。为了尽可能地降低球形光学面带来的像差，本实验全部使用消色差双胶合透镜，而且每组透镜都有 2 个透镜间隔一定空隙组成合适焦距的透镜组，其中，由两个 Φ75mm 口径和 300mm 焦距的双胶合透镜组成焦距为 160.0mm 的透镜组，称为第一组透镜；由两个 Φ50mm 口径和 150mm 焦距的双胶合透镜组成焦距为 72.5mm 的透镜组，称为第二组透镜。这样两组透镜可以充分地利用积分球出口处直径为 22mm 的面光源及 CCD 芯片的像面，从而使得进入干涉仪的最大入射角为 3.9°。整体光路在搭建之前用光学设计软件 Code V 进行优化模拟，MTF=0.6～0.8(0～25lp/mm)，点列图尺寸在 19 μm 内，小于 CCD 像元(20μm)，均满足高质量成像要求。

2. 实验结果及讨论

(1) 相位调制范围和线性度：按照图 10-6 的图像处理流程，我们分别得到 LCoS 在不同波长(532nm 和 633nm)下的相位调制结果如图 10-7 所示。随机挑选 20 幅处理过的图像，通过对横向及纵向截面像素灰度极值的计算，获得图像的中心像素点位置为(245, 260)。我们将围绕中心的 25 个像素的平均灰度值求出，并列在图 10-7(b)和(d)中的离散点上，横坐标为图像的序列号，根据对应关系也可以看成灰度值。图中的实线是借助最小二乘法对离散点进行的正弦曲线拟合，校正相关系数分别为 0.948 和 0.978，该曲线也恰好提供了分析灰度和相位的定标关系。

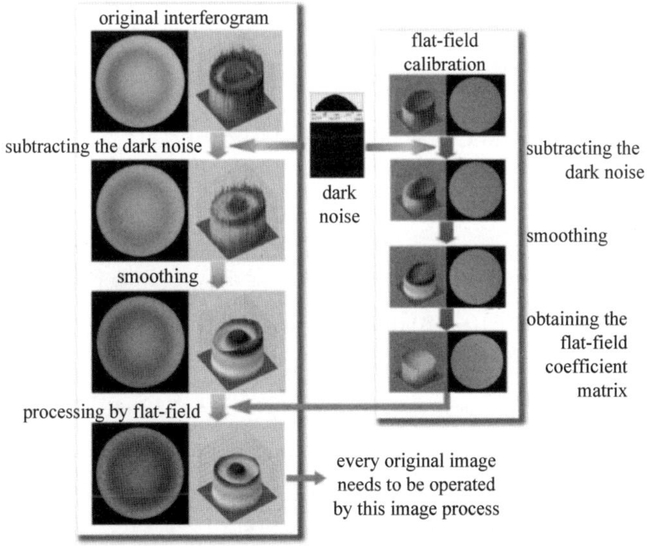

图 10-6　GBAII-LCoS 的图像处理流程[13](见彩图)

图 10-7(a)和(c)显示相位调制的线性度，离散点为实验值，实线为标准线。由图 10-7(a)可知波长为 532nm 时的最大 MI 相位调制范围达到 2.13π，而图 10-7(c)中当波长为 633nm 时最大 MI 相位调制范围约为 1.58π。因此，当波长为 532nm 时 8-bit 的 GBAII-LCoS 的调制精细度为 0.026rad，而当波长为 633nm 时调制精细度为 0.019rad，该变化趋势与厂家描述的大体相同。由图 10-7 可见，波长为 633nm 的稳定性要比波长为 532nm 的稍好。鉴于“四强度测风法”原理需要的最大调制范围为 1.5π，即使采用真实的气辉谱线 OI(557.7nm)和 OI(630.0nm)，它们的范围也在 532nm 和 633nm 激光波长之间，因此，从实验结果看，我们使用的 GBAII-LCoS 满足风场探测需求。

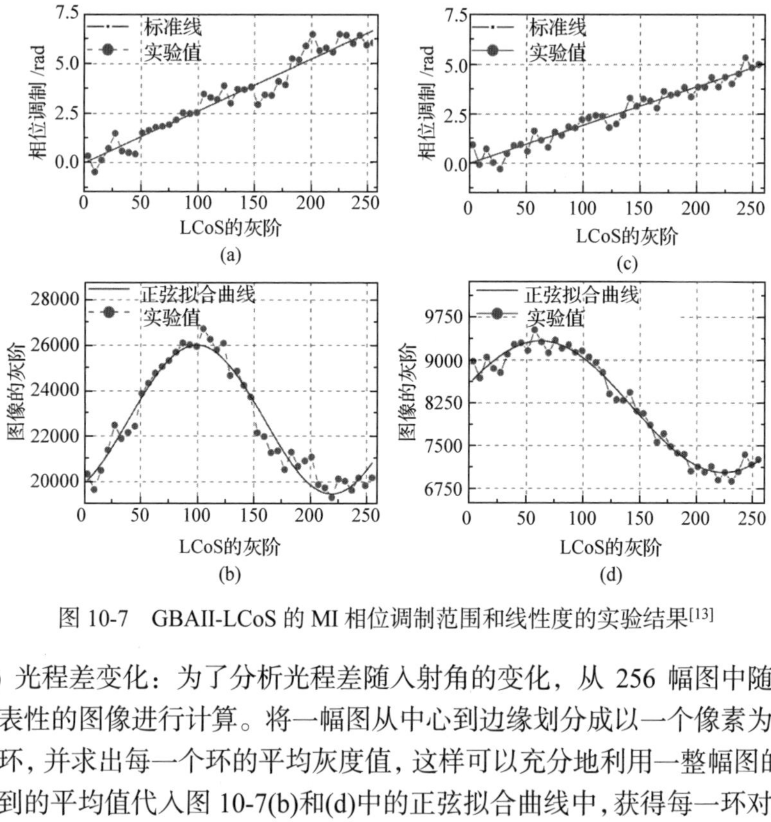

图 10-7　GBAII-LCoS 的 MI 相位调制范围和线性度的实验结果[13]

(2) 光程差变化：为了分析光程差随入射角的变化，从 256 幅图中随机挑选一幅代表性的图像进行计算。将一幅图从中心到边缘划分成以一个像素为宽度的若干个环，并求出每一个环的平均灰度值，这样可以充分地利用一整幅图的信息，并将得到的平均值代入图 10-7(b)和(d)中的正弦拟合曲线中，获得每一环对应的相位，又因环的位置与入射光线的角度一一对应，呈线性关系，我们获得 GBAII-LCoS 的光程差与入射角的关系(图 10-8)。当波长为 532nm 时，光程差在 3.6°时的变化达到 0.59 个条纹，而当波长为 633nm 时达到 0.50 个条纹，二者之差仅为 0.09 个条纹，充分地显示该干涉仪良好的消色差能力。当入射角小于 0.8°时，两组数据都出现不稳定性，这是因为图像中心圆环包含的像素值较少，得到的平均灰度受 CCD 随机噪声的影响较大。当入射角为 0.8°～3.6°时，仍有微小偏差，这主要源于多条纹的重叠及波前畸变的相差，而这些原因会导致条纹的形状偏离标准正弦曲线,虽然在光路中已将偏振片倾斜了一定的角度来避免多次反射的干扰，但或多或少仍有微小影响。随着波长的减小，波前畸变影响会增加，这也是入射光(波长为 633nm)的结果要好于入射光(波长为 532nm)结果的原因。另外，由图 10-8 和图 10-9 可知，激光器功率的不稳定带来灰度值的变化也是潜在原因之一。

(3) 仪器可见度：利用与图 10-7(b)和(d)中计算正弦曲线相同的方法，从图像中心到边缘采样 12 个 Bin，每个 Bin 取 5×5 像素的灰度平均值计算的调制度如图 10-9 所示，结果表明，波长为 532nm 的仪器可见度(0.191～0.226)略大于波长为 633nm 的可见度(0.146～0.204)，但整体可见度比预期的要低，主要原因来自 MI 两臂通光量的不平衡，当光正入射时 LCoS 对波长为 532nm 的反射率仅为 62%，而镀有银膜的固定反射镜具备 95%的反射率，这种差异会明显地降低条纹的可见度，至少在 10%的误差上，当波长为 633nm 时 LCoS 的反射率更是降低到 53%，这也是图 10-9 中红色离散点整体低于绿色离散点的原因。随着入射角的增大，LCoS 反射率也会降低，因此，导致图像中心的可见度会大于图像边缘的可见度。

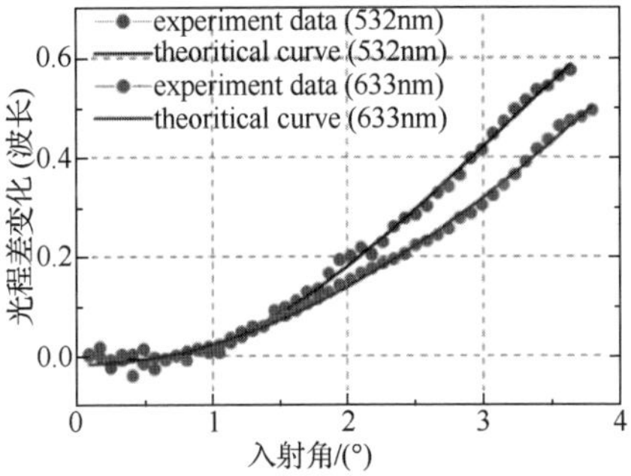

图 10-8　GBAII-LCoS 的光程差与入射角的关系[13](见彩图)

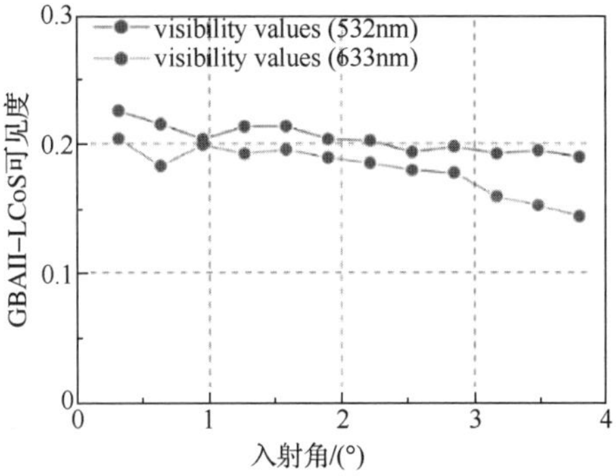

图 10-9　GBAII-LCoS 可见度随波长和入射角的变化曲线[13]

从实验结果来看，尽管仍有很多不足之处，LCoS 基本能够满足测风需求。如果电路的稳定性及位数提高(如 16-bit)，那么调制精度即测风精度将大大提高；更高填充因子和反射率的 LCoS 也能够大幅度地提高仪器的可见度；若 LCoS 使用面积能扩大，则可以使光通量和响应度迅速提高，所以我们又更换了第二个 LCoS，具体如下。

10.2.3　GBAII-LCoS 光学系统

我们将 2011 年起初研制的 GBAII-LCoS 结构(图 10-1)改进为 GBAII-LCoS 结构(图 10-10)：将图 10-1 中的 3 个透镜组合换成了 3 个消色差单透镜，其他器件没变。气辉从图 10-10 上方的视场光阑进入透镜 1 准直后再入射到广角

MI，分束棱镜将光线分为 l_1 与 l_2，l_1 经过反射后与底部平面镜的反射光 l_2 汇合，经透镜 2 聚焦，再通过透镜 3 转化为平行光进入窄带滤光片后，在 CCD 上形成干涉条纹，通过图像处理、定标、正演及反演计算，最后得到大气风速及温度等信息[14-16]。

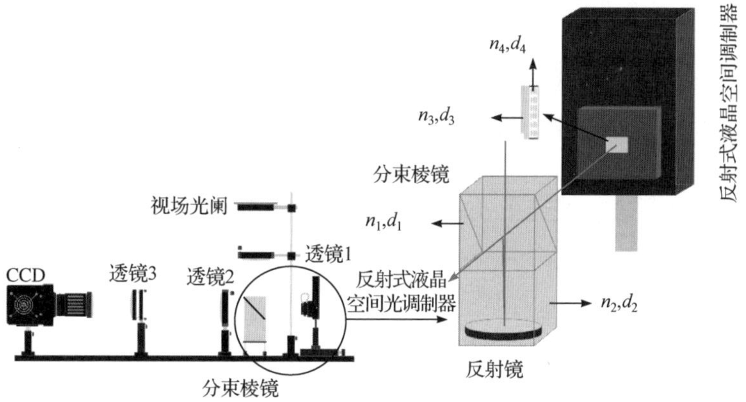

图 10-10　GBAII-LCoS 光学系统及其广角 MI 示意图

10.3　GBAII-LCoS 的全波段线性相位调制

10.3.1　寻找 LCoS 的线性相位区间

由于 LCoS 是非线性器件，厂商未提供全部相关参数，致使在 GBAII-LCoS 系统中无法定量获得“四强度测风法”测风所需 4 个纯相位对应的反射率，进而无法确定干涉条纹的对比度，所以我们通过实验研究 GBAII-LCoS 的相位调制过程并得出结果。本节搭建两种实验光路：第一种是 GBAII-LCoS 实验光路，第二种是 LCoS 测试光路，目标是通过两种不同的实验光路找出 LCoS 的线性调制区间，确定 4 个步进点的灰度值，为仪器正演和数据反演奠定基础。

由于从 LCoS 的驱动软件中无法得知灰度与外加电压的映射关系，所以在实验中以灰度值的变化来确定灰度等级、反射率及相位变化量之间的关系。鉴于 LCoS 是一个非线性器件，实验目的找出图 10-3 所示 LCoS 最大反射率的 *AB* 区间(而不是 *CD* 区间)，并调制出相位相差 $\pi/2$ 的 4 个实验强度值。我们搭建如图 10-11 所示 GBAII-LCoS 的实验光路。

图 10-11 的实验使用相干性高的 532.0nm 激光进入顶部积分球，将点光源转化为均匀面光源，经过 Φ 35mm 的视场光阑后被透镜 1 准直，透镜 1 直径为 75mm、焦距为 167.5mm，光线进入材质为 K9 光学玻璃并且长宽高分别为 50mm 的分束

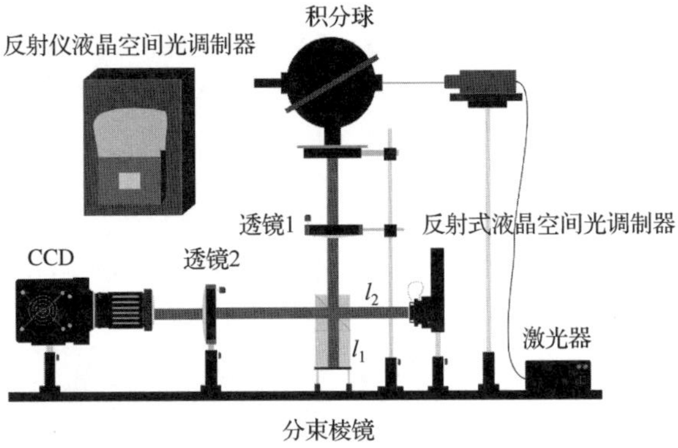

图 10-11　移去 GBAII-LCoS 中的滤光片光路图

棱镜，分光比例为 0.45∶0.45，分光棱镜下方同样胶合了一块厚度为 44.45mm 的 K9 光学玻璃臂，在分光棱镜的右侧，我们使用 15mm 的空气隙代替了玻璃臂，组成了 29.45mm 的大空气隙，经过分光棱镜后光线分为 l_1 和 l_2，l_2 进入 LCoS 中调制，l_1 经过底部的反射镜反射，两束光线在分光面重新汇合并通过透镜 2 聚焦，再经过 CCD 的前镜头后干涉成像。本实验使用 FLI 公司生产的 CCD，像素为 512×512，单像素尺寸为 20 μm，位深为 16bit。此外，我们在 CCD 前配备了一个最大光圈为 F3.5、变焦为 35～210mm 的镜头。2021 年 8 月 18 日 GBAII-LCoS 拍摄的成像干涉图如图 10-12、图 10-13 所示，图 10-12 (a)～(d)依次是灰度级为 50、100、150、200 的拍摄结果，以 CCD 上像素点(35,120)为例，从图上可见，随着灰度图的切换，电子计数值也发生改变，确定 LCoS 确实在进行相位调制。

鉴于拍摄图像 CCD 的 Bin 像素为 256×256，所以理想条件下圆心坐标应在像素点(128,128)，根据第 9 章干涉条纹圆心的定标方法，得到干涉圆环的圆心坐标为(126,132)，如图 10-14 所示。

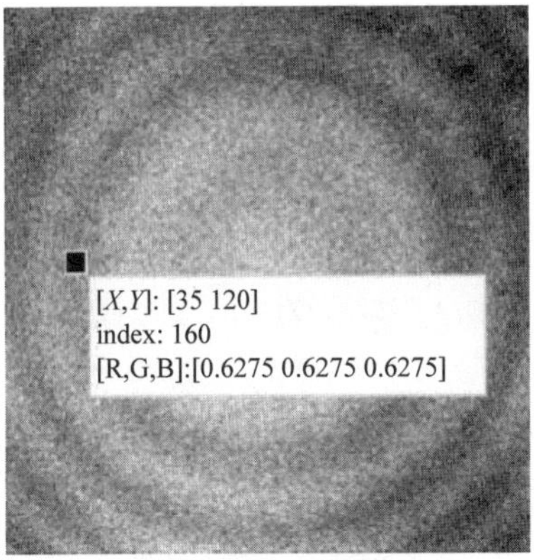

(a) 灰度级为50的图像

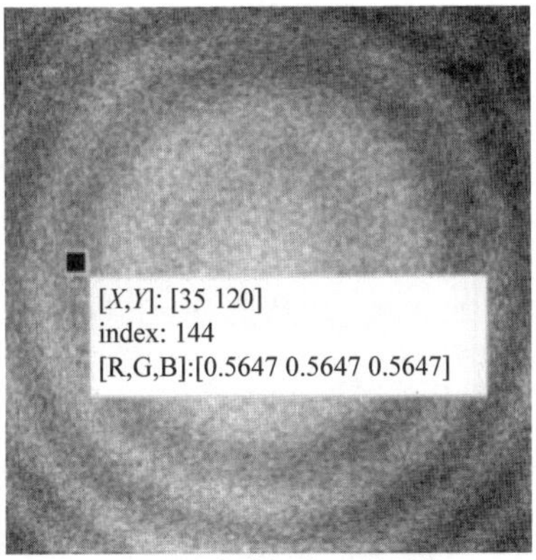

(b) 灰度级为100的图像

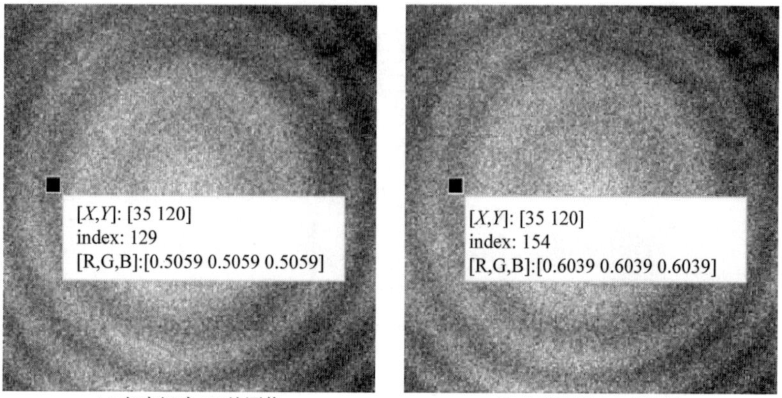

(c) 灰度级为150的图像　　(d) 灰度级为200的图像

图 10-12　2021 年 8 月 18 日 GBAII-LCoS 拍摄的成像干涉图

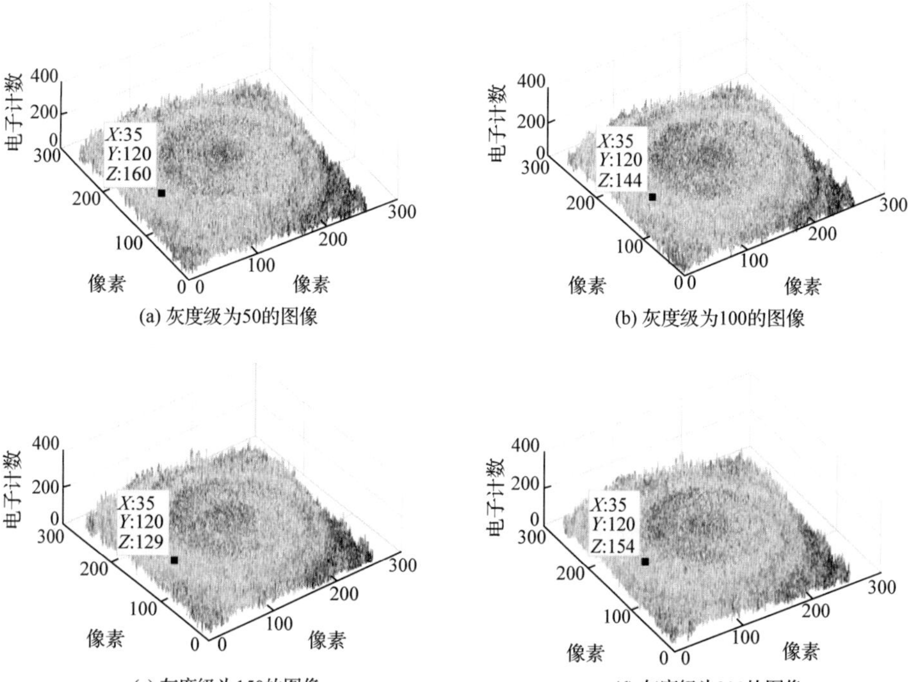

(a) 灰度级为50的图像　　(b) 灰度级为100的图像

(c) 灰度级为150的图像　　(d) 灰度级为200的图像

图 10-13　2021 年 8 月 18 日 GBAII-LCoS 拍摄的成像干涉图及对应的电子计数值(见彩图)

10.3.2　LCoS 线性区间的相位步进调制实验

为了降低透镜及 CCD 对测试结果的影响，我们搭建如图 10-15 所示测试光路来验证 LCoS 的相位调制规律。激光经扩束后，通过透镜与偏振镜到达 LCoS，经调制及反射后通过第 2 个透镜及偏振镜，我们使用功率计来记录数据，是为了避免 CCD 降温不达标而暗噪声较强带来的影响。

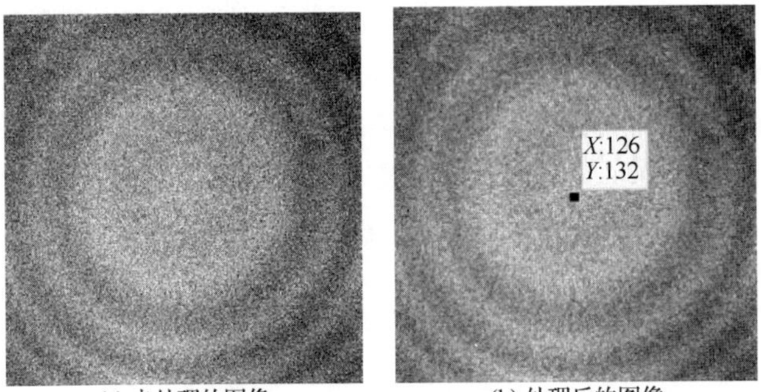

(a) 未处理的图像　　(b) 处理后的图像

图 10-14　确定 GBAII-LCoS 干涉圆环的圆心定标

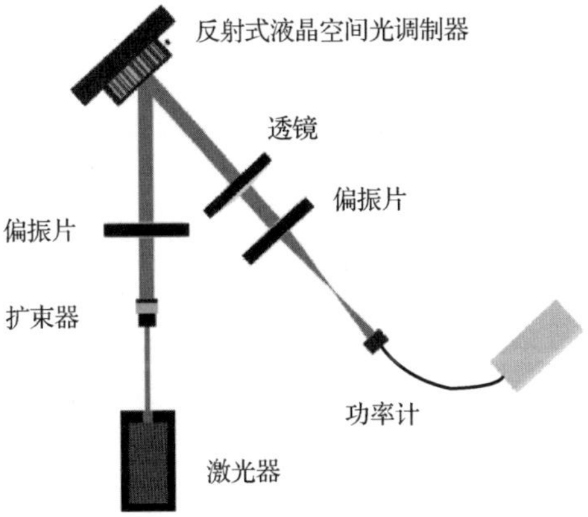

图 10-15　LCoS 的相位调制测试光路图

为了验证 LCoS 相位调制实验的稳定性及调制区间是否为 GBAII-LCoS 所需的线性且相位接近 2π的区间，我们在激光器与扩束镜之间添加一个半波片，去除第一个偏振镜后面的透镜，尽量地减小透镜对调制的影响，只保留第二个透镜用于聚焦，实验结果如图 10-16(a)与(b)所示，其中，灰度阈值为 100，由于要获取与实验结果更加契合的拟合曲线，所以没有选择从灰度阈值开始截取，经过反复调试，最终选择了 151～255 作为拟合对象，拟合结果如图 10-16 (c)所示。由于相位变化曲线类似正弦曲线，所以采用通项正弦函数拟合式：

$$f1(x) = a\sin(b\pi x / T + c) + d \tag{10-7}$$

图 10-16 所示的结果是 2021 年 12 月 11 日我们用 LCoS 调制的实验结果，将其调制的相位变化函数拟合成如下函数：

$$f2(x) = 0.3056\sin(1.983\pi x / 105 + 0.7841) + 2.894 \tag{10-8}$$

相位调制量与灰阶之间的直线线性变化规律如下：

$$f3(x) = 1.983\pi x / 105 + 0.7841 \tag{10-9}$$

我们得到拟合度 R-square 及 Adj R-square 分别为 0.9924 和 0.9922，高拟合度保证了相位调制量满足仪器的最低探测条件。

由图 10-16 (d)可见，总相位调制量达到 6.1704rad(1.96π)，根据“四强度测风法”要求的 4 个步进点，我们将初始灰度点设为灰度值 164，3 个步进点灰度值分别为 191、217 及 243，平均一张灰度图改变 0.01889π 相位，所以截取的调制区间更加接近图 10-3 中的理想调制 *AB* 区间。

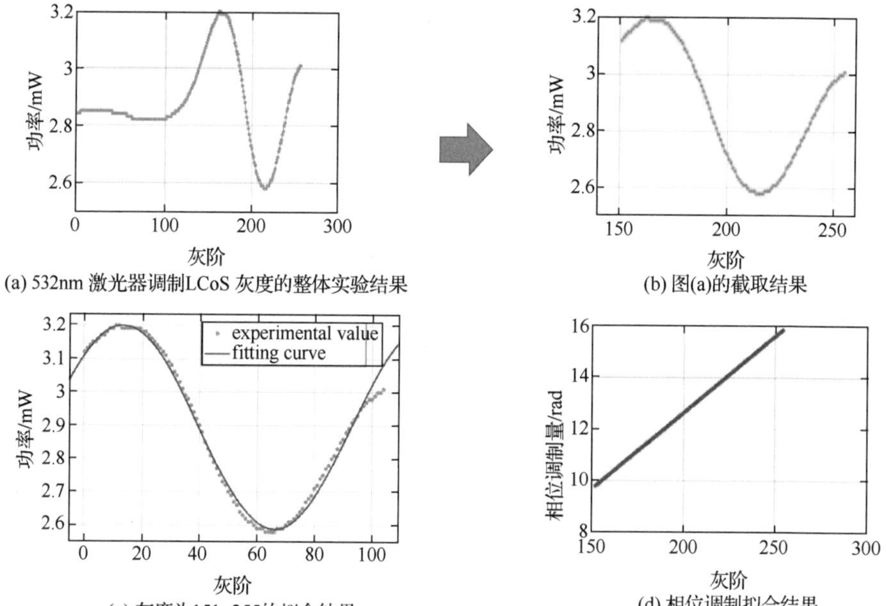

(a) 532nm 激光器调制LCoS 灰度的整体实验结果

(b) 图(a)的截取结果

(c) 灰度为151~255的拟合结果

(d) 相位调制拟合结果

图 10-16　2021 年 12 月 11 日用 532nm 激光器调制 LCoS 线性相位的实验结果

为了获得 LCoS 对不同波长的调制区间，2021 年 12 月 19 日，我们更换波长为 632nm 的激光再次实验，确定灰度阈值为 100，结果如图 10-17 所示，截取区间为 165～242，拟合度 R-square 为 0.9985，Adj R-square 为 0.9984，相位调制量为 4.7853rad(1.52π)，平均一张灰度图调制 0.01978π 相位，4 个调制点的灰度分别为 166、191、217、242，得到拟合曲线为

$$f4(x) = -0.07648 \cdot \sin(1.543\pi x / 78 + 0.7724) + 0.2077 \tag{10-10}$$

得到相位调制的拟合直线为

$$f5(x) = 1.543\pi x / 78 + 0.7724 \tag{10-11}$$

综上所述，通过多次实验，我们已经确定实验截取的区间就是图 10-3 中的 *AB* 区间，因为现有的 LCoS 的调制量无法达到 CD 区间。我们重复上述实验，得到优化后 LCoS 的线性相位调制实验结果如表 10-1 所示。

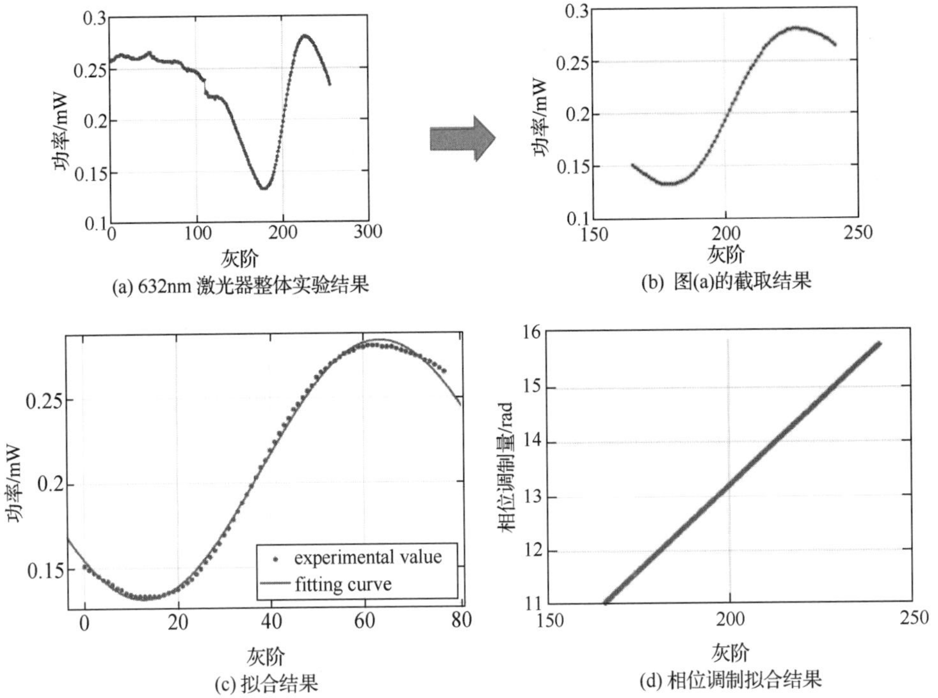

(a) 632nm 激光器整体实验结果　(b) 图(a)的截取结果

(c) 拟合结果　(d) 相位调制拟合结果

图 10-17　2021 年 12 月 19 日用 632nm 激光器调制 LCoS 线性相位的实验结果

表 10-1　LCoS 的线性相位调制实验结果及步进 π/2 的“四强度测风法”对应的步进点灰度值[17]

实验日期	波长/nm	灰度阈值	相位调制量	初始灰度点	π/2 灰度点	π 灰度点	3π/2 灰度点
2021 年 12 月 11 日	532	100	1.96π	164	191	217	243
2021 年 12 月 11 日	532	100	1.92π	168	193	218	243
2021 年 12 月 12 日	532	100	2.12π	164	186	208	230
2021 年 12 月 19 日	632	100	1.52π	166	191	217	242

通过在上述不同波长条件下 LCoS 的线性相位调制实验结果，由表 10-1 可得如下结论：

(1) 使用两种波长(532.0nm，632.0nm)调制 LCoS，得到其灰度阈值都在 100 灰度值的位置处(灰度为 0～255)，这为使用 LCoS 调制探测其他波长的气辉的灰度阈值找到了一般的规律。

(2) 因为“四强度测风法”测风要求一个周期内调制的相位要达到 2π，即线性地步进调制出 0、π/2、π、3π/2 共 4 个相位点的强度值，才能根据“四强度测风法”得到视线方向上的风速。由表 10-1 可见，4 次实验将 LCoS 的线性区间调制到 1.52π～2.12π，这就验证了我们所选 LCoS 完全可以满足一个周期内相位步进 4 次的测风要求，并且找到了相应的线性调制规律。

(3) LCoS 在线性相位调制的 1.52π(最大 2.12π)区间内，我们也找到了完全满足 GBAII-LCoS 测风要求且拟合度达到 0.99，满足一个周期内的正弦或余弦函数曲线。

(4) 我们找到与图 10-3 所示的理想线性调制区间 *AB* 的调制量最为接近的线性相位区间，而不是 *CD* 区间。因为图 10-3 中 *CD* 区间的相位调制量要达到 8rad 以上，而我们现有 LCoS 的调制量达不到该指标，若要调制到图 10-3 的 *CD* 区间，需继续加载灰度图来改变外加电压，而 LCoS 只能识别 8bit(0～255)的灰度，加载到最大灰度后无法再继续调制。

(5) 通过实验，在室内外环境中我们能得到一个周期范围内 4 个调制点的强度值，根据四强度测风法，在理论上可以计算对应的高层大气风速，通过实验我们还得到 4 个步进的初始灰度调制点在 170 左右。例如，2021 年 12 月 11 日实验中 LCoS 的理想调制区间是 151～255，由于灰度图像的值不可以取小数，步进相位相差 π/2 的 4 个灰度调制点分别为整数(164、191、217、243)，分别对应相位(0、π、π/2、3π/2)，根据灰度与电子计数的关系，可以获取相应的强度值以进一步获得视线方向上的风速。

10.3.3　GBAII-LCoS 全波段 2π相位的线性调制

我们选用的纯相位 LCoS 的波长调制范围为 500～1200nm，如果将 MI 一臂的反射镜替换成 LCoS 那么就很难保证 GBAII-LCoS 可以探测其他波段的气辉，例如，紫外、红外波段。鉴于探测高层大气的气辉光源的波长范围很广泛(紫外-可见光-红外线)，我们通过如下实验发现了针对全波段均能在 2π 相位区间满足线性调制的规律，即在一个周期内对所有波长的气辉可在 2π 相位内实现四步进调制，适用于波长从可见光到红外全波段气辉的探测光源，这为利用 LCoS 替代 MI 反射镜的 GBAII-LCoS 进行“四强度测风法”测风，运用到地球、火星、土星的气辉探测奠定了坚实的基础。我们找出了 GBAII-LCoS 基于 MI 的 LCoS 全波段 2π 相位的线性调制理论与实验，通过查找表(look-up table，LUT)定标可以实现全波段通道的静态线性调制测风[18]。

我们将图 10-15 中的 BS 换成半波片，使用 LCoS 的时间调制模式，先找到局部的线性相位变化区域，再通过相位校正软件对实验光源进行校正，使得 LCoS 在全波段都能达到线性调制。所用 LCoS 参数如下：靶面大小为 17.6mm × 10.7mm，分辨率为 1920×1200，单像素大小为 9.2μm × 9.2μm，灰度等级为 0～255，最大反射率为 95%。为找到 LCoS 的线性区域，我们先对 LCoS 进行调制测试，在使用 532nm 激光器扩束后，光穿过偏振镜到达 LCoS，经反射后通过透镜与偏振镜，最后使用功率计记录强度，共 256 个数据。实验结果如图 10-18 所示，归一化处理后得到纵坐标 0-1 对应 0～2π 相位线性变化的结果，使用波长为 532nm 及 632.8nm 激光器实验都得到了线性区间，其中，波长为 532nm 的线性区间对应■线的灰度范围为 110～213，且线性相位调制量达 2π；波长为 632nm 的近似线性区间对应●线的灰度范围为 14～213，且线性相位调制量达到 2π。结论：对全波段的不同气辉波长，只要线性调制区间达到 2π，都可以满足“四强度测风法”静态测风要求。

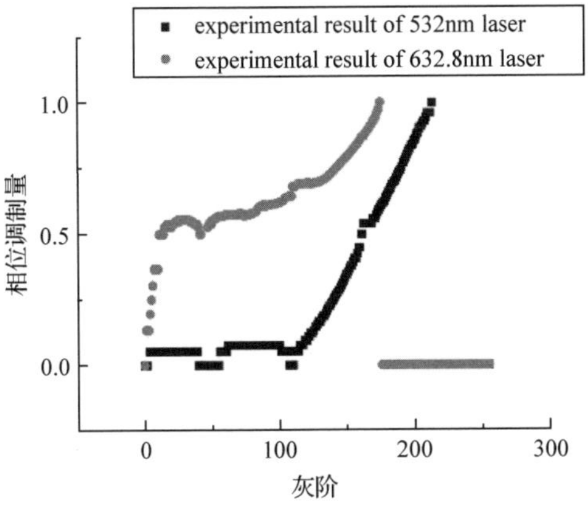

图 10-18 不同波长对 LCoS 进行线性相位调制的实验结果[18]

图 10-18 中■线为 532nm 的激光波长调制 LCoS 相位的结果，LCoS 的相位调制会随不同波长而改变。对不同气辉波长，需对 LCoS 的相位调制进行波长校正，将调制区间与波长对应起来均能达到 2π 的线性调制量。一般来说，每个制造商都会提供一个特定波长 LCoS 的线性 LUT 校正直线，但是如果想用这个 LCoS 调制来探测其他波长，就需要分别对不同的波长作出各自的 LTU 校正直线，也就是说，波长不同、其 LUT 校正直线也不同。掌握了上述作 LUT 直线的一般规律，就可以用 LCoS 实现全波段的线性调制了。LCoS 的相位定标流程图如图 10-19 所示。

校正光路依旧如图 10-15 所示，需在偏振镜和 LCoS 间安装一个透镜，光线经半波片、扩束器及 LCoS 调制反射后，由功率计接收数据；在驱动软件中加载初始 LUT 文件，实验结束后将数据导入校正软件中，程序会自动对相位进行校正，最终生成一个对应波长的 LUT 文件。向 LCoS 加载校正后的 LUT 文件后再次进行实验，将结果导入校正软件并提取后即可看到校正效果，如图 10-20 中■线所示，纵坐标 0～1 对应 0～2π 的相位变化，也就是说通过校正，可以实现 LCoS 的 2π 相位内的线性变化。

为了验证 LUT 对不同光路的通用性，我们使用图 10-15 所示的 GBAII-LCoS 光路进行实验，将半波片与扩束器加入光路中。将 LCoS 加载校正后的 LUT，光源为 532nm 激光，光线经过半波片、扩束器及透镜 1 后进入广角 MI 系统，分光

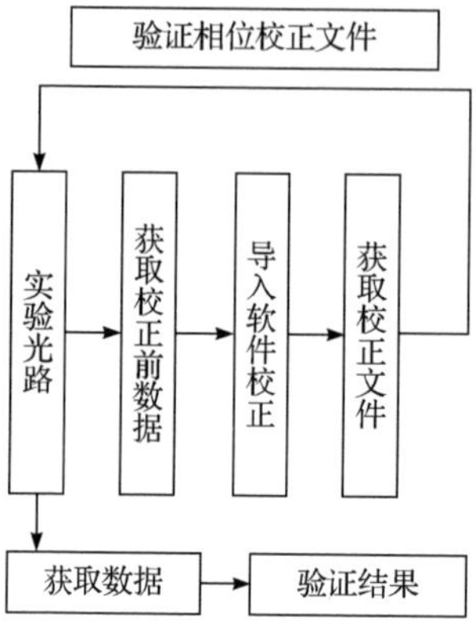

图 10-19　LCoS 的相位定标流程图

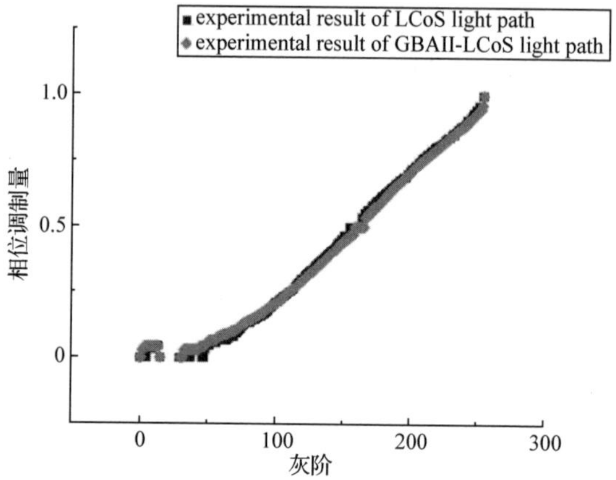

图 10-20　通过 LUT 对 GBAII_LCoS 的相位定标结果[18]

棱镜将光线分为 l_1 和 l_2，l_2 进入 LCoS 中调制，l_1 经过底部的反射镜反射，两束光线汇合后通过透镜 2 与透镜 3，功率计记录结果。将实验结果导入并提取，可得相位变化量，如图 10-20 所示，将纵坐标进行归一化处理，0～1 对应 0～2π 的相位变化，其中，■线为 LCoS 校正光路调制结果，◆线是 GBAII-LCoS 实测结果，两个光路的相位变化趋势几乎一致，并且都达到了全域线性调制，证明了 LUT 文件在更换光路后依旧可用，经相位校正后，根据“四强度测风法”测风理论，4 个调制点分别对应的灰度为 0、111、159、210，测量 0、111、159、210 灰度处的 4 个强度值即可获得对应的 4 个干涉强度，进一步根据后面式(10-12)获取风速。对 GBAII-LCoS 探测不同的气辉波长，根据不同波长光源使用 LCoS 制作出不同的 LUT 并进行相位校正，即可获得全域 2π 相位线性变化的成像干涉条纹，找出对应的四个灰度值，即可对不同波长的气辉进行探测。

结论：我们在前期研制的 GBAII 基础上，将 MI 一臂的反射镜替换为 LCoS，构成 GBAII-LCoS 光学系统，通过 LCoS 的相位调制原理和模式，鉴于 LCoS 是一个非线性器件，我们在实验室采用波长为 532.0nm、630.0nm 两种光源，通过计算，我们发现 2π相位区间内 LCoS 的反射率接近 100%且具有线性调制的响应区间，例如，利用 532nm 激光对 GBAII-LCoS 进行全域线性调制实验，得到光源对该系统的 LUT 校正，找出了 0、111、159、210 四个灰度调制点。我们制订并使用相位校正文件 LUT，可以实现不同气辉波长的相应相位定标，完全可以实现地球、火星、土星等大气气辉的全波段探测，这样就证明了 GBAII-LCoS 完全可以用于全波段的静态线性 2π相位调制“四强度测风法”模式。

10.4　GBAII-LCoS 的静态“四强度测风法”测风

第 9 章已列出 GBAII 的“四强度测风法”“转动谱线测温”表达式，为了本章的连贯性，下面再给出 GBAII-LCoS 探测视线方向上的风速和大气温度的表达式：

$$v = \frac{c\left[\arctan\left(\frac{I_4 - I_2}{I_3 - I_1}\right)\right]}{2\pi\sigma_0\varDelta} \tag{10-12}$$

$$T = -\ln\left(\frac{I_{\max} - I_{\min}}{I_{\max} + I_{\min}}\right) / Q\varDelta^2 \tag{10-13}$$

式中，I_1、I_2、I_3和I_4是一个干涉条纹中步进 4 次光程差对应的干涉强度值；σ_0是零风速的气辉波数；$\varDelta$ 是 GBAII 的固有光程差；$I_{\max}$是干涉条纹的最大强度值；$I_{\min}$是最小强度值；$Q=1.82\times10^{-12}(\sigma_0^2/M)(\mathrm{K}^{-1}\mathrm{cm}^{-2})$[19]；$T$ 是达到局部热平衡时的大气温度，也是 GBAII-LCoS 要探测的大气温度。

与 GBAII 的正演类似，得到由各个参数构成的 GBAII-LCoS 的正演方程后，再借助编程软件绘制出正演方程的成像干涉图。得出相位四步进所对应图像的电子计数、信噪比等参数。正演模型包含 6 个子模型：大气传输模型、探测光源模型、滤光片模型、广角 MI 模型、LCoS 模型、衰减系数模型。GBAI-LCoS 的正演方程为[15]

$$N_{m,n,k} = \sum_{i=1}^{12} I_A \times I_{j-i} \times R_{m,n} \times \tau_f\left(\lambda_i\right) \times \tau_{\text{ins}} \times \tau_{\text{trans}} \times D_{m,n} \times \left[1 + VU\cos\left(2\pi\sigma_i\varDelta_\theta + \phi_k\right)\right] + I_b\left(N\right) \tag{10-14}$$

式中，τ_{ins}为仪器的整体透过率；τ_{trans}为大气传输率；$\tau_f\left(\lambda_i\right)$为滤光片透过率；$R_{m,n}$为仪器响应度；$I_A \times I_{j-i}$为光源强度模型；$m,n$ 表示矩阵的第 m 行 n 列，$D_{m,n}$为光学系统衰减系数。

由式(10-5)和式(10-6)的广角 MI 结构获得式(10-14)中的固定光程差$\varDelta_\theta$，将 LCoS 加入后增加了液晶层及最外面的玻璃层，从而改变了 GBAII-LCoS 系统的光程差，但是基准光程差沿用式(10-6)，广角条件是将式(10-5)中的 $\sin^2\theta$ 项消除，得到

$$\varDelta_\theta = 2\left(n_1d_1 - n_2d_2 - n_3d_3 - n_4d_4\right) - \frac{\sin^4\theta}{4}\left(\frac{d_1}{n_1^3} - \frac{d_2}{n_2^3} - \frac{d_3}{n_3^3} - \frac{d_4}{n_4^3}\right) \tag{10-15}$$

式中，n_1、n_2、n_3、n_4分别是胶合在分光棱镜下方的玻璃臂、空气隙、LCoS 玻璃层及液晶层的折射率；θ 是光线入射角；d_1、d_2、d_3、d_4分别是玻璃臂的厚度、空气隙的宽度、玻璃层的厚度及液晶层的厚度。若式(10-15)中第 2 项也为零，则满足超广角 MI 条件。由于式(10-15)中的参数 n_3、n_4和 d_3、d_4厂家不能提供，因此改进后的 GBAII-LCoS 的整体光程差无法计算，鉴于 LCoS 的玻璃层及液晶层厚度很薄，对整体光程差的影响不太大，所以目前只能暂时忽略这两个“卡脖子”参数。

根据图 10-4 的光学结构，将高斯线型气辉辐射模型、MI 模型、LCoS 模型、光学系统衰减模型、滤波片模型、CCD 模型、噪声等参数代入正演方程(10-14)中，得到如图 10-21 所示的正演结果。图 10-21(a)～(d)分别是在 240K 大气温度下零步

进和三次步进后且没有加入暗噪声模型的图像，图中中心点的坐标点在 CCD 的(128,128)像素位置，每次步进的步长是$\pi/2$，经过步进后 4 个中心点的电子计数值分别为 83e、89e、115e 和 109e(e 表示电子计数)。

把 GBAII-LCoS 搬到室外进行夜气辉的拍摄，部分研究结果见文献[20]。

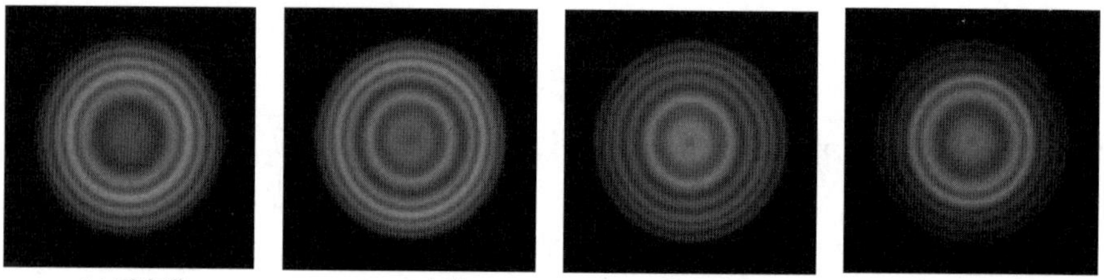

(a) 零步进　(b) π/2步进　(c) π步进　(d) 3π/2步进

图 10-21　GBAII-LCoS 正演仿真图像

10.5　Doppler 频移器模拟室内测风

鉴于被动遥感探测高层大气视线方向上的风速，本质上是探测高斯线型气辉与探测器之间的多普勒频移量所含的相对运动速度，如果无法在室外拍摄得到气辉的成像干涉图，那么我们就用多普勒频移器在室内模拟多普勒频移测风。

如果光线照射到一个运动平面镜上，镜子反射光线相对入射光就会产生多普勒频移，如图 10-22 所示。由反射引起的多普勒频移，镜片在自身平面内移动时反射特性不会发生变化，因而没有多普勒频移。垂直于镜子平面的移动要产生多普勒频移，假设在这个方向上镜子移动速度为 u，图 10-22 中画出了 t 和 $t+\delta t$ 时刻的镜片位置，它们的空间间隔为 $u\delta t$。利用图 10-22 的结构，在 δt 时间内入射光波前 AA'和反射光 BB'之间的光程减少了 $\delta l=\overline{NO}+\overline{OQ}=2u\delta t\cos\theta$，因此，多普勒频移为

$$\Delta f=\frac{1}{\lambda}\frac{\mathrm{d}l}{\mathrm{d}t}=\frac{2u\cos\theta}{\lambda} \tag{10-16}$$

在能分清入射光和反射光的情况下，即接收的反射光不回到入射点(用光隔离器实现)，如果 θ 角很小，近似为零，那么频移量为

$$\Delta f=\frac{2u}{\lambda} \tag{10-17}$$

为了利用平面镜反射光线的多普勒频移，光线斜入射到转动的平面镜上，在与平面镜垂直的方向上就有多普勒频移。图 10-23 为 WAMI 提供的实验室产生多普勒频移的装置[21]，其 Doppler 频移器原理如图 10-24 所示。Doppler 频移器产生频移的原理如下：转轮用于产生变化的多普勒频移，该转轮为铝盘，厚 3mm，直径为 42cm，安装在一个可逆直流电动机定子上。转盘平面的边缘是一个向后反射

约 0.5cm 宽的环带。激光束以对法线 45°角入射到环带上，该角度用几何方法测量误差为±1°。在激光束到达盘之前，激光穿过一个倾斜镜子平面中心的一个小孔，镜子捕捉到从铝盘边缘环反射的大部分光线后再反射到透镜，通过聚焦进入光纤。

产生多普勒频移速度分量为

$$v = r\omega\cos\alpha \tag{10-18}$$

式中，r 是激光接触盘处的半径；ω是转盘角速度；α是入射激光到达盘位置处与速度之间的角度。

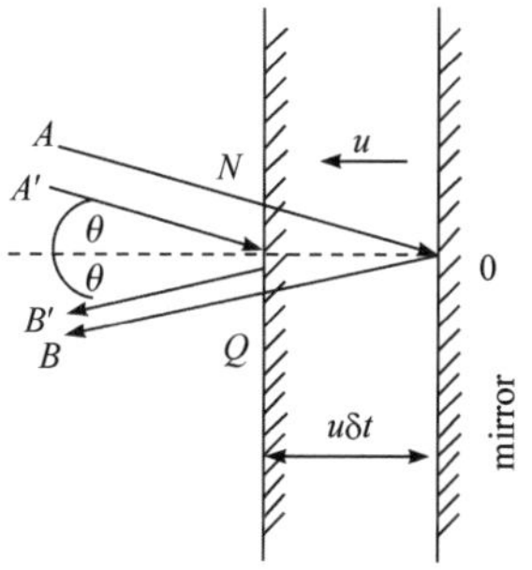

图 10-22　运动平面镜反射光产生多普勒频移

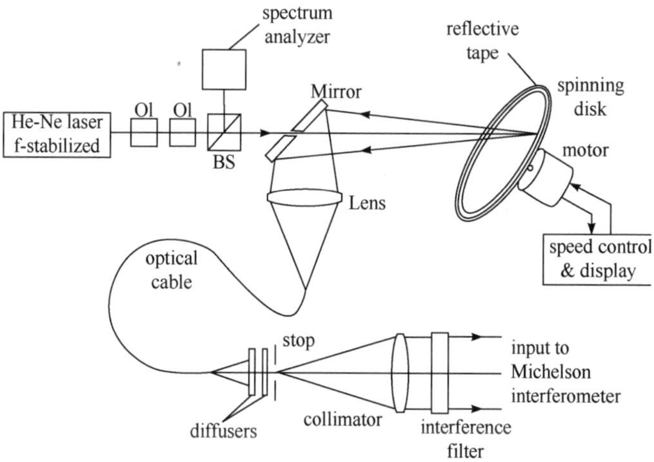

图 10-23　WAMI 提供的实验室产生 Doppler 频移的装置[20]

图 10-24 的多普勒频移量计算如下：如果α是 A 点的速度方向与 SA 连线的夹角，那么入射光 SA 与转盘的法线呈α–90°，因此，A 点接收到光波频率为

$$f_A = f_0\left(1+\frac{v_A\cos\alpha}{c}\right) \tag{10-19}$$

式中，f_0 为入射光的频率；c 为真空的光速。图 10-24 中由于 A 点在运动，反射镜 M 上接收到 A 的频率也将发生频移。假设 BA 连线与 SA 光线的夹角为θ，则 B 点接收的光线频率为

$$f_B = \frac{f_A}{1-\dfrac{v_A\cos(\alpha+\theta)}{c}} = \frac{f_0\left(1+\dfrac{v_A\cos\alpha}{c}\right)}{1-\dfrac{v_A\cos(\alpha+\theta)}{c}} \approx f_0\left(1+\frac{v_A\cos\alpha}{c}\right)\left[1+\frac{v_A\cos(\alpha+\theta)}{c}\right]$$
$$\approx f_0\left[1+\frac{v_A\cos\alpha+v_A\cos(\alpha+\theta)}{c}\right] \approx f_0\left[1+\frac{2v_A}{c}\cos\left(\alpha+\frac{\theta}{2}\right)\cos\left(\frac{\theta}{2}\right)\right] \tag{10-20}$$

当θ很小时，式(10-20)近似为

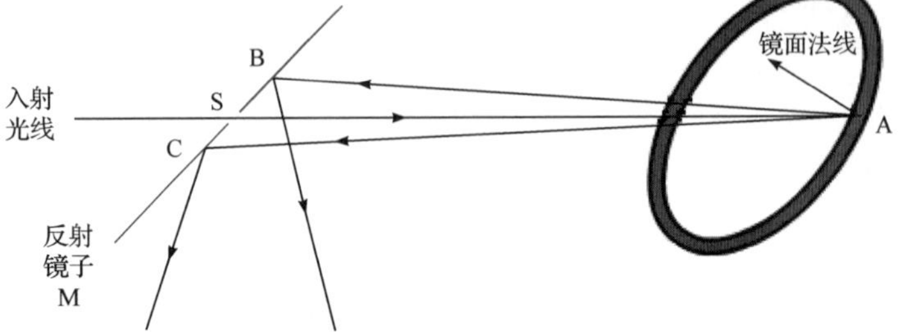

图 10-24　图 10-23 中的多普勒频移量计算示意图

$$f_B \approx f_0\left(1+\frac{2v_A}{c}\cos\alpha\right)=f_0\left(1+\frac{2r\omega}{c}\cos\alpha\right) \tag{10-21}$$

多普勒频移量为

$$\Delta f=\frac{2r\omega}{\lambda_0}\cos\alpha \tag{10-22}$$

一般定义转速为每分钟多少转(r/min)，则 $\omega = 2\pi\cdot \mathrm{rpm}/60(\mathrm{rad/s})$，所以转盘产生多普勒频移的速度为

$$v=2r\omega\cos\alpha=2r\cdot\frac{2\pi\cdot(\mathrm{r/min})}{60}\cos\alpha=\frac{2\pi d\cdot(\mathrm{r/min})}{60}\cos\alpha \tag{10-23}$$

若将上述转盘产生的速度 $v=r\omega\cos\alpha$ 代入多普勒频移的公式 $\Delta f = f_0\dfrac{u}{c}=\dfrac{u}{\lambda_0}$ 中，则有

$$\Delta f=\frac{2r\omega}{\lambda_0}\cos\alpha \tag{10-24}$$

例如，r=21cm，n=3000r/min=50r/s，则 $\omega=2\pi n=100\pi$ rad/s，当 α=45°时，$v=r\omega\cos\alpha=46.6\mathrm{m/s}$，提供±46m/s 的速率。当产生的速率为 46m/s 时，由式(10-24)可知，对应地产生多普勒频移(167MHz)。

我们采用中国科学院西安光学精密机械研究所研制的室内 Doppler 频移模拟器进行室内风速模拟，如图 10-25 所示。实验室 Doppler 频移操作流程：打开多普勒频移器电源，将其电压设置为 23.7V；在计算机上打开 ESCON 软件，再打

图 10-25　室内多普勒频移模拟工作图

开控制器开关就可以运行多普勒频移器了。

参 考 文 献

[1] 闫赛, 武秀, 王春云, 等. 空间光调制器振幅和相位调制特性的实验研究. 量子光学学报, 2018, 24(1): 107.

[2] 翟中生, 吕清花, 严昌文, 等. 干涉法测量液晶空间光调制器的相位调制特性. 光电子技术, 2015, 35(4): 222-226.

[3] 苗悦. 液晶空间光调制器相位特性测量. 呼和浩特: 内蒙古工业大学, 2016.

[4] 殷路安, 朱力行, 吴建宏. 采用 Zygo 干涉仪测量 LCOS 相位调制特性的研究. 实验科学与技术, 2016, 14(6): 43-45.

[5] 唐远河, 吴勇. 基于液晶和 DSP 的强光局部选通智能网络摄像系统研究. 物理学报, 2013, 62(21): 206-213.

[6] 唐远河, 张瑞霞, 刘汉臣, 等. 基于光强选通成像的液晶透过谱研究. 液晶与显示, 2010, 25(2): 200-204.

[7] 唐远河, 杨旭三, 郜海阳, 等. 光强局部选通成像器中光锥耦合技术研究. 光学技术, 2012, 38(1): 3-8.

[8] 唐远河, 郜海阳, 张瑞霞, 等. 基于 LCoS 的广角迈克尔逊干涉仪及探测风场的方法. 中国发明专利 ZL200910219146.4, 2011-08-10.

[9] Dai H T, Liu K X Y, Wang X, et al. Characteristics of LCoS phase-only spatial light modulator and its applications. SPIE/OSA/IEEE Asia Communications and Photonics, 2004, 238(4-6): 269-276.

[10] Gao H Y, Tang Y H, Hua D X, et al. Modified super-wide-angle Sagnac imaging interferometer based on LCoS for atmospheric wind measurement. Journal of Quantitative Spectroscopy and Radiative Transfer, 2011, 112(2): 268-276.

[11] 隋晓萌, 何泽浩, 曹良才, 等. 基于液晶空间光调制器的复振幅全息显示进展. 液晶与显示, 2021, 36(6): 797-809, 758.

[12] 钱晓彤, 田爱玲, 刘丙才, 等. 基于液晶空间光调制器的相移数字全息显微测量系统精度分析. 光子学报, 2022, 51 (4): 134-142.

[13] Gao H Y, Hua D X, Tang Y H, et al. Wide angle Michelson interferometer based on LCoS. Optics Communications, 2013, 292: 36-41.

[14] Gao H Y, Tang Y H, Hua D X, et al. Ground-based airglow imaging interferometer. Part 1: instrument and observation. Applied Optics, 2013, 52(36): 8650-8660.

[15] Tang Y H, Duan X D, Gao H Y, et al. Ground-based airglow imaging interferometer. Part 2: forward model and inverse method. Applied Optics, 2014, 53(11): 2273-2282.

[16] Tang Y H, Yang R, Gao H Y, et al. Improving the atmospheric wind speed measured accuracy by the ground-based airglow imaging interferometer. Proceedings of SPIE, Xi'an, 2017.

[17] 刘洋河. 基于 LCoS 的广角 Michelson 干涉仪静态测风的相位调制研究[D]. 西安: 西安理工大学，2022.

[18] Liu Y H, Tang Y H, Li L Q, et al. Study on LCoS full wave band linear phase modulation for the widen Michelson interferometer, 2024.12.23 submit to Applied Optics, under review.

[19] Shepherd G G, Thuillier G, Gault W A, et al. WINDII, the wind imaging interferometer on the

upper atmosphere research satellite. Journal of Geophysical Research: Atmospheres, 1993, 98(D6): 10725-10750.

[20] Liu Y H, Tang Y H, Zhou J, et al. Study on the imaging interference of a vortex-light-modulated Gaussian beam. Photonics, 2024, 11(6): 557.

[21] Ward W E, Gault W A, Shepherd G G, et al. Waves Michelson interferometer: A visible/near-IR interferometer for observing middle atmosphere dynamics and constituents. Proceedings of SPIE, Toulouse, 2001: 100-111.

第 11 章　GBAII-DASH 探测高层大气风场

如第 9 章所述，GBAII 采用视场角为±6°，光程差为 7.495cm 的大空气隙广角 MI，分别拍摄地球上空 94km 处 O_2(0-1)带 867.5nm 谱线与 98km 处 O(^{1}S)557.7nm 等夜气辉的成像干涉图，从而提取大气风速、温度、重力波、体发射率等信息。GBAII 糅合了 MI 的“四强度测风法”和 FPI 的“转动谱线测温法”原理于一体[1-6]。由于 GBAII 使用面阵 CCD，气辉产生圆形的成像干涉条纹，对 512×512 矩阵数据进行平场定标和圆心定标时显得较麻烦，我们将 GBAII 改造成 GBAII-DASH(Doppler asymmetric spatial heterodyne)系统后，即将 GBAII 的广角 MI 两臂的反射镜换成闪耀光栅(也称为反射式光栅)，获得干涉直条纹，反演数据处理方便快捷，这是我们把 GBAII 改造成 GBAII-DASH 的原因之一；鉴于 GBAII 的设计探测目标是温度精度为 2K，风速精度为 4～6m/s，实际探测温度精度达到 2K，风速精度为 13.5m/s[1]。“四强度测风法”的关键在于找到步进光程差对应的 4 个强度值，我们在 GBAII 的测风过程中，通过位移台平移 MI 一臂的反射镜产生 0、$\lambda/4$、$2\lambda/4$ 和 $3\lambda/4$(λ为入射气辉的波长)的步进光程差所对应位置拍摄时相位的变化，步进位移台的移动存在一定误差，使相位变化量精准度有限，导致测风精度降低，这也是将其升级为 GBAII-DASH 的原因之二。另外，每次拍摄气辉 GBAII 使用步进位移台步进时会影响整个光学系统的稳定性，这也是将其升级为 GBAII-DASH 的原因之三。用 DASH 被动遥感探测高层大气风场，当前流行的采用傅里叶变换法测风，也有用傅里叶级数法测风，本章阐述我们提出的 GBAII-DASH 及“四强度测风法”测风[7,8]原理，并与其他两种测风方法相比较。

11.1　闪耀光栅的物理特征

闪耀光栅可将单个刻槽面衍射的中央极大和所有槽面间干涉零级主极大区分开，且具很高衍射效率；例如，当光栅(一个周期内台阶数目为 8、衍射级次为+1 级)衍射时的衍射效率可达 95%。闪耀角是闪耀光栅的刻槽面与光栅面之间存在的夹角，单个刻槽面衍射的中央主极大和刻槽面间干涉零级主极大区分开，从而实现将光能从干涉零级主极大转移并集中到某级光谱上。

如图 11-1 所示，光栅常数为 d，光栅平面与槽面夹角为 θ_0，若光线以 α 角入射，根据干涉主极大的条件：

$$d(\sin\varphi+\sin\theta)=2d\sin\frac{\varphi+\theta}{2}\cos\frac{\varphi-\theta}{2}=m\lambda \tag{11-1}$$

若要使 m 级干涉主极大位于如图 11-1 的 B 方向，则需 $\alpha=\theta_0-\varphi$，$\beta=\theta-\theta_0$。

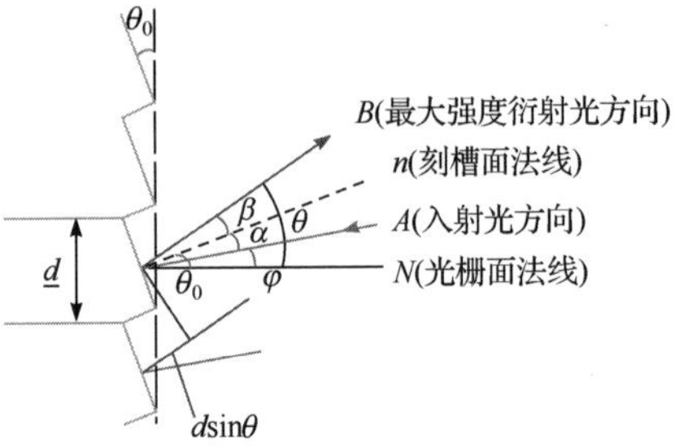

图 11-1　闪耀光栅原理图

当光出射凹槽面衍射主极大时，$\alpha=\beta$，则 $\theta_0-\varphi=\theta-\theta_0$，有 $\varphi+\theta=2\theta_0$，$\theta-\varphi=2\alpha$，最终得到 $2d\sin\theta_0\cos\alpha=m\lambda$。当光线沿槽面法线入射时，$\alpha=\beta=0$，则式(11-1)可以改写为

$$2d\sin\theta_0=m\lambda \tag{11-2}$$

若波长为λ的光以 θ_0 入射光栅，则第 m 级衍射条纹就会同样以 θ_0 出射光栅，此时入射光与衍射光重合，称该光栅为 Littrow 光栅。闪耀光栅器件产生的干涉主极大位置以光栅平面的法线为零级谱线为参考，光栅产生的衍射主极大位置由闪耀光栅的刻槽面法线决定，闪耀光栅衍射光强为

$$I=I_0\mathrm{sinc}^2\left(\frac{\Delta\phi}{\pi}\right)\left\{\sum_{m=-\infty}^{m=\infty}\mathrm{sinc}\left[N\left(\frac{\Delta\varphi}{2\pi}-m\right)\right]\right\}^2, m=1,2,3,\cdots \tag{11-3}$$

式中，$\Delta\varphi=\dfrac{2\pi}{\lambda}d(\sin\beta+\sin\theta);\Delta\phi=\dfrac{\pi}{\lambda}d\left[\sin(\theta_0-\beta)-\sin(\alpha-\theta_0)\right]$，$\theta_0$ 为光栅闪耀角，α为光线入射角，β为衍射角，d 为光栅常数；N 为光栅缝数；m 为衍射级次。闪耀光栅一般方程又可以写为

$$2d\sin\alpha\cos(\alpha-\beta)=m\lambda,\quad m=1,2,3,\cdots \tag{11-4}$$

由式(11-4)可知，闪耀光栅衍射角由入射角 α、衍射角 β 及波长 λ 决定。闪耀光栅的干涉由闪耀角 θ_0、入射角α及波长λ决定。当 m=0 时，单缝衍射的零级主极大与缝间干涉的零级主极大的方向相同，产生零级光谱，此时衍射角与波长无关，无分光作用。

平面反射式的闪耀光栅将单槽衍射 0 级与槽间干涉 0 级错开，把光能转移并集中到所需要的某级光谱上。以我们实验室的 Littrow 光栅为例，其 Littrow 波长为 550.0nm，刻线密度为 900L/mm，闪耀角为 14.3°。假设入射光以闪耀角即沿槽面法线 n 方向入射进入闪耀光栅，单槽衍射的 0 级是几何光学的反射方向，即沿原方向返回。对于槽间干涉来说，相邻槽面之间在这方向有光程差 $\Delta=2d\sin\theta_0$。令式(11-2)的 m=1，满足 $2d\sin\theta_0=\lambda_1$ 的波长 λ_1 称为 1 级闪耀波长。光栅的单槽衍射 0

级主极大正好落在λ_1光谱的 1 级谱线上，如图 11-2 所示。又因闪耀光栅中的 $a\approx b$，λ_1光谱的其他级(包括 0 级)都几乎落在单槽衍射的暗线位置形成缺级，如图 11-2(c)所示。如此，80%～90%的光能集中到λ_1光的 1 级谱线上，使其强度大大增加。显然λ_1光的闪耀方向不可能严格地与其他波长的闪耀方向相同，由于单槽衍射 0 级主峰有一定宽度，它可容纳附近一定波段内其他波长的 1 级谱线，使它们也有较大强度，同时这些波长的其他级谱线都很弱。

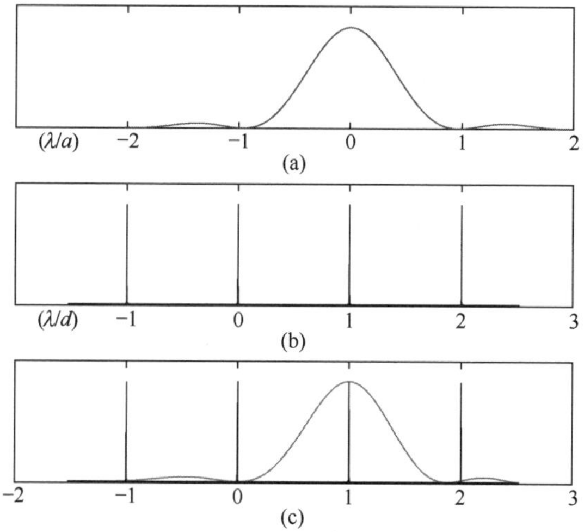

图 11-2　单槽衍射(a)的 0 级与槽间干涉(b)的 1 级重合，将光强集中到 1 级光谱中去(c)

我们绘制了入射波长分别为 532.0nm、630.0nm、427.0nm、557.7nm 和 863.0nm 的 5 条光线，当它们分别以闪耀角 14.3°入射到闪耀光栅时，不同波长对应的单槽衍射和 1 级槽间干涉的强度分布如图 11-3 所示，其中各波长对应的 1 级衍射角分别为

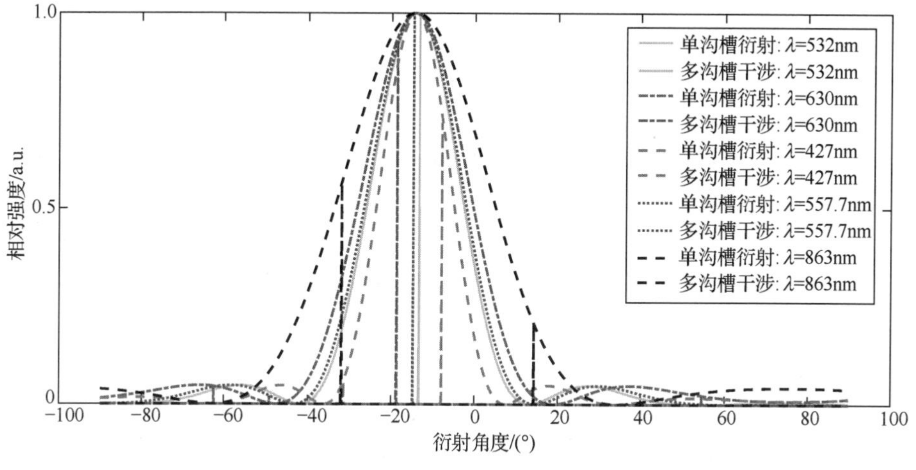

图 11-3　5 条波长对应的单槽衍射和 1 级槽间干涉的强度分布(见彩图)

−13.4°、−18.7°、−7.9°、−14.8°和−32.0°。我们列出了被动遥感探测高层大气风场常用气辉光源一级谱线的衍射角、衍射效率等信息(表 11-1)。

表 11-1　闪耀光栅对不同气辉波长谱线 1 级闪耀的衍射效率及衍射角分布

气辉粒子	波长/nm	衍射效率%	衍射角/(°)	气辉粒子	波长/nm	衍射效率%	衍射角/(°)
N_2^+(0-0 带)	391.4	54	−6.1	O(^{1}D)	636.4	93	−19.0
N_2第二正带	399.8	60	−6.5		639.3	92	−19.2
N_2^+(0-1 带)	427.8	74	−8.1	H_α	656.3	90	−20.1
N_2^+(0-2 带)	470.9	90	−10.2	OHP_1(3)	655.4	90	−20.2
H_β	486.1	94	−11.1	OHP_2(4)	657.0	89	−20.2
N(^{4}S-^{2}D)	520.0	98	−12.9	N_2(第一带)	670.0	88	−21.0
O(^{1}S)	557.7	99	−14.8	OH(8-3)带	732.0	78	−24.5
He	587.6	98	−16.6		734.0	77	−24.5
Na	589.0	98	−16.5	O^+(^{2}P)	732.0	78	−24.5
	589.6	98	−16.6		733.0	77	−24.5
OH	625.7	94	−18.4	O_2大气带发射	762.0	73	−26.0
O(^{1}D)	630.0	93	−18.7		763.0	72	−26.1

11.2　DASH 测风的三种方法比较

11.2.1　DASH 测风关键是提取干涉条纹位相差

将与光轴成一定夹角的 Littrow 光栅代替 MI 两臂上的反射镜就构成空间外差光谱仪，若 MI 两臂光栅与分束器之间的距离不相等，则构成多普勒非对称空间光谱仪 DASH。如图 11-4 所示，光束进入光阑 A，经透镜 1 入射至分束棱镜上，分束棱镜将入射光分为强度相等的两束相干光；两束相干光经光束分束器后入射到光栅，再经光栅的衍射又返回至分束棱镜；两束出射光干涉形成斐索干涉条纹，经成像透镜 2 最终在探测器上成像。

DASH 通过探测气辉粒子与探测器之间具有的相对运动所产生的多普勒频移量中包含的速度来获得高层大气的风速。设气辉粒子与探测仪器在视线方向的相对速度为 v，光速为 c，则入射光的波数为 $\sigma=\sigma_0\left(1+v/c\right)$(其中，$\sigma_0$ 为谱线中心波数，σ 为探测仪器观测到气辉谱线发生多普勒频移时的波数)。探测时光栅法线与光轴方向呈 Littrow(θ_L)角，入射光沿光轴方向以 θ_L 角入射到 Littrow 光栅上。若某一波数的光同样以 θ_L 角原方向衍射返回，那么就称该波数为 Littrow 波数，该波数的光经光栅衍射后的出射波面与入射波面重合，且位相差和干涉条纹的空间频率均为零。当入射光以非 Littrow 波数沿光轴入射时，光栅的衍射光方向与光轴有一个大小为$\pm\gamma$ 的夹角。因此，对于在出射波面上，某一单色的非 Littrow 波数的两出射波面将有一大小为 2γ 的夹角。不同波数的光从光栅出射时的波面法线与光轴的夹角 γ 通过光栅方程得到

$$\sigma\left[\sin\theta_{\rm L}+\sin\left(\theta_{\rm L}\pm\gamma\right)\right]=\frac{m}{d} \tag{11-5}$$

式中，$\theta_{\rm L}$ 为 Littrow 角；m 为衍射级次；d 为光栅常数。

如图 11-5 所示，经分束器后的两出射波面之间存在 2γ 夹角，当入射光以 Littrow 波数 $\sigma_{\rm L}$ 或 σ 入射时满足光栅方程：

$$\sigma_{\rm L}\left[\sin\theta_{\rm L}+\sin\theta_{\rm L}\right]=\frac{m}{d},\quad \sigma\left[\sin\theta_{\rm L}+\sin\left(\theta_{\rm L}+\gamma\right)\right]=\frac{m}{d} \tag{11-6}$$

因为 γ 角非常小，$\cos\gamma$ 接近 1，有 $\sin\gamma=2\dfrac{\sigma-\sigma_{\rm L}}{\sigma}\tan\theta_{\rm L}$，所以斐索干涉条纹空间频率 f_x 为

$$f_x=2\sigma\sin\gamma=4\left(\sigma-\sigma_{\rm L}\right)\tan\theta_{\rm L} \tag{11-7}$$

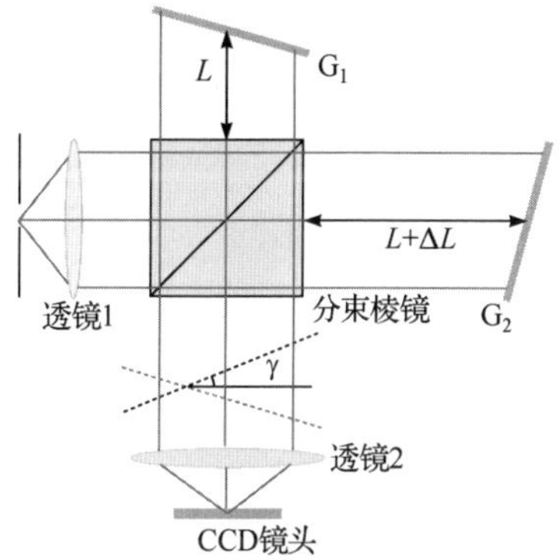

图 11-4　DASH 原理图

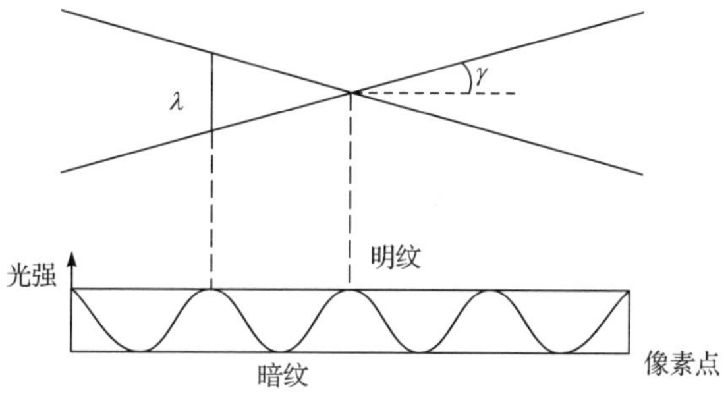

图 11-5　图 11-4 出射波面示意图

最终呈现在探测器上的干涉图样为

$$I(\varDelta)=\frac{1}{2}\int_0^\infty B(\sigma)\left\{\left[1+\cos\left[2\pi\left(\left(\sigma-\sigma_{\rm L}\right)\varDelta\right)\right]\right]\right\}{\rm d}\sigma,\quad \varDelta=4\tan\theta_{\rm L}\left(x+\frac{\varDelta_{\rm L}}{2\tan\theta_{\rm L}}\right) \tag{11-8}$$

式中，$B(\sigma)$ 为入射光谱密度；$\varDelta$ 为光程差；$\varDelta_{\rm L}$ 为图 11-4 中的单臂偏置量；x 为探测器坐标，以零光程差处为坐标原点。高斯线型气辉的谱密度为

$$B(\sigma)=\frac{2}{\omega}\sqrt{\frac{\ln 2}{\pi}}\exp\left[-\frac{4\left(\sigma-\sigma_0\right)^2\ln 2}{\omega^2}\right] \tag{11-9}$$

式中，ω 为光谱密度分布的半高宽。

DASH 的测风原理是利用干涉图像中的相位变化反演得到风速，因此，干涉条纹质量直接影响风速探测精度，影响条纹质量原因有二：在提取干涉图过程中，每个像素点都有其各自不同的响应时间，同时会叠加探测器噪声，导致干涉图质量下降；发生干涉时 DASH 两臂的光强不同和光学系统未能对准等因素导致条纹发生畸变[9]。经过 DASH 所拍干涉条纹去噪和平场校正等预处理，可以有效地减小干涉相位绝对误差[10]。将干涉条纹原图预处理后可得单频率干涉数据，对其进行傅里叶变换[11]：

$$\begin{aligned}f(\sigma)&=F\left\{C+CE(\varDelta)\cos\left[2\pi\left(\sigma-\sigma_{\mathrm{L}}\right)\varDelta\right]\right\}\\&=F\left\{C+\frac{1}{2}CE(\varDelta)\left[\exp\left(\mathrm{i}\cdot2\pi\left(\sigma-\sigma_{\mathrm{L}}\right)\varDelta\right)+\exp\left(-\mathrm{i}\cdot2\pi\left(\sigma-\sigma_{\mathrm{L}}\right)\varDelta\right)\right]\right\}\end{aligned}\tag{11-10}$$

式中，$f(\sigma)$ 为干涉图频谱；$E(\varDelta)$为干涉调制函数；C 为常数。

对该数据进行窗函数处理，$T(\sigma)$ 可除去负频率：

$$\begin{aligned}T(\sigma)f(\sigma)&=T(\sigma)F(C)+T(\sigma)F\left(C+\frac{1}{2}CE(L)\left[\exp\left(\mathrm{i}\cdot2\pi\left(\sigma-\sigma_{\mathrm{L}}\right)\varDelta\right)+\exp\left(-\mathrm{i}\cdot2\pi\left(\sigma-\sigma_{\mathrm{L}}\right)\varDelta\right)\right]\right)\\&=T(\sigma)F\left\{\frac{1}{2}CE(\varDelta)\left[\exp\left(\mathrm{i}\cdot2\pi\left(\sigma-\sigma_{\mathrm{L}}\right)\varDelta\right)\right]\right\}\end{aligned}\tag{11-11}$$

令 $T(\sigma)F(\mathrm{C})=0$。对式(11-11)进行傅里叶逆变换得到复干涉图 $I'(\varDelta)$：

$$\begin{aligned}I'(\varDelta)&=F^{-1}\left\{T(\sigma)F\left[\frac{1}{2}CE(\varDelta)\exp\left(\mathrm{i}\cdot2\pi\left(\sigma-\sigma_{\mathrm{L}}\right)\varDelta\right)\right]\right\}\\&=F^{-1}\left[T(\sigma)\right]\otimes\left[\frac{1}{2}CE(\varDelta)\exp\left(\mathrm{i}\cdot2\pi\left(\sigma-\sigma_{\mathrm{L}}\right)\varDelta\right)\right]\\&=F^{-1}\left[T(\sigma)\right]\otimes\left[\frac{1}{2}CE(\varDelta)\cos\left(2\pi\left(\sigma-\sigma_{\mathrm{L}}\right)\varDelta\right)+\mathrm{i}\cdot\frac{1}{2}CE(\varDelta)\sin\left(2\pi\left(\sigma-\sigma_{\mathrm{L}}\right)\varDelta\right)\right]\end{aligned}\tag{11-12}$$

式中，$\otimes$ 为卷积运算。

提取干涉图的实部与虚部，其实部与虚部比值的反正切就是总相位：

$$\varphi_{总}=\arctan\left[\frac{F^{-1}\left(T(\sigma)\right)\otimes\left[\frac{1}{2}CE(\varDelta)\cos\left(2\pi\left(\sigma-\sigma_{\mathrm{L}}\right)\varDelta\right)\right]}{F^{-1}\left(T(\sigma)\right)\otimes\left[\frac{1}{2}CE(\varDelta)\sin\left(2\pi\left(\sigma-\sigma_{\mathrm{L}}\right)\varDelta\right)\right]}\right]\tag{11-13}$$

理论上干涉相位为$\varphi_{总}=2\pi\left(\sigma-\sigma_{\mathrm{L}}\right)\varDelta$，但实际相位计算过程中产生无法相消

的因子 $F^{-1}\left(T\left(\sigma\right)\right)$，这就导致计算得到的相位曲线误差极大。通过得到干涉的总相位 $\varphi_{总}=\varphi_0+\varphi_v$，其中，$\varphi_0$ 表示零风速系统的基准相位，即系统的固有相位，φ_v 则表示风速产生的相位：

$$\varphi_v=4\pi\sigma_0\frac{v}{c}\varDelta_{\mathrm{L}} \tag{11-14}$$

式中，σ_0 为谱线中心波数；$\varDelta_{\mathrm{L}}$ 为单臂偏置量；v 为视线方向上的大气风速；c 为真空中的光速，由 DASH 探测式(11-14)相位中包含的视线方向风速值。下面介绍 3 种测风的方法。

11.2.2　傅里叶级数法测风

对单一谱线入射的气辉光源，因为傅里叶级数可转变成余弦函数，积分变为求和，由式(11-8)可知，干涉强度 I 是像素点所在位置 x 的余弦函数[12]:

$$I\left(x\right)=B\left(\sigma\right)\{1+\cos[2\pi\left(\sigma-\sigma_{\mathrm{L}}\right)\left(4\tan\theta_{\mathrm{L}}x+2\varDelta_{\mathrm{L}}\right)]\} \tag{11-15}$$

首先对 DASH 的干涉图进行傅里叶拟合，得出傅里叶级数方程。根据傅里叶级数的三角变换，将式(11-15)转换成如下余弦函数：

$$I(x)=c_0+\sum_{i=1}^{n}c_i\cos(ixf+\varphi_i),\quad i=1,2,\cdots,n \tag{11-16}$$

式中，c_0 是背景强度；c_i 是权重系数；φ_i 是第 i 项余弦项的初始相位，可由式(11-16)中的系数求得；f 是频率。

当被拍摄单线气辉谱线用一级谐波作为含主要信息的数学模型，即当 i=1 时，式(11-16)中的 φ_1 项是式(11-15)中的 $4\pi(\sigma-\sigma_{\mathrm{L}})\varDelta_{\mathrm{L}}$ 项。当风速为零时，可以得到零风速的成像干涉图，零风速对应的相位为 $\varphi_0=4\pi(\sigma_0-\sigma_{\mathrm{L}})\varDelta_{\mathrm{L}}$，当干涉图是含多普勒频移的光线所成图像时，则 $\varphi_1=\varphi_v+\varphi_0$。傅里叶级数法分别对零风速和含风速干涉图的数据进行傅里叶级数拟合，求出 v=0 的 φ_1 及风速 $v\neq0$ 的 φ_1，两者相减得到 φ_v，再结合式(11-14)即可求出视线方向上的风速。

11.2.3　傅里叶变换法测风

当 DASH 干涉仪接收连续谱线简化为几条离散光谱时，则将式(11-10)写成[13]：

$$\begin{aligned}I_D(x)&=\sum_j S_j[1+E_j(x)\cos(2\pi\kappa_j x+\varphi_j+\delta\varphi_j)]\\&=\sum_j S_j(1+\{\frac{1}{2}E_j(x)\exp[i(2\pi\kappa_j x+\varphi_j+\delta\varphi_j)]+\frac{1}{2}E_j(x)\exp[-i(2\pi\kappa_j x+\varphi_j+\delta\varphi_j)]\})\end{aligned} \tag{11-17}$$

式中，j 表示第 j 条谱线；S_j 与探测器上干涉图条纹亮度成正比；$E_j(x)$依赖光谱线型和光程差的包络函数，$\kappa_j=4(\sigma_j-\sigma_L)\tan\theta_L$ 是每条谱线中心 σ_j 的外差空间条纹频率；$\varphi_j=2\pi(\sigma_j-\sigma_L)\Delta$ 是固定光程差 Δ 引起的相位；$\delta\varphi_j$ 是每条谱线多普勒频移导致的相位频移量。

我们选择合适的光谱带、Littrow 波数和光程差 Δ 后，式(11-17)的傅里叶变换产生一个复频谱，可以得到空间频率 κ_j 和$-\kappa_j$ 附近的局部分离谱线。令 $j=0$，通过归零除去$+\kappa_0$ 附近局域内的光谱元素，有效地消除所有干涉图的贡献，式(11-17)除去一个指数项后就可以得到[11]

$$\begin{aligned}I_D^0(x)&=\frac{1}{2}S_0E_0(x)\exp[\mathrm{i}(2\pi\kappa_0x+\varphi_0+\delta\varphi_0)]\\&=\frac{1}{2}S_0E_0(x)[\cos(2\pi\kappa_0x+\varphi_0+\delta\varphi_0)+i\sin(2\pi\kappa_0x+\varphi_0+\delta\varphi_0)]\end{aligned}\tag{11-18}$$

可从式(11-18)的虚部和实部之比得到相位项：

$$2\pi\kappa_0x+\varphi_0+\delta\varphi_0=\arctan\left(\frac{\Im(I_D^0)}{\Re(I_D^0)}\right)\tag{11-19}$$

将式(11-19)计算结果减去零风速相位 $2\pi\kappa_0x+\varphi_0$，便得到相移 $\delta\varphi_0$，根据式(11-14)求出该谱线在视线方向上的风速，这就是国际上流行的傅里叶变换测风方法。需要利用对干涉图进行预处理→傅里叶变换→窗函数处理→傅里叶逆变换→干涉图的实部虚部比值→得到风速的过程。

11.2.4 “四强度测风法”测风

第 2 章我们已经介绍了国际上很成熟的广角 MI“四强度测风法”测风技术，而现如今流行的 DASH 测风模式采用上节提到的光谱复原技术提取干涉图的实部虚部的比值进而得到风速，我们首次提出将“四强度测风法”用于 GBAII-DASH 系统的测风[7]。该系统还采用 GBAII 原来用的 512×512 的 CCD，单像素面元为 20.0μm，固有光程差为 7.495cm，但需重新研究 GBAII-DASH 的光程差 OPD 表达式，下面阐述 GBAII-DASH 的“四强度测风法”原理。

高斯线型气辉谱线经广角 MI 后形成干涉图的强度为[14]

$$I(\Delta)=I_0[1+\exp(-QT\Delta^2)\cos(2\pi\sigma_0\Delta)]\tag{11-20}$$

式中，σ_0 是零风速时的波数；Δ是光程差；T 是大气温度；$Q=-(\pi^2\omega^2)/4T\ln2$，$\omega=[(7.16\times10^{-7})^2\sigma_0{}^2T/M]^{1/2}$ 是高斯线型气辉的半高宽，M 是以 σ_0 为中心的发射线的物质原子量。令条纹调制度 $V=\exp(-QT\Delta^2)$，则

$$I=I_0[1+V\cos(2\pi\sigma_0\Delta)]\tag{11-21}$$

根据多普勒效应$\sigma=\sigma_0(1+v/c)$，将式(11-20)的σ_0换成σ，将光程差$\varDelta$分为固有光程差$\varDelta_0$、含风光程差$\varDelta_v$、步进光程差$\varDelta'$之和，即$\varDelta=\varDelta_0+\varDelta_v+\varDelta'$(且$\varDelta_0\gg\varDelta_v+\varDelta'$)，则由式(11-21)可得$\varDelta_0=2\Delta L$、$\varDelta_v=2\pi\sigma_0\varDelta_0(v/c)$、$\varDelta'=2\pi\varDelta'\sigma_0(v/c)$，3 种光程差对应的相位分别为$\varphi_0$、$\varphi_v$、$\varphi'$。则式(11-21)变为

$$I=I_0[1+V\cos(\varphi_0+\varphi'+\varphi_v)] \tag{11-22}$$

当$\varphi'=0$、$\pi/2$、π、$3\pi/2$时(对应$\varDelta'=0$、$\lambda/4$、$2\lambda/4$、$3\lambda/4$)，鉴于条纹周期很小，量级是10^{-5}，为了防止步进太小而被吞掉，我们以$(\pi/2+2k\pi)$(k是整数)方式步进代入式(11-22)，得到 4 个强度值：

$$\begin{cases}I_1=I_0(1+V\cos(\varphi_0+\varphi_v))\\I_2=I_0(1-V\sin(\varphi_0+\varphi_v))\\I_3=I_0(1-V\cos(\varphi_0+\varphi_v))\\I_4=I_0(1+V\sin(\varphi_0+\varphi_v))\end{cases} \tag{11-23}$$

由此得到

$$I_0=(I_1+I_3)/2=(I_2+I_4)/2 \tag{11-24}$$

$$V=\exp(-QT\varDelta^2)=\sqrt{(I_1-I_3)^2+(I_2-I_4)^2}/2I_0 \tag{11-25}$$

$$\tan(\varphi_0+\varphi_v)=(I_4-I_2)/(I_1-I_3) \tag{11-26}$$

由式(11-26)得到$\varphi_0+\varphi_v$后，减去零风速定标所确定的φ_0[定标选择$\cos2\pi\sigma_0\varDelta_0=1$条件后，得到$\varDelta_0$，即$\varphi_0=2k\pi$($k$为整数)]，可以得出含有风速的相位$\varphi_v$，再根据式(11-14)即可求出视线方向上的风速，如果把图 11-6 前端的指向镜旋转 90°再探测一次，就可以得到二维风速矢量，这就是我们提出的 GBAII-DASH 的“四强度测风法”测风原理。

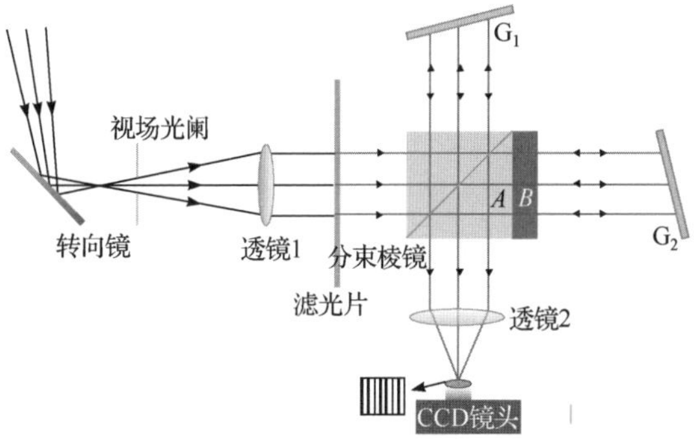

图 11-6 GBAII-DASH 的光路图

理论上，GBAII-DASH“四强度测风法”测风需要式(11-23)所示的 4 个强度值，

鉴于这 4 个强度值 I_1、I_2、I_3、I_4 的相位相邻之间相差为 $2k\pi+\pi/2$(k 为整数)，在 CCD 上如何选取第一个强度值 I_1 所在的像素点位置尤为重要。图 11-7 为两出射波面夹角示意图。鉴于干涉图的强度 I 是关于 CCD 像素点坐标 x 的函数，将 GBAII-DASH 干涉仪中固定光程差导致的相位 φ_0 代入式(11-22)中，求出相位 φ_0 的像素点坐标 x，该 x 便是步进的起始点坐标 x_1。首先需确定起点 I_1 的坐标 x_1，然后以两出射光到达 CCD 像素点 x_1 的光程差为起点，令光程差依次步进$\lambda/4$ 或 $k\lambda+\lambda/4$(k 为整数)，故选取 x_1 很重要。

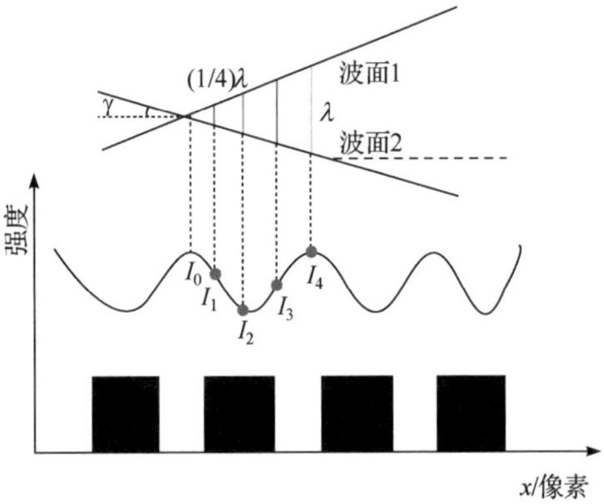

图 11-7　两出射波面夹角示意图

由式(11-26)可知，风速的相位利用反正切函数得到，其导数图像如图 11-8 所示，为了所求相位相对准确，我们希望其总相位应当在 tan 函数中相对平缓的区域，因此，对函数求导，由图 11-8 可以看到，$(I_4-I_2)/(I_1-I_3)$函数在 $\varphi_0+\varphi_v$ 为 0 的位置附近导数值为 1，随着距离零点越远，其导数值越大，因此，为了探测精度，我们选择其导数值低于 1.2 的这段区间，以保证计算风速相位时的准确性，因此，我们需要总相位在 ±0.42±kπ(k 为正整数)之间，保证其总相位的具体方法在反演中进行详细的介绍。

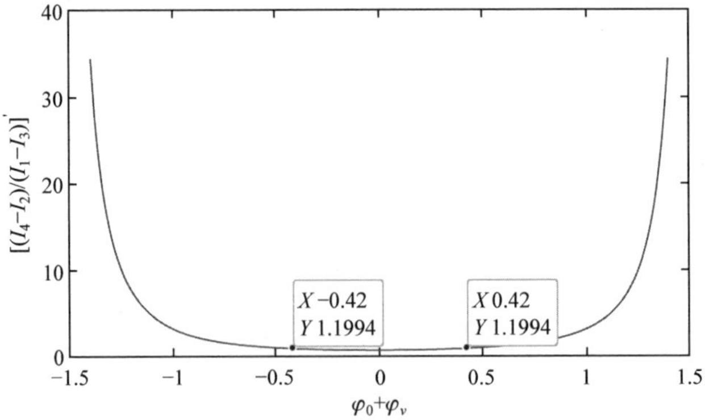

图 11-8　式(11-26)所对应的 $\varphi_0+\varphi_v$ 斜率曲线

11.3　GBAII-DASH 的正演模拟

11.3.1　正演方程

GBAII-DASH 的正演就是将气辉谱线特征、干涉仪光程差、光栅、CCD、滤光片等参数代入正演方程中得到计算机上的相应输出。将干涉强度函数展开，就可以将大气信号与仪器参数分开[14]：

$$I = I_0 + I_0 V\cos\varphi_v \cdot U\cos(\varphi_0 + \varphi') - I_0 V\sin\varphi_v U\sin(\varphi_0 + \varphi') \tag{11-27}$$

令 $J_1=I_0$，$J_2=I_0V\cos\varphi_v$，$J_3=I_0V\sin\varphi_v$，此时 CCD 第 l 行 j 列探测器上获得的正演方程为

$$N_{klj}=R\cdot f_{\text{filter}}(\lambda,\theta_{lj})\cdot\left[J_1 + J_2\cdot U\cos\left(4\pi\Delta L_{lj}/\lambda+\varphi'\right) - J_3\cdot U\cos\left(4\pi\Delta L_{lj}/\lambda+\varphi'\right)\right] + N_{\text{noise}} \tag{11-28}$$

式中，R 为仪器响应度；f_{filter} 为滤波函数；U 为干涉仪可见度；ΔL_{lj} 为固定光程差；N_{noise} 为输出信号中存在的噪声。

式(11-28)中窄带滤光函数与入射光波长 λ 与离轴角 θ 的关系如下[2]：

$$f_{\text{filter}}(\lambda,\theta) = \frac{f_{\max}}{1+\left[2(\lambda-\lambda_0)/\Delta\lambda + (\lambda/\Delta\lambda)\left(\theta^2/n^2\right)\right]^2} \tag{11-29}$$

式中，$\Delta\lambda$ 为半高宽；n 为滤光片的有效折射率；λ_0 为中心波长。滤波函数会随 CCD 不同像素的入射角的改变而改变；同时不同高度处的大气风速也不同，因此，其多普勒频移也不同，同样会造成滤波函数的改变。

式(11-28)中的波长以氧原子 O(^{1}S)557.7nm 气辉为探测目标光源，其体发射率为[15]

$$\xi(h) = V_e\exp\left[1-b_e-\sec\chi_e\exp(-b_e)\right] + V_f\exp\left[1-b_f-\sec\chi_f\exp\left(-b_f\right)\right] \tag{11-30}$$

式中，V_e、V_f 代表地球上空 E 层(100～300km)和 F 层(300～500km)的峰值体发射率，单位是光子数 · cm^{-3} · s^{-1}，χ 为太阳天顶角，其中

$$b_e=(h-H_e)/W_e、b_f=\left(h-H_f\right)/W_f \tag{11-31}$$

式中，h 为海拔；H_e 与 H_f 分为 E 层和 F 层的峰值高度；W_e 与 W_f 分别为 E 层和 F 层气体的标高。

得到式(11-27)的正演仿真后，下面介绍分别用傅里叶级数法、傅里叶变换法和“四强度测风法”从干涉图中提取风速。

11.3.2　傅里叶级数法测风的正演结果

仪器正演仿真时我们选用 CCD 是 1024×1024 面阵探测器，单像素尺寸为 24×24μm，GBAII-DASH 的固定光程差 $2\Delta L$=7.495cm；光栅 Littrow 波长为 550nm，Littrow 角为 14.3°，刻线密度为 900L/mm。模拟地球上空峰值高度为 98km 的 $O(^1S)$557.7nm 气辉；假设大气风速以 10m/s 的间隔，从 0～100m/s 模拟了 11 个正演干涉图的结果(图 11-9 和图 11-10)。

假设大气风速为 0～100m/s，每 10m/s 为间隔共做 10 次正演模拟，得到 10 个正演模拟的干涉条纹，再进行傅里叶级数拟合后的结果为

$$F_0(x) = 0.5 + 0.3264\cos(2.424x) - 0.3787\sin(2.424x) \tag{11-32}$$

同理可以得出其他风速的傅里叶级数拟合方程。将干涉条纹进行一级傅里叶级数拟合后的结果如图 11-9 所示，图 11-10 是图 11-9 的局部放大图，从局部

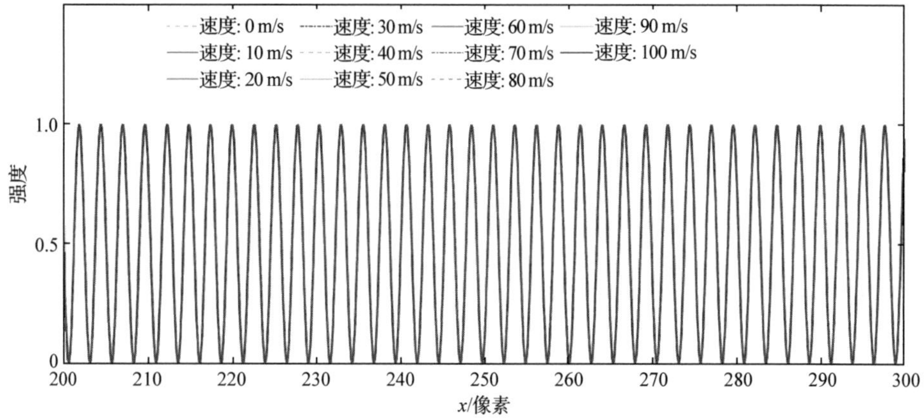

图 11-9　干涉图的傅里叶级数正演结果[8](见彩图)

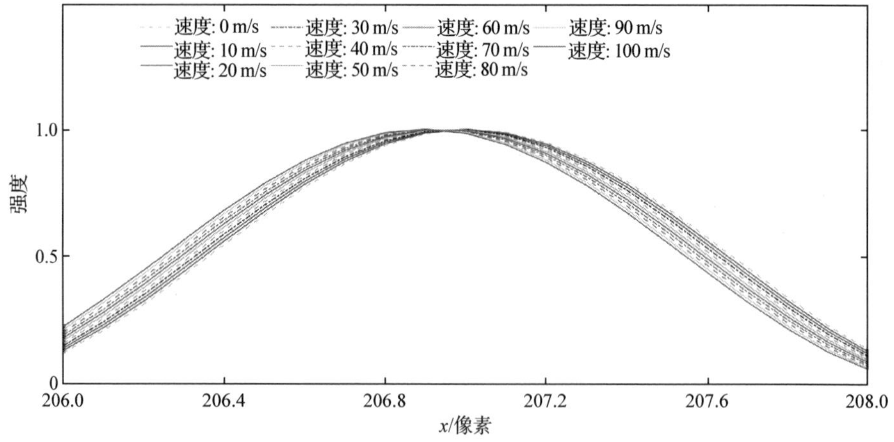

图 11-10　图 11-9 中傅里叶级数正演局部放大[8](见彩图)

放大图中可以明显地观察到风速导致的干涉图相位的频移。根据式(11-14)和式(11-19)可以求出不同风速的相位 φ，此时零风速相位 φ_0 是 GBAII-DASH 系统固定光程差 ΔL 导致的相位，则不同风速导致的相位频移量 $\varphi_v = \varphi - \varphi_0$，根据公式 $v = c\varphi_v / \left(4\pi\Delta L\sigma_0\right)$ 求出风速(如表 11-2 第 2 列所示)，正演结果与假设大气 50m/s 风速的绝对误差为 1.45m/s，测风相对误差为 2.90%。

表 11-2　三种测风方法的正演结果比较[8]

测风方法 计算风速/(m/s)	傅里叶级数法		傅里叶变换法		四强度测风法	
	φ/rad	v/(m/s)	Φ/rad	v/(m/s)	φ/rad	v/(m/s)
0	−0.7114		1.2615		0.7338	
10	−0.6833	9.69	1.2917	10.43	0.7619	9.69
20	−0.6551	19.41	1.3220	20.86	0.7901	19.41
30	−0.6271	29.07	1.3523	31.32	0.8181	29.07
40	−0.5988	38.83	1.3827	41.79	0.8464	38.83
50	**−0.5706**	**48.55**	**1.4131**	**52.29**	**0.8745**	**48.52**
60	−0.5426	58.21	1.4436	62.81	0.9025	58.19
70	−0.5144	67.93	1.4742	73.36	0.9307	67.92
80	−0.4864	77.59	1.5049	83.94	0.9588	77.58
90	−0.4581	87.34	1.5357	94.56	0.9870	87.33
100	−0.4299	97.07	1.5666	105.21	1.0152	97.05

11.3.3　傅里叶变换法测风的正演结果

对干涉数据进行傅里叶变换后，利用式(11-19)分别求出不同风速的干涉图上各像素点的相位，如图 11-11 所示。我们选取第 387 个像素点的相位进行分析，

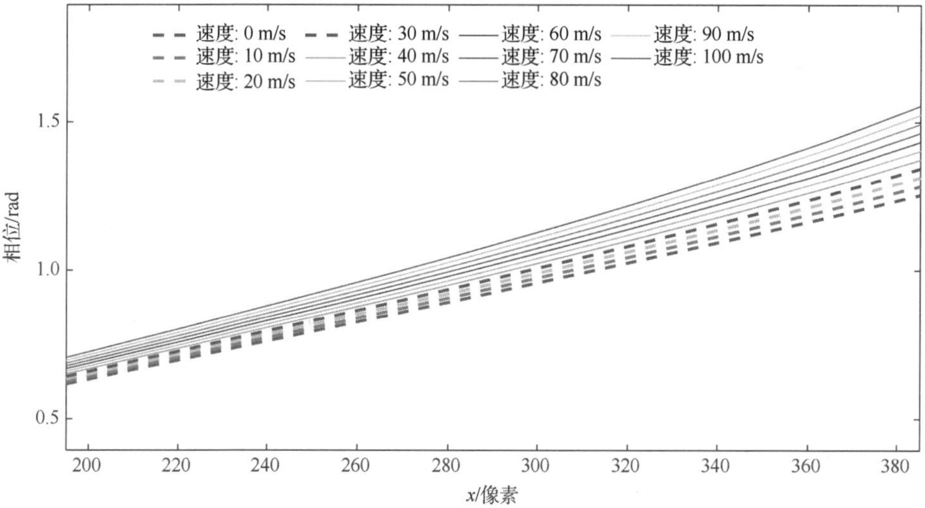

图 11-11　傅里叶变换的相位分布图[8](见彩图)

即 x=387 时，不同风速的相位 $\Phi=2\pi\kappa x+\varphi_0+\delta\varphi_v$。而零风速的相位是系统固有光程差 ΔL 导致的相位 $\Phi_0=2\pi\kappa x+\varphi_0$，则不同风速导致的相位频移量 $\delta\varphi_v=\Phi-\Phi_0$，用 $v=c\delta\varphi_v/\left(4\pi\Delta L\sigma_0\right)$ 求出风速(如表 11-2 第 3 列所示)，正演结果与假设大气 50m/s 风速的绝对误差为 2.29m/s，相对误差为 4.58%。

11.3.4 “四强度测风法”测风的正演结果

用“四强度测风法”反演风速，首先需确定起点 I_0 对应 CCD 上的坐标 x_0，然后以两出射光到达 CCD 像素点 x_0 的光程差为起点，令光程差依次步进 $\lambda/4$ 或者 $k\lambda+\lambda/4$(k 是整数)。干涉图的强度 I 是关于 CCD 像素点坐标 x 的函数，将 GBAII-DASH 干涉仪中固定光程差 ΔL 导致的相位 φ_0 代入干涉图方程中，求出相位 φ_0 的像素点坐标 x，该 x 便是步进的起始点坐标 x_1。

假设风速为 50m/s，得到仿真干涉数据的拟合函数如图 11-12 所示，因为干涉图的周期很小，一个周期量级为 10^{-5}，为 3 个像素大小，每次步进 1/4 个周期，即 3/4 个像素的距离，这个距离太小而被吞掉，故我们将周期性函数进行拉伸，得到拉伸后的“四强度测风法”拉伸函数结果(如图 11-12 的虚线所示)。经过拉伸后再步进，确定出 x_1, x_2, x_3, x_4，各像素点对应的强度值 I_1=0.1793、I_2=0.8836、I_3=0.8207 和 I_4=0.1164，利用 $\tan(\varphi_0+\varphi_v)=(I_4-I_2)/(I_1-I_3)$和反正切求出 v=50m/s 时 $\varphi=\varphi_0+\varphi_v$ =0.8745rad。

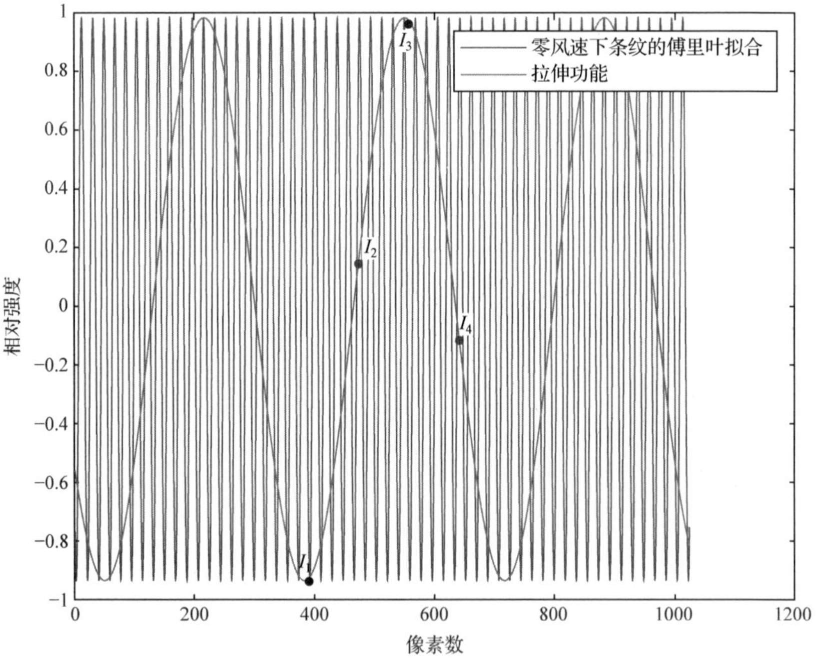

图 11-12　GBAII-DASH 的图像函数拉伸后四强度[8](见彩图)

理论上 GBAII-DASH 的正演图像为竖条纹，因此，从正演函数中取出一列，为了方便模拟，取 0 像素点为光轴处，将 512 个点数据拟合后绘制像素-强度图，如图 11-12 所示的绿色曲线近似余弦函数，存在规律波包。波包的出现是因为干涉图频率较大，这对“四强度测风法”取点比较困难；但“四强度测风法”有个优点：第一个强度点选定后，其后各点并不必与其相位差 $\pi/2$，也可以是 $\pi/2+2k\pi$(k 为整数)；因此，本系统采用将此函数的周期整体拉伸 $4n+1$(n 为正整数)倍，这样操作步进函数的取点更为简单，同时周期拉伸 $4n+1$ 倍，则对于拉伸之后的函数而言步进 $\pi/2$，即对应原函数的 $\pi/2+2n\pi$。拉伸函数如图 11-12 中的虚线所示。

用同样的方法处理其他风速的干涉图数据，得出相位。将零风速的相位 φ_0 作为 GBAII-DASH 固定光程差 Δd 所对应的相位，则风速导致的相位频移量是 $\varphi_v=\varphi-\varphi_0$，利用 $v = c\varphi_v / \left(4\pi\Delta d\sigma_0\right)$ 求出正演风速(如表 11-2 第 4 列所示)，正演结果与假设大气 50m/s 的风速的绝对误差为 1.48m/s，相对误差为 2.96%。

11.3.5　三种测风方法正演误差

上述正演研究中未考虑噪声影响，但实际拍摄气辉的成像干涉图存在多种噪声，从干涉图提取相位之前需对原始数据去噪和平场。为了探测噪声和平场对 3 种方法测风误差的影响，我们在正演过程中对上述风速的干涉图人为添加均值为 0、标准差为 0.1 的高斯噪声，对各数据进行平场处理后，利用傅里叶级数、傅里叶变化和四强度测风法进行正演，得到正演误差如表 11-3 所示，三种方法得到的绝对误差分别为 0.90m/s、5.03m/s 和 0.96m/s，相对误差分别为 1.80%、10.06%、1.92%。可见当干涉图存在噪声时，傅里叶变换法的测风误差相对较大，傅里叶级数法和“四强度测风法”测风的精度高，但两种方法在测风间隔是 10m/s 时的测风误差相近。

模拟含有噪声以 1m/s 为风速间隔且大气风速在 31～39m/s 和以 0.1m/s 为风速间隔且大气风速在 30.1～30.9m/s 的干涉图，用傅里叶级数法和“四强度测风法”从干涉图中提取风速，求出的误差如图 11-13 所示。由图 11-13 可知，1m/s 为风速间隔时“四强度测风法”的平均测风相对误差是 2.20%，明显低于傅里叶级数法的平均测风相对误差(3.55%)，以及 0.1m/s 为风速间隔时“四强度测风法”的平均测风相对误差(2.69%)，也明显地低于傅里叶级数法的测风相对误差(4.15%)。故“四强度测风法”的测风精度优于傅里叶级数法测风精度。

表 11-3　加入噪声后的 3 种测风方法的正演误差[8]

计算风速/(m/s)	方法					
	傅里叶级数法		傅里叶变换法		四强度测风法	
	v/(m/s)	误差/%	v/(m/s)	误差/%	v/(m/s)	误差/%
10	9.45	5.52	7.85	21.47	9.47	5.28

续表

计算风速/(m/s)	方法					
	傅里叶级数法		傅里叶变换法		四强度测风法	
	v/(m/s)	误差/%	v/(m/s)	误差/%	v/(m/s)	误差/%
20	20.28	1.38	13.25	33.76	20.30	1.49
30	29.55	1.49	28.70	4.34	29.57	1.42
40	40.03	0.09	35.13	12.19	40.04	0.10
50	**49.10**	**1.79**	**55.03**	**10.07**	**49.04**	**1.74**
60	58.76	2.07	69.15	15.25	58.77	2.05
70	67.93	2.96	65.15	6.34	67.93	2.96
80	77.83	2.72	81.17	1.46	77.85	2.69
90	87.96	2.26	92.80	3.11	87.97	2.25
100	97.31	2.69	108.67	8.67	97.33	2.67

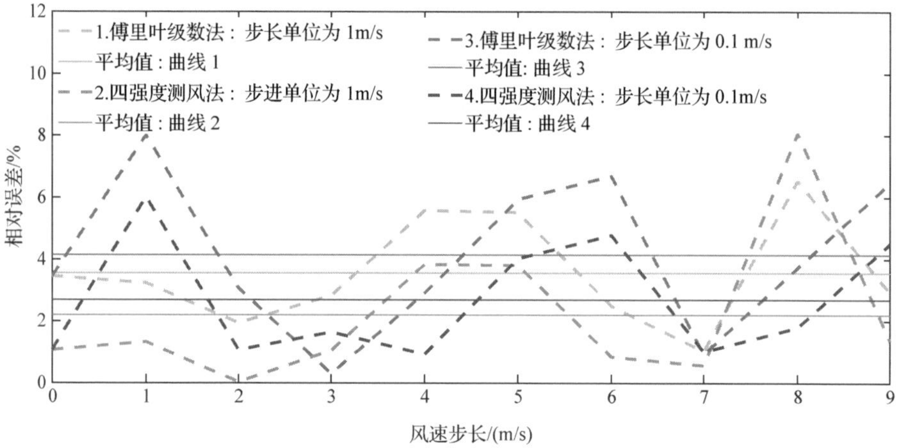

图 11-13 傅里叶级数法和四强度测风法的测风误差比较[8](见彩图)

从正演和增添噪声的上述正演结果可见，傅里叶变换法测风的误差较大。当采用傅里叶变换法测风时，在窗函数频谱做卷积的过程中，小的光程差和大的光程差导致了复原干涉图的包络与理想干涉图的包络发生明显的变形，直接影响干涉相位的计算，导致测风误差变大。减小误差的办法是选择中心区域的光程差点，因为其能较准确地反演出风速[16]。不同窗函数会造成不同程度误差，常用的窗函数有矩形窗、三角窗、汉宁窗、高斯窗和汉明窗等，这些窗函数因子的不确定性使得处理后的复原干涉图发生畸变，进而导致测风误差较大。

"四强度测风法"测风是通过式(11-26)的反正切求出相位，其中，I_4-I_2 和 I_1-I_3 已经把干涉图的背景噪声和直流部分统统去掉，故对数据平场后测风精度较高；况且"四强度测风法"测风计算简便，不用考虑窗函数因子的不确定性带来的测风误差。

11.4　GBAII-DASH 光程差对测风精度的影响

影响 GBAII-DASH 的测风精度，除了观测气辉谱线与闪耀光栅要求的 Littrow 波数带来的差异，主要取决于光学系统的 OPD 对测风精度的影响：在风速一定情况下，OPD 越大，其风速引起相位差就越大，进而导致测风精度下降，因此，我们逐一研究了 GBAII-DASH 的光程差对测风精度的影响，详细讨论见参考文献[7]。

11.4.1　小角入射光程差对测风精度的影响

假设 GBAII-DASH 的总光程差为 ΔL，光程差误差为 Δl，由式(11-14)得到风速相位：

$$\varphi_v = 4\pi\sigma_0\left(\Delta L + \Delta l\right)\frac{v}{c} \tag{11-33}$$

实际探测过程中由 Δl 引起风速的误差为 $\Delta v = \dfrac{v\Delta l}{\Delta L}$。使用式(11-14)中的 DASH 的理想光程差，在此将式(11-14)的光程差分为 $\varDelta_1$ 和 $\varDelta_2$，且 $\varDelta_1 = 4x\tan\theta_{\mathrm{L}}$ 和 $\varDelta_2=2\Delta L$。研究发现 GBAII-DASH 的光程差值只需对上述 $\varDelta_2$ 进行修正，我们分 3 种情况研究了光程差 $\varDelta_2$ 的变化，讨论过程中暂忽略 $\varDelta_1$，在最终的光程差加上 $\varDelta_1$ 这一部分，我们以待测气辉 O(^{1}S)557.7nm 为例进行讨论。

当光束沿光轴方向入射时，其光程差已由式(11-14)给出，因此，我们主要考虑当以微小倾角入射时，光栅摆放误差及波长偏差等情况下光程差对测风精度的影响。

在图 11-14 中，当光以一个微小倾角入射进入 GBAII-DASH 系统时，为简化运算需做 3 点假设：无论光线于何处进入分束器，光线必然经过分束器中心点；光程差仅从光线入射至分束器开始计算，至出射分束器截止；设光线入射分束器时与水平光轴夹角为 θ。如图 11-14 所示，在光栅上的入射角分别为 $\theta_{\mathrm{L}}+\theta$ 和 $\theta_{\mathrm{L}}-\theta$，通过光线追迹方法，得到图 11-6 所示的 GBAII-DASH 光程差表达式为

$$\begin{aligned}\varDelta_{2a} &= 2n_2t_2 - 2n\left(t_6 - t_3\right) + 2n\tan\theta_{\mathrm{L}}\left[\frac{2nt_1}{n_1} + \frac{nt_2}{n_2}\right]\cdot\sin\theta + \frac{1}{2}n\left\{\frac{nt_2}{n_2} + \left(t_6 - t_3\right)\right\}\cdot\sin^2\theta \\ &\quad + \frac{1}{2}n\left\{\frac{n}{n_2}t_2 + 2\frac{n}{n_1}t_1 + t_3\right\}\sin^2\left(\theta+\gamma_1\right) - \frac{1}{2}n\left\{2\frac{n}{n_1}t_1 + t_6\right\}\sin^2\left(\theta - \gamma_2\right)\end{aligned} \tag{11-34}$$

式中，n 为空气折射率；n_1 为分束立方的折射率；n_2 为光楔的折射率；t_1 为分束立

方水平厚度的 1/2；t_2 为光楔厚度；t_3 为水平光轴处光楔与光栅的间距；t_4 为分束立方至透镜的距离；t_5 为分束立方竖直厚度的 1/2(鉴于 t_4、t_5 的光程来回完全相同，所以式(11-34)中就不列出这两个参数了)；t_6 为竖直光轴处分束立方与光栅的间距。

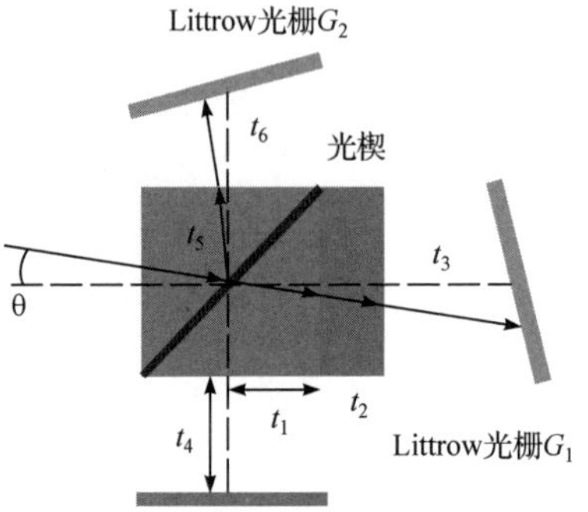

图 11-14　GBAII-DASH 微小倾角入射光路图

由式(11-34)可知，当光线斜入射进入 GBAII-DASH 系统时，我们得到入射角 θ 与光栅夹角 γ_1、γ_2 均与 θ 呈一次函数关系：当 θ=0°时，γ_1 和 γ_2 相等且为 0.4695°；当 θ=1° 时，γ_1 和 γ_2 不超过 3.0°，当入射光的角度偏转±1°时，入射光进入光栅后入射光与衍射光的夹角 γ_1、γ_2 的变化为一次函数，变化范围为−0.03°～0.04°。这些结论为斜入射光线进入 DASH 系统的视场角选择提供了理论依据。

将 γ_1 和 γ_2 角简化为 θ 的函数代入式(11-34)，将光程差改写为

$$\begin{aligned}\Delta_{2b}=&\left[2n_2+3.37\times10^{-5}\frac{n^2}{n_2}\right]t_2+n\left(2+3.37\times10^{-5}\right)\left(t_3-t_6\right)\\&+\left[0.968\frac{n^2}{n_1}t_1+0.492\frac{n^2t_2}{n_2}-0.008n\left(t_3+t_6\right)\right]\cdot\sin\theta+\frac{n^2t_2}{n_2}\cdot\sin^2\theta\end{aligned} \tag{11-35}$$

令式(11-35)中的 $n\left(2+3.37\times10^{-5}\right)\left(t_3-t_6\right)$=7.495cm，同时希望 $\sin\theta$ 和 $\sin^2\theta$ 的系数尽可能小(广角条件与超广角条件分别使 $\sin\theta$ 和 $\sin^2\theta$ 前面的系数为 0)，这样就可以使入射角的改变对光程差影响尽可能小，故我们设计使用分束立方且除去图 11-14 光路中的光楔，得到图 11-6 所示的 GBAII-DASH 的光路图，其 Δ_2 就由式(11-35)变为

$$\Delta_{2c}=n\left(2+3.37\times10^{-5}\right)\left(t_3-t_6\right)+\left[0.968\frac{n^2}{n_1}t_1-0.008n\left(t_3+t_6\right)\right]\cdot\sin\theta \tag{11-36}$$

为了实现 7.495cm 的基准光程差，让式(11-36)的 t_3-t_6=3.7475cm，可以使 t_6=1cm，t_3=4.7475cm；而为了使得光程差随入射角的偏差尽量最小，因此，选用 BK7 玻璃制成 5×5cm 的分束立方，折射率为 1.51680。Δ_2 随入射角的变化呈线性关系：当入射角为 θ=0°，即光束沿光轴正入射进入 GBAII-DASH 系统时，Δ_2 =

7.495cm，当 θ=±0.5°时，Δ_2 的偏差为±0.005cm。

11.4.2　光栅摆放偏差光程差对测风精度的影响

GBAII-DASH 在实验中难免产生光栅摆放与 Littrow 角之间有微小的差别，进而产生光程差的改变，如图 11-15 所示，设光栅 G_1、G_2 的摆放角度与 Littrow 角分别偏差 θ_1 和 θ_2，两光栅的摆放角度分别为 $\theta_L+\theta_1$ 和 $\theta_L+\theta_2$，根据图 11-15，我们计算出光栅摆放角度与 θ_L 有微小偏差时的光程差为

$$\Delta_{2d}=n(t_3-t_6)\cdot\left(2+3.37\times10^{-5}\right)+\left(2\frac{n^3t_1}{n_1^2}+nt_3\right)\cdot\sin^2\gamma_1-\left(2\frac{n^3t_1}{n_1^2}+nt_6\right)\cdot\sin^2\gamma_2 \tag{11-37}$$

根据式(11-37)绘制出 Δ_{2d} 与两光栅摆放角度误差的关系(图 11-16)，可见在两光栅严格地以 Littrow 角摆放时，满足基准 Δ_{2d}=7.495cm 且 θ_1=±0.2°和 θ_2=±0.2°时，Δ_{2d} 变化范围为±0.002cm。不仅当光栅严格地以 Littrow 角摆放时，光程差为 7.495cm，当两光栅的摆放偏差 θ_1 和 θ_2 满足一定条件时，光程差同样为 7.495cm，其关系条件为 $1.44\theta_1-\theta_2-0.089=0$，在其他情况下，光程差与给定的基准光程差的误差随着 θ_1 和 θ_2 两者差值的增大而增大。

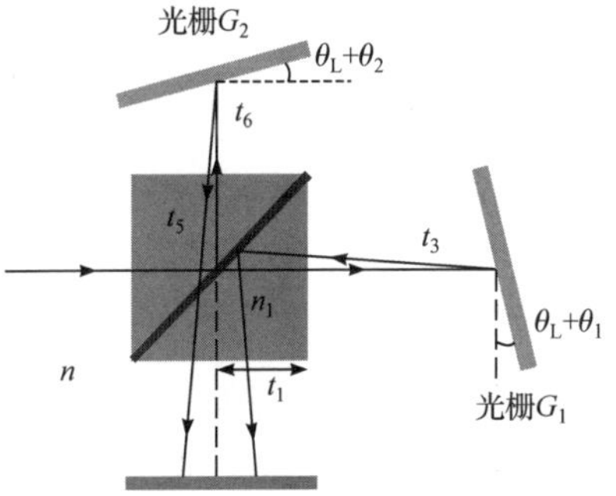

图 11-15　GBAII-DASH 光栅摆放偏差图

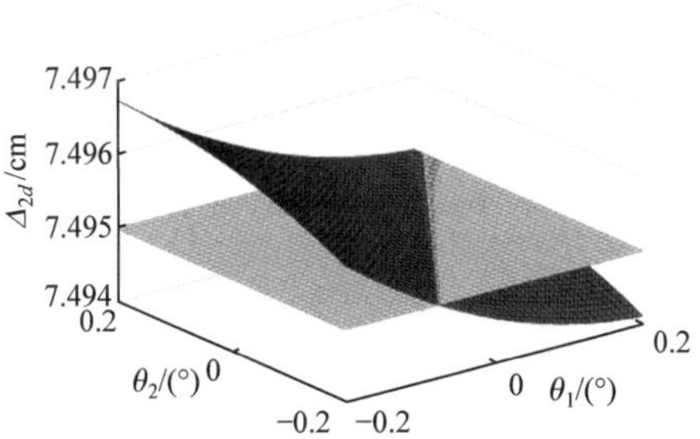

图 11-16　GBAII-DASH 中 θ_1 与 θ_2 与 Δ_{2d} 关系图[7]

11.4.3　气辉波长偏差光程差对测风精度的影响

反射式光栅将条纹衍射到某级强度的最大，是由光栅刻线和 Littrow 角决定的。GBAII-DASH 所选光栅 Littrow 角为 14.3°，对应波长为 550.0nm，而 GBAII-DASH 将探测地球上空 98km 的 O(^{1}S)气辉波长 557.7nm 记为中心波长 λ，多普勒频移和仪器原因导致波长与中心波长有偏差 λ'。根据图 11-6 的光路，则此时两光栅上入射光束与反射光束夹角 $\gamma=\arcsin\left(\dfrac{\lambda+\lambda'}{d}-\sin\theta_L\right)-\theta_L$，则其光程差为

$$\Delta_{2e}=n(t_3-t_6)\cdot\left\{2+\frac{1}{2}\sin^2\left[\arcsin\left(\frac{\lambda+\lambda'}{d}-\sin\theta_L\right)-\theta_L\right]\right\} \tag{11-38}$$

根据式(11-38)光程差与入射光波长偏差的对应关系可见，光程差随入射光波长的增大而增大，当以 Littrow 角对应波长 550.0nm 时，GBAII-DASH 的光程差为 7.4948cm，当实际气辉 557.7nm 入射时，$\lambda' = 7.7$nm，其光程差为 7.4950cm，相差 0.0002cm，这完全在 GBAII 设计的误差范围内。

综上，GBAII-DASH 光程差误差源于气辉谱线是否垂直入射、光栅摆放是否严格按照要求、入射光栅的中心波长与实际气辉波长差异等原因导致测风误差：GBAII-DASH 光程差的理论计算表明，当入射角 $\theta=0°$，即光束沿光轴正入射 GBAII-DASH 系统时，Δ_2=7.495cm；当 $\theta=\pm0.5°$时，Δ_2偏差为±0.005cm，风速误差为 0.033m/s；当两光栅摆放角度 θ_1 和 θ_2 各偏差±0.2°时，光程差 Δ_2 偏差为±0.002cm，导致测风误差为 0.013m/s；当中心波长偏差为±7.7nm 时，光程差 Δ_2 的偏差为 0.0002cm，导致测风误差为 0.001m/s；当 GBAII-DASH 总光程差 Δ_2 偏差为±0.5cm 时，测风精度为±2m/s，可见光程差误差对 GBAII-DASH 测风影响不大，这说明 GBAII-DASH 的“四强度测风法”测风具有高测风精度。

11.5 GBAII-DASH 的反演、仿真及实验

GBAII-DASH 系统在实际应用中受到误差、噪声、外界环境等因素的干扰，在具体实施探测前，我们利用 ZEMAX 软件进行了仿真，以 532.0nm 绿激光进行室内多普勒频移实验，得到室外测风结果。

11.5.1 GBAII-DASH 的反演研究

为保证反正切计算总相位时有较高精度，我们希望总相位位于±0.42(±$k\pi$, k 为整数)之间，总相位包含 3 部分：基准相位，由基准光程差引起的相位；步进相位，由选择的像素点位置导致的相位，可以通过像素点的选择来控制；风速引起的相位，这部分不可控。我们试图利用基准相位及步进相位来调整总相位，使得风速在一定范围内。因为“四强度测风法”4 个强度的相位步进相差 π/2，所以仅确定图 11-7 中的第一个强度值 I_0(不是式(11-39)中的 I_0)的范围，设 I_1 所在像素点的相位为 φ_1，即

$$\begin{cases} I_1 = I_0\left[1+\cos\varphi_1\right];\quad I_2 = I_0\left[1+\cos\left(\varphi_1+\dfrac{\pi}{2}\right)\right] \\ I_3 = I_2 = I_0[1+\cos(\varphi_1+\pi)];\quad I_4 = I_0\left[1+\cos\left(\varphi_1+\dfrac{3\pi}{2}\right)\right] \end{cases} \tag{11-39}$$

式中，I_0 是平均强度。前面提到，当总相位位于±0.42(±$k\pi$，k 为整数)之间时，其反正切精度较高。由于最后的相位 φ_1 通过反正切函数计算所得，希望 φ_1 的值≤

0.42+kπ(k 为整数)即可，其中，基准相位由于 GBAII-DASH 系统设计已经固定，其基准光程差为 7.495cm，此时 φ_1 的选择与风速有关，因为风速为不可控量，所以我们假设一个风速来确定 φ_1，设风速为 50m/s，由式(11-14)可知，使 φ_v 变化 0.42。由于 DASH 两出射波面存在 2γ 夹角，成像光强分布不均匀，我们选取位于光轴附近的区域平场处理，确定 φ_1 的相位应当位于光轴附近，且小于等于 0.42+$k\pi$(k 为整数)。

11.5.2　室外实验测风结果

我们搭建如图 11-17 所示的 GBAII-DASH 光学系统，于 2023 年 4 月 19 日凌晨 1～3 点在陕西西安临潼山顶的穹庐民宿(海拔为 1250m, N34.3°, E 109.3°)拍摄 O(^{1}S)557.7nm 气辉的成像干涉图如图 11-18 所示，图 11-18(a)是 GBAII-DASH 的 0°天顶拍摄的 O(^{1}S)气辉成像干涉图的结果，用于零风速定标，图 11-18(b)是 45°天顶角时拍摄的 O(^{1}S)气辉成像干涉图。

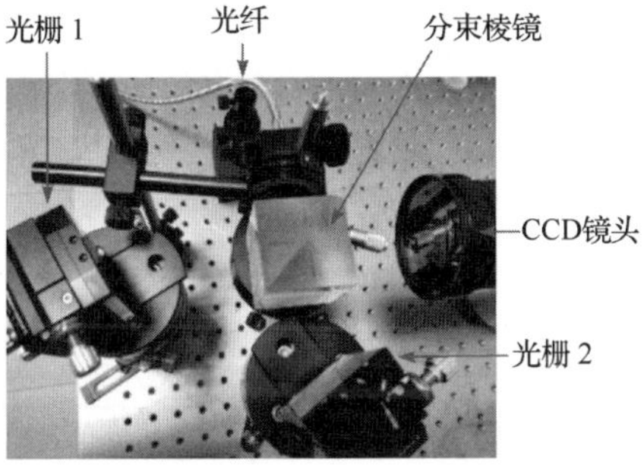

图 11-17　GBAII-DASH 的实验系统

通过去噪和平场等措施后，分别用傅里叶级数法、傅里叶变换法和“四强度测风法”提取图 11-18 气辉干涉图的大气风速(表 11-4)。可见傅里叶级数法和“四强度测风法”测风的结果基本相同，测得当晚地球上空 98km 的一维风速为 32.2m/s，傅里叶变换法测出结果为 43.6m/s。

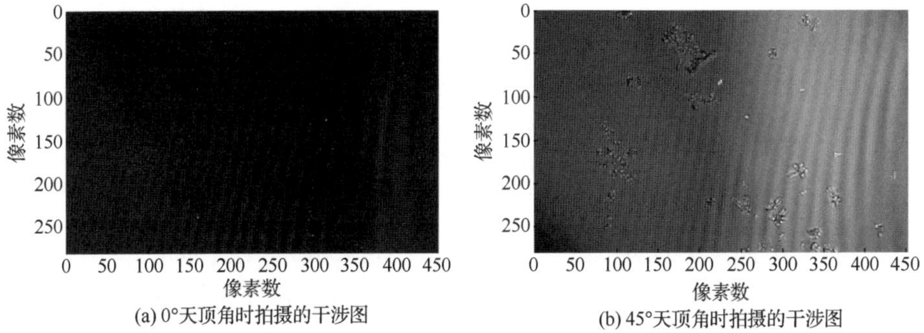

图 11-18　GBAII-DASH 拍摄 O(^{1}S)557.7nm 气辉的成像干涉图[8]

表 11-4　3 种方法反演室外测风结果[8]

测风方法	φ_0/rad	$\varphi_{0+}\varphi_v$/rad	φ_v/rad	v/(m/s)
傅里叶级数法	−0.7128	−0.8063	0.0934	32.21
傅里叶变换法	−0.0152	0.1111	0.1263	43.55
四强度测风法	0.1362	0.2295	0.0933	32.17

11.6　星载 TIDI/地基 GBAII-DASH 探测西安上空高层大气风场比较

第 3 章介绍了至今在轨遥感探测高层大气风速的 TIDI，由表 3-6 可知，TIDI 探测了地球上空 O(^{1}S) 557.7nm 气辉谱线，集中在 95～105km 高度(峰值高度为 98km)。GBAII-DASH 也探测 557.7nm 的夜气辉。我们将 GBAII-DASH 与 TIDI 探测结果进行了比较。

TIDI 官网上[17]保存着自 2002 年 1 月 1 日至今的观测数据。鉴于 GBAII-DASH 在临潼洪庆山顶(海拔为 1250m，34.3°N, 109.3°E)探测地球上空 90～100km 的大气风速时，TIDI 未必恰好途经临潼上空，所以我们从 TIDI 的观测数据中，提取纬度在 N 35°(±1°)，高度在 95～100km 和 90～110km 的 TIDI 观测的风场，提取日期从 2023 年 1 月 1 日至 8 月 31 日的纬向风速(图 11-19)，每月的平均大气风速如图 11-20 所示。

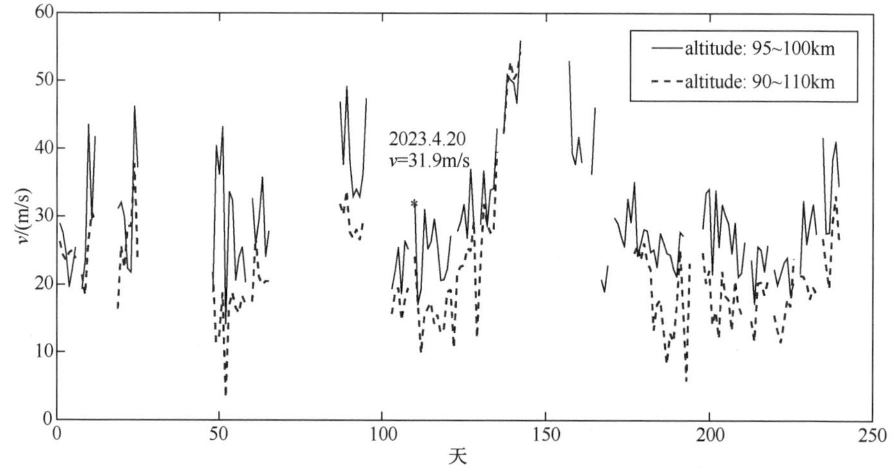

图 11-19　2023 年 1～8 月 TIDI 探测西安上空的大气风速数据[8]

从图 11-19 可见，TIDI 在 2023 年 4 月 20 日探测西安上空的大气纬向风速为 31.9m/s(高度是 95～100km)，表 11-3 为 GBAII-DASH 在 2023 年 4 月 20 日用四强度测风法探测西安市临潼区洪庆山的观测结果，为 32.2m/s，两者误差为 0.3m/s。我们采用 TIDI 探测，得到 2023 年 4 月的平均风速为 25.4m/s (高度为 90～110km)

和 27.3m/s(95～100km)，如图 11-20 所示，便于以后比较。

关于 GBAII-DASH 观测数据将在后面公开。鉴于 GBAII-DASH 中有两个光栅和一个 CCD 会出现莫尔条纹，我们也做了相应研究[18]，得出消除莫尔条纹也可以提高测风精度的结论。

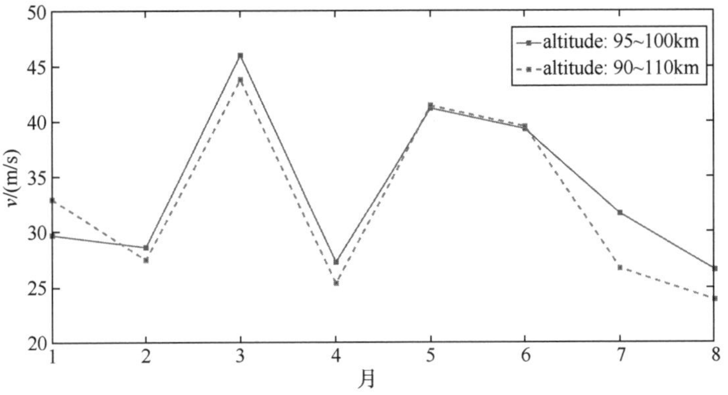

图 11-20　2023 年 1～8 月 TIDI 探测西安上空的平均大气风速[8]

参 考 文 献

[1] Gao H Y, Tang Y H, Hua D X, et al. Ground-based airglow imaging interferometer. Part 1: Instrument and observation. Applied Optics, 2013, 52(36): 8650-8660.

[2] Tang Y H, Duan X D, Gao H Y, et al. Ground-based airglow imaging interferometer. Part 2: Forward model and inverse method. Applied Optics, 2014, 53(11): 2273-2282.

[3] Tang Y H, Yang R, Gao H Y, et al. Improving the atmospheric wind speed measured accuracy by the ground-based airglow imaging interferometer. Proceedings of SPIE, Xi'an, 2017.

[4] Tang Y H, Sun P, Gao H Y, et al. Simulation and observation for volume emission rates emitted from O_2(0-1) and O(^{1}S) nightglow in Northwest China. Applied Optics, 2019, 58(4): 1093-1100.

[5] Xue Y Y, Li C X, Hui N J, et al. Improving the upper atmospheric temperature accuracy of the ground-based instrument by eliminating noise ways. Applied Optics, 2023, 62(6): 1436-1446.

[6] 唐远河, 崔进, 郜海阳, 等. 地基气辉成像干涉仪探测高层大气风场的定标研究. 物理学报, 2017, 66(13): 71-80.

[7] 兰柯龙. GBAII-DASH 光程差对高层大气风速探测精度的研究[D]. 西安: 西安理工大学, 2022.

[8] 李文文, 惠宁菊, 李存霞, 等. 多普勒非对称空间外差仪探测高层大气风速的三种方法比较研究. 物理学报, 2023, 72(24): 38-47.

[9] 李志伟, 熊伟, 施海亮, 等. 超光谱空间外差干涉仪探测器响应误差校正. 光学学报, 2014, 34 (5): 277-285.

[10] Marr K D, Englert C R, Harlander J M. Flat-fields in DASH interferometry. Optics Express, 2012, 20: 9535-9544.

[11] 沈静. 中高层大气风场探测多普勒非对称空间外差技术研究. 合肥: 中国科学技术大学, 2017.

[12] Ning T. Doppler wind simulator for spatial heterodyne observations of wind. Toronto: York

University, 2012.

[13] Englert C R, Babcock D D, Harlander J M. Doppler asymmetric spatial heterodyne spectroscopy (DASH): Concept and experimental demonstration. Applied Optics, 2007, 46(29): 7297-7307.

[14] Shepherd G G, Thuillier G, Gault W A, et al. WINDII - the wind imaging interferometer on the upper atmosphere research satellite. Journal of Geophysical Research Atmospheres, 1993, 98(D6): 10725-10750.

[15] Zhang S P, Shepherd G G. On the response of the $O(^1S)$ dayglow emission rate to the Sun's energy input: An empirical model deduced from WINDII. UARS global measurements. Journal of Geophysical Research Space Physics, 2005, 110: 1029-1048.

[16] Shepherd G G. Spectral Imaging of the Atmosphere [M]. London: Academic Press, 2002.

[17] TIDI 联机网站. https://tidi.engin.umich.edu/html/go?main.html&menu_home-new.html. [2024-12-07].

[18] 惠宁菊, 王彦龙, 李文文, 等. GBAII-DASH 中消除莫尔条纹对高层大气测风精度的影响. 光谱学与光谱分析, 2025, 45(8): 1-7.

第 12 章　GBAII & GBAVTII 探测高层大气温度粒子柱浓度、IER 和重力波等参量

2011 年我们研制了 GBAII，而后又衍生出 GBAII-LCoS 和 GBAII-DASH，可以探测地球上空 90～100km 的大气风速、温度、柱浓度、体发射率等物理量；2019 年我们又研制了一台 GBAVTII，用来探测除了风速的上述参量，便于与 GBAII 对比探测研究。本章着重描述这两台地基仪器如何消除白噪声后高精度地探测大气温度、柱浓度、体发射率和重力波等相关物理量，最后将卫星仪器 SABER 所观测西安上空的大气温度和重力波、行星波数据与 GBAVTII 数据进行了比较。

12.1　GBAVTII 探测高层大气温度

12.1.1　GBAVTII 的光路设计

通过 Zemax 的光学设计，GBAVTII 的光路图、实物图和室外观测模式如图 12-1 所示。光路依次通过入射光阑、凸透镜、滤光片、成像透镜和 CCD，其中，入射光阑在凸透镜的像方焦平面上，焦距为 100mm；CCD 在成像透镜的物方焦平面上，焦距为 50mm，入射光阑半径为 50mm，凸透镜半径为 75mm，大于±13.6°视场角

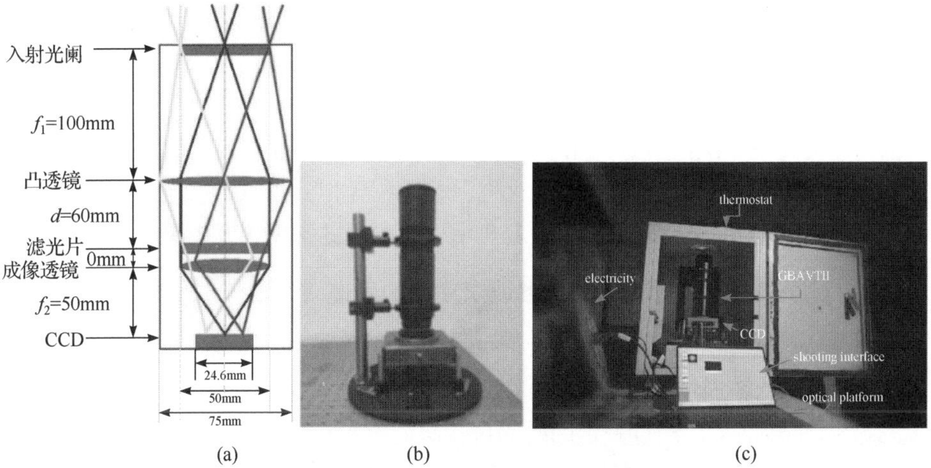

图 12-1　GBAVTII 的光路图、实物图和室外观测模式(见彩图)

的光线就会照射到镜筒内壁，从而阻止大于±13.6°的光线进入系统。滤光片的位置在凸透镜下方 60mm 处，这样保证最大透过率，向上会让一部分光照射不到滤光片上，向下会让光线集中到中心处，影响后面干涉圆环的明暗对比度。CCD 在成像透镜的物方焦平面上，从滤光片射出的相干光通过透镜成像到 CCD 上，成像透镜尽可能靠近滤光片，防止光线损失。

12.1.2 GBAVTII 探测的气辉谱线

GBAVTII 探测高层大气的温度、浓度和体发射率，选择可见光和近红外中的 $O_2(0\text{-}0)$762.0nm、$O_2(0\text{-}1)$867.7nm、OH836.2nm、$O(^1S)$557.7nm 和 $O(^1D)$630.0nm 等气辉谱线为探测光源，考虑到强度和大气窗口，GBAVTII 选择更换其滤光片可拍摄上述气辉的成像干涉图，用于探测地球上空 80～300km 的大气温度和 VER[1]。GBAVTII 所选元件的相关参数如表 12-1 所示。

表 12-1 GBAVTII 所选元件的相关参数

干涉滤光片			
半高宽	(0.28±0.05)nm	中心波长	(867.79±0.25)nm
峰值透过率	37.88 %	有效折射率	2.05
反射面的平整度	(3–5) λ/inch	有效通光孔径	48mm
光学系统		CCD 相机	
光阑	50mm	像素数	1024×1024
凸透镜焦距	100mm	像素尺寸	24×24μm²
探测角度	±13.6°	曝光时间	180s

下面以 GBAVTII 选择 $O_2(0\text{-}1)$ 867.7nm 的 6 对 12 条谱线(865.21nm，865.37nm，865.67nm，865.82nm，866.15nm，866.30nm，866.65nm，866.80nm，867.17nm，867.31nm，867.70nm，867.84nm)为例作为被动遥感探测高层大气温度的常用谱线，其体发射率峰值高度为海拔 94km，每对 PR 线的间距达到 0.4～0.5nm，最大体发射率达 2.5～3kR；$O_2(0\text{-}1)$带位于大气窗口区域，大气分子基本不被吸收，因此，$O_2(0\text{-}1)$谱线被地基 GBAVTII 作为探测地球上空 90～100km 大气温度的常用气辉光源。

12.1.3 双原子分子气辉“转动谱线测温法”的原理

大气中的痕量气体 O_2、N_2、水蒸气 H_2O 和 OH 等分子和离子都是双原子或多原子分子，在太阳风吹来的电子束激发作用下，将原子中的低能级电子激发到高能级的振动态-转动态，经过一定的时间再从高能态跃迁到低能态的辐射跃迁就产生了振动-转动气辉谱线。当多分子、原子处于相同的大气温度时，其振转谱线强度即便在相同振动量子数下，也会因为转动量子数的差异导致谱线的强度不同，因此，通过测得两条转动谱线的强度之比值来获取转动温度，即大热平衡下的气的温度。当气辉粒子处于相同的大气环境温度和同一个振动量子数 n 时，两个不同的转动量子数 J_1 和 J_2 具有不同的能级：

$$\begin{cases} I_{(J_1)} = \left(C_r n^4 / Q_r\right)\left(2J_1+1\right)\exp[-B_n J_1\left(J_1+1\right)hc/kT] \\ I_{(J_2)} = \left(C_r n^4 / Q_r\right)\left(2J_2+1\right)\exp[-B_n J_2\left(J_2+1\right)hc/kT] \end{cases} \tag{12-1}$$

式中，C_r 为常数，与磁偶极矩的改变和初态振动能级中的分子数有关。将式(12-1)两式相除，就可以得到大气温度 T 的表达式：

$$T = -\frac{Bhc}{k}\left[J_1\left(J_1+1\right)-J_2\left(J_2+1\right)\right]\ln\left[\frac{I_{0(J_2)}\left(2J_1+1\right)}{I_{0(J_1)}\left(2J_2+1\right)}\right] \tag{12-2}$$

式中，J 为转动量子数；B 是与转动量子数和波长无关的常数；c 为真空中光速；k 为玻尔兹曼常量；h 为普朗克常量，在完全确定温度与转动振动谱带的情况下，$C_r n^4/Q_r$ 通常被认为是定值，n 为振动量子数，T 为热平衡状态下的大气温度。式(12-2)就是采用“转动谱线测温法”探测高层大气温度的表达式。

式(12-2)中的 $I_{0(J_1)}$ 和 $I_{0(J_2)}$ 是单一转动谱线的强度，实际探测中需用窄带滤光片将所有谱线精细滤出，因为有 12 条谱线，那么在探测器 CCD 的每个像素上所得的电子计数却是某分子振-转跃迁谱线的叠加。所以，在探测高层大气温度时需要做正演，模拟出不同温度下多条光谱干涉所形成的圆环，最后与实验得到的圆环进行差值比较，最终获得所探测的大气温度。

12.1.4　GBAVTII 的正演

根据第 7 章提及遥感仪器的正演规律，GBAVTII 正演过程与 GBAII 的正演类似，先假设给定 90～100km 大气温度、体发射率和浓度等预设参数值，根据气辉(如 O_2(0-1)或 O(^{1}S))光源各谱线的绝对强度和相对强度分布、大气传输及衰减律，以及 GBAVTII 的光学光路、滤光片透过率和 CCD 的参数响应等，通过计算机编程模拟，在 CCD 上得到干涉圆条纹和信噪比等信息，如图 12-2 所示。

当气辉谱线经过大气辐射模型、大气传输模型、滤光片模型、仪器响应度模型、CCD 模型后，在 CCD 的第 i 行、第 j 列得到 GBAVTII 的正演电子计数值：

$$I_{i,j} = \sum_{n=1}^{12} I_{\text{abs}} I_{T-\lambda_n} \tau_{f(i,j)}(\lambda_n) \tau_{\text{trans}} R_{i,j} A D_{i,j} t + I_b(N_{\text{noise}}) \tag{12-3}$$

式(12-3)中的 $I_{\text{abs}}I_{T-\lambda n}$ 为第 n 条气辉谱线在大气温度 T 下的绝对强度与相对强度之积，后者可从 HITRAN 数据库中查找[2]，本书取数据库中 140～240K 内的 100 条温度曲线的强度值；A 为入瞳面积，$D_{i,j}$ 为光学衰减系数，t 为 GBAVTII 的

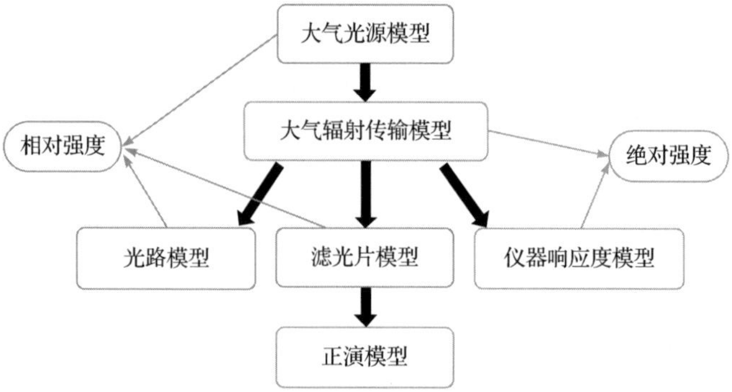

图 12-2　GBAVTII 的正演模型

拍摄时间，$I_b(N_{\text{noise}})$为正态分布的噪声计数值(其中包含光源的随机噪声 N_{signal}、暗电流噪声 N_{dark}、CCD 读出噪声 N_{readout})。GBAVTII 所用的 CCD 具体参数如表 12-1 所示。

式(12-3)中 $R_{i,j}$ 为仪器的响应度：

$$R_{i,j}=\frac{S_{(i,j)}\Omega\eta_{\text{CCD}}\tau_{\text{sys}}N_{\text{pb}}}{4\pi C_{\text{ADU}}} \tag{12-4}$$

式中，$S_{(i,j)}$ 为单像素立体角对应的面积；Ω 为立体角；η_{CCD} 为 CCD 的量子效率；τ_{sys} 为气辉进入 CCD 前的透过率；N_{pb} 为用于拍摄的 CCD 的像素；C_{ADU} 为数模转换值。

式(12-3)中的 $\tau_{f(i,j)}(\lambda_n)$为第 n 条谱线通过滤光片后的透过率：

$$\tau_{f(i,j)}(\lambda_n)=\frac{\tau_c(\theta)}{1+\left[\frac{2(\lambda_n-\lambda_c)}{\Delta\lambda_c}+\frac{\lambda_n}{\Delta\lambda_c}\frac{{\theta_{(i,j)}}^2}{n_e^2}\right]^2} \tag{12-5}$$

式中，λ_n 为气辉波长；θ 表示光束的入射角；$\tau_c(\theta)$为峰值透过率；λ_c 为中心波长；$\Delta\lambda_c$ 为半高宽；n_e 为有效折射率。对式(12-5)中的(i,j)利用 MATLAB 循环赋值就能获取一整幅图像的电子计数值。将 GBAVTII 所用滤波片的参数和光源信息代入式(12-3)，可以得到每条谱线的峰值入射角，结果如表 12-2 所示。

表 12-2　O_2(0-1)带的 12 条气辉谱线对应滤光片的入射角

序号	波长/nm	角度/(°)	序号	波长/nm	角度/(°)
1	867.84	0	5	866.79	5.63
2	867.70	1.69	6	866.65	6.03
3	867.31	3.91	7	866.30	6.90
4	867.16	4.46	8	866.15	7.24

续表

序号	波长/nm	角度/(°)	序号	波长/nm	角度/(°)
9	865.82	7.93	11	865.36	8.81
10	865.67	8.23	12	865.21	9.09

式(12-3)中的 $I_b(N_{\text{noise}})$为噪声：

$$N_{\text{noise}} = \sqrt{n_{\text{Bin}} \cdot N_{\text{signal}} + n_{\text{Bin}} \cdot N_{\text{dark}} + N_{\text{readout}}^2} \tag{12-6}$$

当 94km 附近的 O_2(0-1)气辉谱线经过大气辐射模型、滤光片模型、仪器响应度模型后，在 CCD 上得到预期大气温度值对应的某级干涉圆环的电子计数为正演值；为了获得二维阵列图像，需将 GBAVTII 的角度变化与 CCD 中的 Bin 相联系。为了减小噪声，加快 CCD 的运存速度且让拍摄干涉图的圆心尽可能地和 CCD 靶面中心重合，我们采用 4×4 为 1 个 Bin。当气辉以入射角 θ 进入 GBAVTII 时，角度与 Bin 数的关系为

$$n_{\text{Bin}} = f \cdot \tan\theta \cdot \frac{128}{12.3} \tag{12-7}$$

式中，f 为 CCD 镜头焦距，为 50mm，12.3 /128 表示一个 Bin 的宽度(单位为 mm)，根据式(12-7)计算出 Bin 数与入射角的对应关系，但 Bin 的个数需取整数，当 θ 在 0～13.6°内变化时，求得的 n_{Bin} 应四舍五入，如图 12-3 所示。

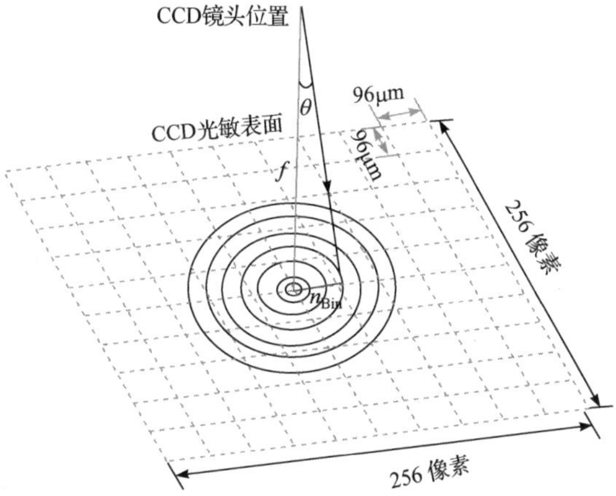

图 12-3　GBAVTII 的入射角与 Bin 的关系示意图

式(12-3)中的参数 τ_{trans} 是 GBAVTII 涉及的大气辐射传输模型 τ_{atm} 和仪器的透过率 τ_{ins} 的乘积：$\tau_{\text{trans}}=\tau_{\text{atm}}-\tau_{\text{ins}}$。使用 MODTRAN 软件进行模拟，根据西安观测当天实际环境(如季节、云量、气溶胶散射、CO_2 体积混合比、大气路径类型等)进行选择；

GBAVTII 各透镜对气辉都有一定的损失，我们测量 GBAVTII 不含滤波片的整机透过率 τ_{ins}(图 12-4)，以 2019 年 12 月 31 日拍摄 O_2(0-1)气辉为例，当晚夜间天气晴朗，无云，水汽含量少，在 MODTRAN 软件上选择对应的气溶胶模式为城市类型(VIS=5km)，设置探测 O_2(0-1)气辉的高度、波长及入射角度范围等信息就可以得到该天的大气透过率，结果如图 12-4 所示；从图中可见 2019 年 12 月 31 日晚西安上空 O_2(0-1)气辉的平均大气透过率为 0.5。当模拟 GBAVTII 在其他时间对应的大气透过率时，均需按照上述相同方法进行查询。

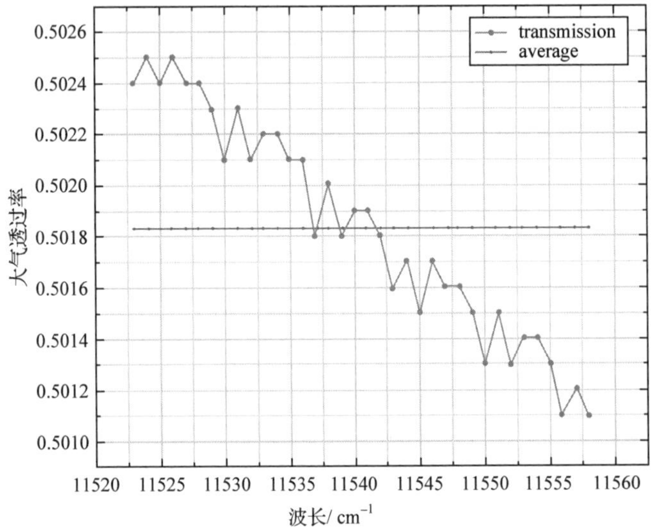

图 12-4　利用 MODTRAN 模拟 2019 年 12 月 31 日西安上空 O_2(0-1)气辉的大气透过率

12.1.5　GBAVTII 的数据反演

1. 地基遥感仪器如何消除白噪声

不论是 GBAII 还是 GBAVTII，都是地基遥感探测高层大气物理量的仪器，在探测器上获得的信号不仅仅是气辉的有效信息，还包含 CCD 自身噪声(暗电流噪声、CCD 读出噪声)和大气背景光(月光、城市灯光、星光等)信息，前者可以通过 CCD 自带制冷装置及人为配备恒温箱尽可能地消除，但大气背景进入 CCD 的光子信息无法直接消除，它会使 CCD 单位时间内生成的信号电荷数围绕平均值上下波动(光子数和光生电荷数的统计涨落)，在很宽频率范围内产生散粒噪声(我们称为白噪声)，下面我们提供一种消除白噪声的方法，以提高地基遥感仪器的探测精度[3]。

由式(12-2)可知，在理论上利用“转动谱线测温法”获取大气温度时，只需要 GBAVTII 仪器观测 O_2(0-1)气辉实验中的两个干涉圆环即可，但事实上，O_2(0-1)分子跃迁时产生的 12 条(6 对)谱线会以不同入射角度经窄带干涉滤光片作用在 CCD

的每一个 Bin 上，最终从中心到外呈现 6 个干涉圆环，我们在实验探测中经常得到 5 个比较明显的环(第 6 个环的信号非常弱)。

下面利用从外到内的 5 个圆环来消除 GBAVTII 的白噪声。这 5 个环对应的转动量子数分别为 $J_1=0$、$J_2=1$、$J_3=2$、$J_4=3$ 和 $J_5=4$，将白噪声的强度值依次设为 I_1、I_2、I_3、I_4 和 I_5，那么 CCD 接收到的绝对强度为谱线强度和白噪声强度之和，当达到局域平衡的大气温度为 T 时，振动量子数为 n、双原子分子的振-转发射光谱强度最终可以写为

$$I=\frac{C_r n^4}{Q_r}(2J+1)\mathrm{e}^{\frac{-B_n hcJ(J+1)}{kT}} \tag{12-8}$$

将 5 个转动量子数代入式(12-8)，则有

$$\begin{cases} I_{(0)}=I_1+\dfrac{c_r n^4}{Q_r} \\ I_{(1)}=I_2+3\dfrac{c_r n^4}{Q_r}\exp\left(\dfrac{2hcB_n}{kT}\right) \\ I_{(2)}=I_3+5\dfrac{c_r n^4}{Q_r}\exp\left(\dfrac{6B_n hc}{kT}\right) \\ I_{(3)}=I_4+7\dfrac{c_r n^4}{Q_r}\exp\left(\dfrac{12hcB_n}{kT}\right) \\ I_{(4)}=I_5+9\dfrac{c_r n^4}{Q_r}\exp\left(\dfrac{20hcB_n}{kT}\right) \end{cases} \tag{12-9}$$

为了简化式(12-9)，假设 GBAVTII 拍摄的同一张干涉图具有相同的白噪声，即 $I_1=I_2=I_3=I_4=I_5=I$，令 $\dfrac{C_r n^4}{Q_r}=E$ 、$hcB_n/kT=D$，则式(12-9)写为

$$\begin{cases} I_{(0)}=I+E \\ I_{(1)}=I+3E\exp[-2D] \\ I_{(2)}=I+5E\exp[-6D] \\ I_{(3)}=I+7E\exp[-12D] \\ I_{(4)}=I+9E\exp[-20D] \end{cases} \tag{12-10}$$

式(12-10)左边的 $I_{(0)}$、$I_{(1)}$、$I_{(2)}$、$I_{(3)}$、$I_{(4)}$分别对应 GBAVTII 拍摄的干涉图经处理后各亮环的平均强度值；将各参数代入式(12-10)中后，发现 D 值数量级为 10^{-4}，完全可将方程右边的指数形式用泰勒级数展开到第二项，将式(12-10)写成矩阵形式后，再利用最小二乘法拟合，得到白噪声 I 满足如下方程：

$$\begin{pmatrix} 1 & 1 & 0 \\ 1 & 3 & -6 \\ 1 & 5 & -30 \\ 1 & 7 & -84 \\ 1 & 9 & -180 \end{pmatrix} \begin{pmatrix} I \\ E \\ ED \end{pmatrix} = \begin{pmatrix} I_{(0)} \\ I_{(1)} \\ I_{(2)} \\ I_{(3)} \\ I_{(4)} \end{pmatrix} \tag{12-11}$$

将式(12-11)中的三部分分别左乘系数矩阵的转置矩阵后，可得

$$\begin{pmatrix} 5 & 25 & -300 \\ 25 & 165 & -2376 \\ -300 & -2376 & 40392 \end{pmatrix} \begin{pmatrix} I \\ E \\ ED \end{pmatrix} = \begin{pmatrix} I_{(0)} + I_{(1)} + I_{(2)} + I_{(3)} + I_{(4)} \\ I_{(0)} + 3I_{(1)} + 5I_{(2)} + 7I_{(3)} + 9I_{(4)} \\ -6I_{(1)} - 30I_{(2)} - 84I_{(3)} - 180I_{(4)} \end{pmatrix} \tag{12-12}$$

求解式(12-12)后，得到 CCD 上探测的白噪声强度值的表达式为

$$I = 152I_{(0)}/135 + 79I_{(1)}/270 - 71I_{(2)}/270 - 16I_{(3)}/45 + I_{(4)}/5 \tag{12-13}$$

地基遥感仪器在探测高层大气温度时白噪声自然保留在探测信号中，在利用“转动谱线测温法”前，利用上述方法消除白噪声，获得气辉的强度，进一步提高大气温度的探测精度。上述剔除白噪声的方法适合 GBAVTII 和 GBAII 等地基遥感仪器的绝对测量。

2. GBAVTII 拍摄图像的降噪

GBAVTII 主要观测点在西安理工大学曲江校区教学实验大楼 9 楼顶(海拔为 457m，N34°13′22.21″，E108°59′38.14″)，实验现场如图 12-1 所示。由于夜气辉的强度低且大气对其有衰减，要想在接收仪器上获得对比度高、有用信息多的干涉圆环，我们选择无月光、云层稀薄、晴朗的夜晚对 $O_2(0\text{-}1)$带夜气辉进行拍摄。将仪器放在减振光学平台上，外加一个恒温箱尽可能地减少窄带滤光片的“温漂”，此时地球上空 94km 左右的气辉谱线可在±13.6°的范围内进入 GBAVTII 仪器中。实验拍摄前，先将 CCD 温度设为−50℃，等其冷却后(冷却温度显示在 CCD 驱动界面上)再进行正式拍摄实验。一般情况下，在实验前期工作准备好后，先拍几张灰度图，看其图像上的噪点情况或通过干涉圆环中的明、暗纹的清晰度来检验是否达到了连续拍摄的条件，等所有准备工作完成后，先拍摄一张暗噪声用于后期的图像处理，再以曝光时间为 3min 的时间间隔进行一整晚的连续拍摄。

GBAVTII 拍摄的原始气辉图片需进行暗噪声、白噪声、去宇宙射线等图像处理。图 12-5 是对 2019 年 12 月 31 日 22:29pm 拍摄 $O_2(0\text{-}1)$气辉的干涉圆环处理的工艺流程，其对应的三维图如图 12-6 所示。为了人眼能够直观地看到干涉圆环的变化，对图 12-5 进行了提高对比度处理，图 12-6 是原始图对应的三维图。

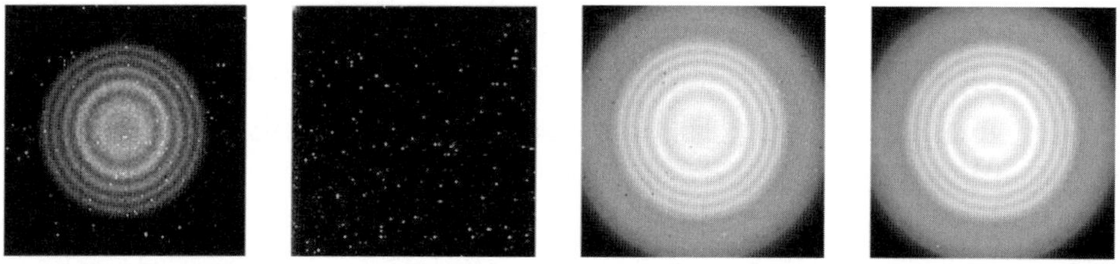

(a) GBAVTII于2019年12月31日拍摄的原始干涉图(提高对比度)　(b) 当天的暗噪声　(c) 去除暗噪声后的成像干涉图　(d) 去除椒盐噪声、宇宙射线后的成像干涉图

图 12-5　(a)～(d)GBAVTII 拍摄的气辉成像干涉图的去噪过程

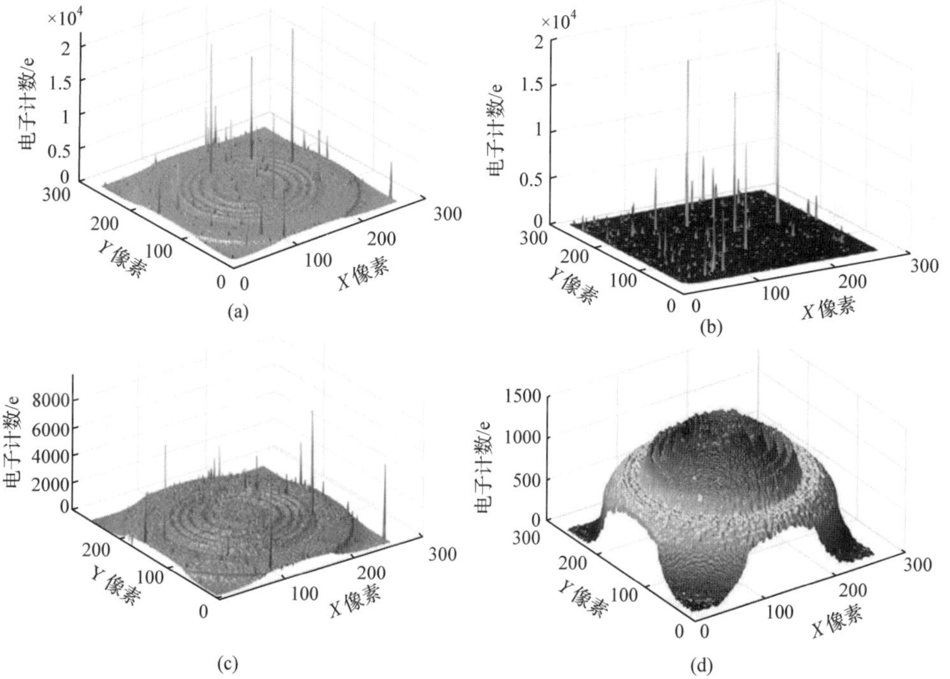

图 12-6　GBAVTII 在去噪过程中对应的三维图(见彩图)

图 12-5(a)是 GBAVTII 于 2019 年 12 月 31 日 22:29pm 拍摄的成像干涉图，图 12-6(a)是原始图对应的 3D 图；在 2D 图中观察到的白点对应于 3D 图中不同高度的峰，这些峰是 GBAVTII 拍摄过程中，CCD 的噪声及其他外界环境干扰造成的，需消除；图 12-5(b)是该天拍摄的暗噪声，图 12-6(b)是原始图对应的 3D 图，后续处理中需从拍摄的原始干涉图中减去暗噪声得到如图 12-5(c)所示的干涉圆环，但图 12-6(c)中仍然存在强度较小的峰，这些需利用计算机编程进行椒盐噪声、宇宙射线、过曝点等处理，结果如图 12-5(d)所示；经过工艺流程后对气辉谱线强

度值产生的干扰主要为白噪声，需要在实验基础上消除式(12-13)所示的白噪声；GBAVTII 采用 4×4 像素为一个 Bin 进行拍摄，将得到的干涉圆环划分成以一个 Bin 为宽度的 128 个环，并取同一个环内所有 Bin 下的平均值，获得一条从圆环中心至边缘的平均电子计数值曲线，如图 12-7 所示；由于越靠近圆心的环包含的电子计数越少，取平均值后产生的随机误差越大；而离圆心较远的环会因为像差的存在造成误差；为了避免这些问题，往往取第 35～77 个 Bin 的数据，即第 2、3、4 个干涉圆环来反演大气温度。

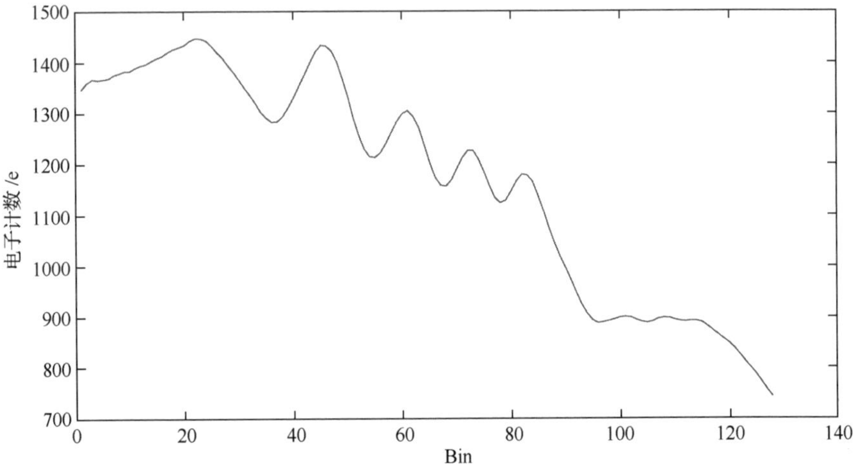

图 12-7　GBAVTII 于 2019 年 12 月 31 日拍摄的干涉图经过程处理后，以圆心为起点，以一个 Bin 为宽度的环的平均电子计数值随 Bin 的变化规律(1Bin=4×4pixels)

3. 精细微调正演公式的各参量

GBAVTII 的数据反演操作与仪器正演相结合，通过正演表达式(12-3)得到 GBAVTII O_2(0-1)成像干涉的某个圆环正演强度的电子计数值 I_{forward}；再通过 GBAVTII 室外拍摄图像进行白噪声和降噪处理后，进一步得到 CCD 上与正演相同干涉圆环对应像素点位置处的实验强度电子计数值 $I_{\text{inversion}}$，进行差值比较，使得

$$\Delta I = I_{\text{forward}} - I_{\text{inversion}} \to 0 \tag{12-14}$$

则此时利用 Hitran 数据库正演假设中的大气温度即 GBAVTII 实验探测的大气温度值。在此过程中需精细微调式(12-3)的各参量，才能使式(12-14)的 $\Delta I \to 0$。对于如图 12-8 所示正演值与实验值如此大的差异，如何才能实现 $\Delta I \to 0$ 呢？

我们以 2019 年 12 月 31 日 22:29pm 拍摄的图像为例，依次计算了 5 个干涉亮环对应的平均电子计数值，分别为 $I_{(0)} = 1125\text{e}$、$I_{(1)} = 1335\text{e}$、$I_{(2)} = 1239\text{e}$、$I_{(3)} = 1183\text{e}$ 和 $I_{(4)} = 1049\text{e}$ (e 为电子数)，然后将数值代入式(12-13)求出白噪声 $I = 1.1206 \times 10^3\text{e}$。

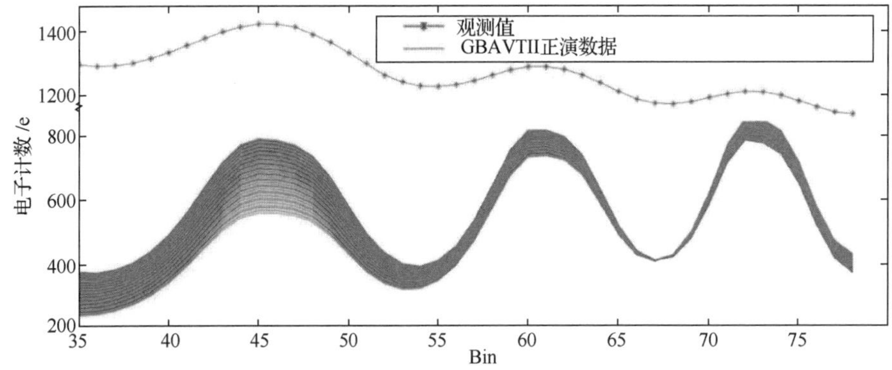

图 12-8　实验拍摄图像的合成光谱与正演中合成光谱的电子计数值的比较

减去白噪声后，通过精细微调调节正演方程式(12-3)中的各参量，我们便找到室外观测的某条干涉条纹曲线恰与正演所设 100 条(140～240K，温差为 1K)的正演曲线中拟合度最好的那条谱线(类似图 9-21 O_2(0-1)867.7nm 的 12 条谱线在 140～240K 的相对强度值)，这样我们就获得与 GBAVTII 正演方程对应设定的大气温度值，这个大气温度是 GBAVTII 室外拍摄气辉探测的大气温度值，即大气温度的反演值。如图 12-9 所示，拟合度最高的谱线放大如图 12-10 所示，可以看出该谱线与 186.0K 大气温度对应的谱线基本一致，两者在相同 Bin 下的相对误差范围为 0.5%～1 %(图 12-11)，即 2019 年 12 月 31 日 22:29pm 利用 GBAVTII 拍摄西安上空 94km 左右处的大气温度为 186.0K。

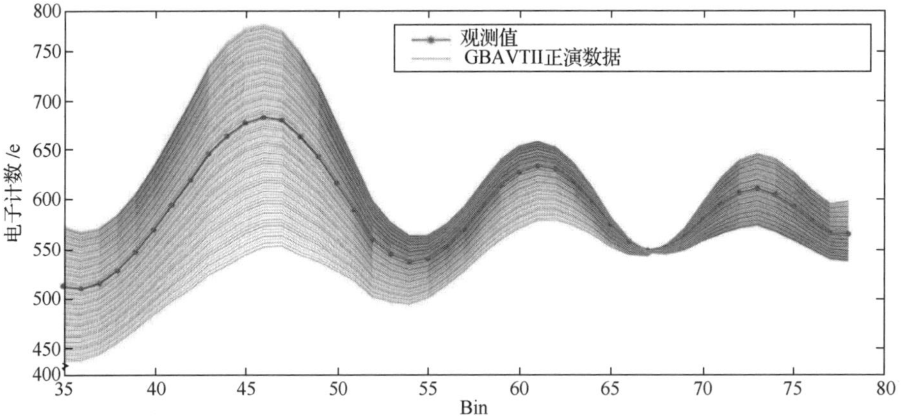

图 12-9　消除 GBAVTII 白噪声后的拍摄结果与微调正演模型参数后的光谱拟合结果比较

前面介绍对 GBAVTII 所拍摄的气辉图像进行白噪声消除和降噪处理后，要使 GBAVTII 的数据反演和仪器正演的差值(同一波长、同级条纹、同个像素点)尽可能地趋近于零，即式(12-14)成立，为达到这个目的，我们需要精细微调正演方程(12-3)中各参数和在实验室进行精细定标，技巧如下：

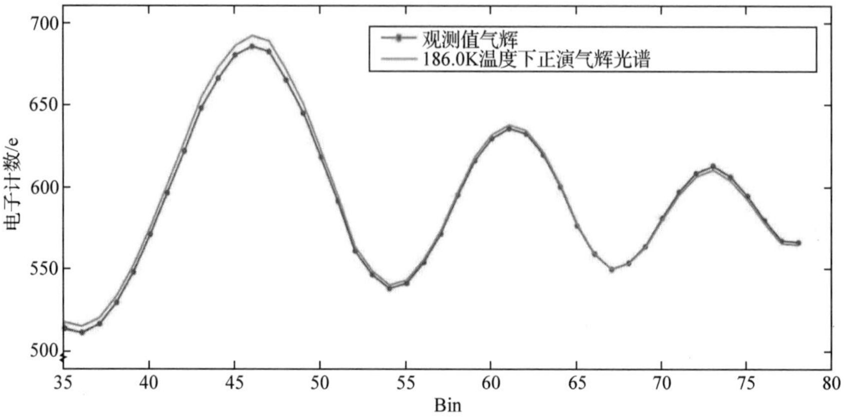

图 12-10 GBAVTII 的观测值与正演模型中 186.0K 温度下谱线的比较

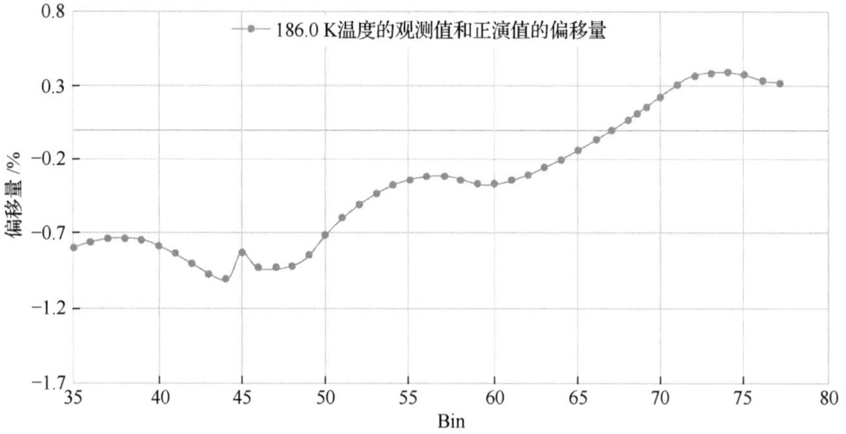

图 12-11 GBAVTII 的观测值与 186.0K 温度下谱线在每个 Bin 下的相对误差

(1) 精细微调式(12-5)中各参数，使拍摄干涉圆环与正演圆环的波峰波谷对准：图 12-12 显示了当中心波长每改变 0.1nm 时，波的起始位置及各波峰波谷对应 Bin 位置的变化情况，图中红色代表原始波长；当波长增量为正值时，从第 38 个 Bin 开始，整体向右平移，原始波长中的第 2、3、4 个波峰的位置依次移动约为 7 个 Bin、5 个 Bin、5 个 Bin；当波长增量为负值时，整体向左平移，原始波长中的第 2、3、4 个波峰对应的 Bin 位置与增量为正值时 Bin 位置的平移量大致相同。

(2) 精细微调式(12-3)和式(12-5)中的入射光波长，使室外拍摄干涉圆环与正演圆环的波峰波谷对准。由图 12-13 可见，当这些入射波长发生变化时，对波的影响有重叠部分；那在微调时需注意各波长的可调范围，如果超过范围中的最大值，那么波峰和波谷就会相融合，导致波峰或波谷的个数减少，违背最初调节参

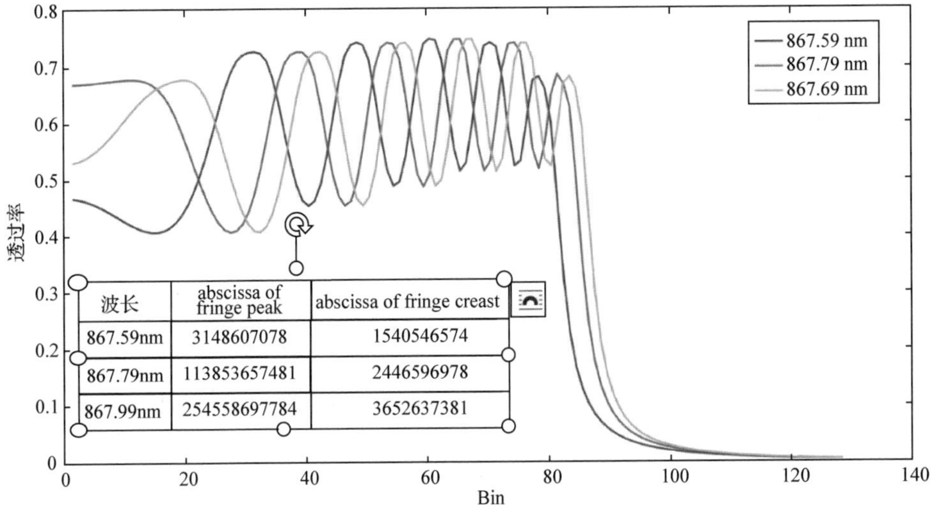

图 12-12　滤光片的中心波长变化±0.20nm 后对 GBAVTII 拍摄 O_2(0-1)的条纹初始位置和各波峰波谷位置的影响[3](见彩图)

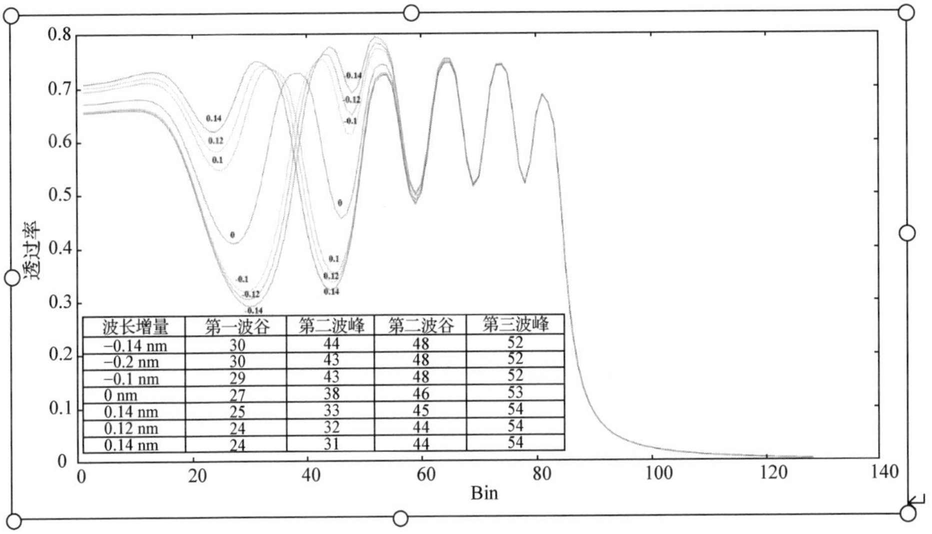

图 12-13　当微调式(12-3)和式(12-5)中的入射波长(867.31nm、867.17nm)时，O_2(0-1)的 6 个波峰、波谷与 Bin 位置随波长变化的关系，图中“0”表示原始波长，“+”或“–”表示原始波长的增量[3](见彩图)

数的目的。图 12-13 具体给出了不同波长的最大调节范围及波峰波谷所对应 Bin 的位置，其中，“0”代表原始波长，“+”和“–”表示波长的增量；从图中可见近似对称结构：以原始波长峰值所在位置为对称轴，当增量由小变大时，对称轴左侧的波峰和波谷沿较小 Bin 位置的方向移动；同时，波峰与波谷之间的纵向距离逐渐缩短，右侧正好相反。波长为 867.31nm 和 867.17nm 的可调范围为–0.14～0.14nm，波长为 866.80nm 和 866.65nm 的可调范围为–0.13～0.13nm，波长为 866.30nm 和 866.15nm 的可调范围为–0.10～0.10nm。当波长发生微小变化时，一些波峰和波谷对应 Bin 的位置几乎不变，只是纵向距离发生变化，图中表格具体显示了 Bin 位置随增量的变化情况。

(3) 精细定标：为了降低式(12-3)中硬件参量和噪声参量($R_{i,j}$、$D_{i,j}$和 N_{readout} 等)造成的误差，需要将 CCD 探测过程中的外界环境温度稳定在(23±1)℃(用恒温箱实现)，工作温度稳定在–50℃，让其尽可能地降噪；$D_{i,j}$参量需在实验室内仔细平场定标，其由孔径光阑对实际通光孔径的限制造成，导致 CCD 上的图像强度不均匀，出现从中间往边缘逐渐衰减的情况；在实验室定标时，我们先将 GBAVTII 中的窄带干涉滤光片去掉，让 532nm 的激光通过积分球转变成均匀的面光源后再通过 GBAVTII 系统，最后对 CCD 拍摄的灰度图进行处理就可以得到如图 12-14(a)所示的衰减系数。获得衰减一维系数矩阵的方法如下：先将拍摄图减去暗噪声，再把去除暗噪声后的干涉图从圆心出发，以一个 Bin 为宽度将整个干涉图进行划分，求取各像素上对应的灰度值与最大灰度值的比值，再将同一 Bin 宽度上的灰度值取平均就可以得到衰减值；在正演与反演曲线进行拟合时，需先将正演图乘以衰减矩阵后再进行后续处理。

精细微调正演方程式(12-3)中的各参数并不独立，需相互配合，这就需要在上述调节范围内精细优化，以达到 CCD 某像素点上正演结果与观测圆环的最佳匹配；在由 100 条温差 1K 的温度曲线组成的正演谱线中，在第 66 个 Bin(1Bin = 4 × 4 像素)附近各个谱线几乎重合，并且是所有谱线的拐点；在第 68～72 个 Bin 附近，谱线宽度最小；微调参数时需根据这些特殊的点并结合参数调节区间对正演谱线进行缩放和平移，使其尽可能与反演谱线匹配。由于正演时假设大气温度相

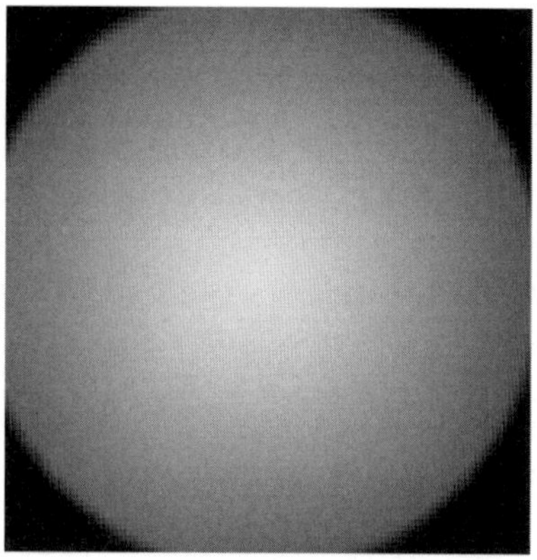

(a) GBAVTII在实验室拍摄的衰减图

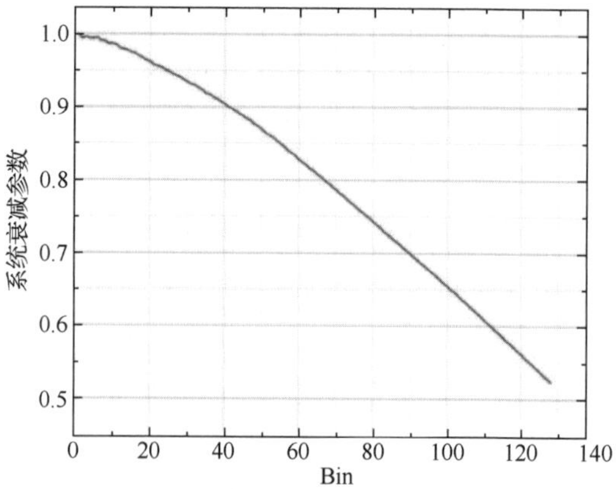

(b) 为左图对应的衰减曲线图

图 12-14　GBAVTII 的室内定标

差 1K，室外拍摄的反演曲线与正演曲线尽可能重合，这就说明 GBAVTII 的大气温度探测精度可达 1K。

4. GBAVTII 的数据反演结果

GBAVTII 的观测数据始于 2019 年 12 月 27 日晚，4 年来观测的大气层温度结果如图 12-15 所示，从图中可见，2019 年 12 月 31 日 22:29pm～2020 年 1 月 1 日 7:29am，GBAVTII 与 NRLMSISE-00 观测的温度差值为±1.7K；2021 年 7 月 7 日 22:28pm 至 8 月 7 日，两者差值在 1.9K 内，GBAVTII 的这些高精度测温结果足以证明消除白噪声和降噪处理方法的有效性。我们将 GBAVTII 于 2019 年 12 月 27 日至 2023 年 3 月 26 日拍摄的干涉图进行上述过程的精细处理，得到西安上空 94km 的大气温度数据具体值(图 12-16)。

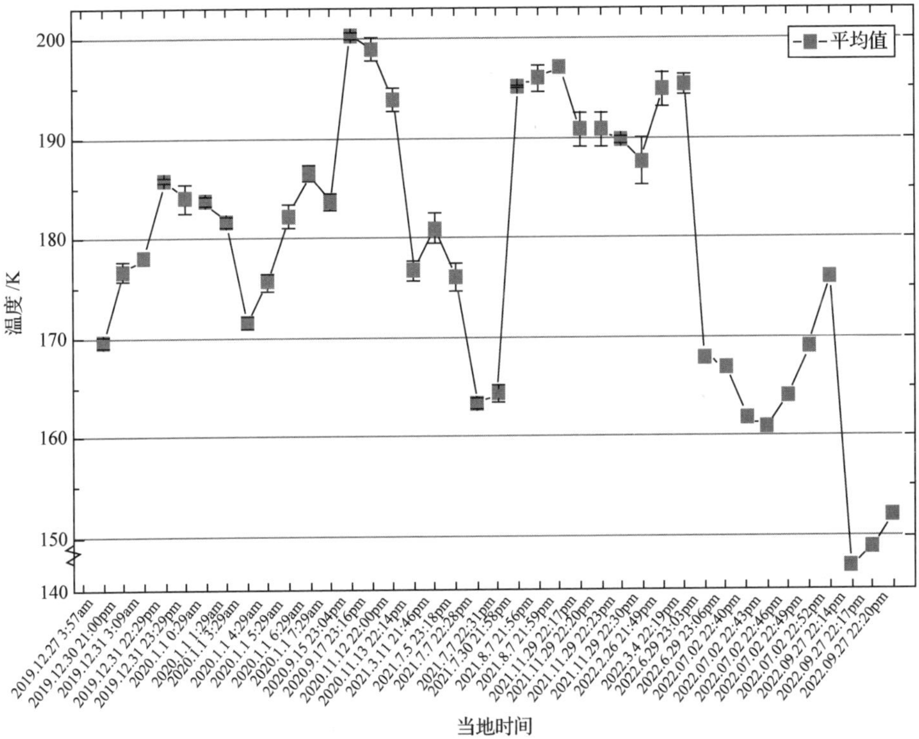

图 12-15 GBAVTII 3 年多探测大气温度的结果与 NRLMSISE-00 大气模型温度值的比较；图中折线表示在相同时间点下，两者温度的平均值，I 型表示两者温度的标准差(误差条)，其最大温度误差为 1.9K，大多数温度误差为 0.4～2.4K[3]

NRLMSISE-00[4,5]模型是美国海军研究实验室融合 MSISE-90(mass spectrometer incoherent scatter extended-1990)[6]、Jacchia-70[7]等模型优点于一体的一款经验模

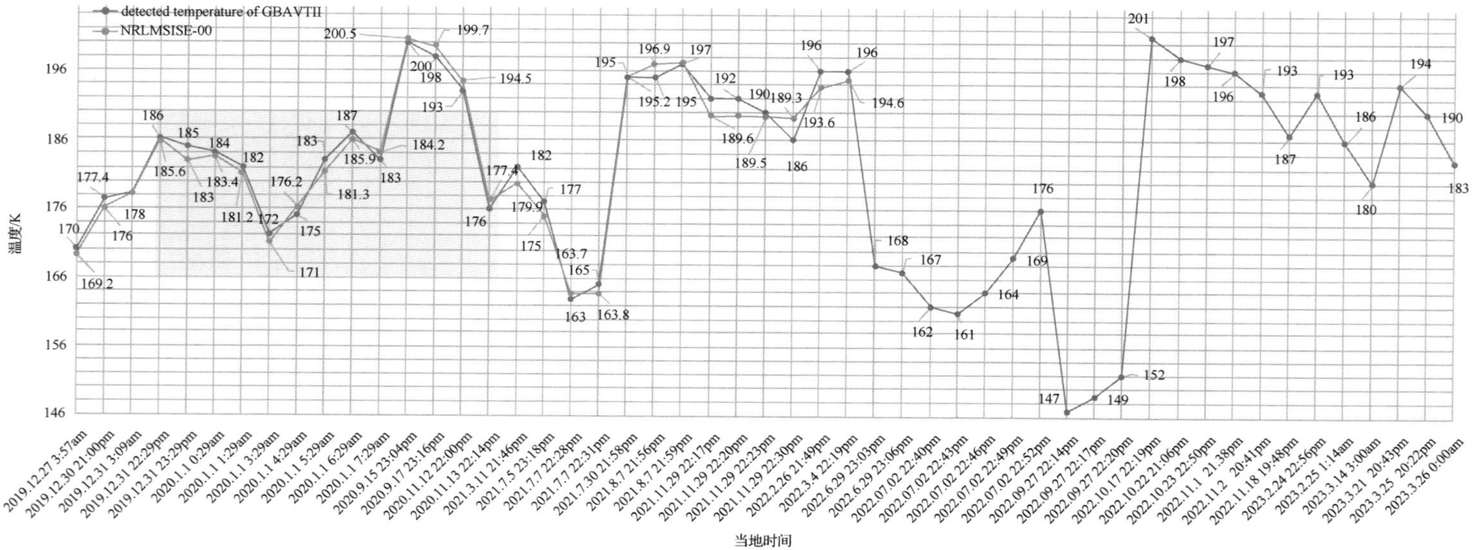

图12-16　GBAVTII近4年探测大气温度的结果与NRLMSISE-00大气模型温度值比较(见彩图)

(a)中蓝色为GBAVTII探测到的温度，红色为NRLMSISE-00大气模型中的温度(文章发表前我们只提取了NRLMSISE-00大气模型中更新至2023年3月26日的温度数据)[2]

型，考虑了统计的不确定性来估计数据库中未具体涵盖的时间、地球物理条件下的温度、密度值等[8]，该模型是研究中高层大气中动力学、化学等过程的重要参考工具，也是许多团队用来检验自身仪器探测大气风场参数准确性的重要辅助工具，我们将 GBAVTII 于 2019 年 12 月 31 日 22:30pm 的探测结果 186.0K 与 NRLMSISE-00 大气模型中 185.6K 的温度谱线相比，相对误差为 0.2%；在大气模型网站查询的温度数据是给定高度格点的温度，而 GBAVTII 观测的是位于西安上空 94km 左右的 O_2(0-1)气辉，厚度为 3～6km；通常将大气模型网站上的 91～97km 内的加权温度值作为 94km 左右的平均值，与 GBAVTII 的观测数据进行对比。

综上所述，通过去噪、去白噪声和精细微调正演方程中的相关参量，可将 GBAVTII 探测 94km 左右的大气温度最大误差控制在 2.4K 以内，所以 GBAVTII 的温度探测精度可达±(0.4～2.4)K。

5. GBAVTII 测温结果与 SABER 卫星数据的比较

我们将 GBAVTII 探测的大气温度与 TIMED 卫星上 SABER 探测的大气温度进行比较。由于 SABER 卫星的运行轨迹、测量范围、过境时间并没有和 GBAVTII 的经纬度、探测时间完全重合；为了尽可能地减小径向/纬向温度梯度和时间引起的误差，我们用以下两种方法来确定对比数据。

我们找到与 GBAVTII 在相同纬度上的 SABER 轨道卫星，以 2023 年 3 月 24 日 10:45pm 为例的结果如图 12-17 所示；图中蓝色表示从 GBAVTII 拍摄的干涉圆环反演出的大气温度值，橙色代表卫星探测到的大气温度的平均值；图 12-18 中的误差棒表示两者温度的标准差，最小误差为 0.5K，最大误差为 35.2K。

由于 GBAVTII 的观测角为±13.6°，当观察位于地球上空高度 94km 左右的气辉谱线时，以西安所在 GBVTII 的光轴为圆心，22.8km 为半径内的 O_2(0-1)气辉谱线都可被接收，GBAVTII 的探测范围覆盖泾阳县、咸阳、长安区、临潼区等区域，在查找卫星时，这个区域内且在 GBAVTII 观测时间前后一小时左右的卫星数据可作为参考点。

图 12-17 中有特殊结果，即 2021 年 3 月 11 日、2021 年 11 月 29 日、2019 年 12 月 31 日 23:29pm，GBAVTII 和卫星上的 SABER 数据进行比较，两者的大气温度误差接近 2.4K，SABER 观测的大气温度较低，约为 163K；我们猜测 2.4K 温度误差较大的主要原因是 GBAVTII 仪器在西安拍摄当天，相对湿度大于 81%，云量大于 65%，使得气辉在进入仪器前强度衰减较大，得到的干涉圆环的有效信息较少；另一个主要原因可能是该天拍摄时，小尺度重力波[9,10]的存在对温度产生扰动，导致反演温度的最大误差接近 2.4K。

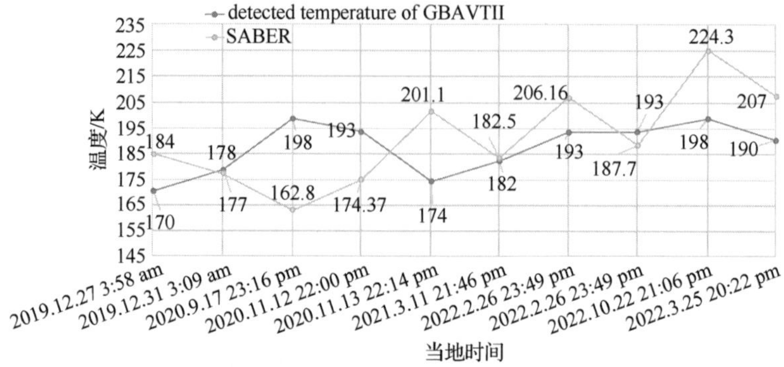

图 12-17　GBAVTII 探测的温度值与 SABER 探测的温度值的比较(见彩图)

图中蓝色线表示 GBAVTII 探测到的温度，橙色线表示 SABER 探测到的温度[3]

SABER 仪器参数(包括卫星过境日期、经纬度、探测高度及在地球上空 94km 左右获得平均温度值)均可从 SABER 官网上查询(https://saber.gats-inc.com/index.php)。因为 SABER 与 GBAVTII 探测的重合的时间点和经纬度均很少，我们展示部分日期的比较结果如表 12-3 所示；SABER 卫星虽然全天绕地球运转，但 GBAVTII 只能在夜晚并且无月光条件下观察微弱的气辉谱线，苛刻的观察环境减小了两者的重叠部分；也证明了获取高精度高层大气温度值来增添地基稀缺数据的必要性。

表 12-3　SABER 和 GBAVTII 的相关信息比较 (GBAVTII 的经纬度为 34.23°N，109.01°E)

SABER						GBAVTII	
传输时间	纬度/(°N)	经度/(°E)	高度/km	温度/K	平均值/K	探测时间	温度/K
2019.12.27 3:58am	36.77°	106.80°	94.25 93.88	183.40 184.60	184.0	3:57am	170.0K
2019.12.31	33.93°	107.08°	94.18	3:09am	177.0	3:09am	178.0K
2020.09.17	34.21°	105.67°	94.02	23:17pm	162.8	23:16pm	198.0K
2020.11.12 22:01pm	36.01°	110.39°	94.33 93.97	176.64 172.10	174.37	22:00pm	193.0K
2020.11.13 22:14pm	34.23°	106.10°	94.28 93.90	202.53 199.66	201.10	22:14pm	174.0K
2021.03.11	34.33°	124.67°	95.16	21:36pm	182.50	21:46pm	182.0K
2022.02.26 0:57am	35.25°	107.91°	94.40 94.03	206.48 205.84	206.16	23:49pm	193.0K
2022.02.26 0:56am	33.20°	109.81°	94.32 93.90	188.70 186.70	187.70		
2022.10.22 19:03pm	33.07°	109.69°	93.95 94.31	224.00 224.60	224.30	21:06pm	198.0K
2023.3.25 19:00pm	35.11°	107.53°	94.06	207.00	207.00	20:22pm	190.0K

图 12-18 为 GBAVTII 探测的温度值与 SABER 探测的温度值比较。

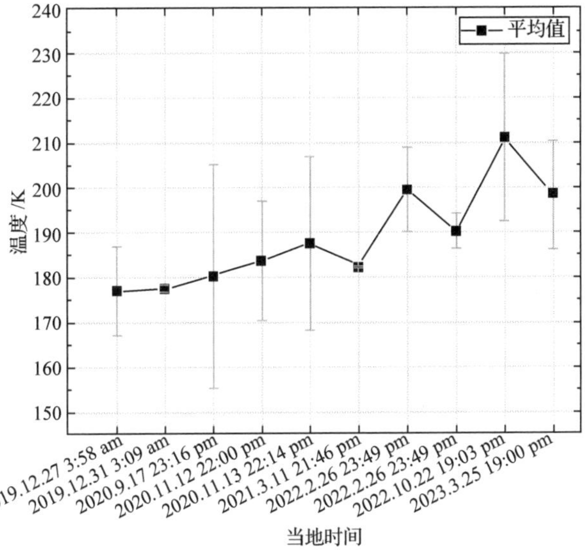

图 12-18 GBAVTII 探测的温度值与 SABER 探测的温度值比较，图中的折线表示两者在同一观测时间的平均值，I 形表示两者的标准差，其中最大差值为 35.2K，最小差值为 0.5K[3]

12.2 GBAII & GBAVTII 探测高层大气气辉的 IER

12.2.1 离散的气辉体发射率

GBAII 和 GBAVTII 探测气辉体发射率具有相同的规律，只是仪器参数不同。

气辉的体发射率(volume emission rate，VER)表示单位时间单位体积内大气痕量粒子所辐射的光子数，单位是 photos · $cm^{-3}\cdot s^{-1}$，其表达式为

$$\mathrm{VER} = A\cdot c \tag{12-15}$$

式中，A 为自发辐射系数；c 为大气粒子的浓度。

第 5 章阐述过，O_2(0-1)867.7nm 和 O(^{1}S)557.7nm 的 VER 表达式分别为

$$\mathrm{VER}_{O_2(0\text{-}1)} = \frac{Ak_1[\mathrm{O}]^2([\mathrm{O}_2]+[\mathrm{N}_2])[\mathrm{O}_2]}{(A+k_3[\mathrm{O}_2]+k_4[\mathrm{N}_2])(k_3[\mathrm{O}_2]+k_5[\mathrm{O}])} \tag{12-16}$$

$$\mathrm{VER}_{O(^1S)} = \frac{A_{557.7\mathrm{nm}}k_1[\mathrm{O}]^3[\mathrm{M}]}{(A(^1\mathrm{S})+k_2[\mathrm{O}_2])(C_0+C_1[\mathrm{O}]+C_2[\mathrm{O}_2])} \tag{12-17}$$

鉴于上述 VER 表达式中未知量有两类：参数和粒子浓度，通过文献[11]～[16]可以得到相关参数，粒子浓度通过数据库可以得到浓度随高度变化的离散数据。要得到 VER 的显函数表达式，可以将浓度数据代入式(12-16)和式(12-17)中，然后

通过 MATLAB 拟合得到 VER 随高度变化的表达式。我们用离散型函数来计算高斯线型气辉的 VER。

式(12-16)和式(12-17)的 O、O_2、N_2 和 K 的浓度通过 HITRAN 数据库在大气中分段显示出来，我们用 MATLAB 进行编程，从 80～120km，每间隔 1km 就得到浓度随高度变化的一组离散数据。时间分别为 2011 年 11 月 8 日、2013 年 12 月 6 日和 2011 年 12 月 18 日，地理坐标为 N34°，E108°。为了和后面的实验数据进行比较，将 2019 年 12 月 29 日数据代入 867.7nm 气辉强度的表达式中，将 2011 年 12 月 18 日的数据代入 557.7nm 气辉强度的表达式中，得到 VER 随高度变化的离散数据，通过 MATLAB 显示得到图 12-19(备注：上述三个时间对应着我们地面的观测时间)。

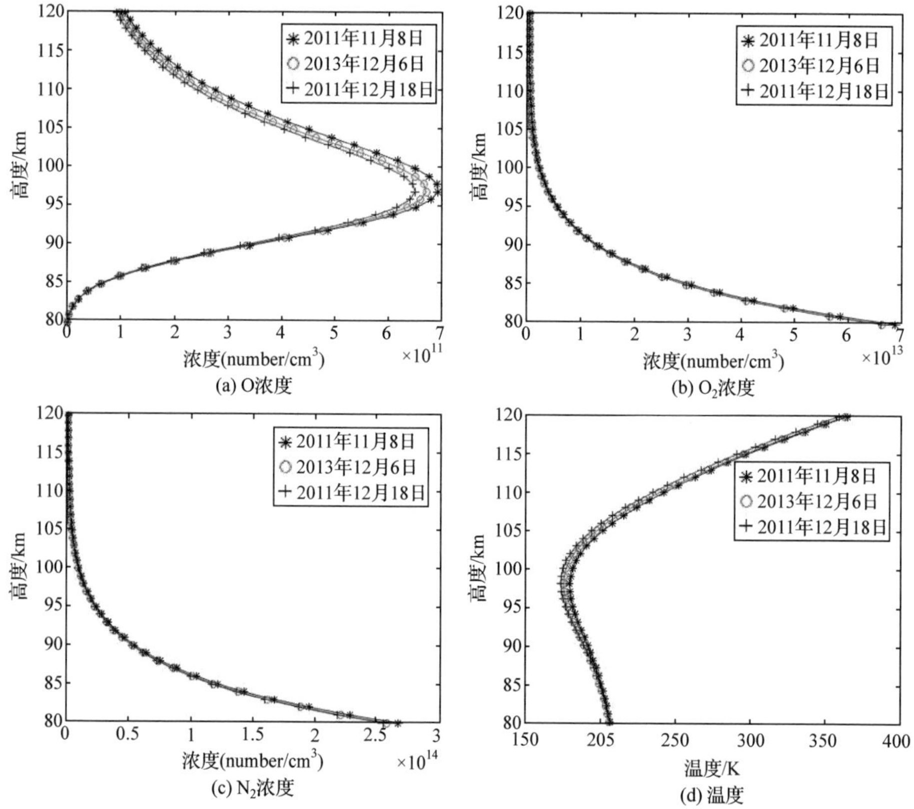

图 12-19　N_2 气的粒子浓度、温度随高度的变化

曲线拟合：为了便于地基遥感仪器探测气辉的积分体发射率，由于 557.7nm 和 867.7nm 气辉的主要产生在 80～120km 的大气层，我们将这 40km 的高层大气中分为 4 段，气辉 VER 随高度离散变化规律，用 4 段离散幂级数区间来拟合连续的 VER 曲线[1]：

$$\mathrm{VER}(h)=a_1h^3+a_2h^2+a_3h+a_4 \tag{12-18}$$

式中，h 的单位是 km，VER 单位是光子数 · cm^{-3} · s^{-1}，系数 a_1、a_2、a_3 和 a_4 值可以根据观测结果得到，如图 12-20 所示。

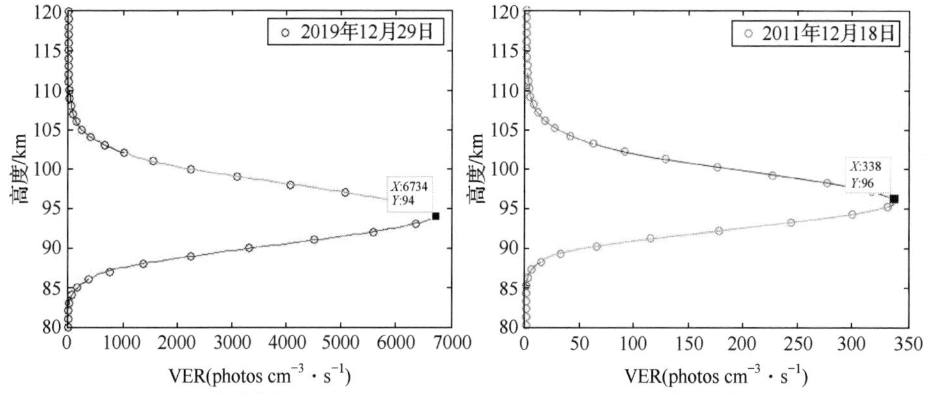

(a) 867.7nm　(b) 557.7nm

图 12-20　VER 的三段拟合曲线[1]

我们得到 2011 年 11 月 8 日和 2013 年 12 月 6 日，867.7nm 气辉强度表达式中参数 a_1、a_2、a_3 和 a_4 值(表 12-4)，这样就得到 2011 年 12 月 18 日，557.7nm 气辉离散 VER 表达式：

$$\begin{cases} \mathrm{VER}_1(h)=0.5023h^3-1.2845\times10^2h^2+1.0950\times10^4h-3.1118\times10^5, & 85\leqslant h<88\mathrm{km} \\ \mathrm{VER}_2(h)=-1.3727h^3+3.7895\times10^2h^2-3.4809\times10^4h+1.0640\times10^6, & 88\leqslant h<95\mathrm{km} \\ \mathrm{VER}_3(h)=1.0916h^3-3.2613\times10^2h^2+3.2426\times10^4h-1.0727\times10^6, & 95\leqslant h<103\mathrm{km} \\ \mathrm{VER}_4(h)=-0.1410h^3+4.6622\times10^1h^2-5.1381\times10^3h+1.8878\times10^5, & 103\leqslant h\leqslant112\mathrm{km} \end{cases} \tag{12-19}$$

从图 12-20 可见，我们得出 867.7nm 夜气辉在 2011.11.8 在 94km 的 VER 峰值为 8111(光子数 · cm^{-3} · s^{-1})；2013 年 12 月 6 日在 94km 的 VER 峰值为 8406 (光子数/cm^3 · s^{-1})；2019 年 12 月 29 日在 94km 的 VER 峰值为 6734(光子数 · cm^{-3} · s^{-1})；557.7nm 夜气辉在 2011 年 12 月 18 日在 96km 的 VER 峰值为 338(光子数 · cm^{-3} · s^{-1})。

表 12-4　离散型 VER 表达式的系数

2011 年 11 月 8 日				
高度/km	a_1	a_2	a_3	a_4
81<h<86	5.4145	-1.3236×10^3	1.0785×10^5	-2.9292×10^6
86<h<94	−28.219	7.6283×10^3	-6.8593×10^5	2.0521×10^6
94<h<102	22.410	-6.5978×10^3	6.4622×10^5	-2.1052×10^7
102<h<110	−3.6638	1.1919×10^3	-1.2928×10^5	4.6743×10^6

续表

2013 年 12 月 6 日				
高度/km	a_1	a_2	a_3	a_4
81<h<86	5.2482	−1.2830×10³	1.0454×10⁵	−2.839×10⁶
86<h<94	−27.786	7.5089×10³	−6.7502×10⁵	2.0190×10⁷
94<h<102	21.747	−6.3960×10³	6.2583×10⁵	−2.036×10⁷
102<h<110	−3.4401	1.1182×10³	−1.2117×10⁵	4.3773×10⁶
2019 年 12 月 29 日				
高度/km	a_1	a_2	a_3	a_4
81<h<86	4.1905	−1.0245×10³	8.3489×10⁴	−2.2678×10⁶
86<h<94	−21.680	5.8659×10³	−5.2789×10⁵	1.5805×10⁷
94<h<102	18.128	−5.3440×10³	5.2412×10⁵	−1.7097×10⁷
102<h<110	−3.0213	9.8407×10²	−1.0685×10⁴	3.8685×10⁶

式(12-16)和式(12-17)的反应速率系数可在文献中找到，大气粒子浓度可在数据库 NRLMSISE-00 (Naval Research Laboratory Mass Spectrometer Incoherent Scatter)[17]中查到，以 2011 年 11 月 8 日 2:00 为例，网站中设定的参数如表 12-5 所示。

表 12-5　NRLMSISE-00 数据库参数

年	2011	时间	当地时间	起始值	80.00
月	11	坐标	地理位置	终止值	120.00
日	8	纬度	34.00	步进值	1.00
时	2.00	经度	108.00		

12.2.2　IER 表达式

由于 GBAII & GBAVTII 是地基遥感的成像干涉仪，要探测地球上空 90～100km 的气辉 VER，需要转换成地面接收的积分辐射率 (integrated emission rate, IER)。IER 定义为单位面积单位时间接收到的光子数，单位是 photos · $cm^{-2} \cdot s^{-1}$。VER 是气辉的亮度，IER 是气辉的照度。

导出地基仪器探测 IER，我们建立如图 12-21 所示的大气辐射传输模型，地球近似为球体，直径为 6378km，图中 O 点就是观测点，深黑色区域表示气辉光源所在位置。我们以 z 轴作为观测方向，建立图 12-21(a)的空间坐标系。图 12-22 是我们在室外拍摄的气辉成像干涉图。

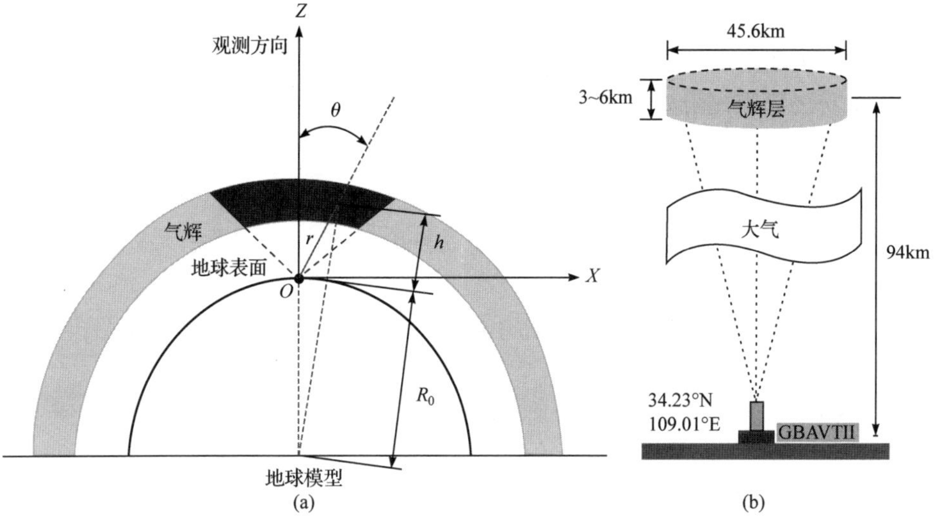

图 12-21　地基 GBAVTII 探测中高层气辉辐射的模式

气辉辐射是面光源，还要经大气的吸收和散射，所以我们得到 IER 一个基本的积分表达式为

$$\mathrm{IER_C}=\int_{r_1}^{r_2}\int_{\theta=0^\circ}^{\theta=\theta_{\max}}\int_{\varphi=0}^{2\pi}\frac{\mathrm{VER}(h)\cdot 10^6}{4\pi r^2}\cdot\tau\cdot r^2\sin\theta\mathrm{d}r\mathrm{d}\theta\mathrm{d}\varphi \tag{12-20}$$

式中，τ 是大气透过率；$\theta_{\max}$ 是探测器的最大张角，GBAII 的最大张角是±6°，GBAVTII 的最大张角是±13.6°，10^6 是为了将 VER 的单位由 $\mathrm{cm^{-3}}$ 转换为 $\mathrm{m^{-3}}$ 的结果。VER 随高度 h 的离散函数关系已由式(12-18)得到，通过图 12-21 最后得到离散的 IER 为[1]

$$\mathrm{IER_C}=\frac{\tau}{2}\cdot 10^5\cdot\left(\frac{a_1}{4}h^4+\frac{a_2}{3}h^3+\frac{a_3}{2}h^2+a_4h\right)\Bigg|_{80}^{120}\cdot\left[-\cos\theta_0\ln\frac{\cos(\theta_0+\theta_{\max})}{\cos\theta_0}-\theta_{\max}\sin\theta_0\right] \tag{12-21}$$

式中，IER 已乘 10^{-4}，单位由 photos $\mathrm{m^{-2}\cdot s^{-1}}$ 转换成 photos $\mathrm{cm^{-2}\cdot s^{-1}}$。

12.2.3　GBAII & GBAVTII 观测气辉的 IER

GBAII & GBAVTII 的 CCD 按如图 12-21 所示接收 O_2(0-1)或 $O(^1S)$夜气辉强度，可以表示为

$$M=\iiint\frac{\mathrm{VER}(h)}{4\pi r^2}\cdot\tau\cdot r^2\sin\theta\mathrm{d}\varphi\mathrm{d}r\mathrm{d}\theta \tag{12-22}$$

式中，M 是气辉的强度；VER(h)是式(12-19)所示的随高度 h 离散化的体发射率 VER[1]；r 是 GBAII 探测的径向高度；τ 是气辉通过大气和光学系统的总透射率。

地基遥感设备 GBAII 的探测高度 h = 80～120km，这样峰值高度分别位于 94km 和 98km 的 O_2(0-1)和 O(^{1}S)的粒子所满足的高斯线型气辉辐射；经过超广角条件优化的 GBAII 视场角 θ 为±6°。式(12-22)积分后转化为痕量大气粒子的数密度函数(柱浓度)为

$$c=\frac{M}{\frac{\tau}{2}\cdot 10^5\cdot A\cdot\Delta h\cdot\left[-\cos\theta_0\ln\frac{\cos(\theta_0+6°)}{\cos\theta_0}-6°\sin\theta_0\right]} \tag{12-23}$$

式中，A 为 GBAII 的探测面积；天顶角 θ_0 为 45°；Δh 为探测的垂直高度误差，取 Δh=2km。

当 GBAII 观察到如图 12-22 所示的夜气辉 O_2(0-1)和 O(^{1}S)557.7nm 的成像干涉条纹后，我们使用软件 Image J 进行图像处理，经过平场定标后，获得某级干涉条纹在 CCD 上的平均灰度值，测量的灰度强度与 GBAII 的结构参数关系为

$$M=(N_s-N_{\rm d})\cdot\frac{1}{0.004^2}\cdot\frac{C_{\rm ADV}}{\eta}\cdot\frac{1}{\tau_{\rm sys}}\cdot\frac{1}{t} \tag{12-24}$$

式中，N_s 是检测到的灰度平均值；$N_{\rm d}$ 是暗电流灰度值。这两个参数通过 GBAII 所摄气辉干涉图进行图像处理定标而获得，GBAII 所用 CCD 单像素大小为 20μm，0.004^2 是 CCD 的单像素转换量，GBAVTII 所用 CCD 的单像素转换量为 0.0096×0.0096；CCD 数模转换效率 $C_{\rm ADV}$ 为 2，CCD 在 867.7nm 和 557.7nm 波长处的量子效率 η 分别为 0.38 和 0.70；系统透过率 $\tau_{\rm sys}$ 为 0.25，曝光时间为 200s。

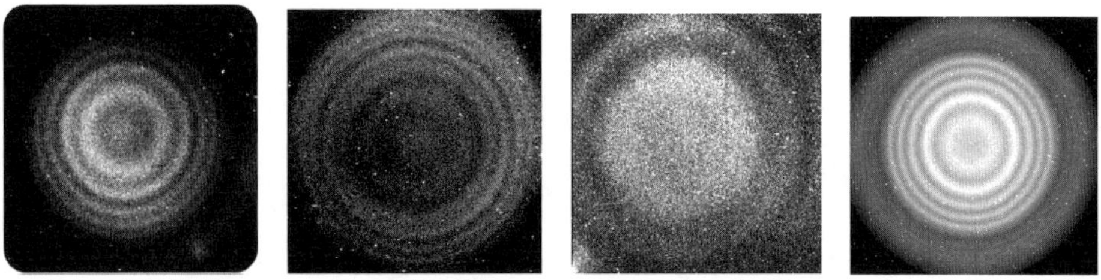

(a) 2011年11月8日　(b) 2013年12月6日　(c) 2011年12月18日　(d) 2019年12月29日

图 12-22　GBAII (a，b，c) & GBAVTII(d)拍摄的气辉成像干涉图

其中，c 的波长为 557.7nm，其余均为 867.7nm

我们通过大量实验数据计算得出 O_2(0-1)867.7nm 的浓度随时间变化如图 12-23 所示，可见一夜之间浓度随时间变化较大。粒子浓度随高度、时间变化为利用 GBAII 研究和观测大气重力波提供了新方向。可见 GBAVTII 探测西安上空 90～100km 的大气温度的精度达到 0.4～2.4K[3]，GBAII 探测的大气数密度和 IER 如表 12-6、表 12-7 所示，其中最好一次的 IER 探测精度达 6.5%。

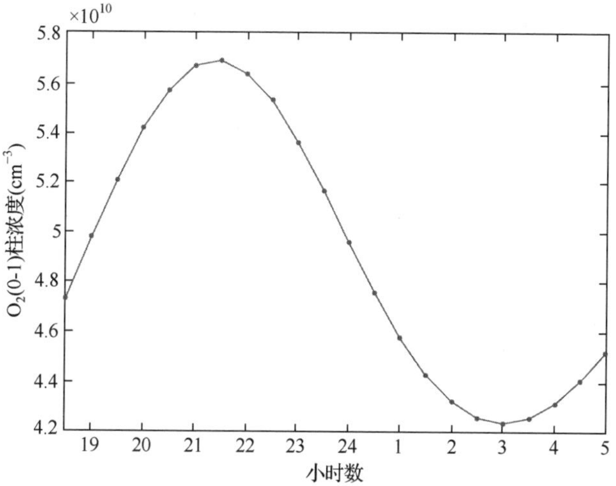

图 12-23　2018 年 3 月 24 日 GBAII 探测得到 O_2(0-1)867.7nm 柱浓度随时间变化规律

表 12-6　GBAII 探测数密度的结果

日期	867.7nm 探测值	557.7nm 探测值	相对误差/%
2011 年 12 月 18 日		2.628×10^3/cm^3	
2012 年 6 月 12 日	1.424×10^5/cm^3		5.3
2013 年 12 月 6 日	1.442×10^5/cm^3		4.1
2018 年 3 月 24 日	1.596×10^5/cm^3		6.2
2018 年 4 月 18 日	1.648×10^5/cm^3		9.6

表 12-7　GBAII & GBAVTII 探测 IER 的理论与实验结果

探测仪	日期	气辉	IER_C/(光子数 · cm^{-2} · s^{-1})	IER_D/(光子数 · cm^{-2} · s^{-1})	误差/%
GBAII (45°)	2011 年 11 月 8 日	O_2(0-1)	1.91×10^7	2.43×10^7	27.2
	2013 年 12 月 6 日	O_2(0-1)	1.79×10^7	1.65×10^7	7.8
	2011 年 12 月 18 日	O(^{1}S)	7.03×10^5	6.57×10^5	6.5
GBAVTII (0°)	2019 年 12 月 29 日	O_2(0-1)	4.77×10^7	4.20×10^7	13.6

12.3　GBAVTII 探测高层大气柱浓度及其扰动特征

12.3.1　GBAVTII 探测 O_2(0-1)夜气辉的柱浓度

GBAVTII 从 2019 年 12 月研制观测以来，鉴于西安沙尘天气和实验楼周边耸立的高楼对夜晚观测造成的光污染较大，受新冠疫情的影响，GBAVTII 每月有效观测的天数如表 12-8 所示。

表 12-8　GBAVTII 每月有效观测的天数

年	1月	2月	3月	4月	5月	6月	7月	8月	9月	10月	11月	12月	总天数
2019												6	6
2020						7	2		3		7		19
2021							4		1		1		6
2022		1	2	**8**	**9**	2	3	1	6	4	1		32
2023		2	4		4	6	1	1	3				
2024	3			1									

以 2020 年 9 月 17 日探实验数据为例，根据气辉浓度与仪器接收到的气辉光子数的关系，同时从 NRLMSISE-00 模型中提取出式(12-16)所需的粒子浓度廓线，代入相应的参数，模拟得到 91～97km 处的 O_2(0-1)气辉浓度的积分结果如图 12-24 所示。从图中可见 GBAVTII 探测西安上空 90～100km 高度的 O_2(0-1)的柱浓度为(1.5～2.6)$\times10^4$/cm^2，GBAVTII 探测整晚 O_2(0-1)激发态粒子柱浓度结果与 NRLMSISE-00 模拟结果具有相同数量级。我们挑选不同年份、不同季节 4 晚 GBAVTII 连续探测的 O_2(0-1)气辉的成像干涉图，得到柱浓度数据(图 12-25)，探测 O_2(0-1)柱浓度结果为 1.5×10^4cm^{-2}～5×10^4cm^{-2}[18]。

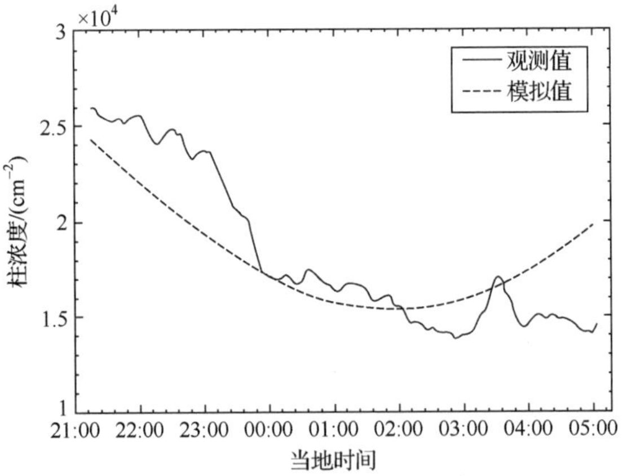

图 12-24　2020 年 9 月 17 日 GBAVTII 观测值与 NRLMSISE-00 模拟结果[18]

GBAVTII 对西安上空 90～100km 夜气辉 O_2(0-1)整晚的有效观测结果与昼夜时长、月相有关，夏季夜晚时间较短，观测时长较短，冬季月初和月末夜晚时间长观测条件好，有效观测时间可超十小时。由图 12-25 可见，GBAVTII 整晚探测

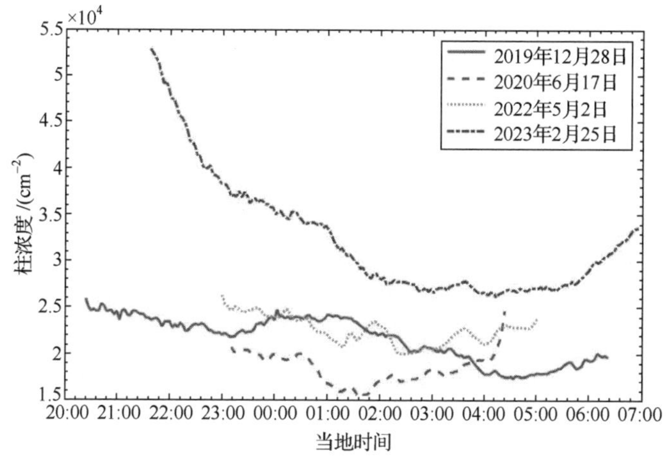

图 12-25 GBAVTII 4 晚观测 O_2(0-1)的柱浓度结果[18](见彩图)

O_2粒子柱浓度呈一定波动特性，不同实验日期的柱浓度扰动变化不同，但总体有占主导作用的波形。由于 GBAVTII 放置在固定地点对同种气辉的不同时观测，气辉粒子浓度的扰动来自大气的波动特征，这与大气重力波、潮汐波和行星波的影响有关。潮汐波对于中纬度大气 MLT 区域的温度及气辉发射有很强的调制作用，当较小尺度重力波叠加在较大尺度潮汐波上以后，使与气辉发射有关的粒子柱浓度呈现出各种不同形态的波动变化[19]。下面从 GBAVTII 的气辉浓度数据中提取波动特征参数。

12.3.2 O_2(0-1)夜气辉浓度扰动引起的波动特征

1. GBAVTII 探测大气潮汐波和重力波周期

地球大气中存在丰富的波动现象，包括周围尺度为几日的大气行星波(atmospheric planetary wave，APW)、一日或半日的潮汐波 TW(tidal wave)及几分钟到几小时的大气重力波 AGW (atmospheric gravity wave)[20]，这些波动在大气中的传播会导致大气浓度的扰动。

根据“转动谱线测温法”[3]，我们得到 2020 年 9 月 17 日整晚 GBAVTII 探测的大气温度和柱浓度结果(图 12-26)，可见大气温度和气辉激发态粒子柱浓度都呈现出明显的波状结构。对于一个夜晚观测，柱浓度和温度的波动并不是只受单一周期波动的影响，而是多种波动相互叠加的结果。所以，我们首先用 MATLAB 对原始柱浓度序列和温度序列进行谐波拟合，拟合得到的波动周期为 8～10h，这一周期范围的波动符合 MLT 区域潮汐波的尺度，在以往文献中多次提及[19,20]。

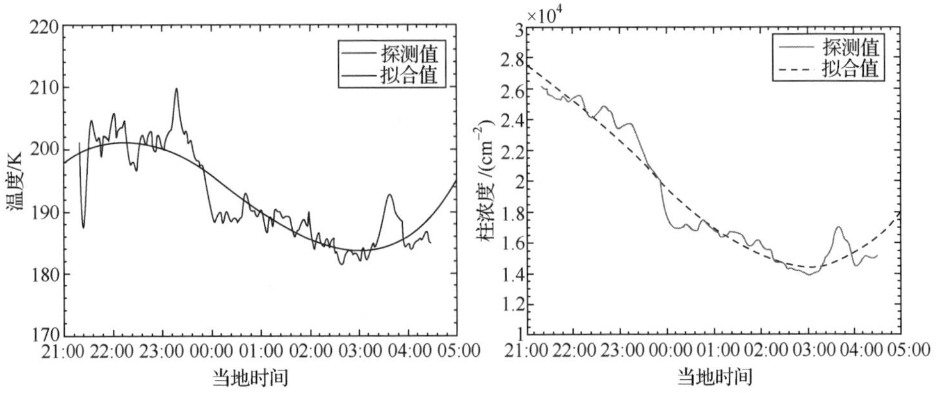

图 12-26　2020 年 9 月 17 日 GBAVTII 观测 O_2(0-1)柱浓度、温度数据及谐波拟合[18]

为了去除潮汐影响，我们用原始时间序列减去谐波拟合得到的波动，进一步得到剩余时间序列即整晚温度残差和柱浓度残差如图 12-27 左边所示，存在一系列明显的波动，对于温度残差和柱浓度残差序列进行小波分析，得到小波周期谱如图 12-27 右边所示。结论如下：由于 GBAVTII 每张图片曝光的时间为 3min，

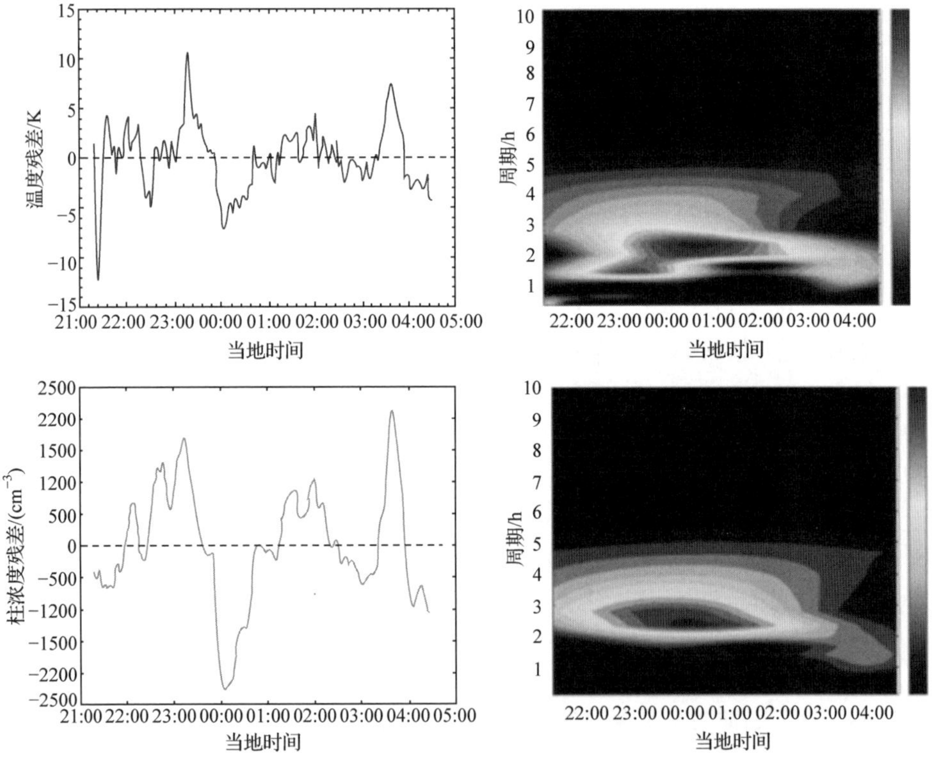

图 12-27　GBAVTII 观测的大气温度、柱浓度残差及小波分析结果[18](见彩图)

即周期信号采样间隔为 3min，使用小波分析进行周期信号提取时，只针对周期大于 12min 的波动。从小波周期谱中可得柱浓度残差序列和温度残差序列的波动存在共同周期(2.3h)，北半球中纬度地区对于气辉发射及大气温度的观测中，周期小于 3h 的重力波最为普遍，我们的观测结果与文献[20]的结论符合得很好。

2. GBAVTII 探测行星波周期

由于 GBAVTII 的观测点固定不变，对 O_2(0-1)日平均柱浓度进行连续观测，可提取出行星波周期[21]。行星波在很长距离范围(数千千米)能重新分配能量、动量和大气成分浓度。地基气辉仪器用于研究 MLT 区域大气动力学，主要研究行进中的行星波。在 MLT 区域的这类行星波在一定范围内自由传播，不需强迫来维持并进行准周期(2 日、5 日、10 日、16 日)的波动[22]，也就是说观测行星波必须超过 16 天的连续观测数据。

图 12-28(a)显示 GBAVTII 观测日期为 2022 年 4 月 21 日至 2022 年 5 月 6 日(时间跨度 17 日，超过 16 日)的每日柱浓度测量结果，红点表示日平均数据。由于 GBAVTII 只能在夜间观测，且观测日期由于天气云层等原因并不连续，有效观测数据点不是等间距，因此，提取行星波周期对每日平均浓度数据进行最小二乘拟合，并采用 L-S(lomb-scargle)功率谱进行评估。

假设采样数据为 N 个：$h_i = h(t_i), i=1,2,3,\cdots,N$，采样数据的均值和方差 $\bar{h}=\frac{1}{N}\sum_1^N h_i$，则用非归一化 LS 功率谱：

$$P(\omega)=\left\{\frac{\left[\sum_{i=1}^{N}\left(h_i-\bar{h}\right)\cos\omega\left(t_i-\tau\right)\right]^2}{\sum_{i=1}^{N}\cos^2\omega\left(t_i-\tau\right)}+\frac{\left[\sum_{i=1}^{N}\left(h_i-\bar{h}\right)\sin\omega\left(t_i-\tau\right)\right]^2}{\sum_{i=1}^{N}\sin^2\omega\left(t_i-\tau\right)}\right\} \tag{12-25}$$

式中，$P(\omega)$表示数据与频率 ω 的单一谐波函数可能拟合的程度，$P(\omega)$值越大，拟合度越好；在功率谱上表现为峰值的频率即为与原始数据拟合度最高的频率。我们对 GBAVTII 数据进行 LS 功率谱计算，并将频率换算为波动周期，得到功率-周期谱的结果(图 12-28(b))。

由于样本数据的不确定性，LS 谱上各点都具有相应的置信度水平，这些置信度通常使用随机排列测试或 Monte-Carlo 模拟方法估计。通过这些方法，计算出 LS 谱上每个点的置信度，通常置信度在 70%以上的峰值所对应的频率才认为是原始波动存在的显著频率。我们对得到的 LS 谱进行置信度计算，划分置信度为 70%和 95%的范围，得到存在 2.1 天及 2.8 天周期的行星波动特征，完全符合准 2 天行星波的尺度范畴，如图 12-28(b)所示。准两天的行星波在中纬度和高纬度地区也有报道[23,24]。Lopez-Gonzalez 等曾在与 GBAVTII 探测纬度相近的 37°N 地区

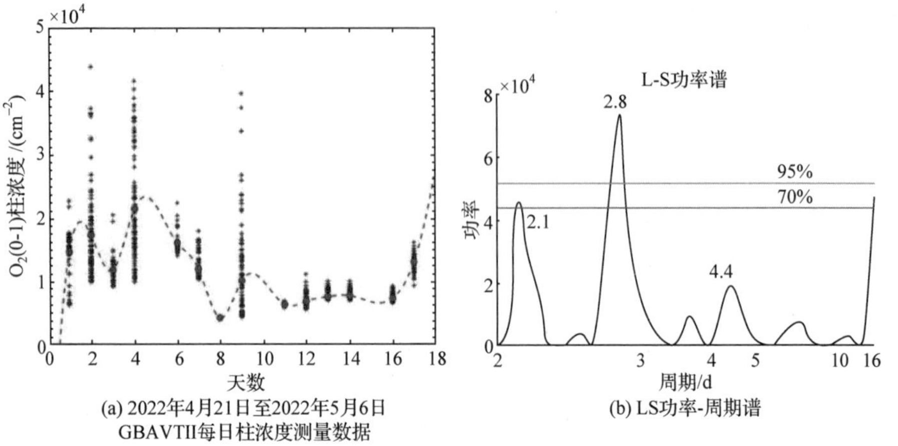

图 12-28 (a)2022 年 4 月 21 日至 2022 年 5 月 6 日 GBAVTII 每日柱浓度测量数据；(b) LS 功率-周期谱(见彩图)

利用 SATI 进行探测，得到大量的 O_2(0-1)气辉(2.1±0.4)天准 2 天波动[21]，所以我们也首次在西安上空观测到中纬度上空 90～100km 存在准 2 天的行星波。

参 考 文 献

[1] Tang Y H, Sun P, Gao H Y, et al. Simulation and observation for volume emission rates emitted from O_2(0-1) and O(^{1}S) nightglow at Northwest China. Applied Optics, 2019, 84(4): 1093-1100.

[2] https://hitran.iao.ru/home.sim-theory.line-par. [2024-12-16].

[3] Xue Y Y, Li C X, Hui N J, et al. Improving the upper atmospheric temperature accuracy of the ground-based instrument by eliminating noise ways. Applied Optics, 2023, 62(6): 1436-1446.

[4] Xu J Y, Ji Q, Yuan W, et al. Comparison between the TIMED observed global temperature distribution and the NRLMSISE-00 empirical atmospheric model. Chinese Journal of Space Science, 2006, 26(3): 177.

[5] Picone J M, Hedin A E, Drob D P, et al. NRLMSISE - 00 empirical model of the atmosphere: Statistical comparisons and scientific issues. Journal of Geophysical Research: Space Physics, 2002, 107(A12): 1468-1483.

[6] Siva K V, Rao P B, Krishnaiah M. Lidar measurements of stratosphere - mesosphere thermal structure at a low latitude: Comparison with satellite data and models. Journal of Geophysical Research Atmospheres, 2003, 108(D11):1-11.

[7] Jacchia L G. New static models of the thermosphere and exosphere with empirical temperature profiles. SAO Special Report, 1970: 313.

[8] Pavlov A V, Pavlova N M. Comparison of the intensity of the nighttime scattered atmospheric radiation in the Lyman-Alpha line from OGO-4 satellite measurements and calculations. Geomagnetism and Aeronomy, 2020, 60(4): 489-494.

[9] Thurairajah B, Cullens C Y, Siskind D E, et al. The role of vertically and obliquely propagating

gravity waves in influencing the polar summer mesosphere. Journal of Geophysical Research Atmospheres, 2020, 125(9): 1-15.

[10] Zhang W D. An alternative to understand the origin of universal gravitation and the cosmic background microwave radiation from a super photon theory. Canadian Journal of Pure and Applied Sciences, 2021, 15(3): 5283-5295.

[11] Krassovsky V I. Infrasonic variations of OH emission in the upper atmosphere (OH) emission band, studying effect of adiabatic infrasonic oscillations on upper atmospheric temperature and intensity. Annales de Geophysique, 1972, 28(4): 739-746.

[12] Schubert G, Walterscheid R L. Wave-driven fluctuations in OH nightglow from an extended source region. Journal of Geophysical Research Space Physics, 1988, 93(A9): 9903-9915.

[13] Makhlouf U B, Picard R H, Winick J R, et al. Photochemical-dynamical modeling of the measured response of airglow to gravity waves: 1. Basic model for OH airglow. Journal of Geophysical Research Atmospheres, 1995, 100(D6): 11289-11311.

[14] 徐寄遥, 马瑞平. 重力波对中层顶区 O_3 及 OH 分布的影响. 科学通报, 2001,46(6): 514-517.

[15] Liu A Z, Swenson G R. A modeling study of O_2 and OH airglow perturbations induced by atmospheric gravity waves. Journal of Geophysical Research Atmospheres, 2003, 108(D4): 4151.

[16] Vargas F, Gobbi D, Takahashi H, et al. Gravity wave amplitudes and momentum fluxes inferred from OH airglow intensities and meteor radar winds during SpreadFEx. Annals Geophysics, 2009, 27(6): 2361-2369.

[17] https://ccmc.gsfc.nasa.gov/modelweb/models/nrlmsise00.php#opennewwindow. [2024-12-16].

[18] 方妍, 李存霞, 惠宁菊, 等. GBAVTII 探测西安上空夜气辉反演 O_2(0-1)柱浓度及其波动的研究. 地球物理学报, 2024, 67(3): 960-968.

[19] 刘伟军, 徐寄遥, 袁韡. 北京地区上空 OH 转动温度的季节性变化. 地球物理学报, 2015, 58(5): 1467-1474.

[20] Ghodpage R N, Siingh D, Singh R P, et al. Tidal and gravity waves study from the airglow measurements at Kolhapur (India). Journal of Earth System Science, 2012,121(6): 1511-1525.

[21] López-González M J, Rodríguez E, Shepherd G G, et al. O_2 atmospheric band and OH (6-2) airglow and temperature variability over Spain using SATI observations: Planetary-scale oscillations during autumn. Canadian Journal of Physics, 2007, 85(2): 153-172.

[22] López-González M J, García-Comas M, Rodríguez E, et al. Gravity wave activity in the middle atmosphere from SATI airglow observations at northern mid-latitude: Seasonal variation and comparison with tidal and planetary wave-like activity. Journal of Atmospheric and Solar-Terrestrial Physics, 2020, 206(23-33):105329-105339.

[23] López-González M J, Rodríguez E, García-Comas M, et al. Climatology of planetary wave type oscillations with periods of 2–20 days derived from O_2 atmospheric and OH (6-2) airglow observations at mid-latitude with SATI. Annales Geophysicae, 2009, 27(9): 3645-3662.

[24] Sivjee G G, Walterscheid R L, McEwen D J. Planetary wave disturbances in the Arctic winter mesopause over Eureka (80°N). Planetary and Space Science, 1994, 42(11): 973-986.

第13章 展　望

近年来，随着对火星、土星等其他行星大气的被动遥感探测的理论研究和实践蓬勃发展，利用光学方法遥感探测地球等行星的高层或低层大气的温度、风速、浓度等参量，不断地给生活在地球上的我们探测宇宙带来革新，虽然相关技术发展得很成熟，但还有很多需要解决的相关问题：

(1) 提高星载光学仪器的稳定性和抗振性，随着卫星在发射、飞行探测过程中，解决光学、机械、电学、计算机、网络、可视化等方面的硬件设备和软件方面的有机结合中有可能出现多种问题，在研制仪器时需考虑探测仪器本身的稳定性和抗振性，才能保证遥感仪器的持续长久的使用寿命。

(2) 随着高科技的加持，提高遥感仪器探测相关参量的精度，满足高端、精密、灵敏、互联网+、AI 探测仪器在各行各业中不断增加的探测需求。

(3) 除了常规 MI 和 FPI 光学仪器，不断开辟性能更加优异的成像光谱仪、成像干涉仪，以满足探测紫外、深紫外、红外、远红外等不同辐射光源选通波长的需求。

(4) 研制国产探测器，降低探测器价格和缩短器件的购买周期，研制大面阵、大像素及拼接、高量子效率、高灵敏度、高响应、高量子转换效率的 CCD 探测器，突破相关“卡脖子”技术。

(5) 低层大气对人类生活紧密相关，不论是星载还是地基仪器，开展对地球大气的对流层、平流层、近地空间、海面大气的遥感，提高灰体辐射率、辐射体温度和辐射界面的分割精度，开展精度更高的大气临边探测、扫描探测、原位探测、掩星探测等。

(6) 根据地球(火星、土星等)大气由低向高，建立一个大气微粒特征谱线、高度、波长的数据库，根据量子力学规律：满足偶极跃迁规律会产生允许跃迁谱线，满足磁偶极跃迁和电四极跃迁规律会禁戒跃迁谱线。鉴于高层大气中允许跃迁谱线与禁戒跃迁谱线的强度相当，所以我们可以指出更多的与大气微粒辐射相关的“指纹”谱线，找出这些谱线对应的峰值高度，便于更加精准地探测相应高度的风速和温度等参数。

(7) 开展火星、土星、木星等其他行星大气的遥感探测、数据传输和图像复原。

(8) 多学科的技术融合——利用光学、机械、电子、计算机、自动化、人工智能等专业的多学科知识融合，实现自动探测、图像在线观测、快速传输和联网、手机再现等技术。

(9) 高层大气整体运动的模拟、预测和观测。

后　记

本书源于 2023 年 3 月 18 日与武汉大学谷升阳教授的微信聊天，他问我《卫星遥感被动探测高层大气风场》一书都卖绝版啦，是否考虑再版？我认真考虑了谷教授的建议并与出版社的编辑商量后决定出版这本新书：上篇修订并更新了 2011 年出版的《卫星遥感被动探测高层大气风场》相关内容，下篇内容则为我们课题组从 2008 年以来研制的选通成像器(Ⅰ代和Ⅱ代)、痕量电子约束器、地基气辉成像干涉仪 GBAII 等均具有原创性的样机和仪器的理论与实践。

本书写作过程中得到加拿大 University of New Brunswick 王鼎益教授的大力支持和细心审阅。王鼎益教授从 2008 年回国以来，先后担任了教育部“海外名师”特聘专家、陕西省外国专家局“引进国外技术管理人才”、重庆市教委“巴渝海外引智计划”引入专家等多项职务，他的忘我工作精神一直激励着我。我一直受到这位科研成绩卓著、经验丰富、平易近人的遥感领域大家的亲切指导。王鼎益教授在加拿大约克大学与 Shepherd 教授共事多年，他毫无保留地将 WINDII、SWIFT、WAMI 等仪器的正演、反演等多方面的相关研究经验传授给我们，使得国内在被动遥感探测高层大气方面少走了许多弯路，非常感谢亦师亦友的王鼎益教授。

感谢加拿大约克大学的 Shepherd 教授及夫人对我的指导。2006 年我在西安交通大学攻读博士期间结识了首次来西安的 Shepherd 教授，2011 年上半年我去约克大学做访问学者，年近八旬的这位被动遥感泰斗还精力充沛地每周工作至少 4 天，有 Shepherd 教授耐心细致的指导，才有 2011 年下半年我们 GBAII 成功地研制；Shepherd 教授的夫人为我详细地介绍了 SATI 的研究进展，为 2019 年我们研制 GBAVTII 奠定了很好的基础。祝愿两位教授身体康健，一切安好。

感谢中国科学院空间中心的徐寄遥研究员、袁韡副研究员，北京大学钟锡华教授、朱亚芬教授、毛节泰教授，中国科学院研究生院杨复沫教授，中山大学陈尊裕教授，北京航空航天大学李兴华教授，清华大学蒋靖坤教授，中国兵器工业集团第二〇五研究所向世明教授，中国科学院高能物理研究所刘术林研究员，烟台大学武魁军教授和何薇微教授，中国科学院西安光学精密机械研究所赵葆常研究员、侯询院士、冯玉涛研究员，长安大学邱世灿教授，英国 Leeds University of England 冯武虎教授、Plane 教授，澳大利亚 University of Wollongong 王晓临教授，德国 Ernst-Moritz-Arndt-University of Greifswald 的 von Savigny 教授，加拿大

University of New Brunswick 的 Ward 教授等国内外科学家的先后到访、交流、指导、督促和鼓励，才有本书相关内容的呈现。

2002～2006 年我到西安交通大学攻读博士学位，非常感谢恩师陈光德教授把我领进科研的大门！我从陈老师身上学到了如何做科研、如何才能做好科研、如何做诚实的科研、如何指导学生做科研等优秀品质。在张淳民教授的耐心指导下，我进入被动遥感探测高层大气风场领域并坚持到今天，张老师平易近人、循循善诱的教书育人理念和科研探索精神深深影响着我。我知道教书育人是天职，科研是高校教师的标配，衷心感谢两位导师在科研的严谨性、前瞻性、科研与教学相辅相成、为人处世等各方面的谆谆教导。祝两位恩师科研成果累累，身体健健康康！

感谢先后到我课题组的同事：解光勇、刘锴、刘丽娜、李存霞、惠宁菊、佟俊仪、张荣等老师，你们不同的研究方向和知识结构都为被动遥感探测高层大气的各方面作了相应的贡献。李存霞和惠宁菊随我一直坚定不移地走在被动遥感探测高层大气的研究领域，我们一起开周会讨论科学问题、一起上山拍摄气辉的实验，我倍感后继有人，希望两位博士的科研之路越走越宽，研究成果卓著。

感谢西安工程大学刘汉臣教授，具有非常娴熟物理实验技能和深厚物理知识的他长期以来支持着我的研究工作，我们一起探讨 WINDII 的两个视场时延 6min 对测风的影响；他一直操心购买强光选通的液晶片及实验结果，在他的实验室耐心指导我的学生用光栅光谱仪做笔形定标灯等实验，我的学生遇到实验问题他都会毫无保留地加以指导，还经常开车帮我们把 GBAII 带到山里进行探测、实验。感谢刘教授为本书做出的巨大贡献。

感谢从 2006 年以来先后跟我潜心钻研高端大气被动遥感探测领域的 40 位硕博研究生：郜海阳(硕博)、张瑞霞、秦林、朱赐、屈欧阳、彭彤、段晓东、曹显刚、贾奇杰、杨旭三、刘宁、吴勇、杨瑞、张珺、卫蛇妮、徐颖、王淑华、刘青松、翟峰涛、梅屹峰、余洋、崔进、吕欢、李子健、王浩轩、家敏、孙鹏、乔良、郭栋森、兰柯龙、卢健辉、薛阳阳、周健、李文文、方妍、李凌青、王彦龙、章艺珊、符迪迪、刘洋河(硕博)等。在教 9-615 研究室，他们度过了夜以继日难忘的 3-6 年，周会我们一起研究讨论、遇到研究瓶颈我们一起攻克，我们一起见证室内外的实验结果和发表论文的喜悦，教 9-615 研究室文化墙上的一张张照片都在致你们美好的青春，他们一直是我践行精英教学理念的对象，看到他们毕业后走上更高平台取得优异研究成果抑或在各行各业取得优异成绩，我倍感欣慰和自豪。本书很多内容源于你们的硕博论文，感谢你们为本书所付出的努力与智慧。

虽然硕博研究生招生名额有限，但挑选优秀本科生进入我的课题组，又实践着我对大学生本该具备的精英教学理念。2004～2024 年的 20 年间，我亲自指导了来自全校各专业的 98 位本科生从事课外的挑战杯、大创科技活动，手把手地将这些大二学生领进流体可视化技术、成像干涉技术、强光选通成像技术、微光增强探测技术、大气被动遥感探测技术等领域的科研大门，在大四的时候他们能达到准研究生的水平，进入了更高科研平台继续深造，手握多个 offers 择优进入社会所取得的成就对我而言是一件非常欣慰的事。到课题组后他们用超常智慧和辛勤努力进行着科技创新，用初生牛犊不怕虎的大胆创新行为或多或少引领着硕士生和课题组前行。2021 年我荣获全国大学生挑战杯“优秀指导教师”、2023 年我荣获全国首届大学生创新创业竞赛“最佳导师奖”的这些殊荣是他们给老师的礼物！感谢他们为本书所做的贡献。

感谢西安理工大学、理学院、应用物理系、物理学科和应用物理学国家一流本科专业对本书的培育和支持。感谢国家自然科学基金(编号：10874138、61675165、41975040)，陕西省自然科学基金(编号：2020JZ-46、2016JM1011)等多项基金对本书的支持。

本书在写作过程中难免有不足之处，敬请国内、外同行指正，共同推动地球、火星等行星高层大气风场的遥感探测和进步。

唐远河

2024 年 4 月 12 日

彩　　图

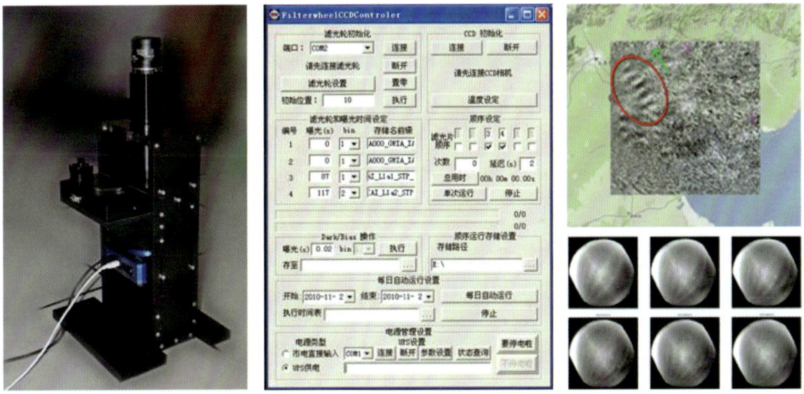

(a) 仪器外观图　　(b) 自动控制软件　　(c) 拍摄样张

图 1-3　中国科学院空间中心研制的全天空大气重力波成像仪及观测结果

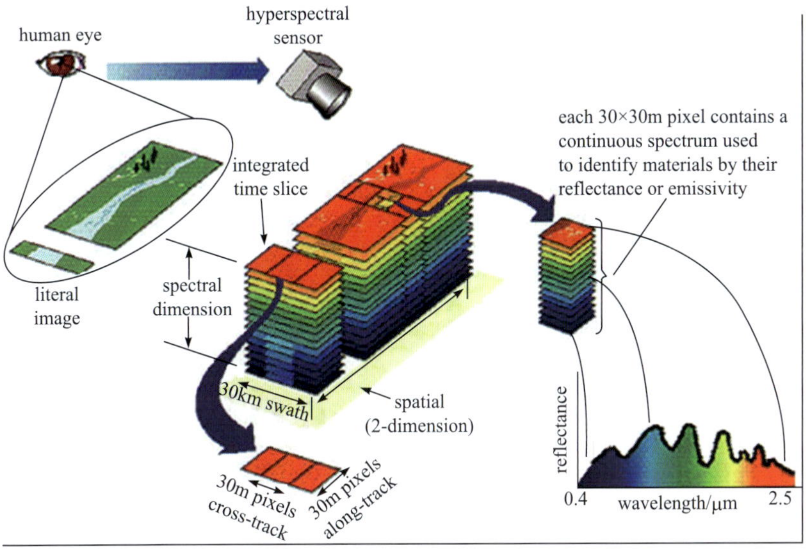

图 1-5　成像光谱数据立方体示意图

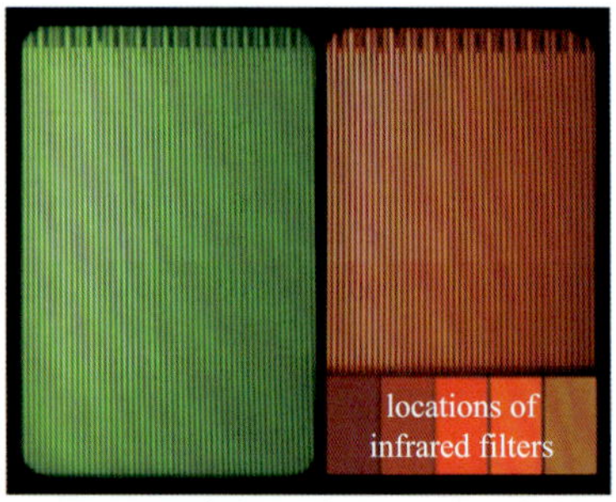

(a) 557.7nm气辉　　(b) 630.0nm气辉

图 2-13　MIGHTI 系统拍摄的成像干涉图

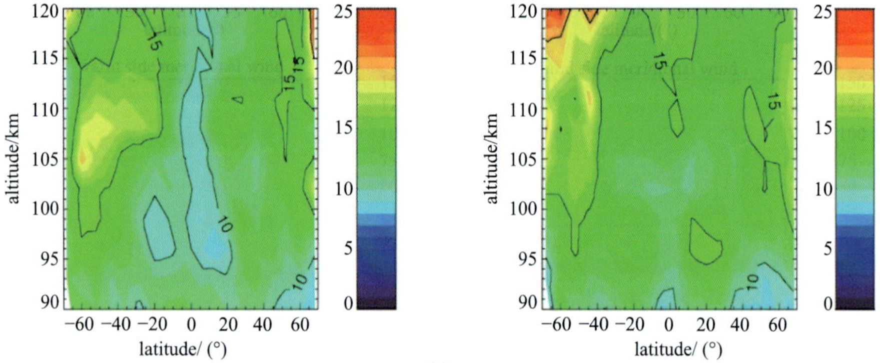

(a)

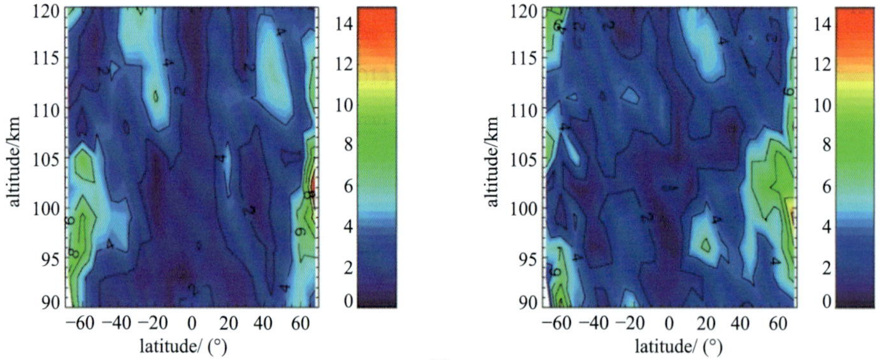

(b)

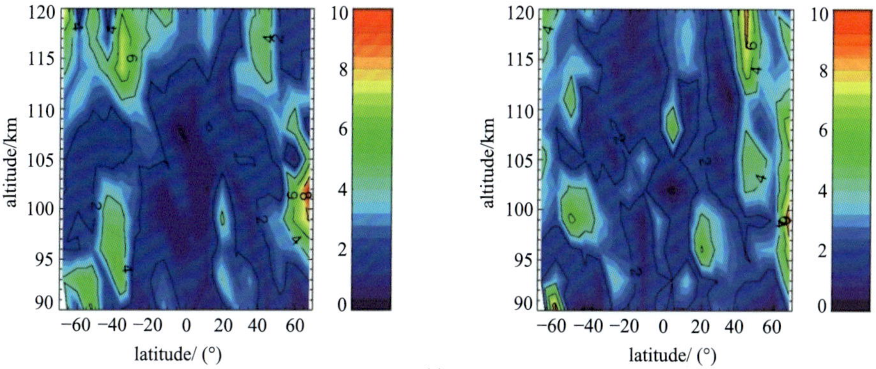

(c)

图 4-1 定态行星波的年平均幅度(a)和它们的年变化(b)及半年变化(c)的振幅，右侧色条为风速，其单位为 m/s。数据取自 WINDII 在 1991 年 9 月到 1997 年 5 月观察的纬向风场(左)和经向风场(右)

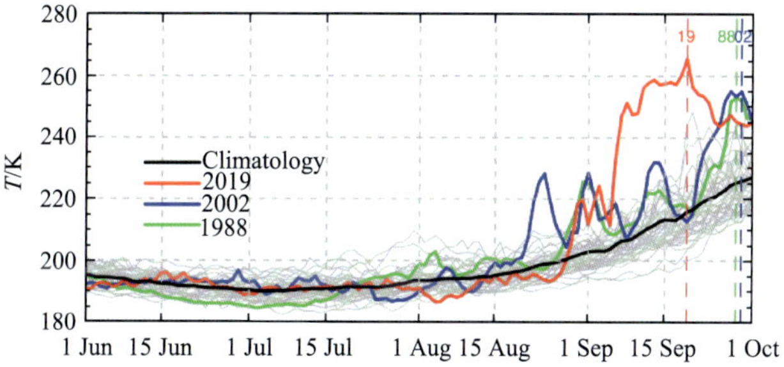

(a) Polar cap *T* at 10 hPa

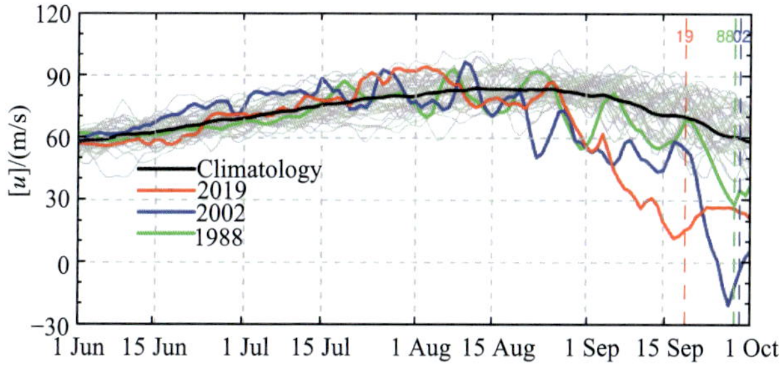

(b) 10 hPa [*u*] at 60°S

图 4-5 平流层极帽温度和绕极西风射流的演化

(a) 2019 年 6 月 1 日至 10 月 1 日，2002 年(蓝色)、1988 年(绿色)、1979～2018 年(灰色)的 10hPa 极地气温(平均面积超过 80°S～90°S)及其气候态(黑色)。(b)与(a)相同，但表示的是在 60°S 处 10hPa 的平均纬向风

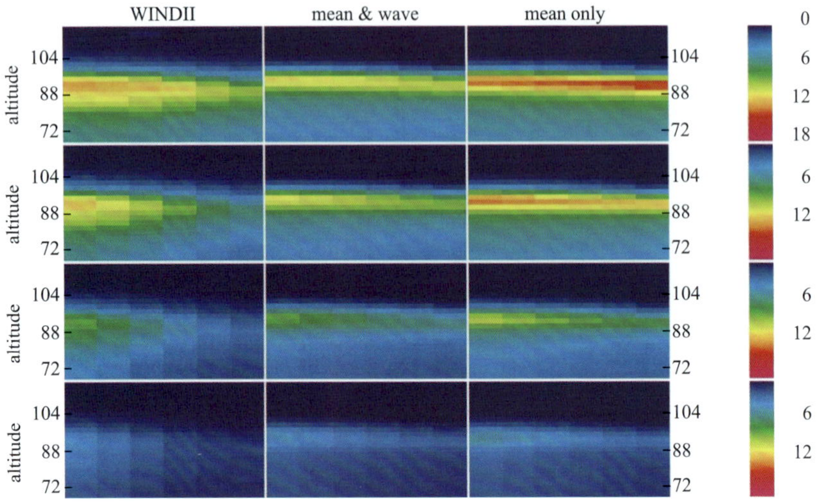

(a)　　(b)　　(c)

图 6-5　WINDII 观察的 O(^{1}S) 557.7nm 气辉辐射在重力波不存在(c)和存在(b)时的正演模拟值与实际观测值(a)的比较。从上到下模拟迈克尔孙干涉仪四个不同动镜相位，相邻的相位差是 1/8 波长

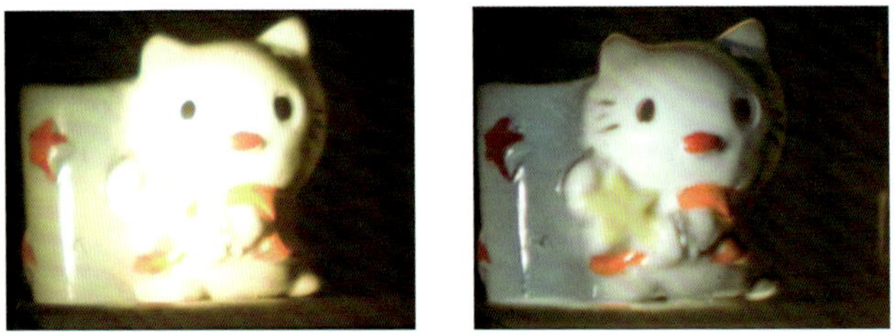

(a) 未加液晶前的强光过曝照片　　(b) 加液晶后的局部选通照片

图 8-10　利用 I 代强光局部选通成像仪拍摄的局部强光选通图片

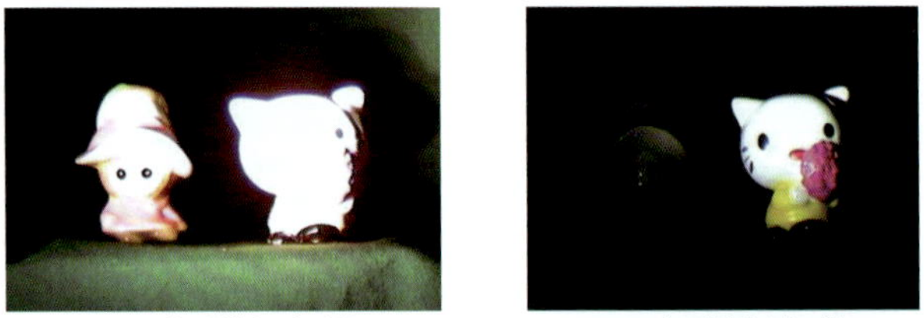

(a1) 电子快门为2档　　(a2) 电子快门为7档

(a) 在强光照射下，改变传统数码相机电子快门拍摄的对比图

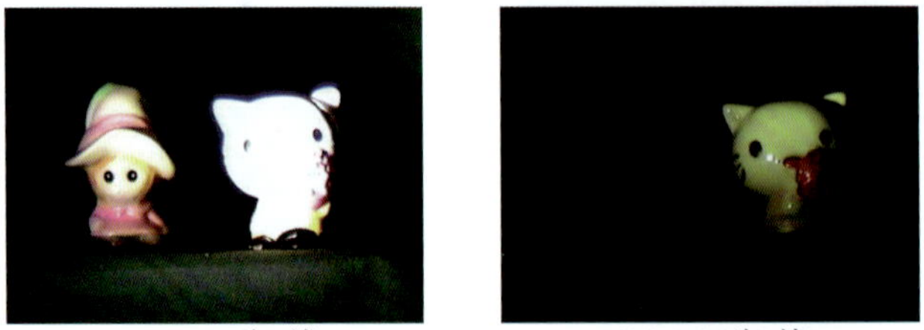

(b1) AGC为H档　　(b2) AGC为L档

(b) 在强光照射下，改变传统数码相机光圈拍摄得到的对比图

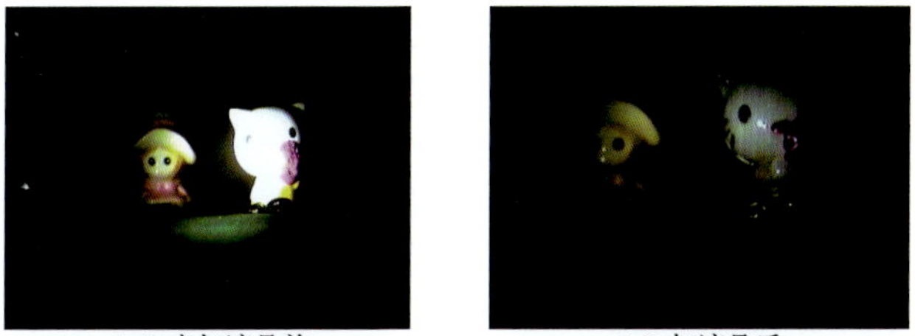

(c1) 未加液晶前　　(c2) 加液晶后

(c) 在强光照射下，用我们自制的Ⅰ代强光局部选通成像仪的样机拍摄选通前后的对比图

图 8-11　我们自制的Ⅰ代强光局部选通成像仪的样机与传统数码相机整体选通成像的对比结果

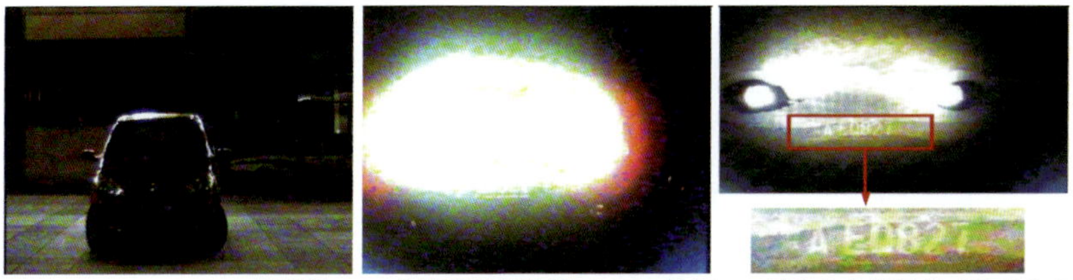

(a) WAT-231S2 CCD相机拍摄的汽车及牌照　(b) 传统数码相机用1/10000s快门拍摄的汽车前大灯开启的车牌　(c) 用我们自制的基于液晶的Ⅰ代强光局部选通成像仪的样机拍摄的前大灯开启的车牌：“陕A EQ827”

图 8-12　我们自制的基于液晶的Ⅰ代强光局部选通成像仪的样机拍摄夜间前大灯开启的车牌

图 8-17　Ⅱ代强光局部选通成像仪拍摄得到选通前后的照片

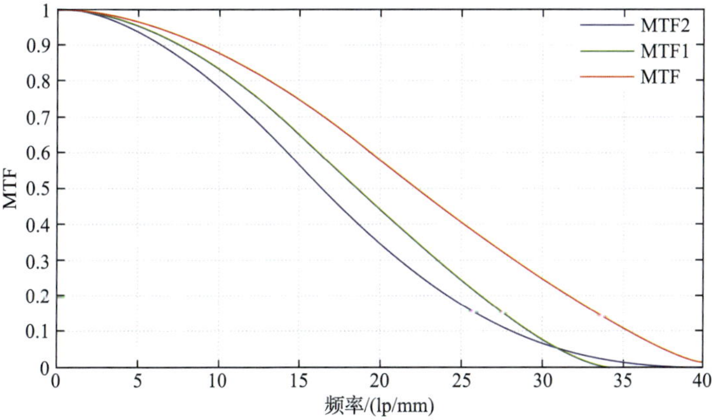

图 8-18　两代强光局部选通成像仪的 MTF

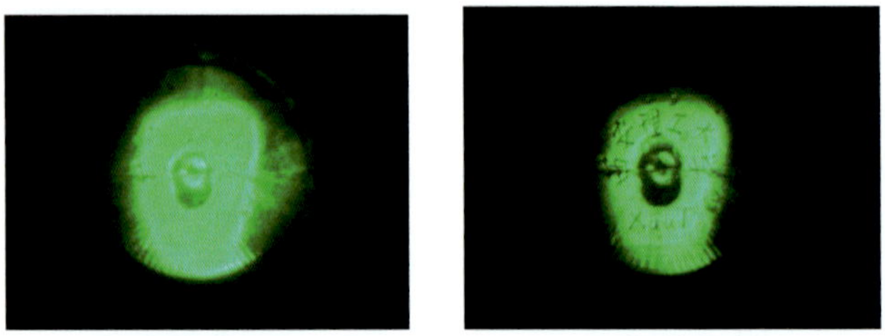

(a) 液晶灰度为255　　　　(b) 液晶灰度为0

图 8-25　基于液晶与超二代像增强器模拟气辉和极光的拍摄图像对比图

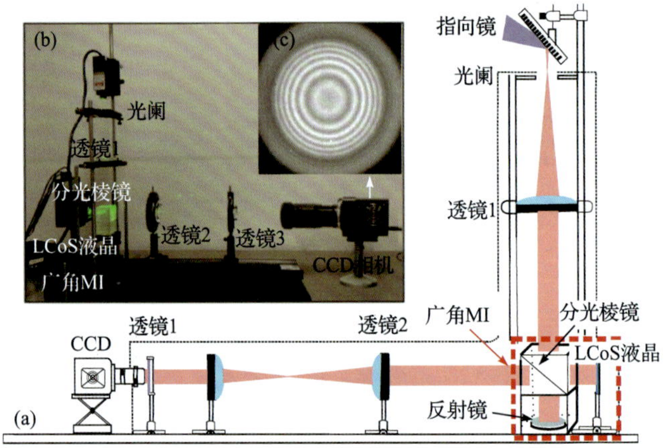

图 9-9　GBAII-LCoS 光学系统

(a) GBAII-LCoS 光学结构；(b) GBAII-LCoS 实物图；(c) GBAII-LCoS 拍摄的气辉成像干涉图

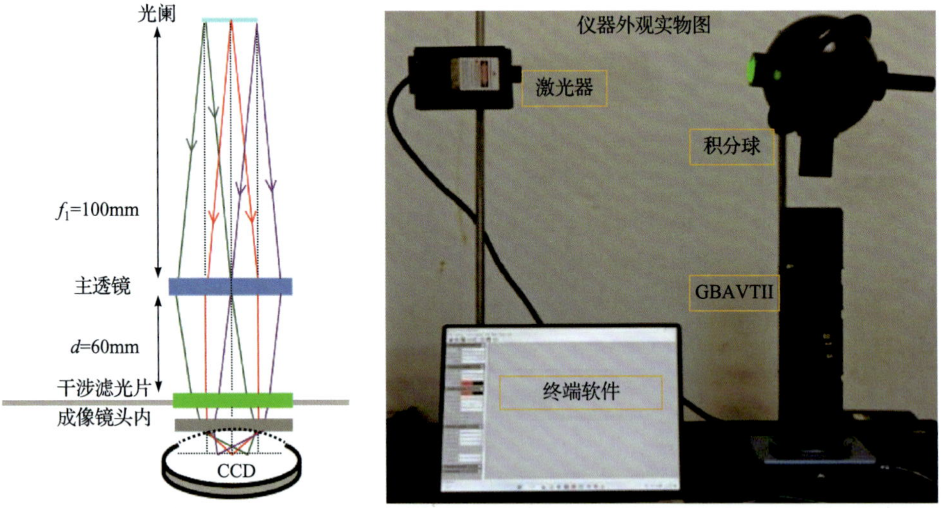

(a)　　　　(b)

图 9-10　GBAVTII 的光学结构(a)及室内调试图(b)

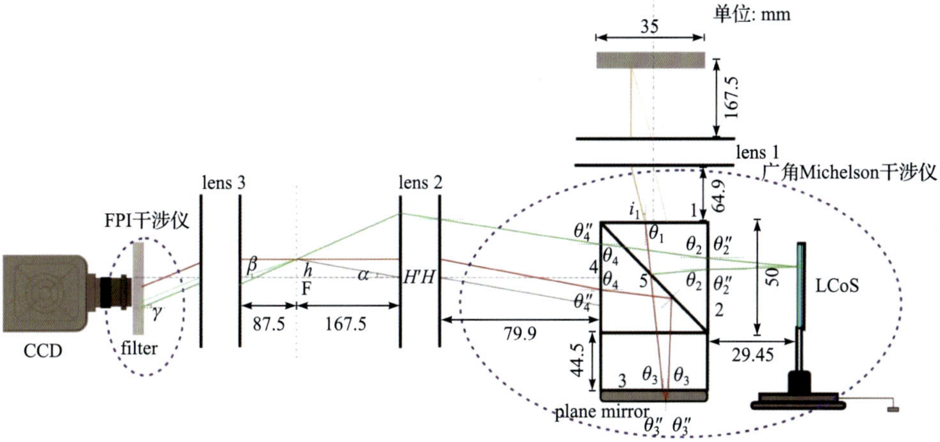

图 9-11　GBAII-LCoS 的光路图及相关参数和尺寸

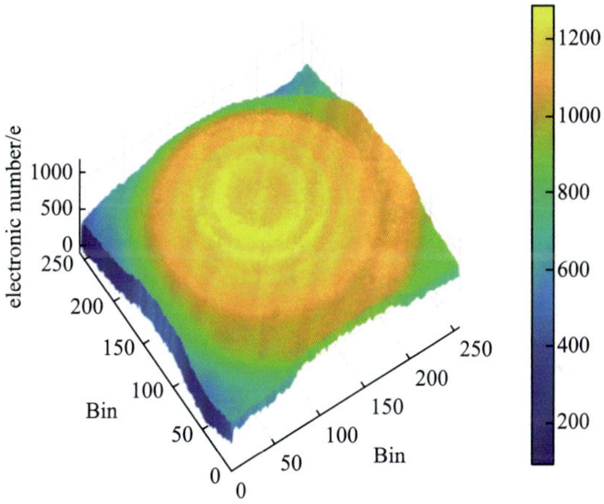

(a) GBAII-LCoS拍摄的成像干涉图

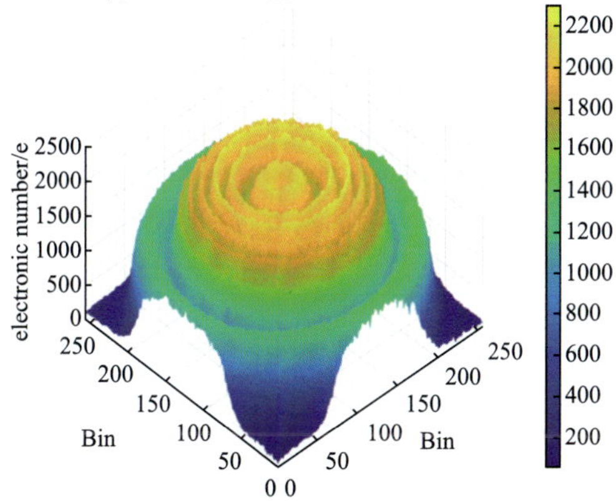

(b) GBAII拍摄的成像干涉图

图 9-16　GBAII-LCoS 和 GBAVTII 拍摄的 O_2(0-1)气辉成像干涉环的电子数随 Bin 的变化

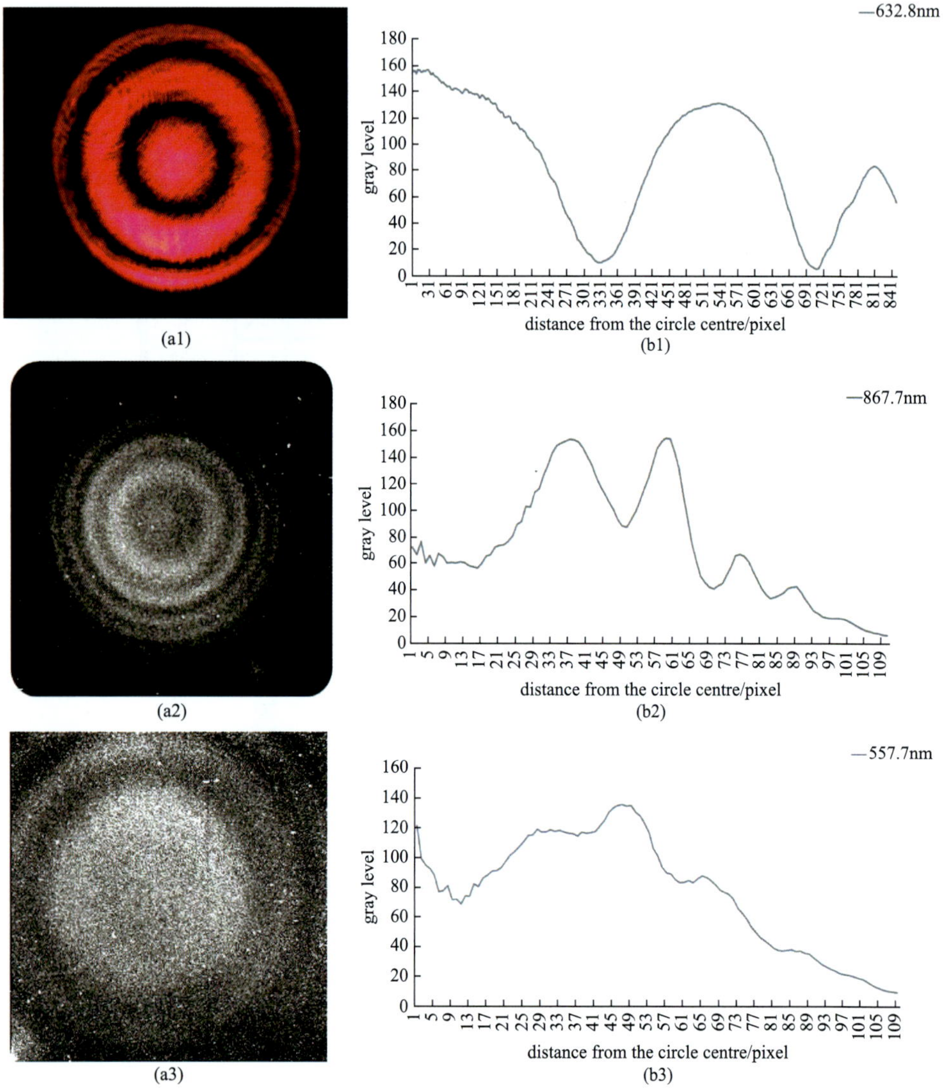

图 9-19　GBAII 拍摄的成像干涉图

(a1)为 GBAII 通过 632.8nm 激光器获得的成像干涉图，(b1)为图(a1)的灰度值；(a2)为 GBAII 通过 O_2(0-1) 867.7nm 气辉获得的成像干涉图(白点是星光)，(b2)为图(a2)的灰度值；(a3)为 GBAII 通过 O(^{1}S) 557.7nm 气辉获得的成像干涉图，(b3)为图(a3)的灰度值

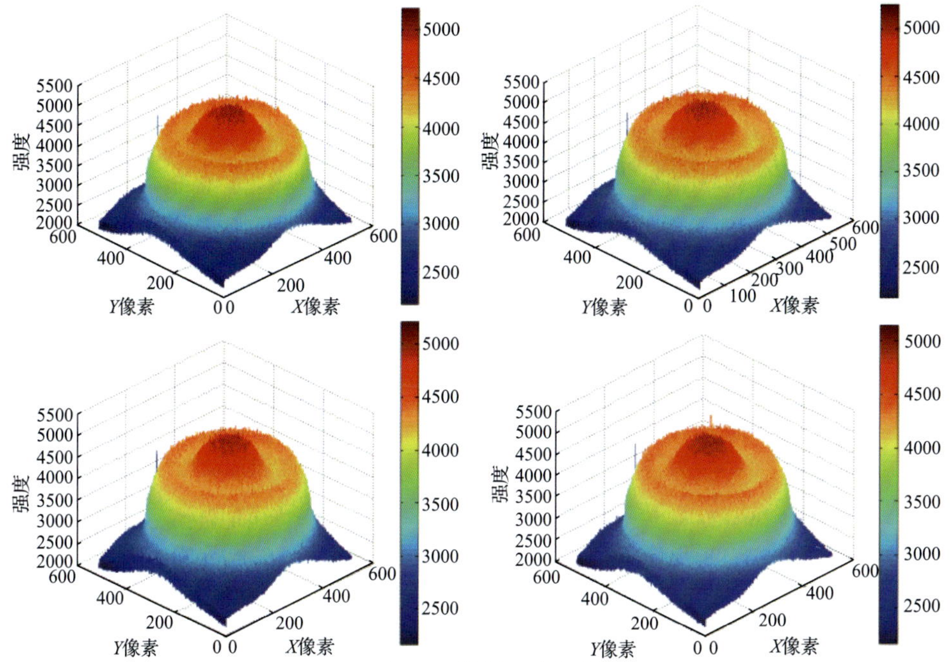

(a) 632.8nm平场前的4幅干涉图

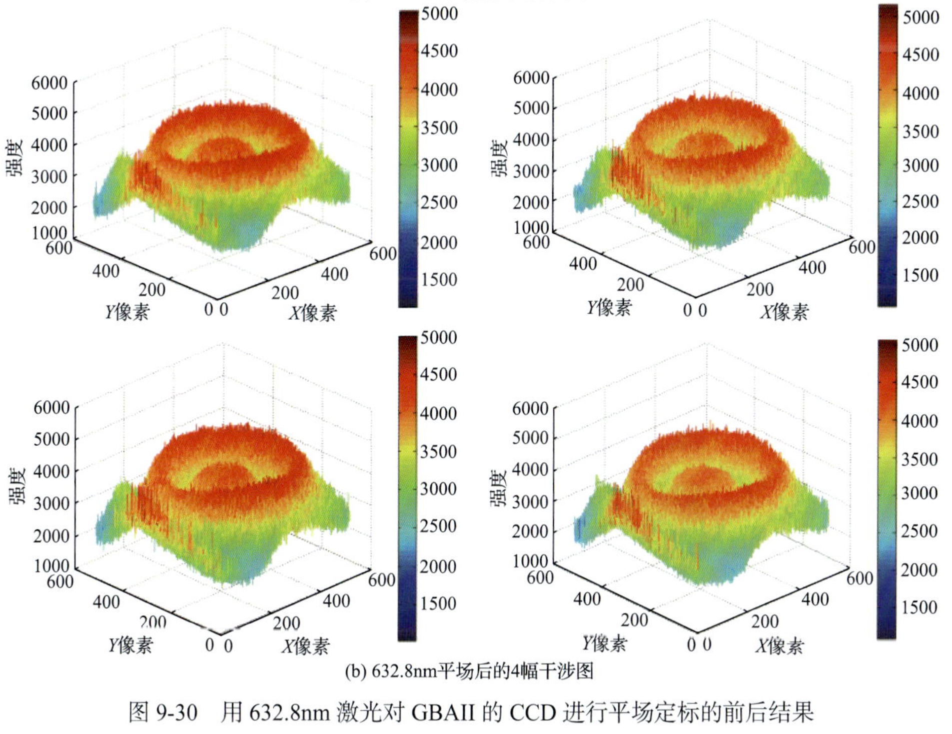

(b) 632.8nm平场后的4幅干涉图

图 9-30　用 632.8nm 激光对 GBAII 的 CCD 进行平场定标的前后结果

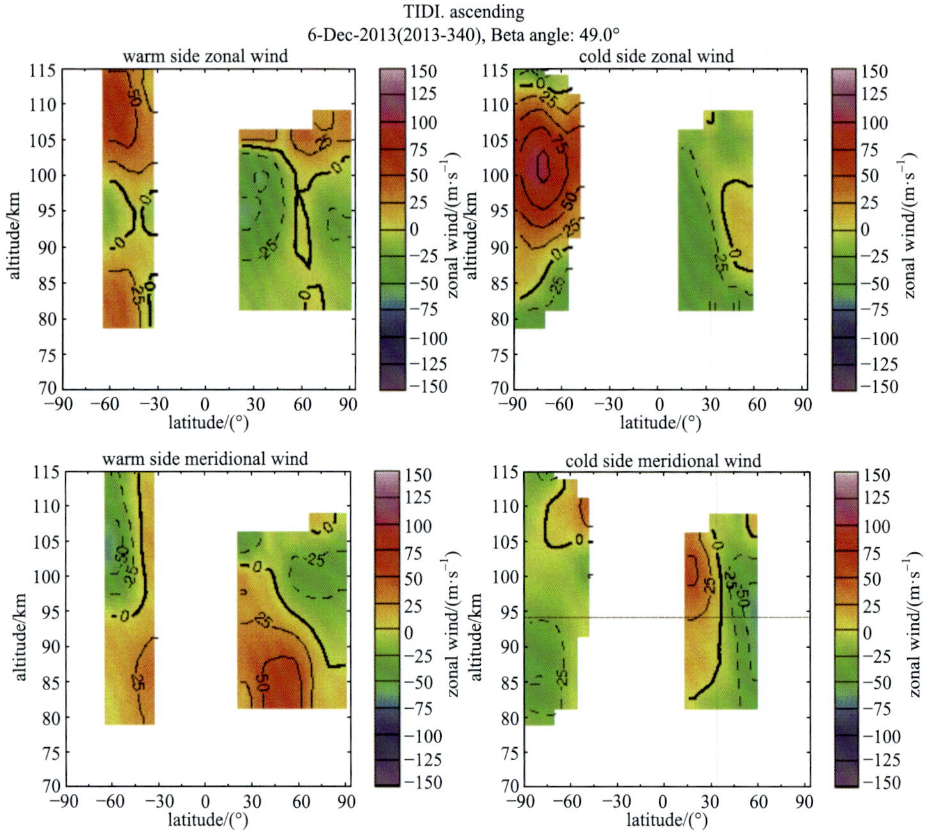

图 9-52　TIDI 2013 年 12 月 6 日探测的风速数据

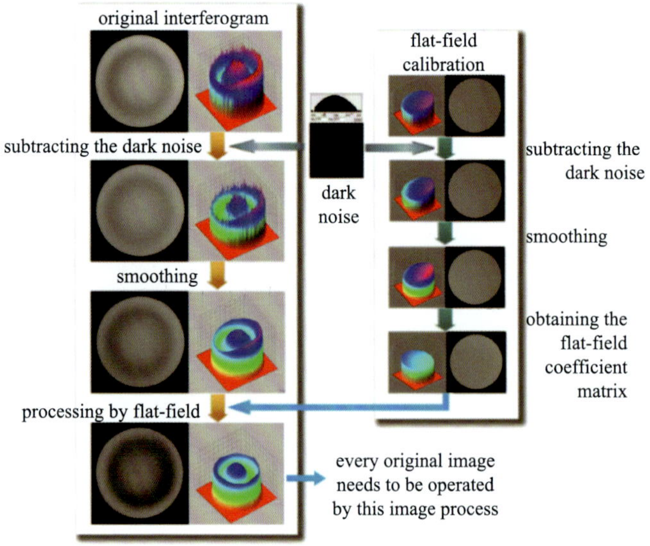

图 10-6　GBAII-LCoS 的图像处理流程

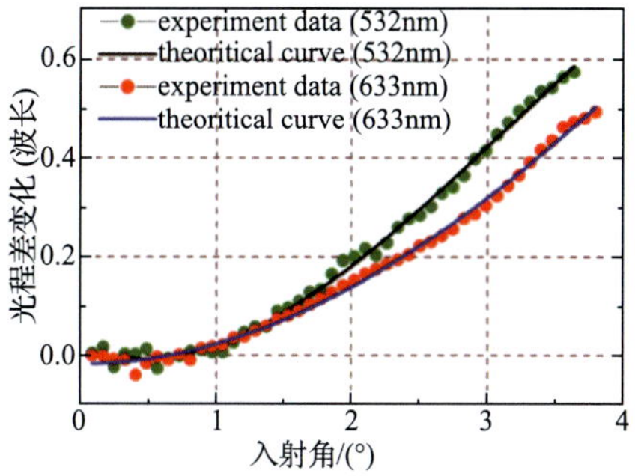

图 10-8　GBAII-LCoS 的光程差与入射角的关系

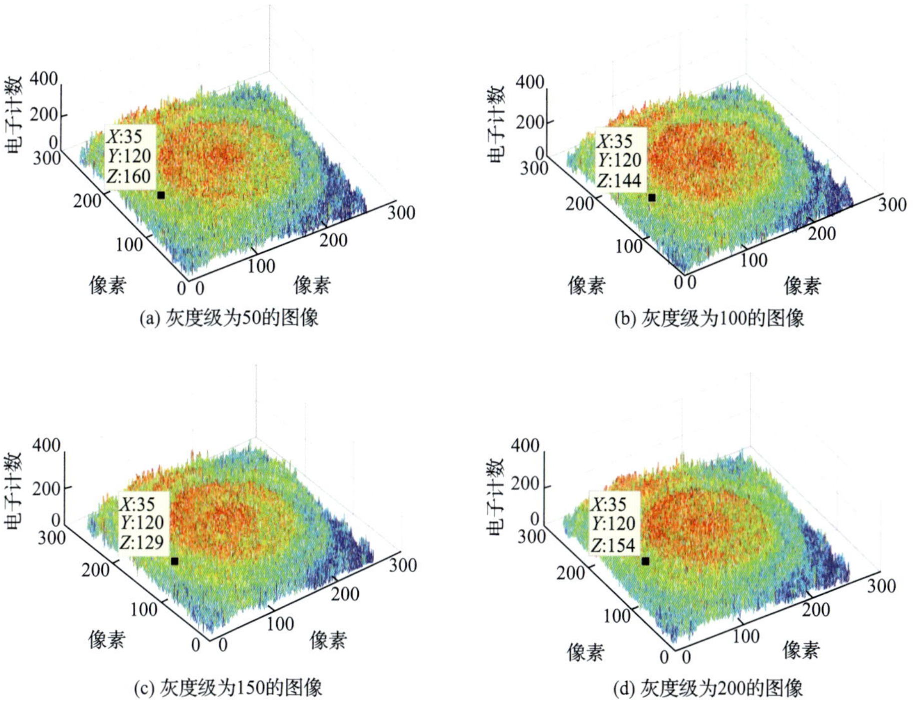

(a) 灰度级为50的图像

(b) 灰度级为100的图像

(c) 灰度级为150的图像

(d) 灰度级为200的图像

图 10-13　2021 年 8 月 18 日 GBAII-LCoS 拍摄的成像干涉图及对应的电子计数值

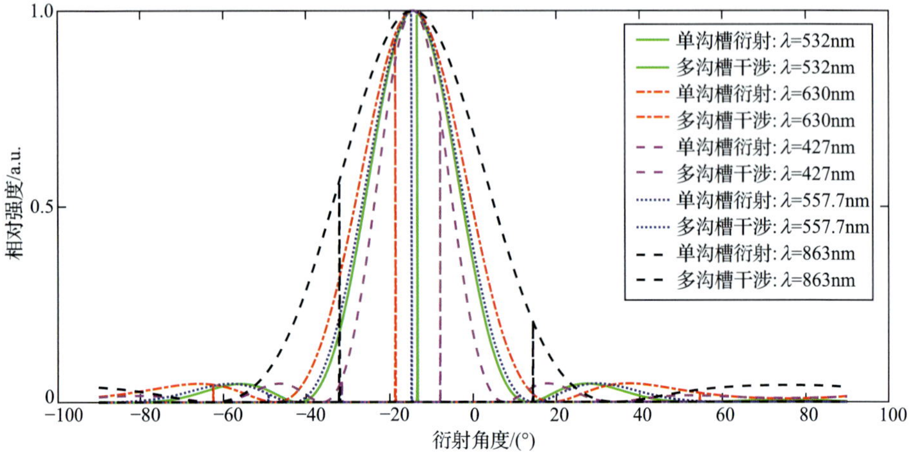

图 11-3　5 条波长对应的单槽衍射和 1 级槽间干涉的强度分布

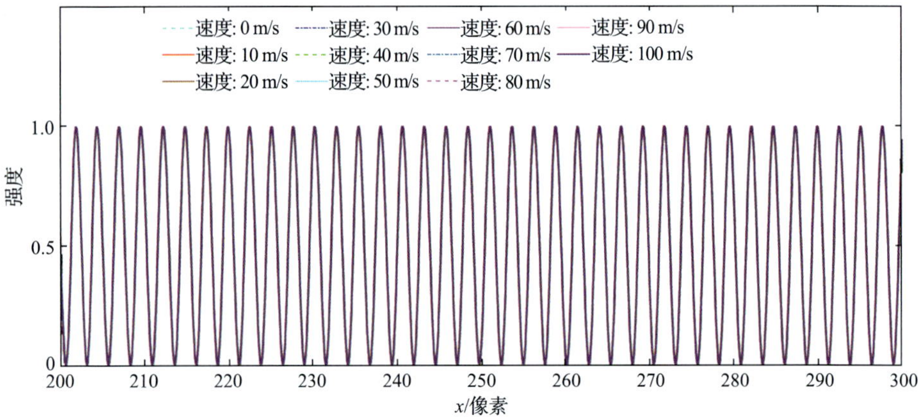

图 11-9　干涉图的傅里叶级数正演结果

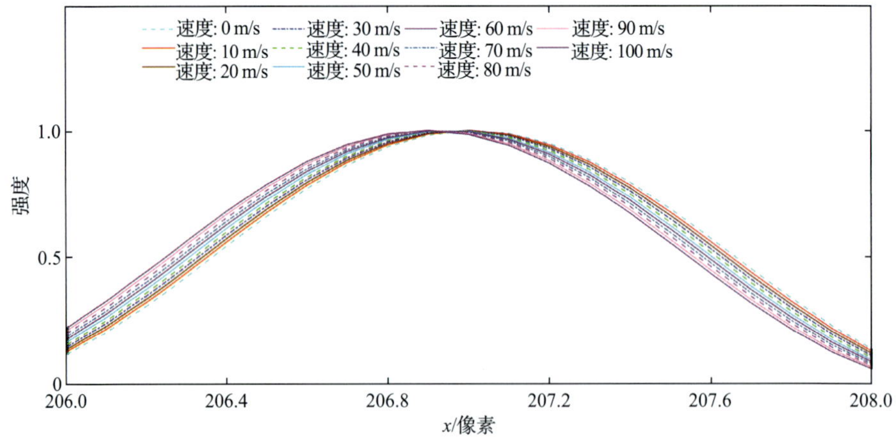

图 11-10　图 11-9 中傅里叶级数正演局部放大

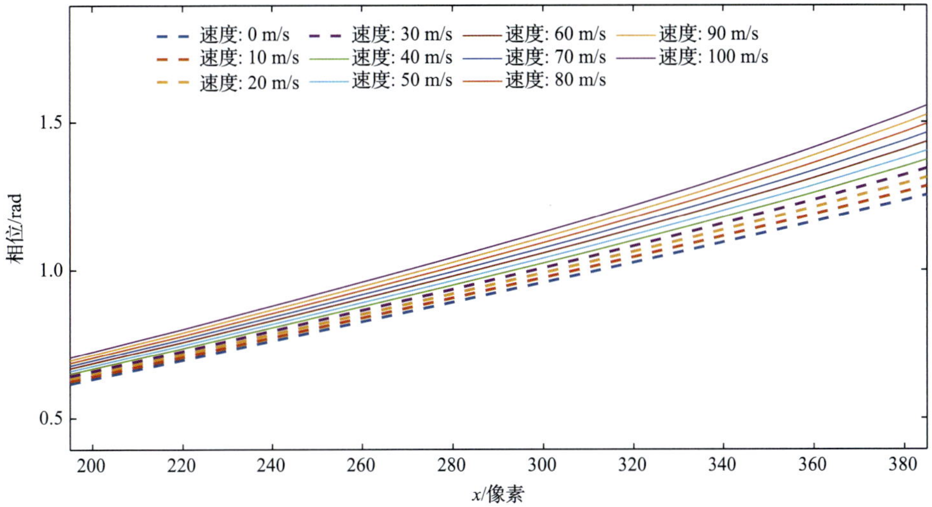

图 11-11　傅里叶变换的相位分布图

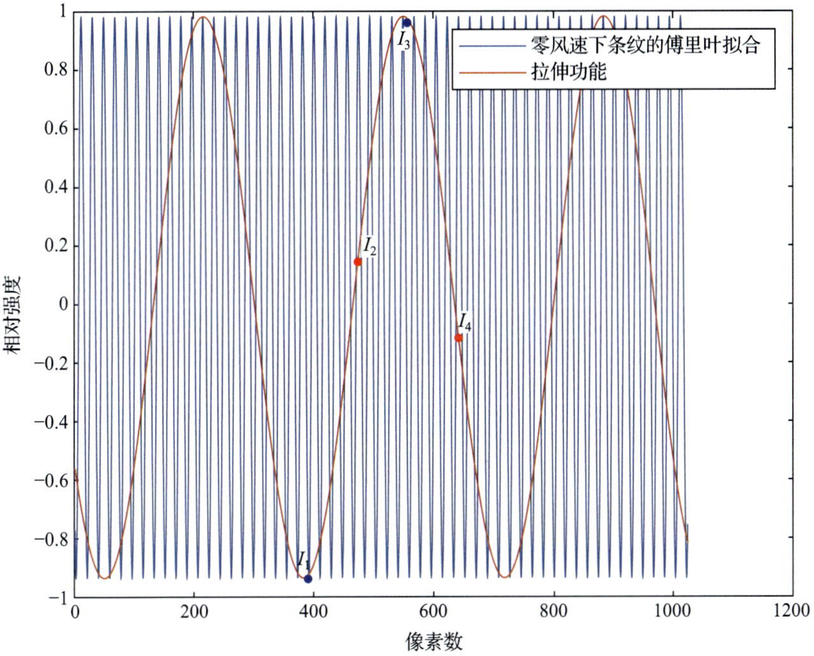

图 11-12　GBAII-DASH 的图像函数拉伸后四强度

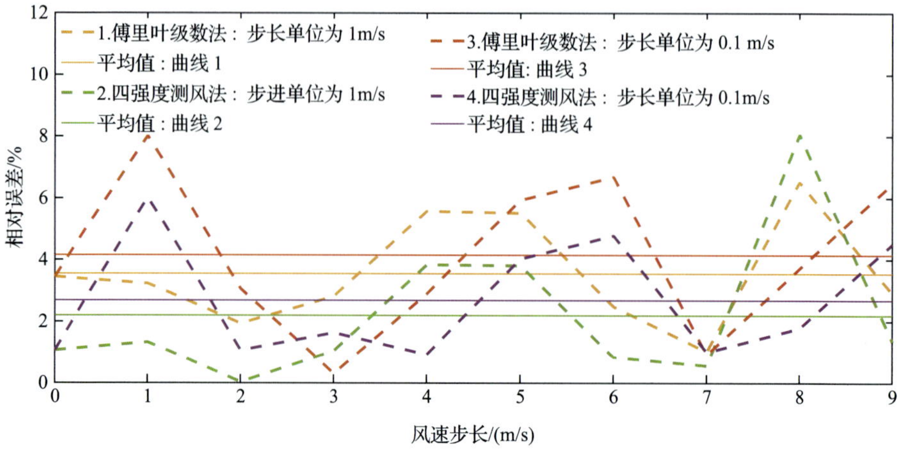

图 11-13　傅里叶级数法和四强度测风法的测风误差比较

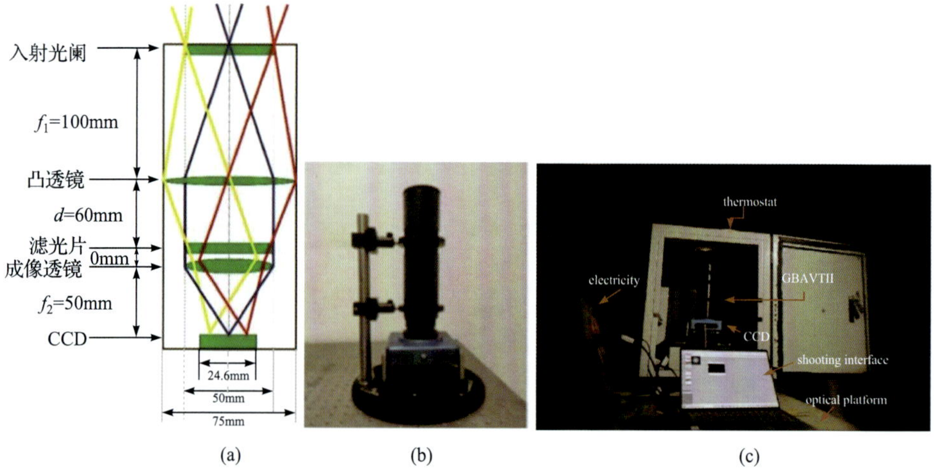

图 12-1　GBAVTII 的光路图、实物图和室外观测模式

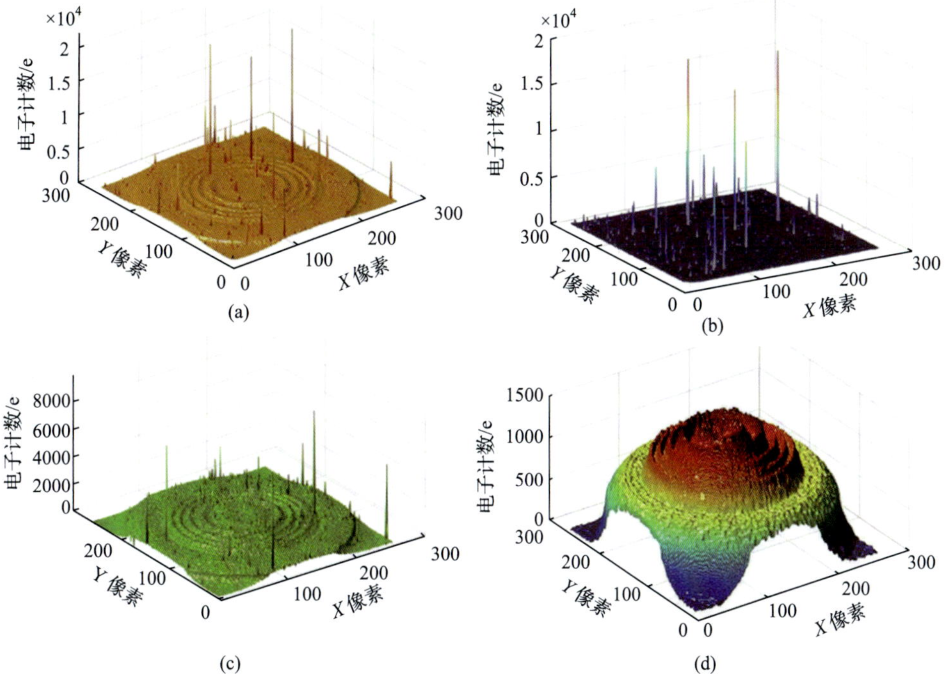

图 12-6　GBAVTII 在去噪过程中对应的三维图

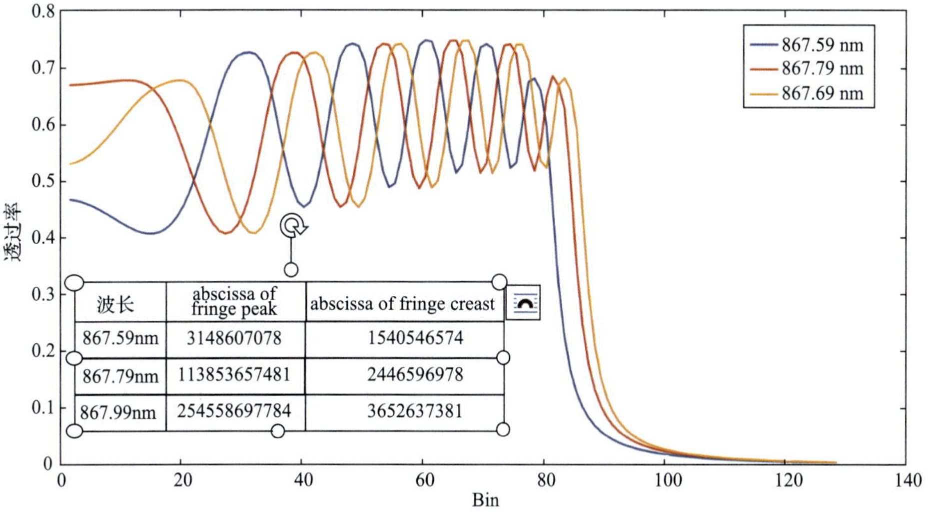

图 12-12　滤光片的中心波长变化±0.20nm 后对 GBAVTII 拍摄 O_2(0-1)的条纹初始位置和各波峰波谷位置的影响

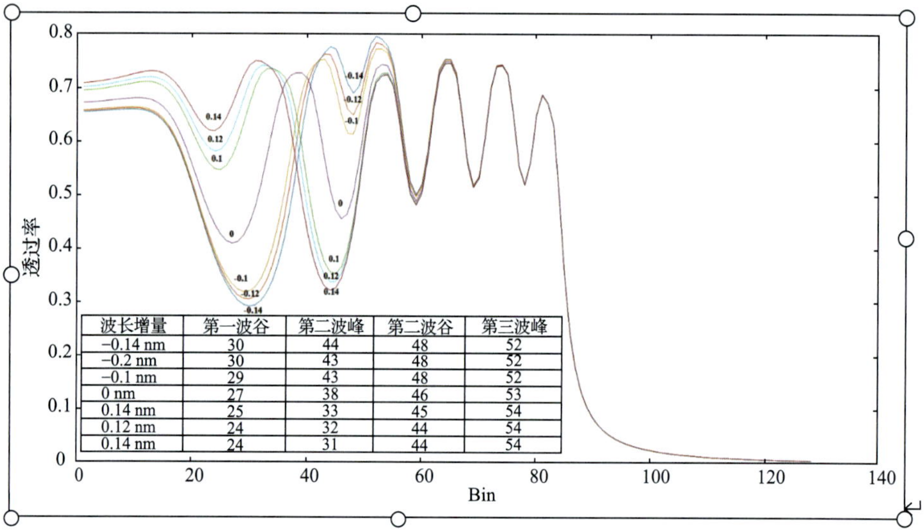

波长增量	第一波谷	第二波峰	第二波谷	第三波峰
−0.14 nm	30	44	48	52
−0.2 nm	30	43	48	52
−0.1 nm	29	43	48	52
0 nm	27	38	46	53
0.14 nm	25	33	45	54
0.12 nm	24	32	44	54
0.14 nm	24	31	44	54

图 12-13　当微调式(12-3)和式(12-5)中的入射波长(867.31nm、867.17nm)时，O_2(0-1)的 6 个波峰、波谷与 Bin 位置随波长变化的关系，图中“0”表示原始波长，“+”或“−”表示原始波长的增量

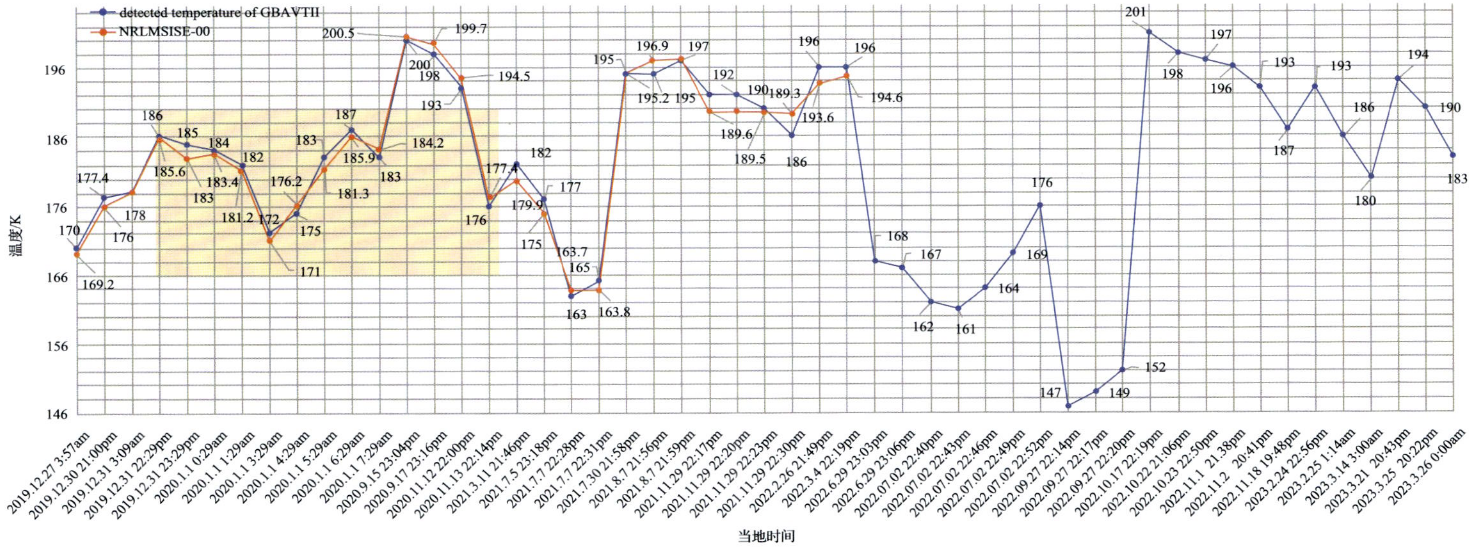

图12-16　GBAVTII近4年探测大气温度的结果与NRLMSISE-00大气模型温度值比较

(a)中蓝色为GBAVTII探测到的温度，红色为NRLMSISE-00大气模型中的温度(文章发表前我们只提取了NRLMSISE-00大气模型中更新至2023年3月26日的温度数据)

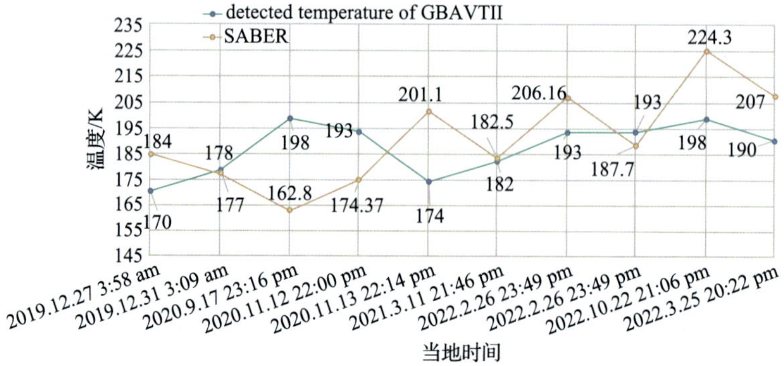

图 12-17 GBAVTII 探测的温度值与 SABER 探测的温度值的比较

图中蓝色线表示 GBAVTII 探测到的温度，橙色线表示 SABER 探测到的温度

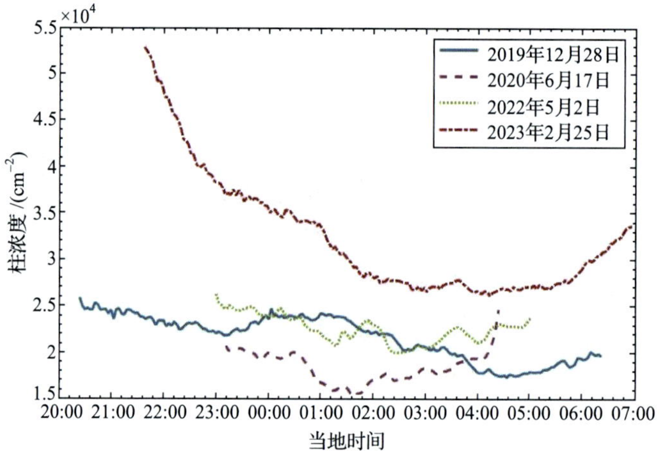

图 12-25 GBAVTII 4 晚观测 $O_2(0-1)$的柱浓度结果